2023-2024 annual
dairy genetic evaluation report
in Ningxia Hui Autonomous Region

2023—2024年度
宁夏奶牛遗传评估报告

宁夏回族自治区畜牧工作站 主编

黄河出版传媒集团
阳 光 出 版 社

图书在版编目（CIP）数据

2023—2024 年度宁夏奶牛遗传评估报告 / 宁夏回族自治区畜牧工作站主编. -- 银川：阳光出版社，2024. 9. --ISBN 978-7-5525-7513-2

Ⅰ. S823.92

中国国家版本馆 CIP 数据核字第 2024AV0164 号

2023—2024 年度宁夏奶牛遗传评估报告　宁夏回族自治区畜牧工作站　主编

责任编辑　李少敏
封面设计　赵　倩
责任印制　岳建宁

黄河出版传媒集团
阳光出版社　出版发行

出 版 人　薛文斌
地　　址　宁夏银川市北京东路 139 号出版大厦（750001）
网　　址　http://www.ygchbs.com
网上书店　http://shop129132959.taobao.com
电子信箱　yangguangchubanshe@163.com
邮购电话　0951-5047283
经　　销　全国新华书店
印刷装订　宁夏银报智能印刷科技有限公司
印刷委托书号　（宁）0031099

开　　本　880 mm × 1230 mm　1/16
印　　张　37.25
字　　数　700 千字
版　　次　2024 年 9 月第 1 版
印　　次　2024 年 9 月第 1 次印刷
书　　号　ISBN 978-7-5525-7513-2
定　　价　138.00 元

编写说明

宁夏是全国奶产业十大主产省区之一，具有独特的地理环境和气候优势，发展奶产业的资源条件优越。“十四五”以来，奶产业是宁夏确定的“六特”产业之一，也是率先实现现代化的特色优势产业。2013 年宁夏启动实施农业特色优势产业新品种选育专项，“优质高产奶牛选育”作为重点项目列入第二轮新品种选育专项重点支持项目。为贯彻落实《种业振兴行动方案》和《全国奶牛遗传改良计划（2021—2035 年）》，宁夏奶产业优先发展和重点支持优质高产奶牛遗传改良工作。群体遗传改良是一项系统性工作，定期开展牛群遗传评估可为跟踪牛群遗传水平变化趋势、评价历史选配效果、优化未来选配计划、筛选核心群及种子母牛提供支撑。2023—2024 年度，项目组对宁夏奶牛继续开展了遗传评估并发布了遗传评估报告。

2023—2024 年度，项目组继续更新表型数据库，利用各种信息完善牛群系谱数据。《2023—2024 年度宁夏奶牛遗传评估报告》（以下简称《报告》）采用 2020 年最新版 CPI 指数展示奶牛的综合性能，系统发布了来自宁夏 94 个规模化牧场中国荷斯坦牛的产奶性状、体型性状、产犊性状、繁殖性状、长寿性状和 CPI_{2020} 指数的遗传评估结果，全面揭示了宁夏奶牛的遗传水平。本轮遗传评估中，表型数据主要来自近 15 年来宁夏积累的 332 924 头牛的 4 127 901 条 DHI 记录，65 424 头牛的体型外貌鉴定记录，152 666 头牛的繁殖、产犊和长寿性状记录。

《报告》揭示了宁夏奶牛群体各个性状的遗传水平现状，可为宁夏奶牛群体的牛只登记、数据收集和遗传改良等工作提供参考，是指导宁夏持续提高奶牛群体遗传水平的科学依据。遗传评估工作和《报告》发布得到了中国奶业协会、中国农业大学、宁夏畜牧工作站和以宁夏农垦乳业股份有限公司为代表的“优质高产奶牛选育”项目二期核心选育场等单位的持续支持，在此一并表示感谢。受限于编者水平，《报告》中难免有偏误之处，恳请读者批评指正。

编者

2024 年 6 月

目 录 CONTENTS

1 宁夏奶牛养殖概况

宁夏地处我国西北内陆，属温带大陆性干旱、半干旱气候。宁夏是全国奶产业十大主产省区之一，具有独特的地理环境和气候优势，位于世界公认的奶牛适宜分布地带，是最适合奶牛养殖的地区之一。宁夏奶产业整体生产技术水平位居全国前列，在自动化、信息化、精准化和健康养殖等方面都具有较高水平。

截至2023年，宁夏奶牛存栏92万头，居全国第5位（2006—2023年宁夏奶牛存栏及其占全国奶牛存栏比例的变化见图1-1）。2023年宁夏DHI（dairy herd improvement，指奶牛群体改良，也称奶牛生产性能测定，余同）参测牧场的泌乳牛日产奶量36.7 kg，居全国第5位；宁夏牛奶总产量430.6万t，居全国第4位（2006—2023年宁夏牛奶总产量及其占全国牛奶总产量的比例变化见图1-2）。2022年宁夏人均牛奶占有量470.5 kg，居全国第1位（2006—2022年宁夏及全国人均牛奶占有量变化见图1-3）。

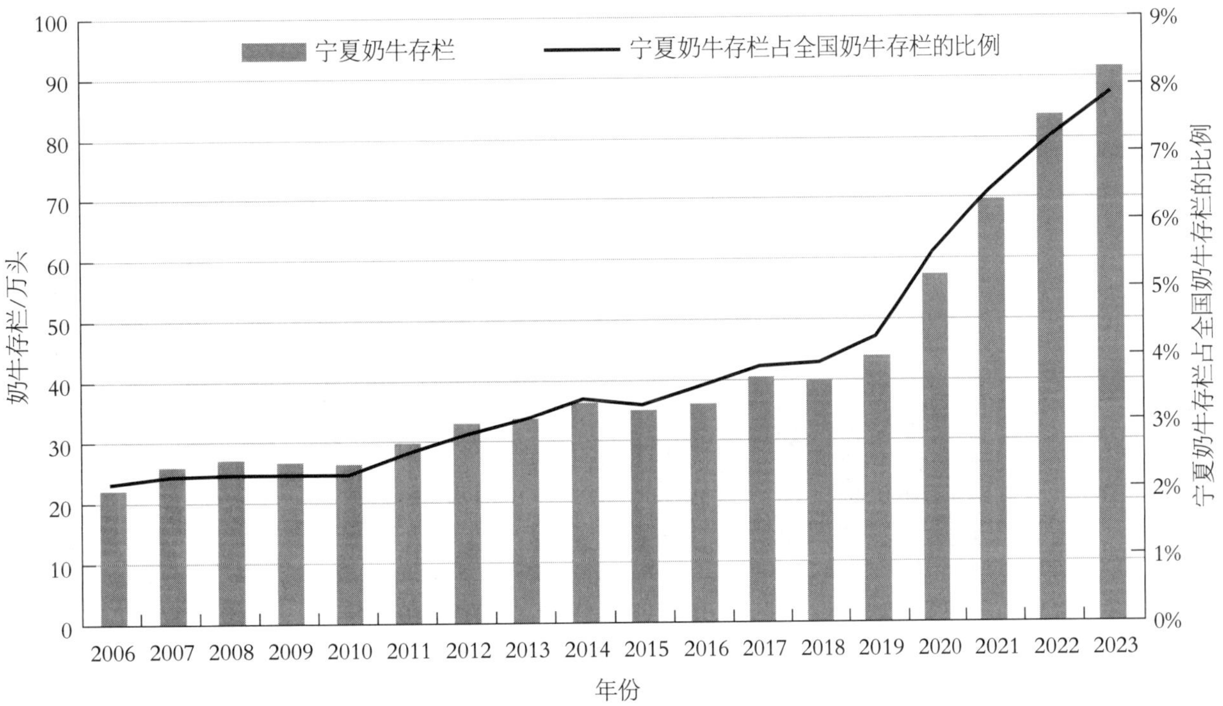

图1-1 2006—2023年宁夏奶牛存栏及其占全国奶牛存栏比例的变化

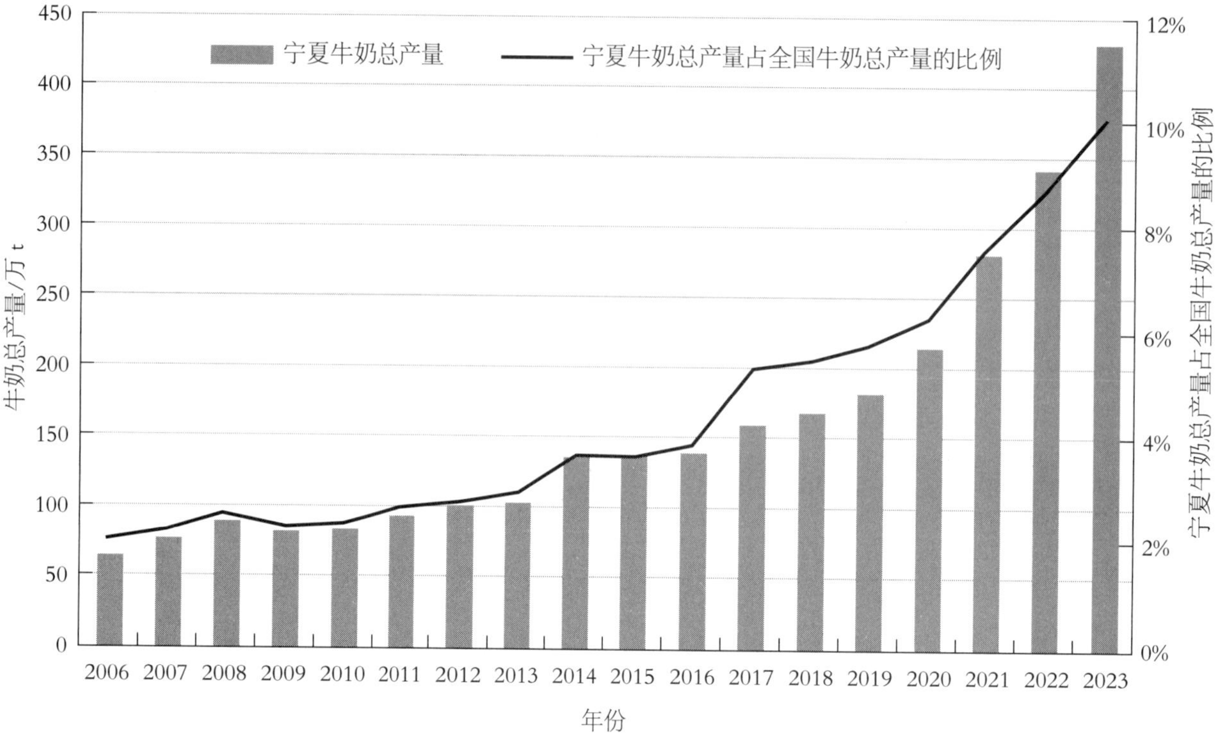

图 1-2　2006—2023 年宁夏牛奶总产量及其占全国牛奶总产量的比例变化

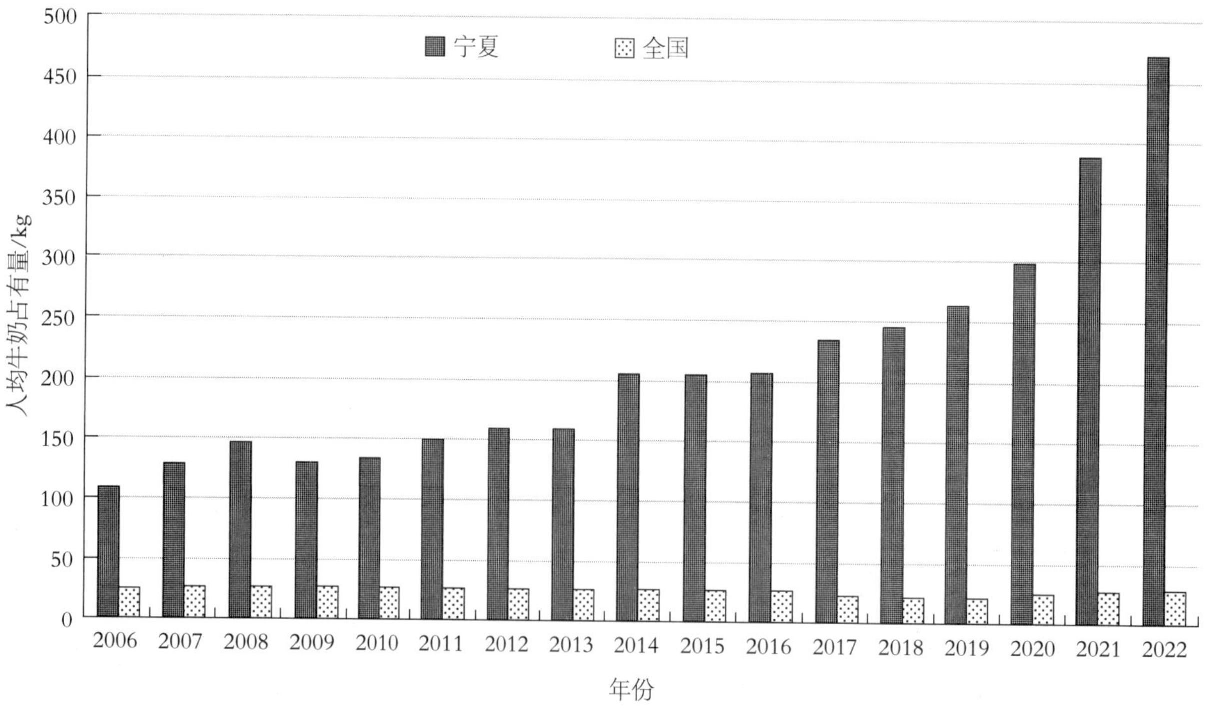

图 1-3　2006—2022 年宁夏及全国人均牛奶占有量变化

2 宁夏奶牛生产性能测定概况

2.1 参测牧场数及参测牛头数的年度变化

2011—2023 年宁夏 DHI 参测牧场数见图 2-1-1。宁夏 DHI 参测牧场数基本呈逐年递减的趋势，2022 年、2023 年的参测牧场数较 2021 年有所增加。

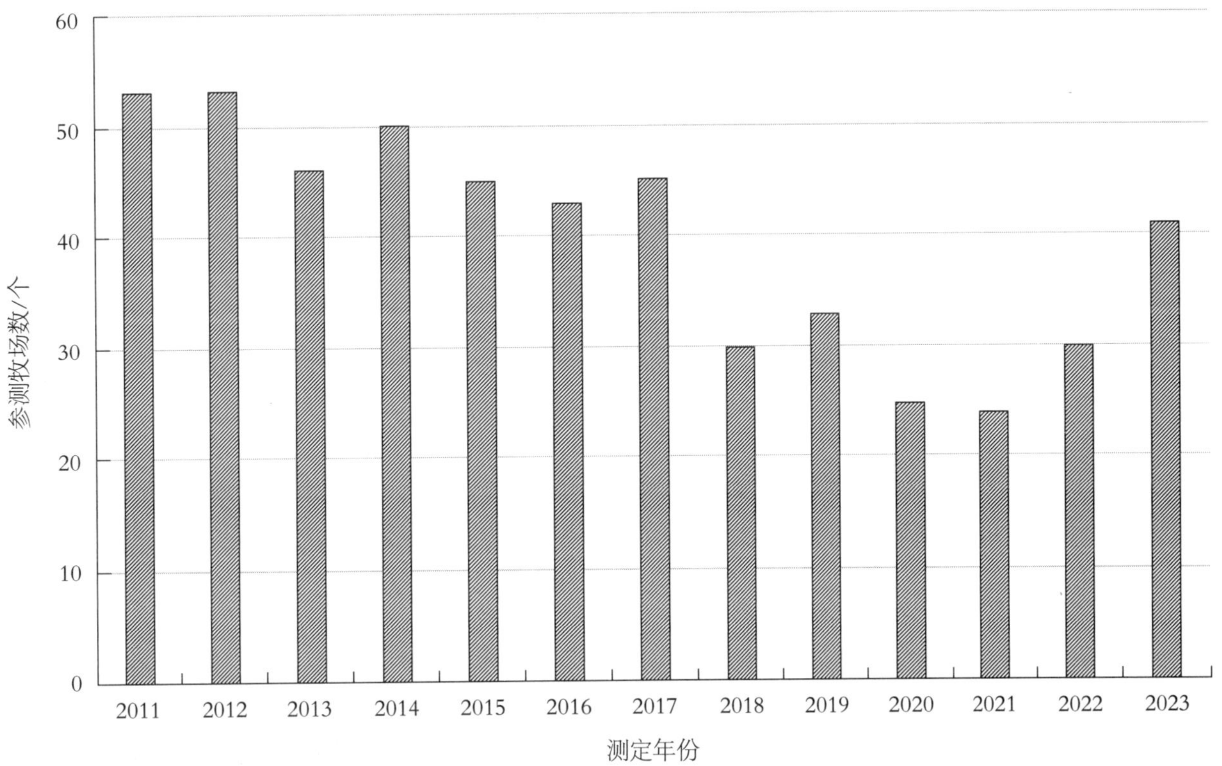

图 2-1-1 2011—2023 年宁夏 DHI 参测牧场数变化

2011—2023 年宁夏 DHI 记录数见图 2-1-2。2019 年以前，宁夏 DHI 记录数基本逐年递增，2019 年较 2011 年增加了一倍以上；此外，2023 年 DHI 记录数较 2021 年、2022 年进一步增加。

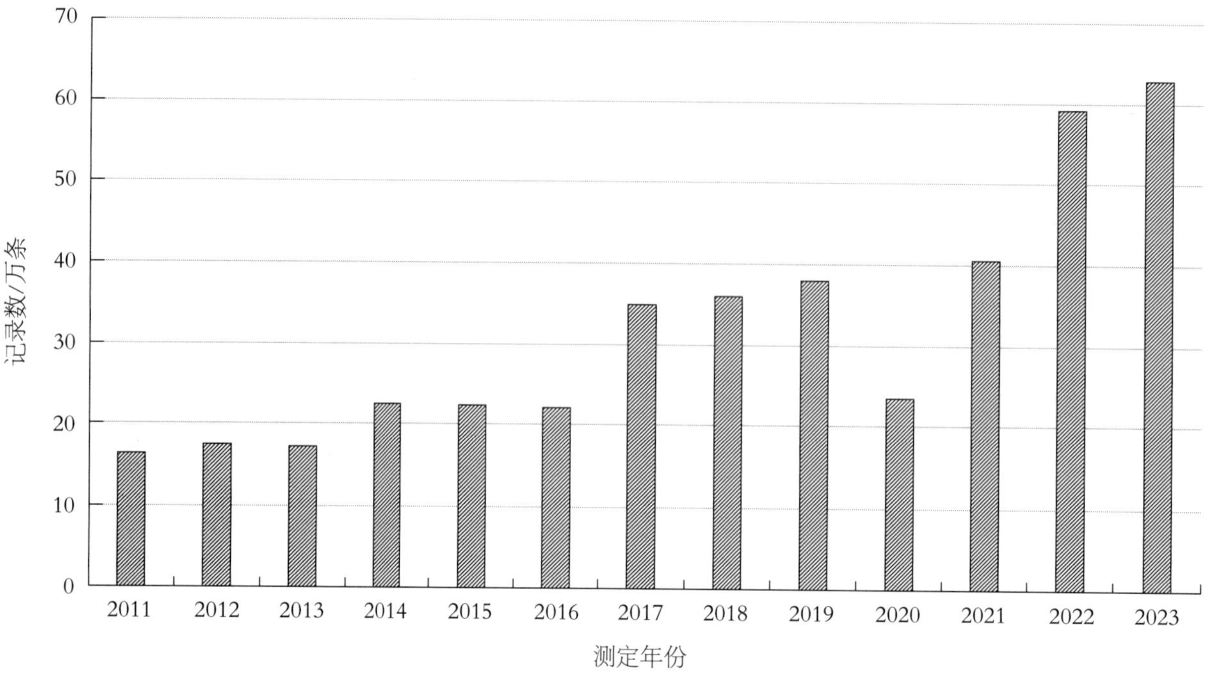

图 2-1-2　2011—2023 年宁夏 DHI 记录数变化

2011—2023 年宁夏 DHI 参测牛头数见图 2-1-3。宁夏 DHI 参测牛头数总体上呈逐年递增的趋势，2017—2020 年的参测牛头数在 5 万~6 万头波动，2023 年的参测牛头数突破 12 万头。

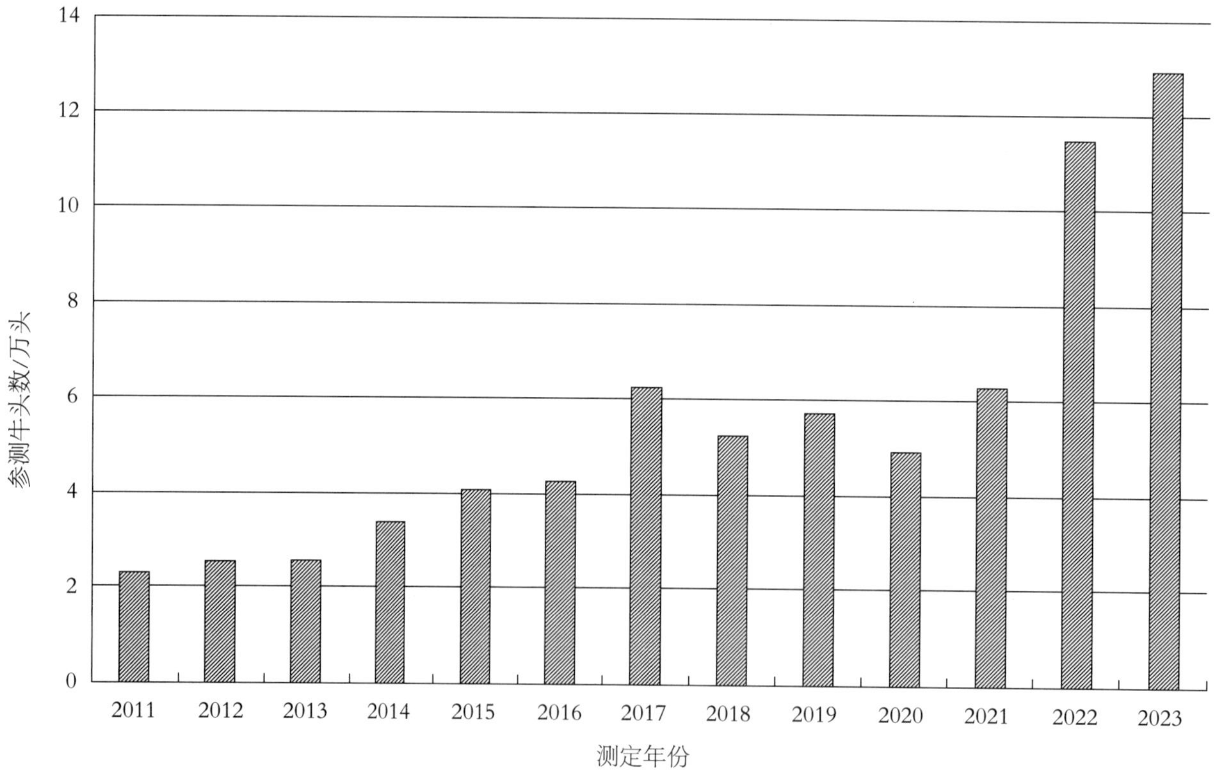

图 2-1-3　2011—2023 年宁夏 DHI 参测牛头数变化

2.2 主要产奶性能指标的年度变化

随测定年份的变化趋势：宁夏 DHI 非项目场和核心育种场奶牛的产奶量、乳脂率、乳蛋白率和体细胞数随测定年份的变化见图 2-2-1 至图 2-2-4。其中，产奶量基本呈逐年递增的趋势；乳脂率和乳蛋白率的变化趋于平缓；体细胞数总体上呈下降趋势，2016 年以后基本稳定在每毫升 10 万个以内。

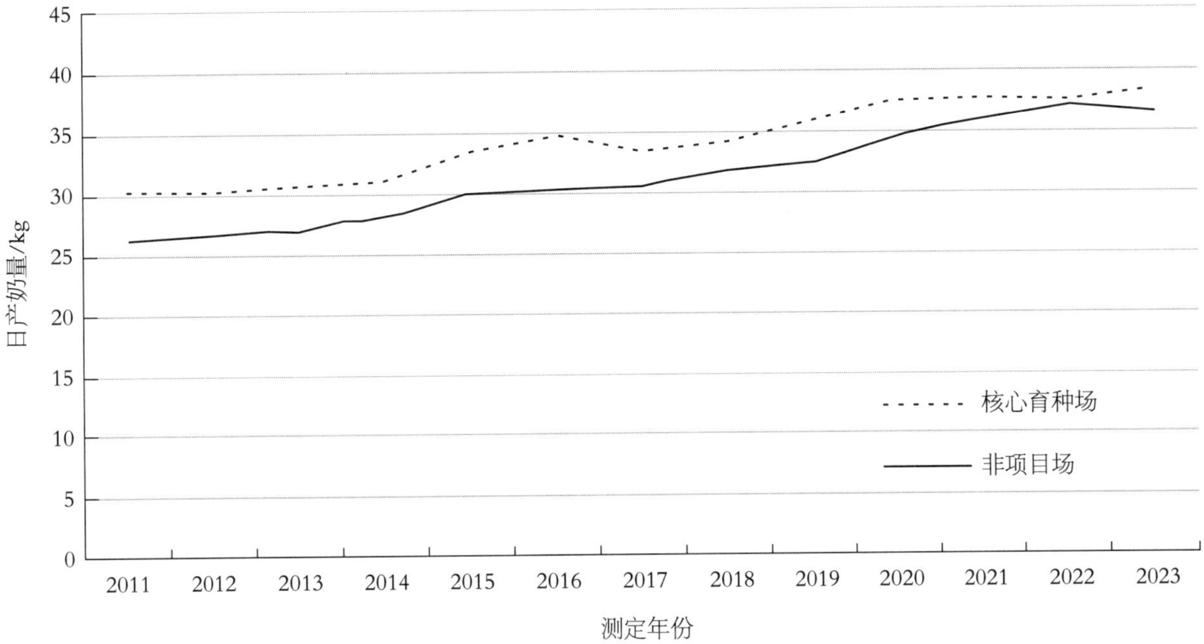

图 2-2-1　2011—2023 年宁夏 DHI 参测奶牛日产奶量变化

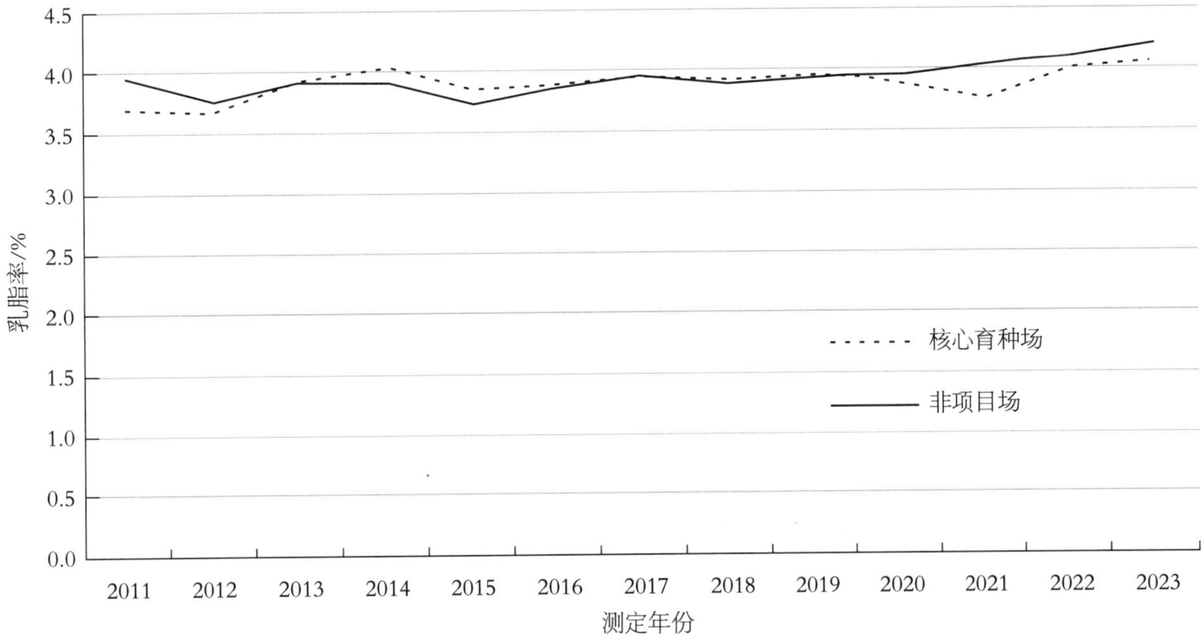

图 2-2-2　2011—2023 年宁夏 DHI 参测奶牛乳脂率变化

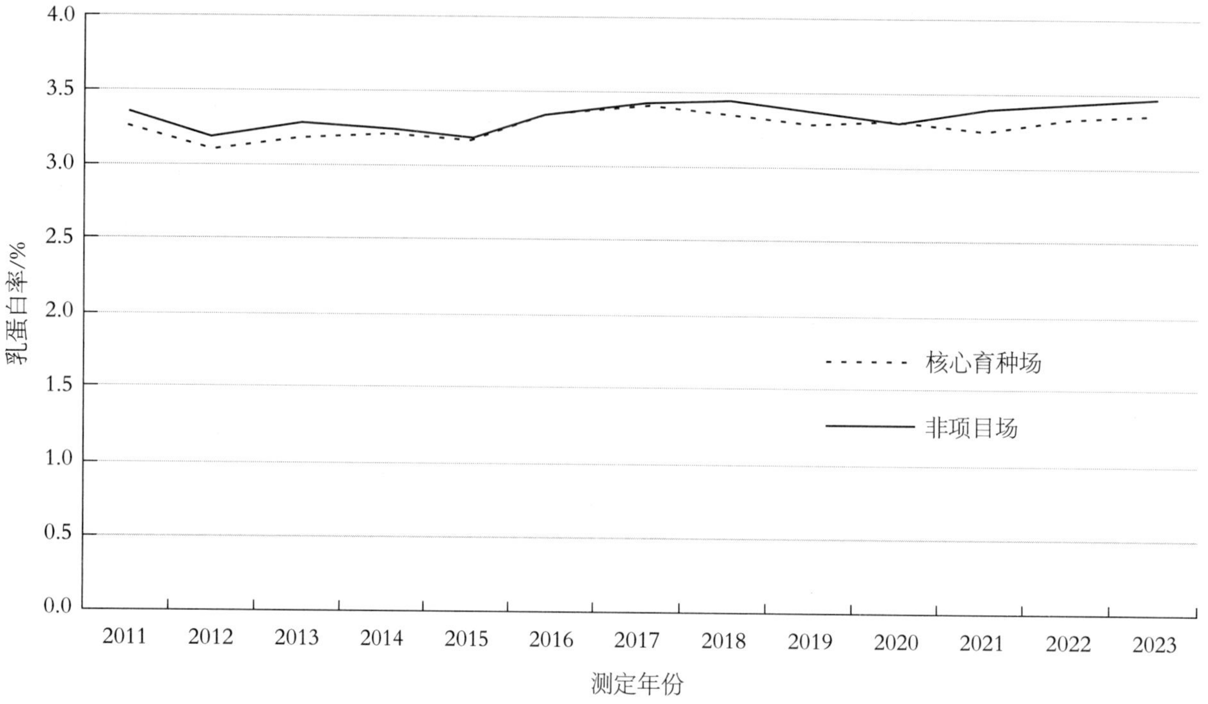

图 2-2-3　2011—2023 年宁夏 DHI 参测奶牛乳蛋白率变化

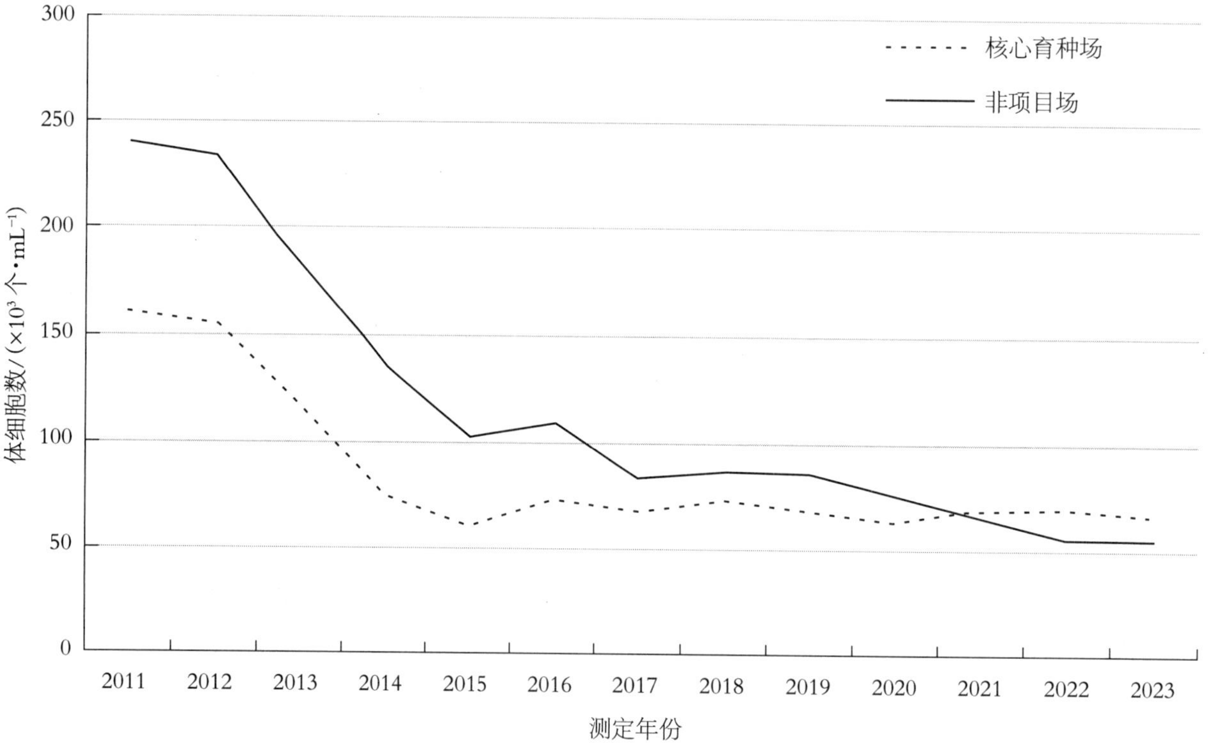

图 2-2-4　2011—2023 年宁夏 DHI 参测奶牛体细胞数变化

在产奶量方面，核心育种场奶牛的整体表现优于非项目场，但二者间的差距逐年缩小；在乳脂率和乳蛋白率方面，非项目场与核心育种场基本一致。计算宁夏奶牛体细胞数平均水平时，应将原始记录中的体细胞数转换为体细胞评分，获得体细胞评分均值后再转换为宁夏奶牛体细胞数平均值。

随奶牛出生年份的变化趋势：宁夏 DHI 非项目场和核心育种场奶牛的产奶量、乳脂率、乳蛋白率和体细胞数随奶牛出生年份的变化见图 2-2-5 至图 2-2-8。其中，截至 2018 年，产奶量基本呈逐年递增的趋势，2019—2022 年出生奶牛的产奶量略有降低；乳脂率和乳蛋白率的变化趋于平缓，2021—

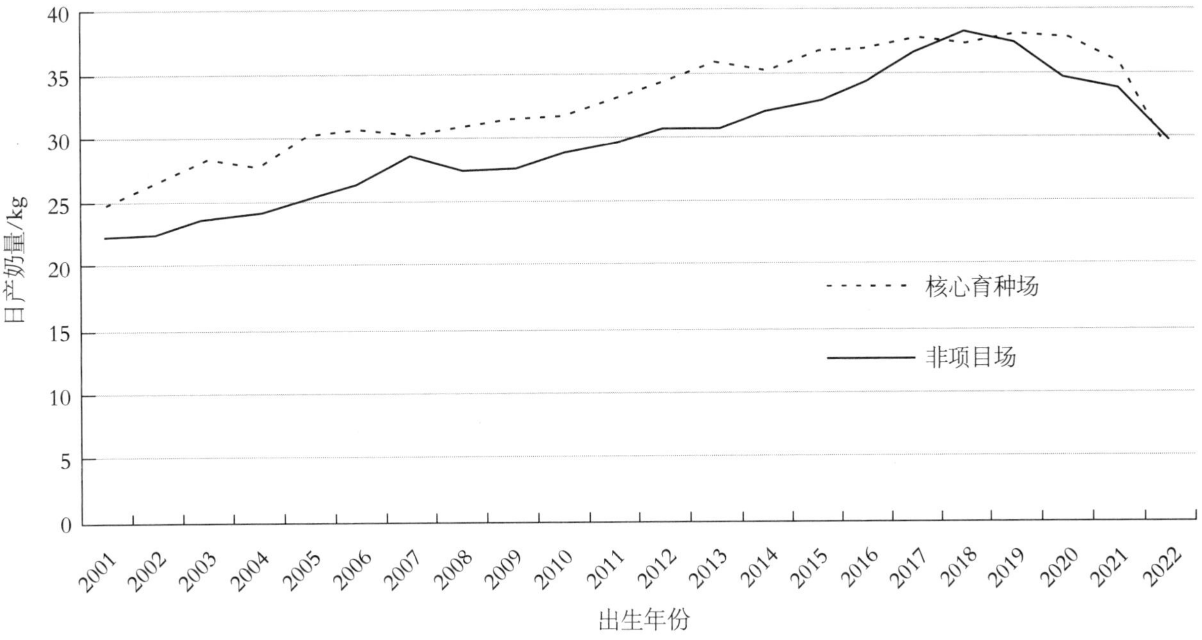

图 2-2-5　宁夏 2001—2022 年出生奶牛的日产奶量变化

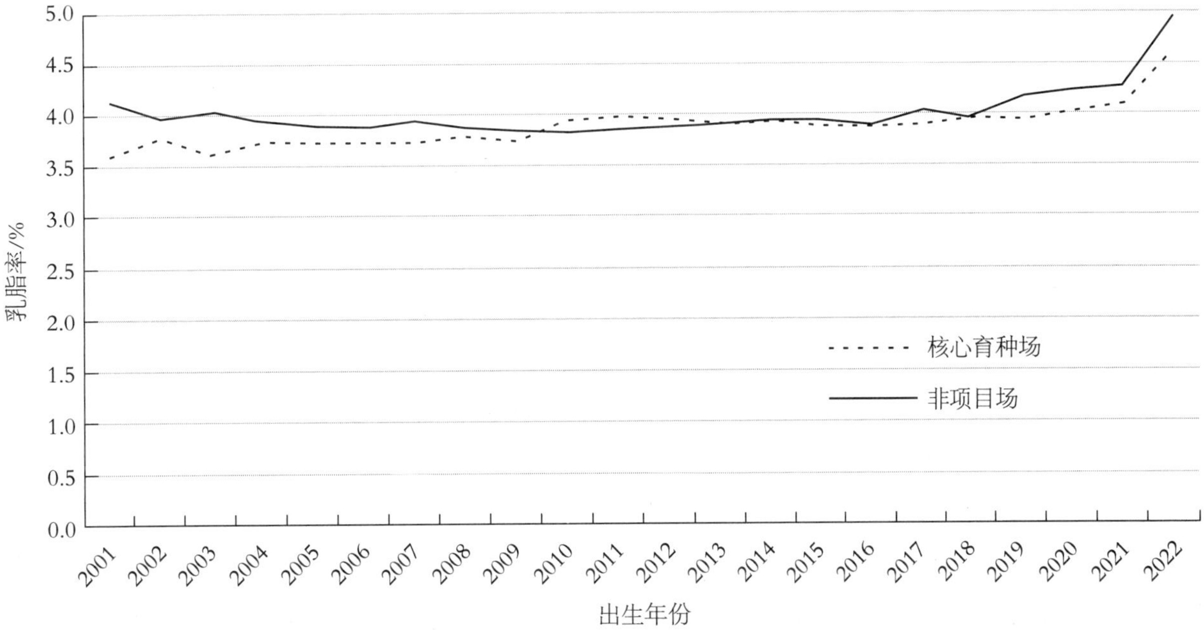

图 2-2-6　宁夏 2001—2022 年出生奶牛的乳脂率变化

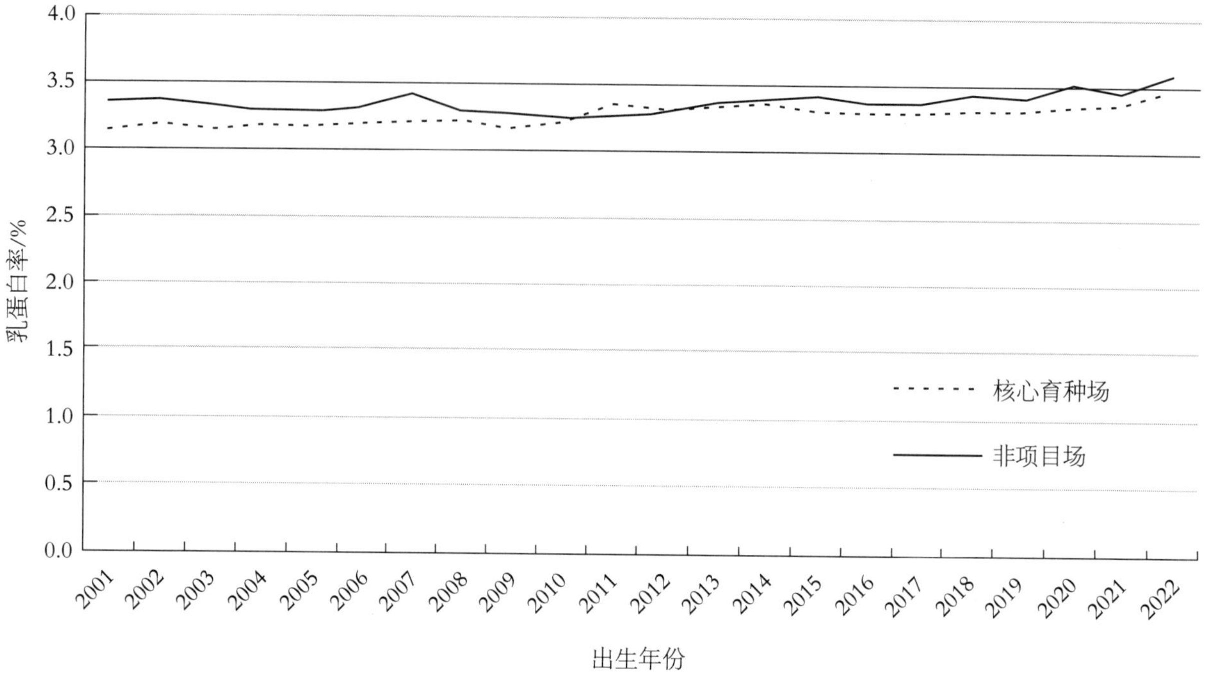

图 2-2-7 宁夏 2001—2022 年出生奶牛的乳蛋白率变化

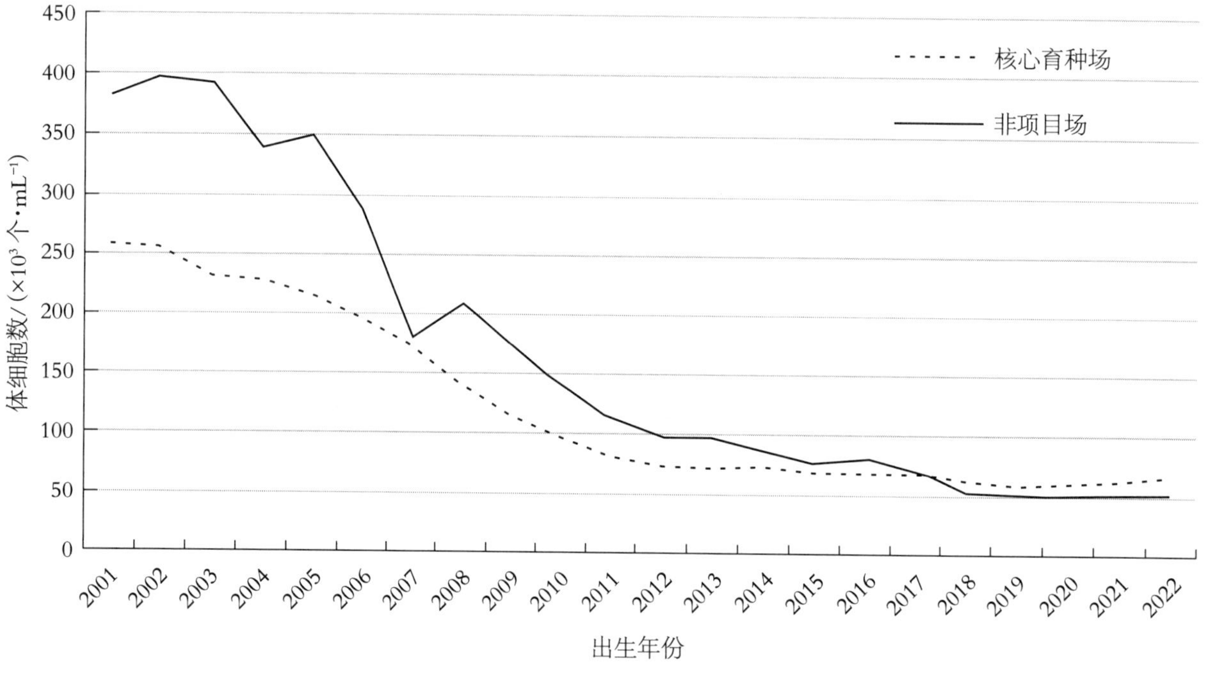

图 2-2-8 宁夏 2001—2022 年出生奶牛的体细胞数变化

2022 年，乳脂率增高；体细胞数基本呈逐年降低的趋势，2011 年以后出生的测定牛只下降幅度趋缓。

在产奶量和体细胞数方面，截至 2018 年，核心育种场奶牛的表现总体上优于非项目场；在乳脂率和乳蛋白率方面，核心育种场和非项目场之间的差异较小。计算宁夏奶牛体细胞数平均水平时，应将原始记录中的体细胞数转换为体细胞评分，获得体细胞评分均值后再转换为宁夏奶牛体细胞数平均值。

2.3 参测规模的年度变化

宁夏非项目场和核心育种场 DHI 测定数据规模和牛群规模随测定年份的变化见图 2-3-1 和图 2-3-2。宁夏 DHI 测定数据规模和牛群规模总体上逐年递增，2016 年以后增长幅度较大。

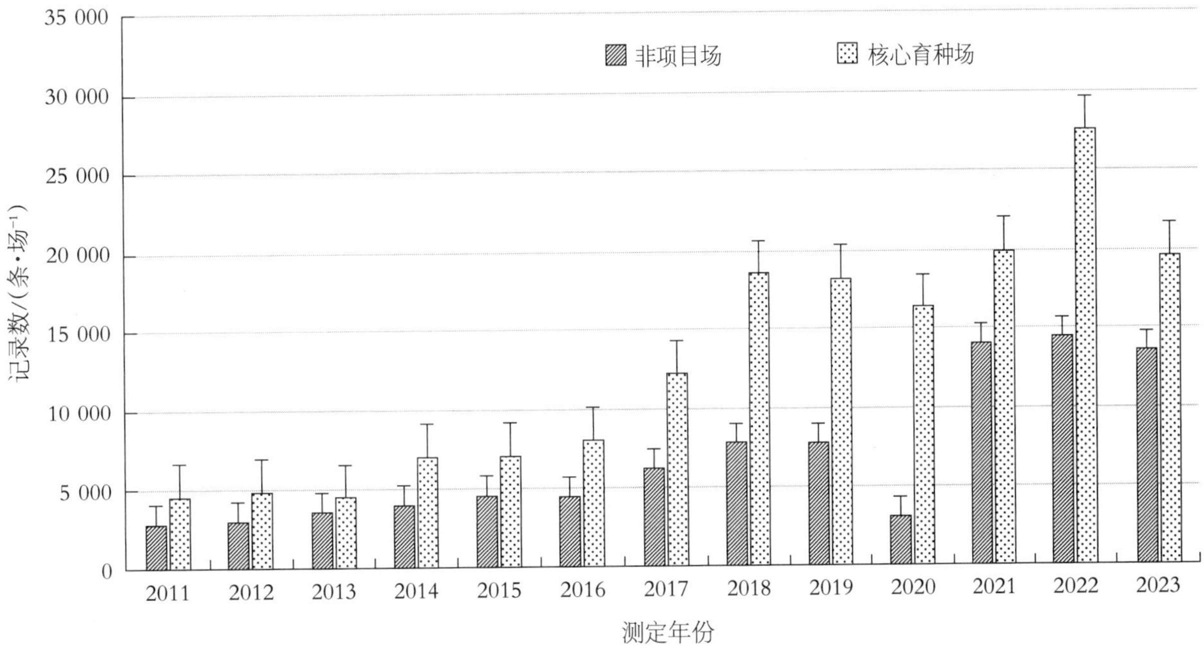

图 2-3-1　2011—2023 年宁夏 DHI 测定数据规模变化

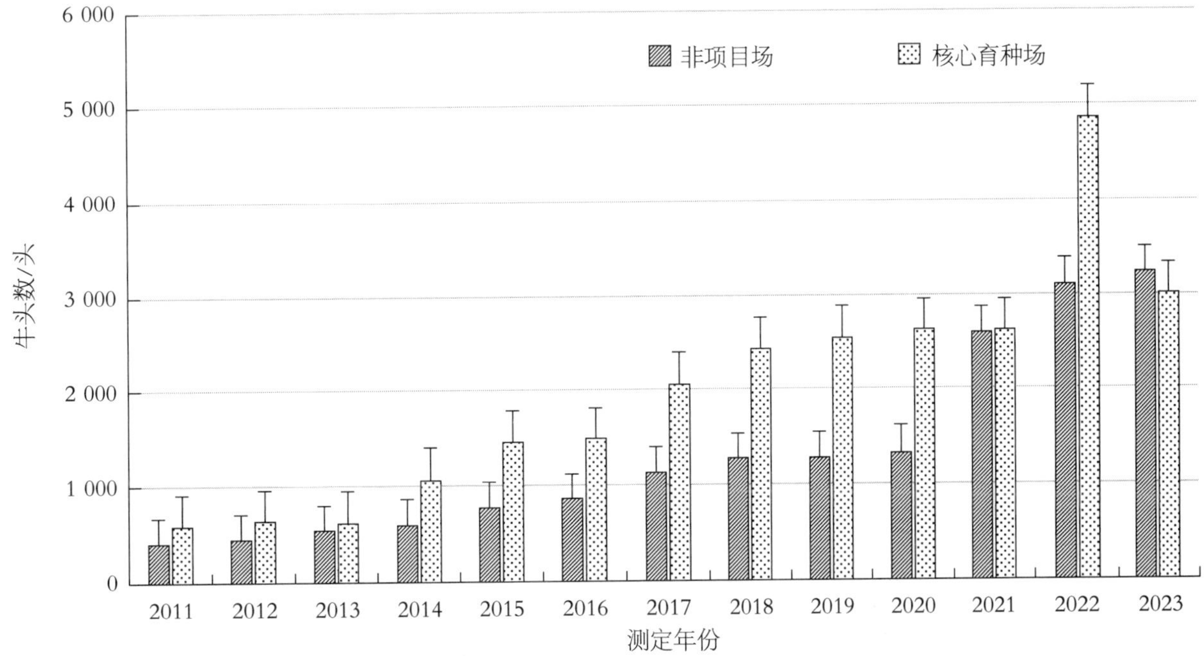

图 2-3-2　2011—2023 年宁夏 DHI 测定牛群规模变化

2.4 测定数据有效比例的年度变化

对 2011—2023 年共计 94 个参测牧场 332 924 头奶牛的 4 127 901 条 DHI 记录进行数据质量控制（以下简称质控），质控标准及质控后的数据量见表 2-4-1。DHI 数据用于育种值估计时，质控后数据有效比例的变化见图 2-4-1 和图 2-4-2。宁夏 DHI 数据的有效比例基本逐年增加，质控标准 4 和质控标准 8 的数据损失量最大，牧场系谱收集整理等方面的工作有待加强，应严格按照《中国荷斯坦牛生产性能测定技术规范》执行。

表 2-4-1　DHI 数据用于遗传参数、育种值及产奶量育种值估计的质控标准和质控后数据量

分类		质控标准	质控后数据量		
			遗传参数估计[a]	育种值估计[b]	产奶量育种值估计[b]
原始数据		—[c]	2 458 393	4 127 901	4 127 901
1		信息记录完整[d]	2 437 241	4 126 696	4 126 696
2	2.1	日产奶量 5~100 kg	2 431 755	4 101 155	4 101 155
	2.2	乳脂率 2%~6.2%	2 414 275	3 965 936	—
	2.3	乳蛋白率 2%~5%	2 410 781	3 962 123	—
	2.4	体细胞数 1 万 ~ 600 万个/mL	2 389 566	3 830 830	—
3	3.1	1 胎产犊月龄 20~50 个月	2 367 590	3 805 544	4 074 111
	3.2	2 胎产犊月龄 32~66 个月	2 349 250	3 779 951	4 046 581
	3.3	3 胎产犊月龄 43~81 个月	2 327 471	3 756 271	4 020 623
	3.4	4 胎产犊月龄 56~101 个月	2 314 181	3 730 827	3 993 444
	3.5	5 胎产犊月龄 60 ~120 个月	2 310 752	3 727 252	3 989 698
	3.6	6 胎产犊月龄 70~140 个月	2 310 100	3 725 674	3 988 081
	3.7	7 胎产犊月龄 80~150 个月	2 309 856	3 724 459	3 986 825
	3.8	8 胎产犊月龄 90~160 个月	2 309 683	3 723 978	3 986 315
	3.9	9 胎产犊月龄 100~180 个月	2 309 583	3 723 884	3 986 214
	3.10	10 胎产犊月龄 110~200 个月	2 309 550	3 723 854	3 986 183
	3.11	胎次 1~10 胎		3 723 423	3 985 735
4		泌乳天数 5~305 d	1 859 045	3 089 463	3 313 303
5		胎次内至少有一条泌乳天数 < 90 d 时的记录	1 690 641	2 697 432	2 938 006

续表

分类		质控标准	质控后数据量		
			遗传参数估计[a]	育种值估计[b]	产奶量育种值估计[b]
6		胎次内测定次数>3 次	1 569 933	2 489335	2 737 066
7		场内参测牛头数>100 头	1 569 429	—	—
8		匹配到系谱记录（必须有父亲记录）	1 196 273	—	—
9	9.1	公牛后代女儿数> 20 头	994 975	—	—
	9.2	公牛后代女儿分布场>3 个	644 549	—	—

注：a. 质控后数据用于估计产奶性状的遗传参数，质控标准较为严格；

b. 质控后数据用于估计个体育种值、产奶量育种值，质控标准较为宽松；

c. “—” 表示该质控标准不适用；

d. 信息记录完整指 DHI 记录包含牛号、场号、胎次、出生日期、产犊日期、测定日期及各产奶性能指标测定值等信息。

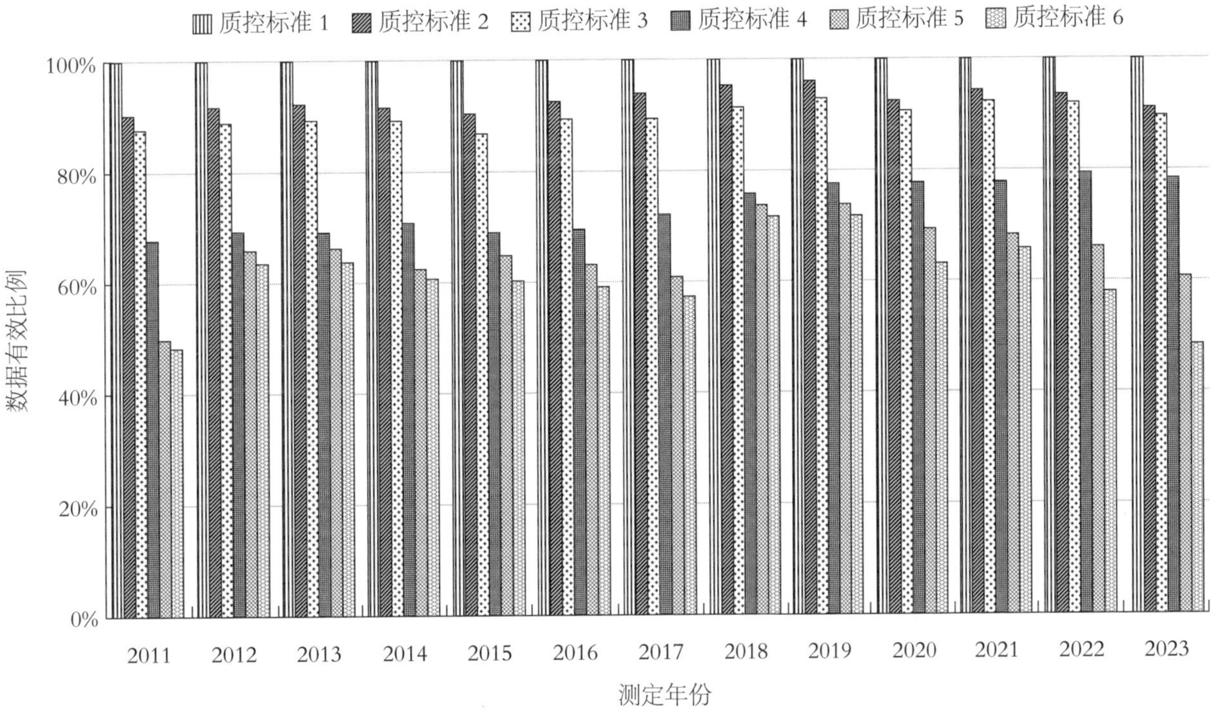

图 2-4-1 2011—2023 年宁夏 DHI 数据用于育种值估计时质控后数据有效比例变化

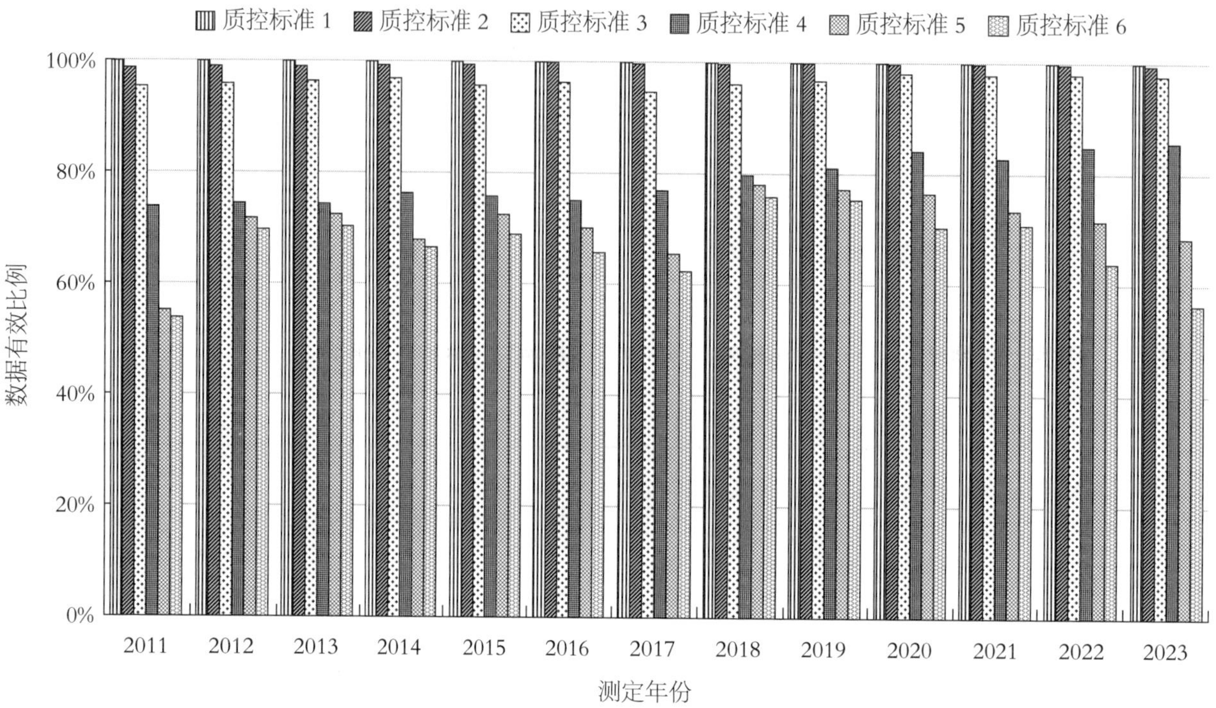

图 2-4-2　2011—2023 年宁夏 DHI 数据用于产奶量育种值估计时质控后数据有效比例变化

3　宁夏奶牛体型线性鉴定概况

3.1　参与体型鉴定牧场数和牛头数的变化

3.1.1　体型鉴定数据质控情况

对宁夏 35 个牧场 2012—2023 年鉴定的 65 424 头 1~10 胎母牛单次体型鉴定记录进行数据质控，质控标准和质控后数据量见表 3-1-1。其中，质控条件 5（泌乳天数 30~180 d）造成的数据损失量最大。

表 3-1-1　宁夏奶牛体型鉴定数据质控标准及质控后数据量

质控条件	质控标准	质控后数据量/条
原始数据	—	65 424
1	无胎次记录或胎次≥4 胎	63 043
2	泌乳天数 5~305 d	58 116
3	1 胎产犊月龄 22~41 个月 2 胎产犊月龄 34~54 个月 3 胎产犊月龄 46~65 个月	50 604
4	匹配到系谱记录	44 760
5	泌乳天数 30~180 d	36 472

2013—2023 年体型鉴定数据中，不同质控条件下的数据有效比例见图 3-1-1。总体上，数据有效比例随鉴定年份逐年上升。根据《中国荷斯坦牛体型鉴定技术规程》，鉴定奶牛应满足泌乳天数 30 ~ 180 d 的条件，不符合该基本条件的鉴定奶牛有 8 288 头，占比达 12.7%。

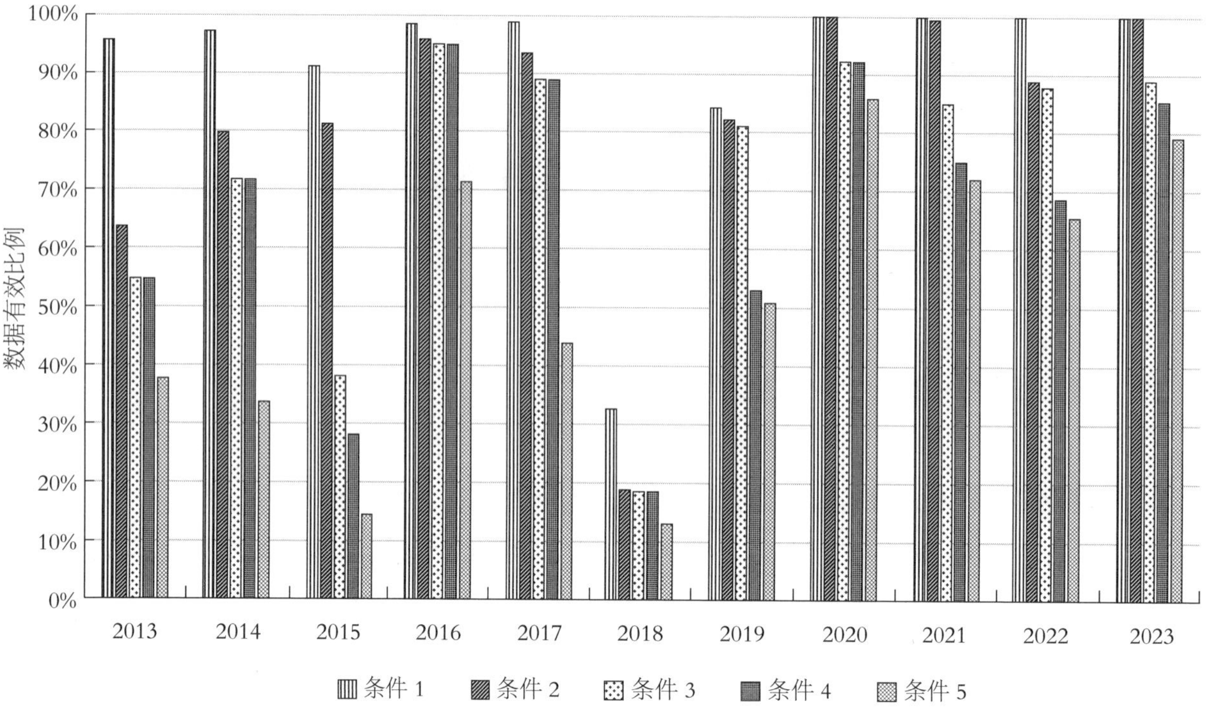

图 3-1-1 2013—2023 年宁夏奶牛体型鉴定数据在不同质控条件下的有效比例

3.1.2 胎次分布

2012—2023 年参与体型鉴定奶牛鉴定时的胎次分布见图 3-1-2。具有胎次记录且不超过 3 胎的 61 566 头鉴定母牛中，1 胎牛有 51 354 头，2 胎牛有 7 878 头，3 胎牛有 2 334 头；1 胎牛占比最大，达 83.4%。

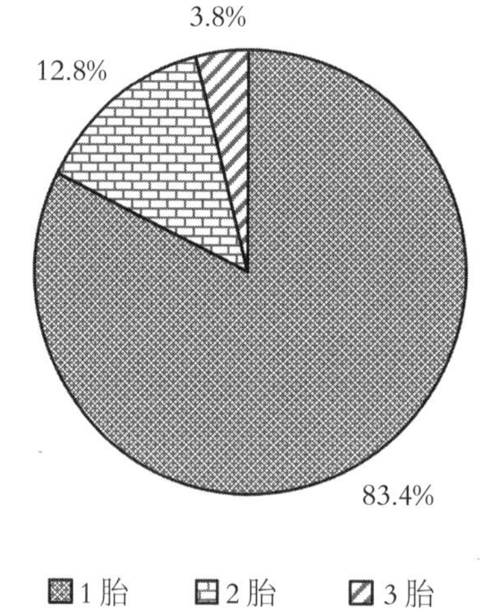

图 3-1-2 2012—2023 年宁夏奶牛体型鉴定时的胎次分布

3.1.3 体型鉴定数据量在各场的分布

宁夏参加体型鉴定的头胎牛在各场的分布情况见图 3-1-3。所有参与鉴定的牧场中，640190 号牧场参与鉴定的牛头数最多，占比达 21.44%；其他牧场中，数据量占比最大的牧场仅占 15.32%。此外，核心育种场数据量占全宁夏数据量的 58.33%。

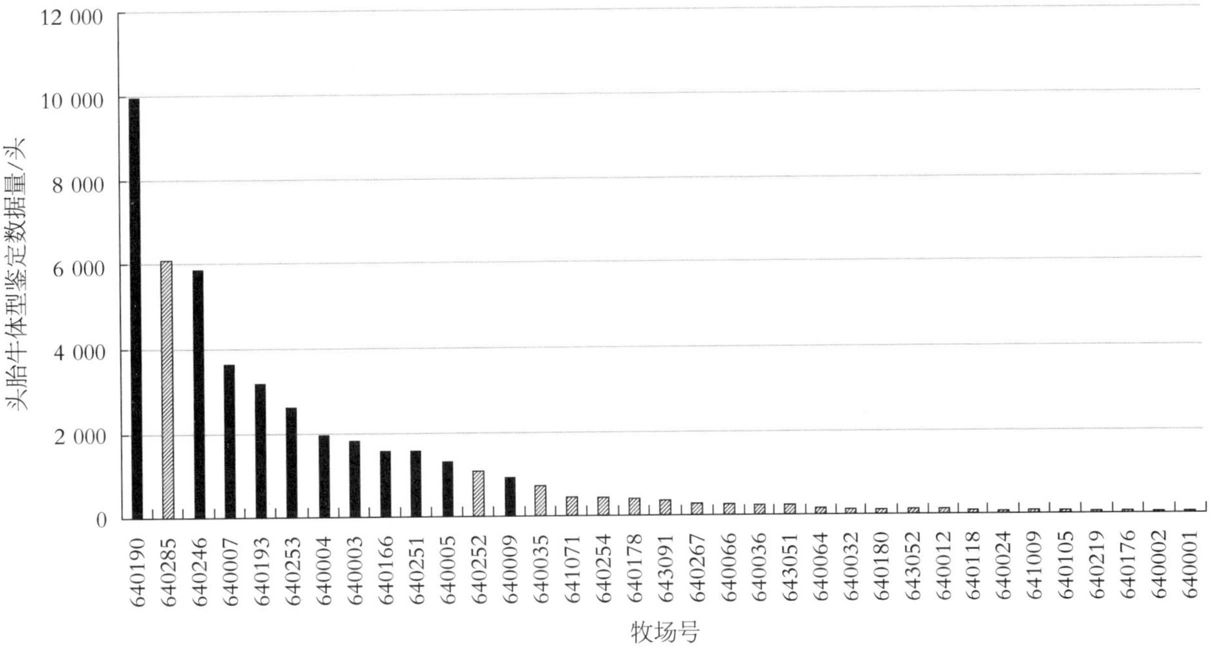

图 3-1-3 宁夏头胎牛体型鉴定数据量在各场的分布变化

注：黑色为核心育种场，灰色为非项目场。

宁夏 2010—2021 年出生的头胎牛参与体型鉴定的牛头数及牧场数的变化趋势见图 3-1-4。参加体型鉴定的头胎牛多出生于 2012—2013 年和 2017—2020 年，占比达 83.2%。

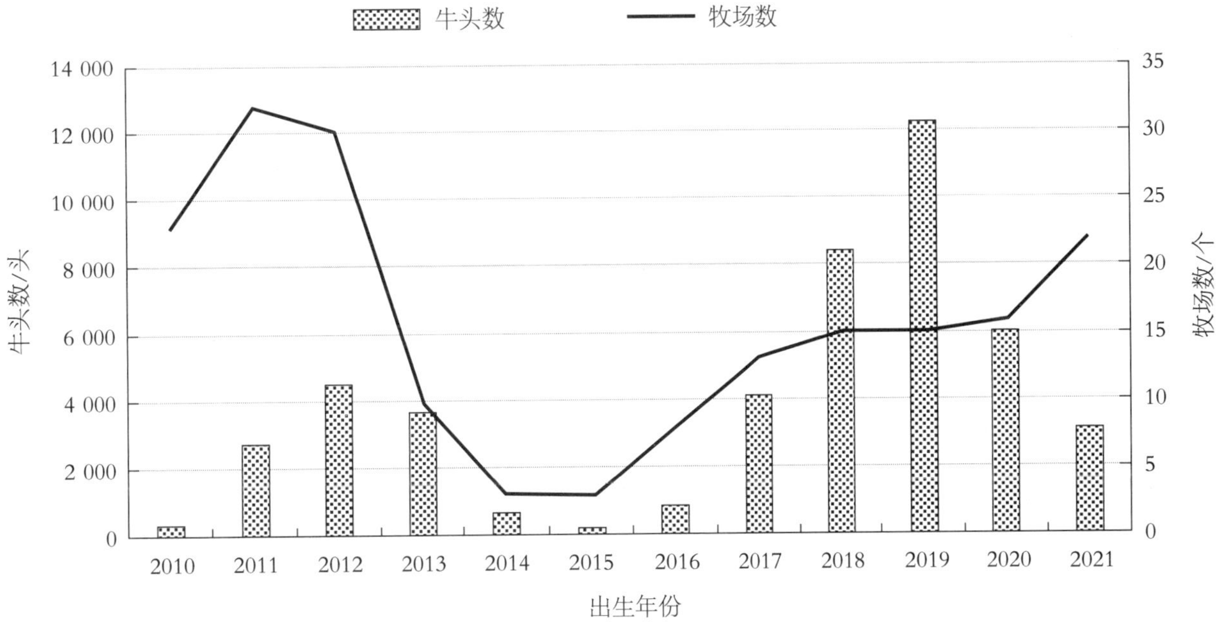

图 3-1-4 宁夏 2010—2021 年出生的头胎牛参与体型鉴定的牛头数及牧场数

3.2 参与体型鉴定的牧场鉴定规模变化

宁夏 2011—2021 年出生的奶牛中，参与体型鉴定的牧场平均鉴定牛头数见图 3-2-1（仅统计参与体型鉴定的头胎牛）。2013 年和 2017—2020 年参与体型鉴定的牧场鉴定规模较大。

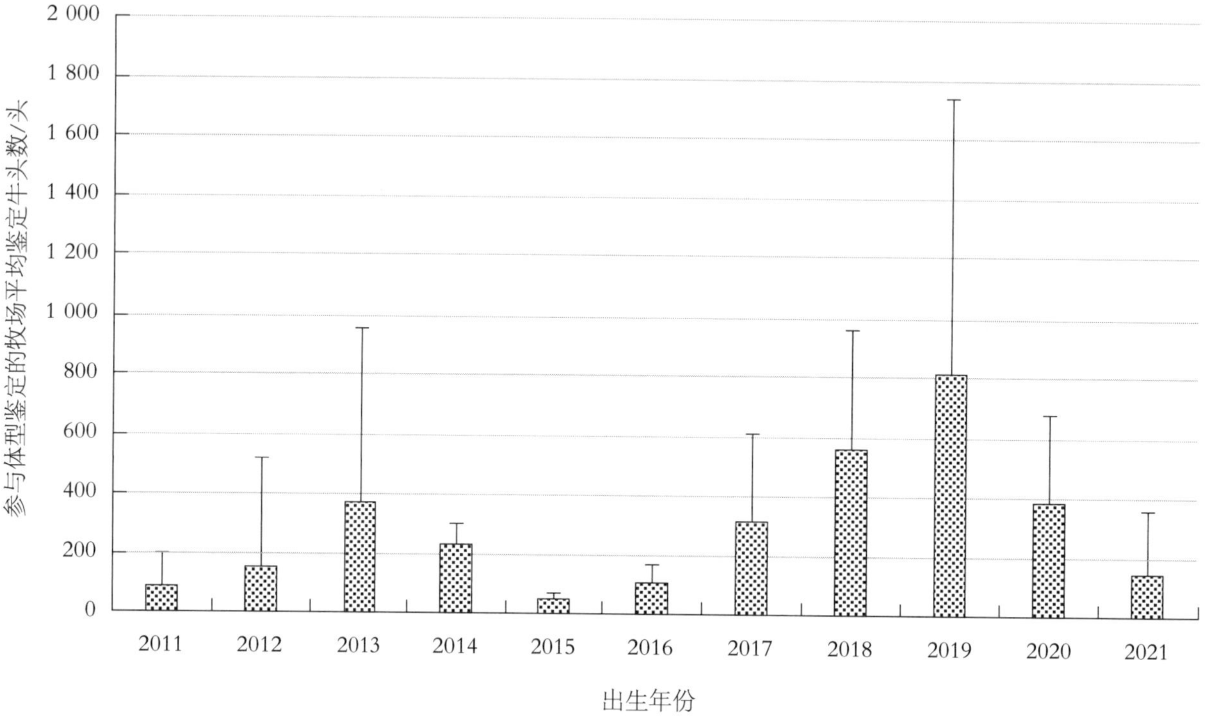

图 3-2-1 宁夏 2011—2021 年出生的头胎牛参与体型鉴定的牧场鉴定规模

3.3 体型鉴定各部位综合评分及体型总分的年度变化

根据《中国荷斯坦牛体型鉴定技术规程》，加权计算得到各部位综合评分及体型总分。宁夏奶牛体型总分及各部位综合评分随出生年份的变化趋势见图 3-3-1 至图 3-3-6。

3.4 奶牛体型总分不同等级比例的年度变化

根据《中国荷斯坦牛体型鉴定技术规程》，对宁夏参与体型鉴定的头胎牛进行体型总分等级划分，不同等级的头胎牛占比见图 3-4-1。宁夏荷斯坦牛体型总分多处于好佳（good plus）及以上等级。

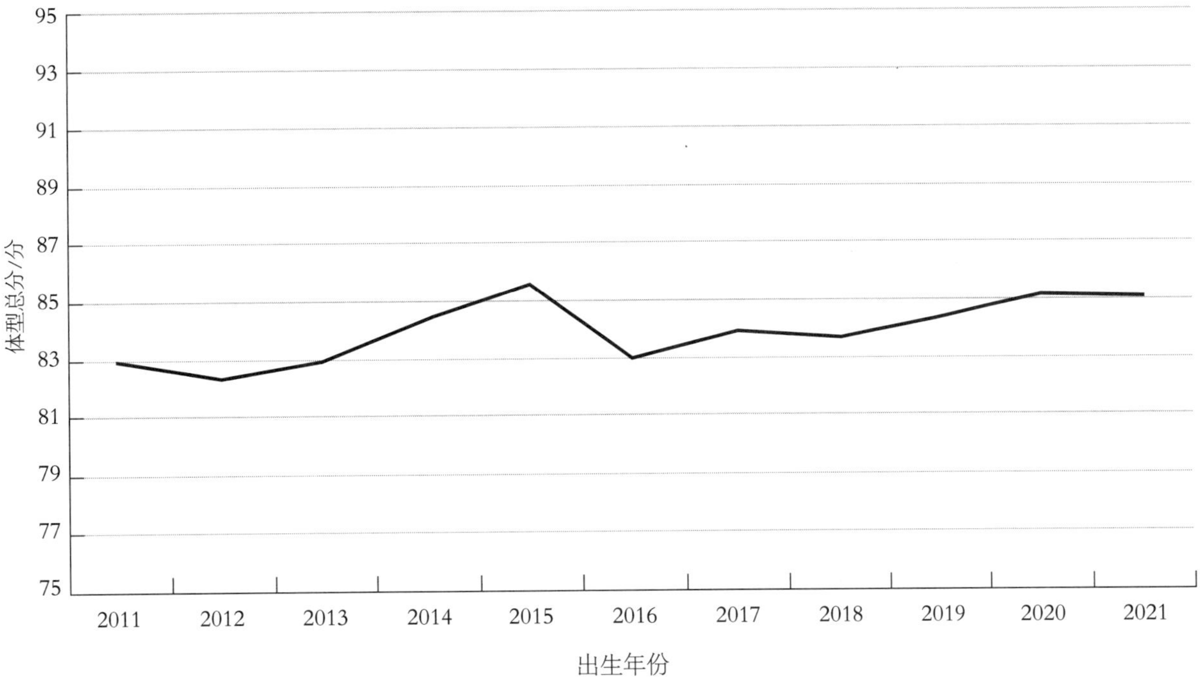

图 3-3-1　宁夏 2011—2021 年出生的头胎牛体型总分变化

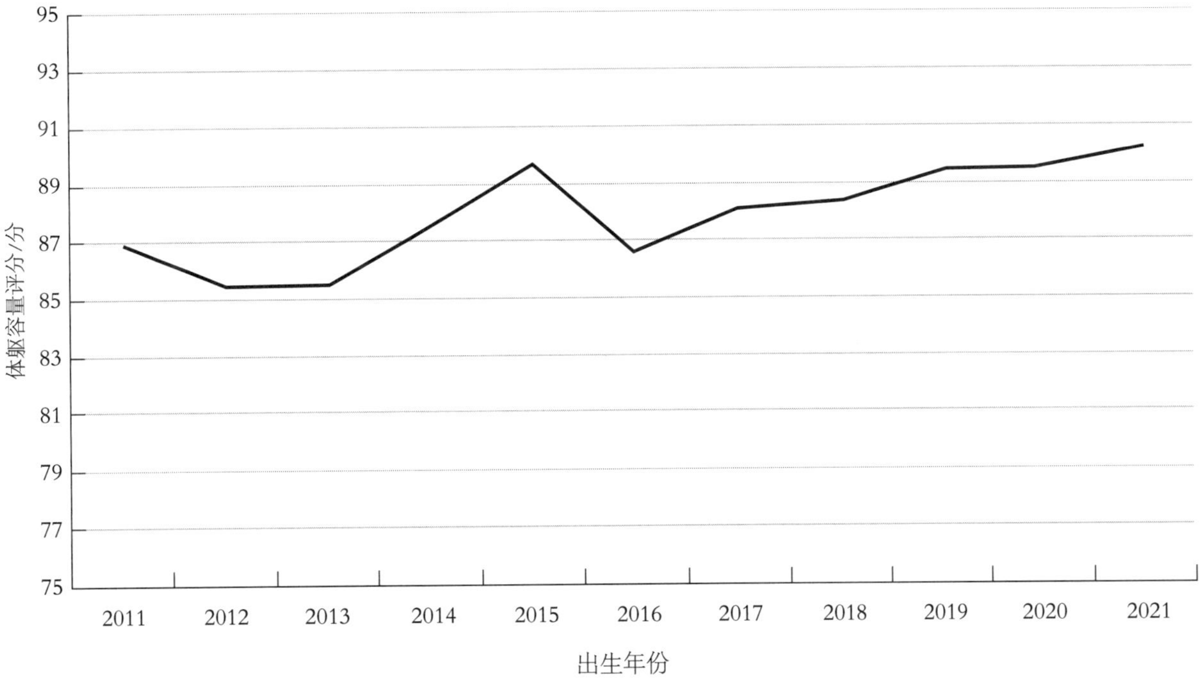

图 3-3-2　宁夏 2011—2021 年出生的头胎牛体躯容量评分变化

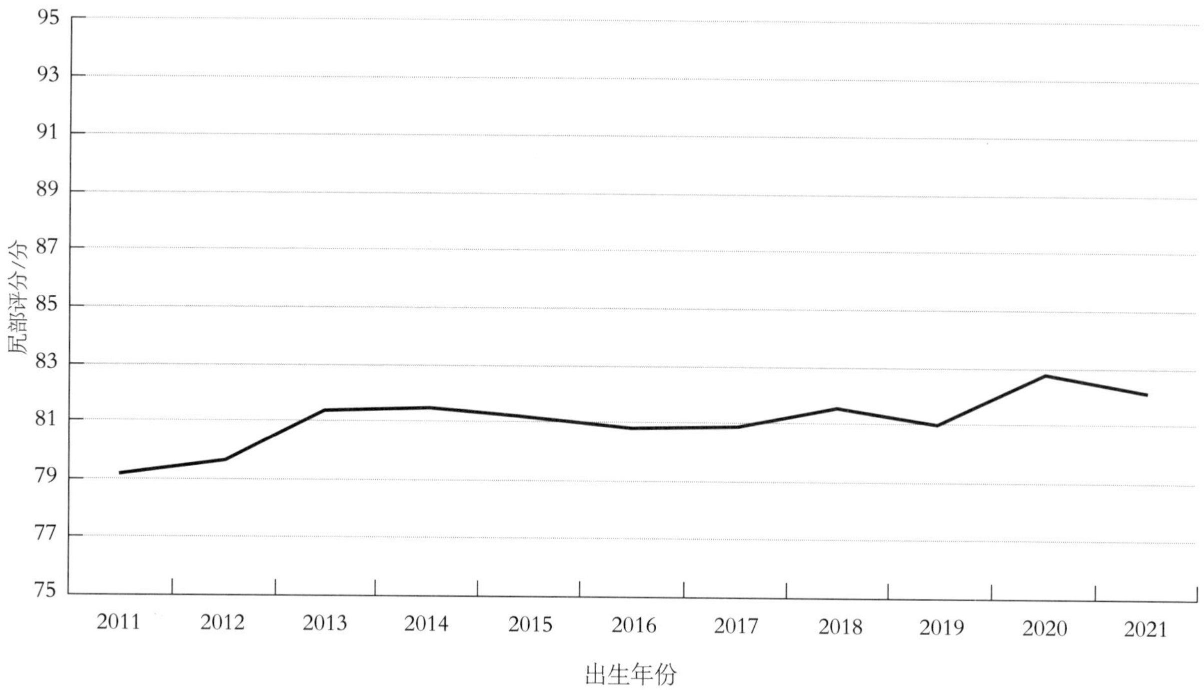

图 3-3-3 宁夏 2011—2021 年出生的头胎牛尻部评分变化

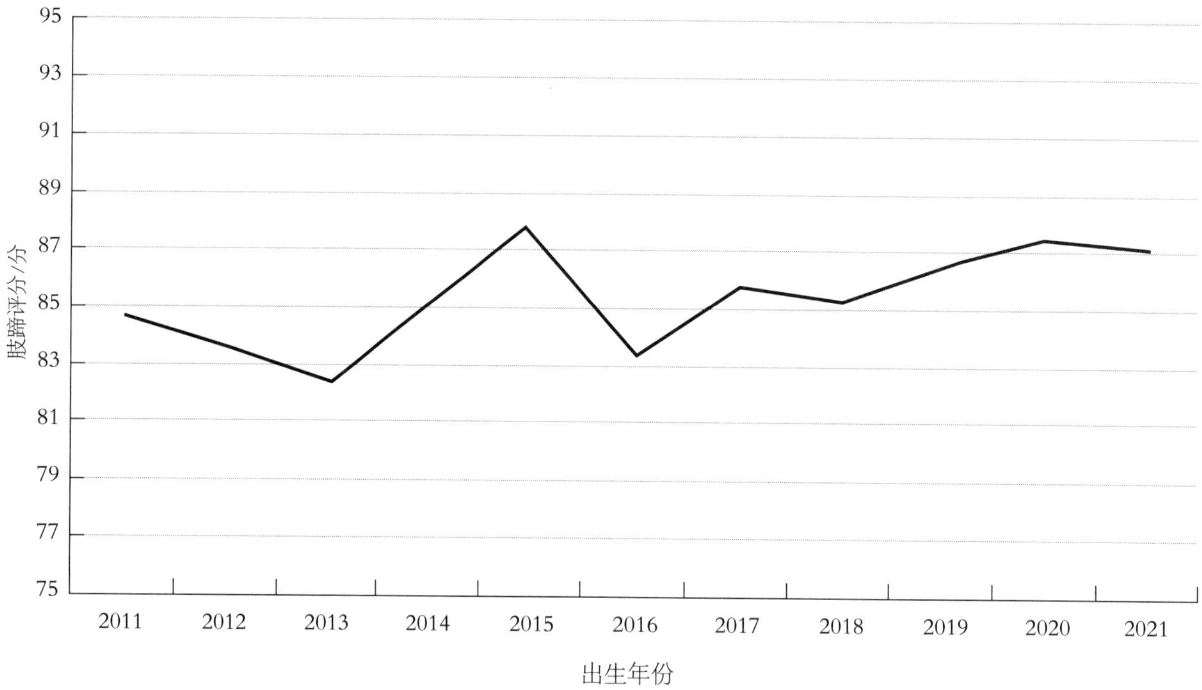

图 3-3-4 宁夏 2011—2021 年出生的头胎牛肢蹄评分变化

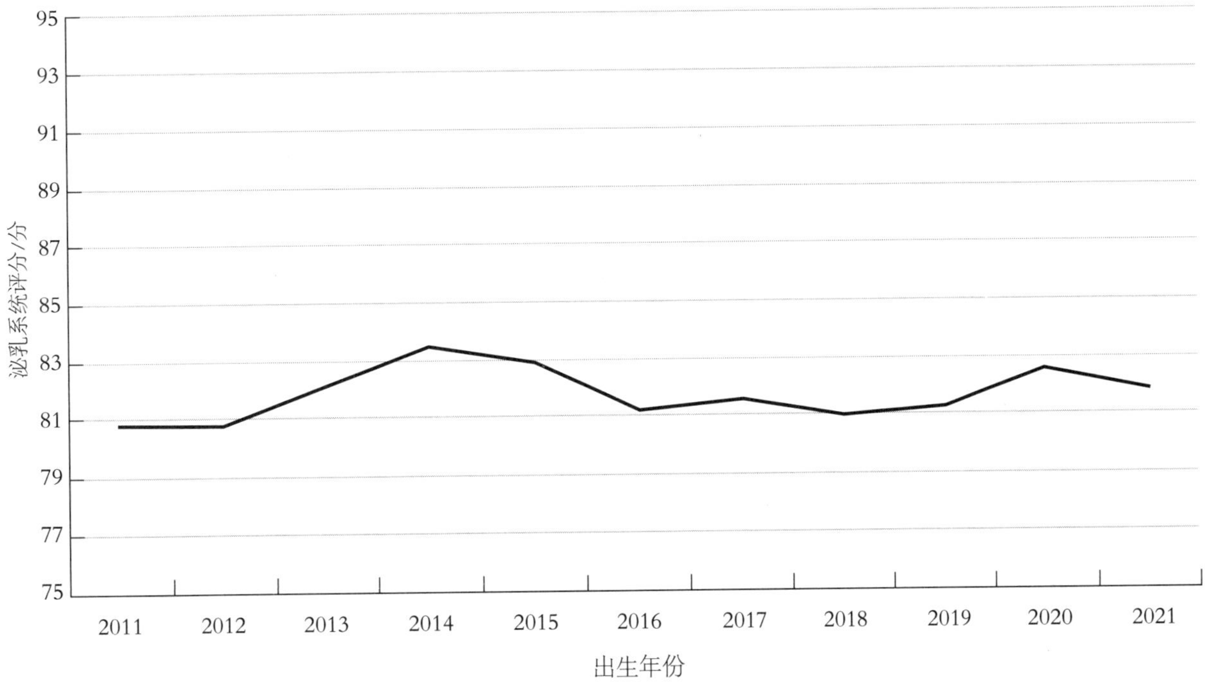

图 3-3-5 宁夏 2011—2021 年出生的头胎牛泌乳系统评分变化

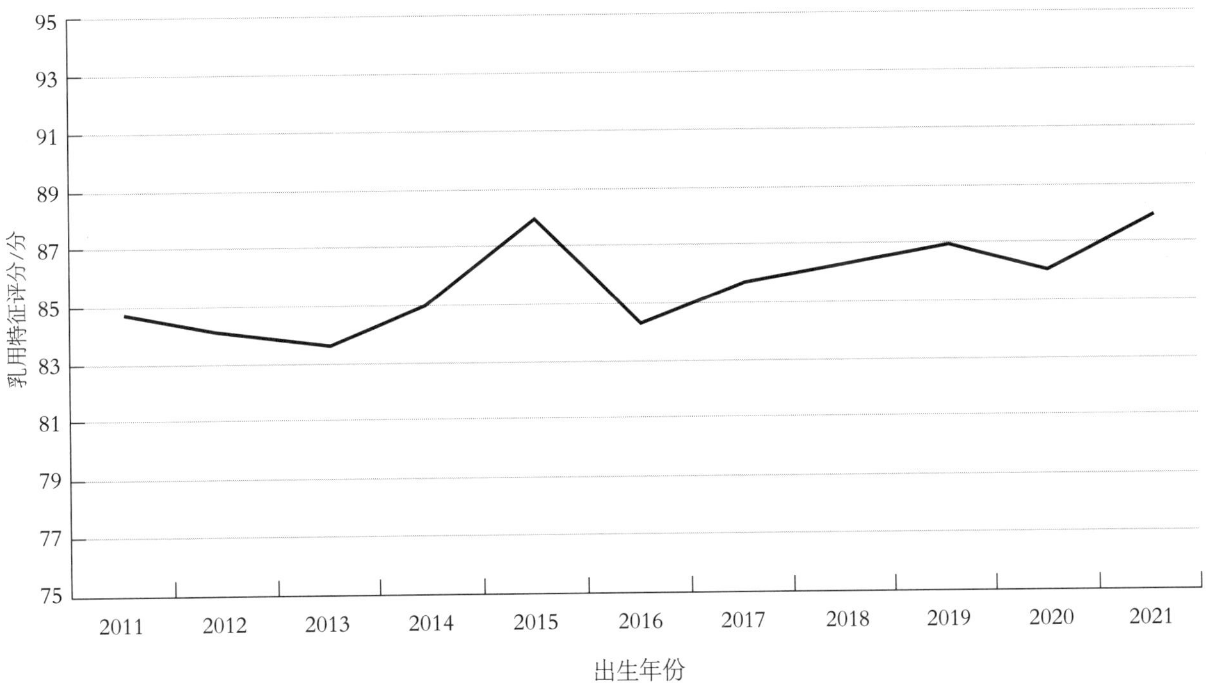

图 3-3-6 宁夏 2011—2021 年出生的头胎牛乳用特征评分变化

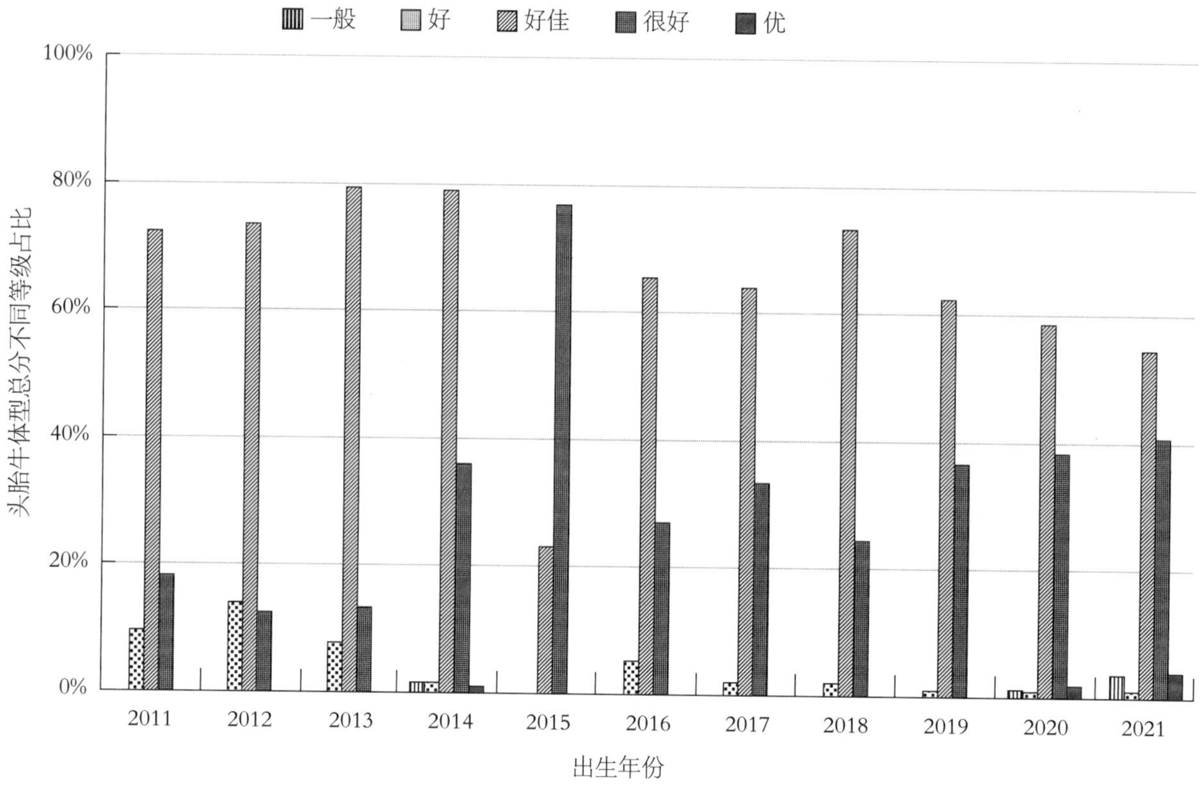

图 3-4-1 宁夏 2011—2021 年出生的头胎牛体型总分等级比例变化

4 宁夏奶牛管理性状概况

基于核心育种场记录的奶牛出生、配种、产犊、妊检、干奶和淘汰等生产事件，计算繁殖、产犊和长寿等管理性状的表型值，展示宁夏代表性牛群的管理性状。

4.1 繁殖性状

根据宁夏 12 个核心育种场 141 530 头荷斯坦牛的出生、配种、产犊和妊检记录，计算宁夏奶牛各繁殖性状的表型值。核心育种场奶牛首次配种日龄（AFS）、首次产犊日龄（AFC）、青年牛首末次配种间隔（IFL_H）、经产牛首末次配种间隔（IFL_C）和产犊至首次配种间隔（ICF）等性状随出生年份的变化趋势见图 4-1-1 至图 4-1-5。

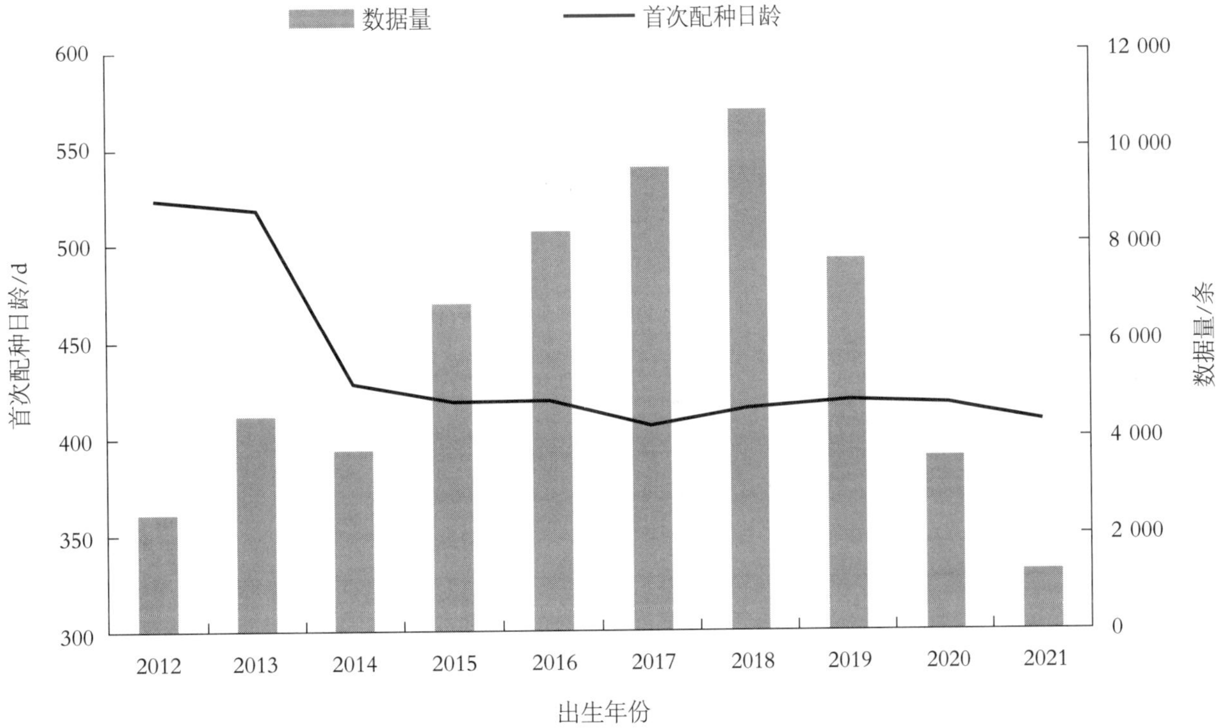

图 4-1-1 宁夏 2012—2021 年出生的奶牛首次配种日龄变化

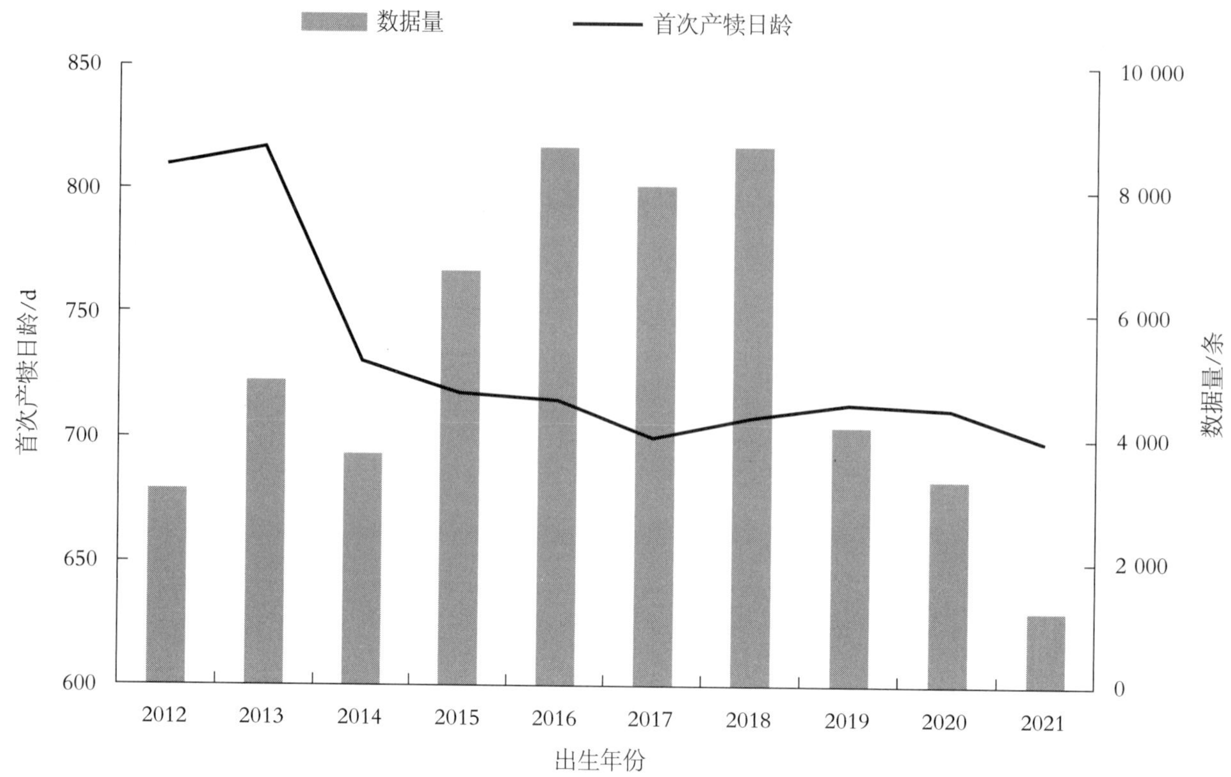

图 4-1-2 宁夏 2012—2021 年出生的奶牛首次产犊日龄变化

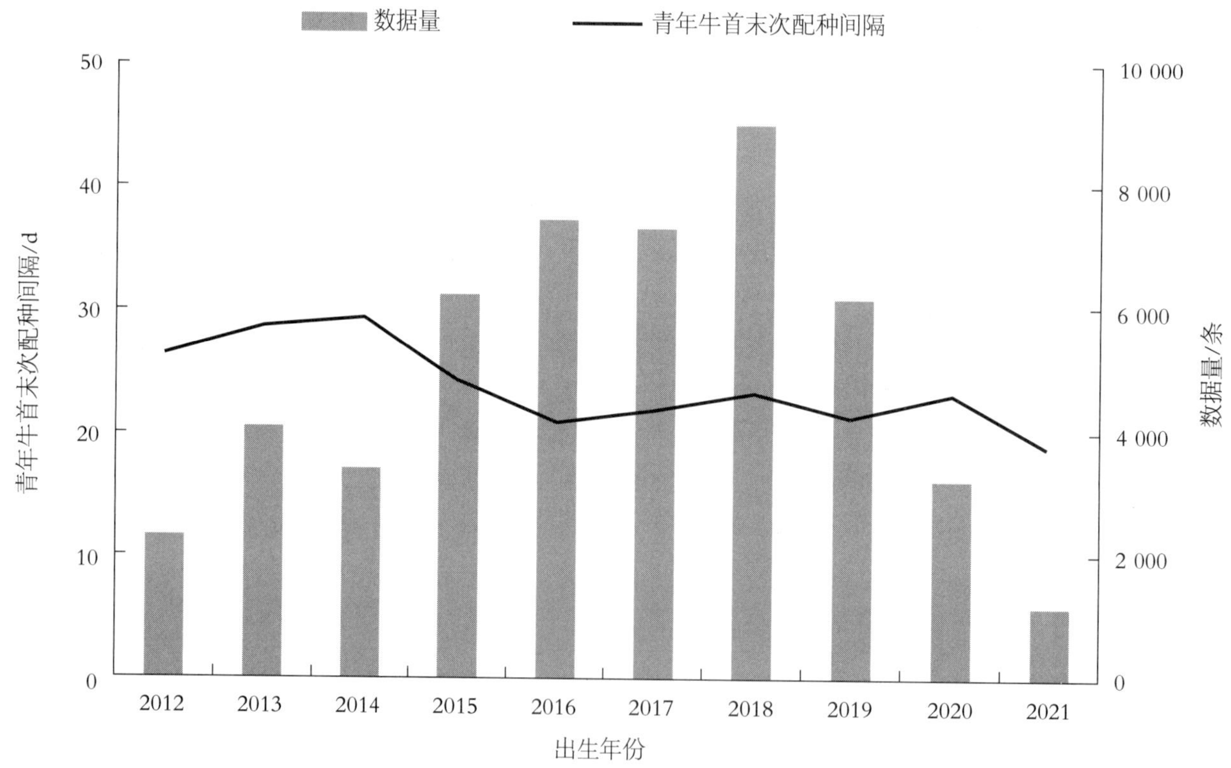

图 4-1-3 宁夏 2012—2021 年出生的青年牛首末次配种间隔变化

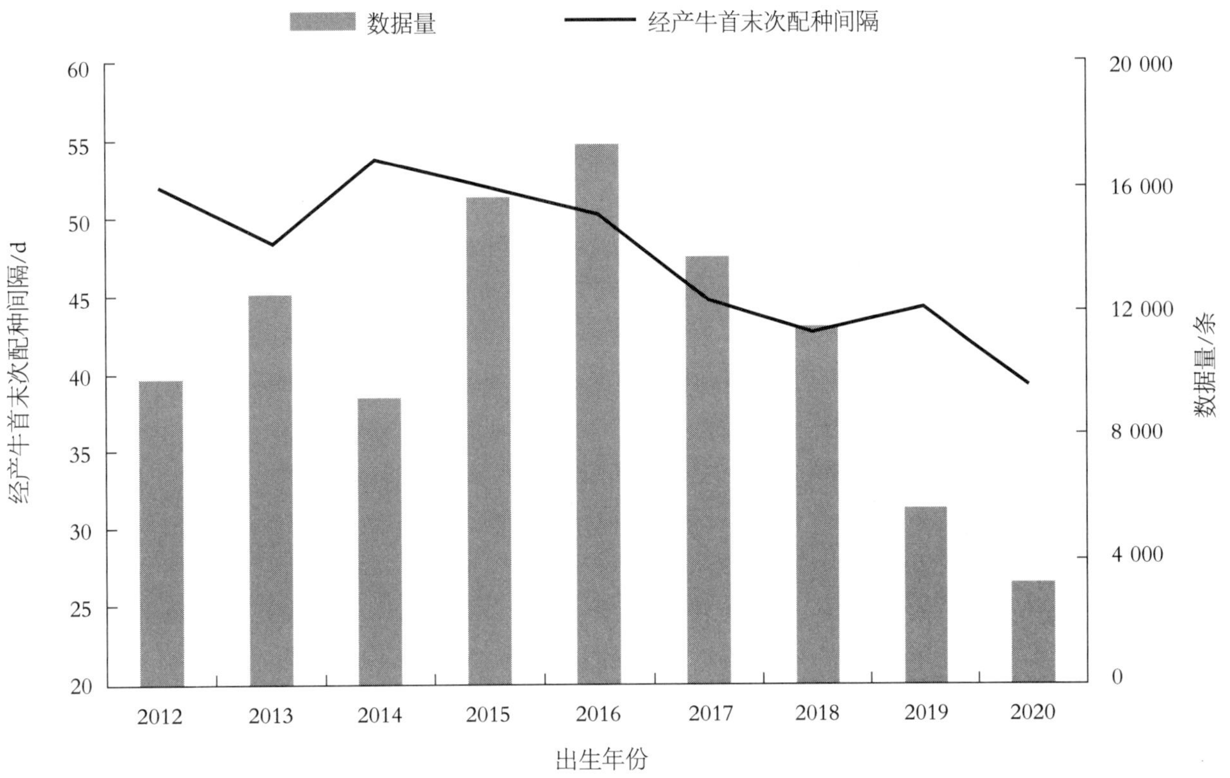

图 4-1-4 宁夏 2012—2020 年出生的经产牛首末次配种间隔变化

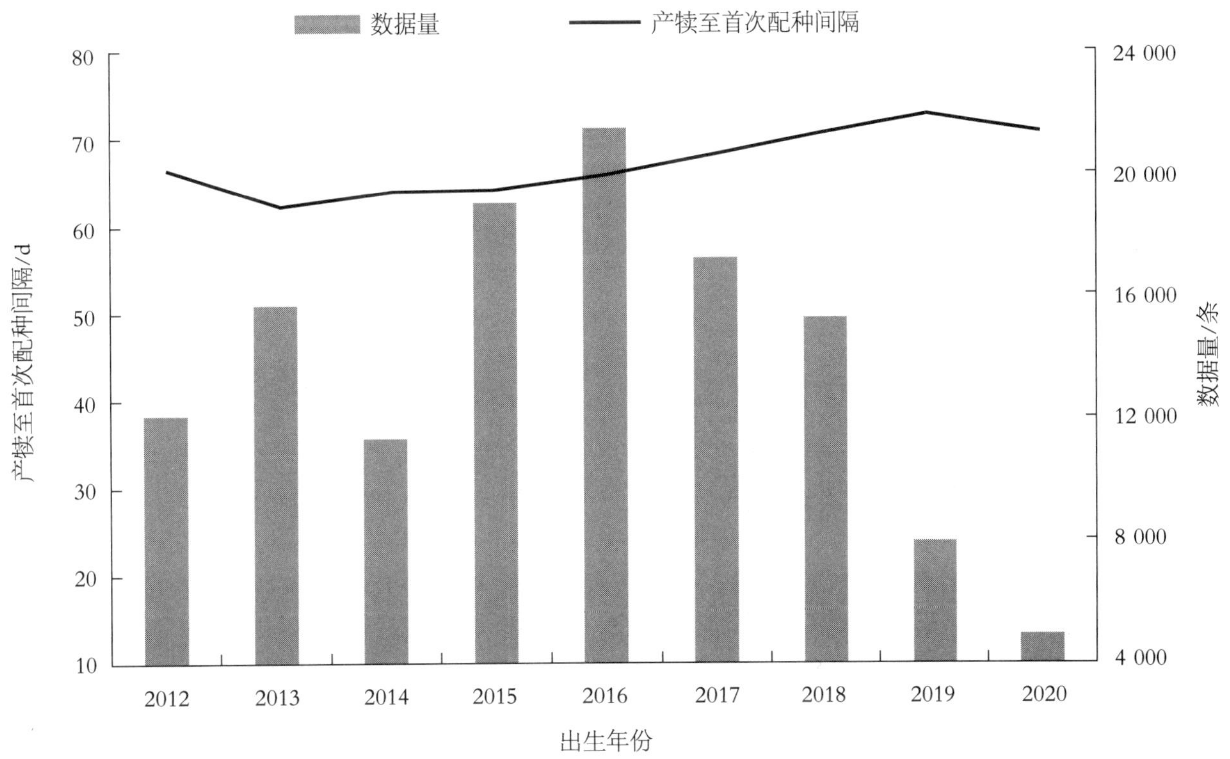

图 4-1-5 宁夏 2012—2020 年出生的奶牛产犊至首次配种间隔变化

4.2 产犊性状

根据宁夏 12 个核心育种场 78 720 头荷斯坦牛的产犊记录，计算宁夏奶牛各产犊性状的表型值。核心育种场奶牛青年牛产犊难易性（CE_H）、经产牛产犊难易性（CE_C）、青年牛死产率（SB_H）和经产牛死产率（SB_C）随出生年份的变化趋势见图 4-2-1 至图 4-2-4。

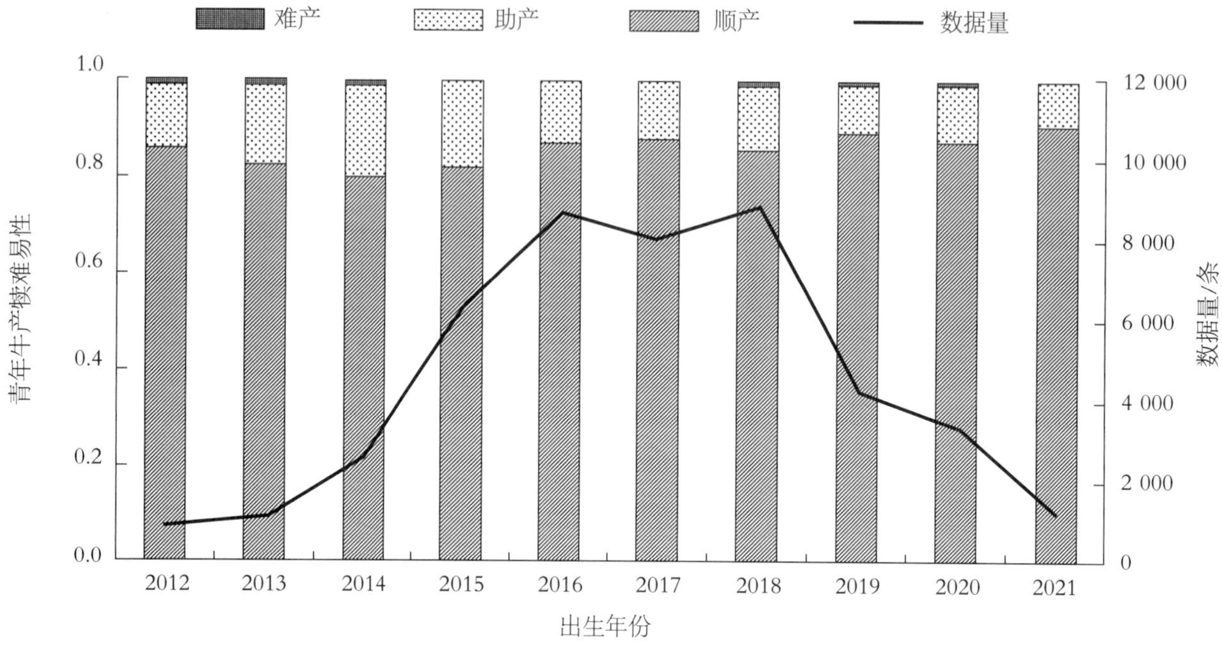

图 4-2-1 宁夏 2012—2021 年出生的青年牛产犊难易性变化

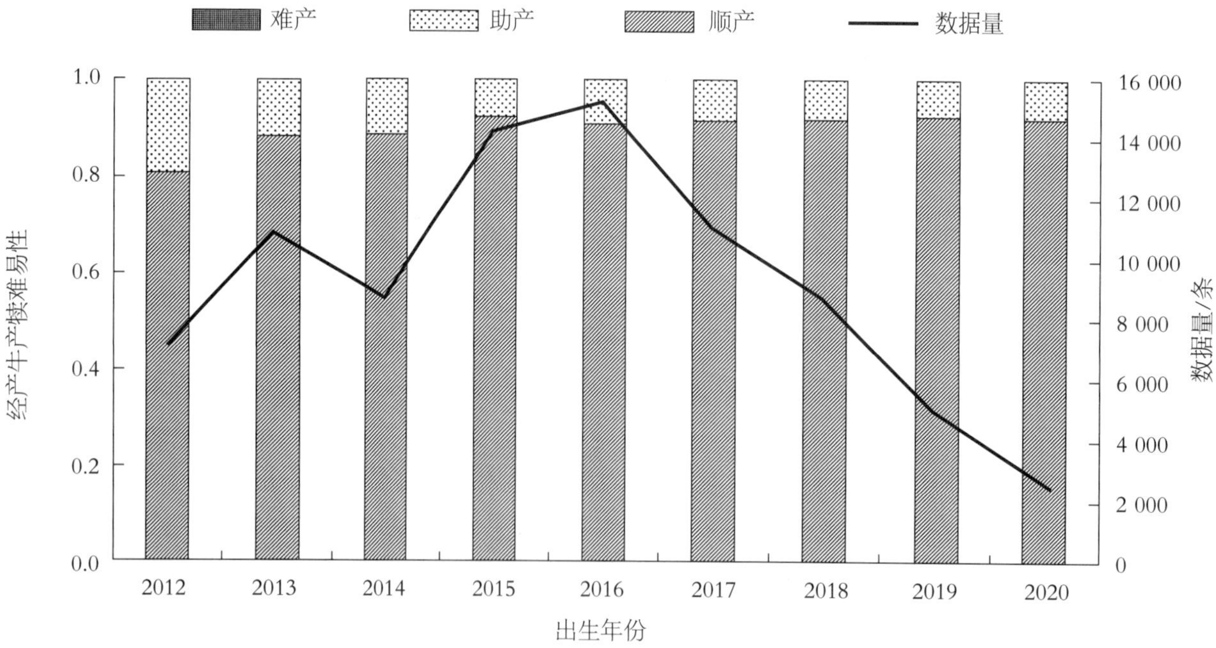

图 4-2-2 宁夏 2012—2020 年出生的经产牛产犊难易性变化

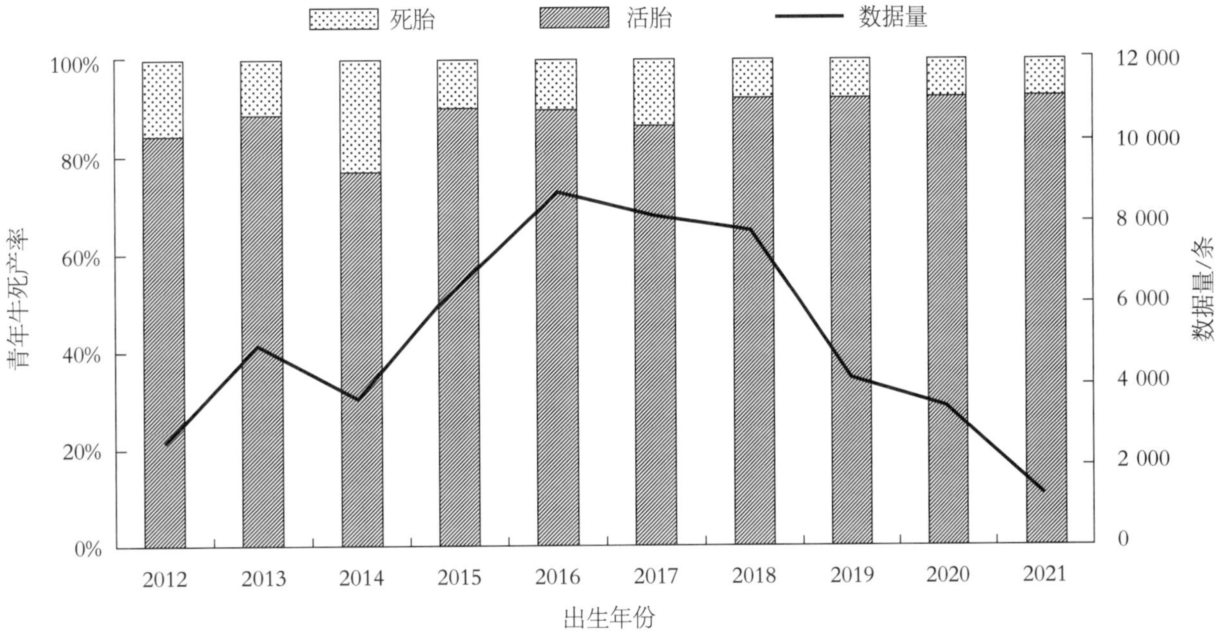

图 4-2-3 宁夏 2012—2021 年出生的青年牛死产率变化

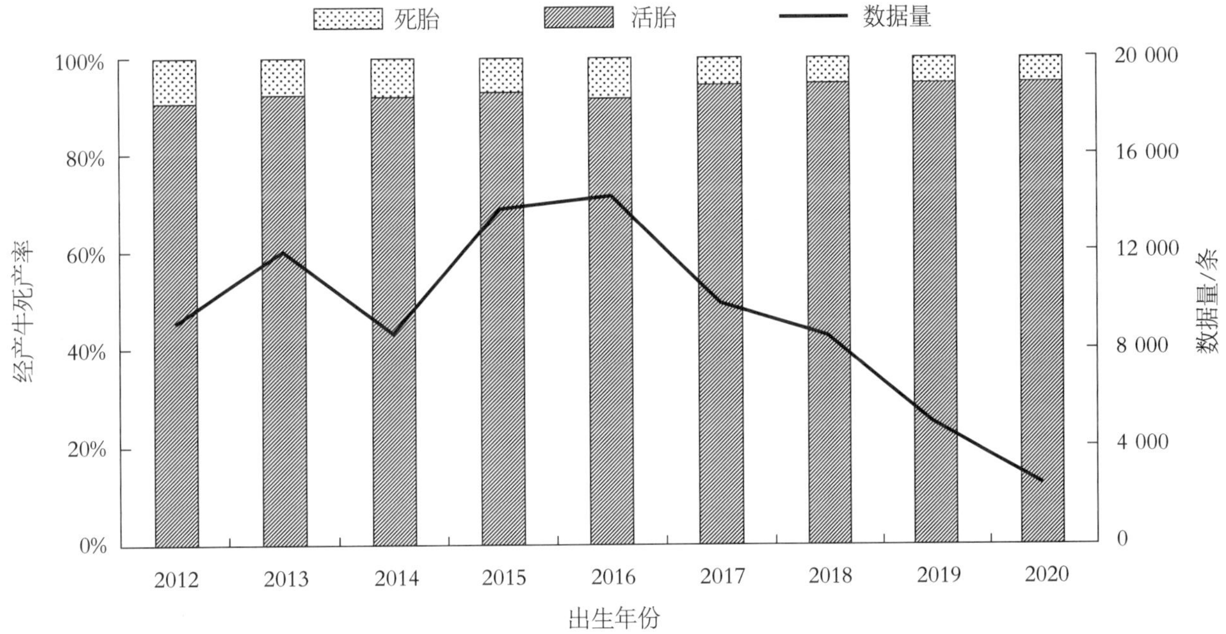

图 4-2-4 宁夏 2012—2020 年出生的经产牛死产率变化

4.3 长寿性状

根据宁夏 12 个核心育种场 35 345 头荷斯坦牛的出生、产犊和淘汰记录，计算宁夏奶牛生产寿命性状的表型值。核心育种场奶牛生产寿命性状随淘汰年份的变化趋势见图 4-3-1。

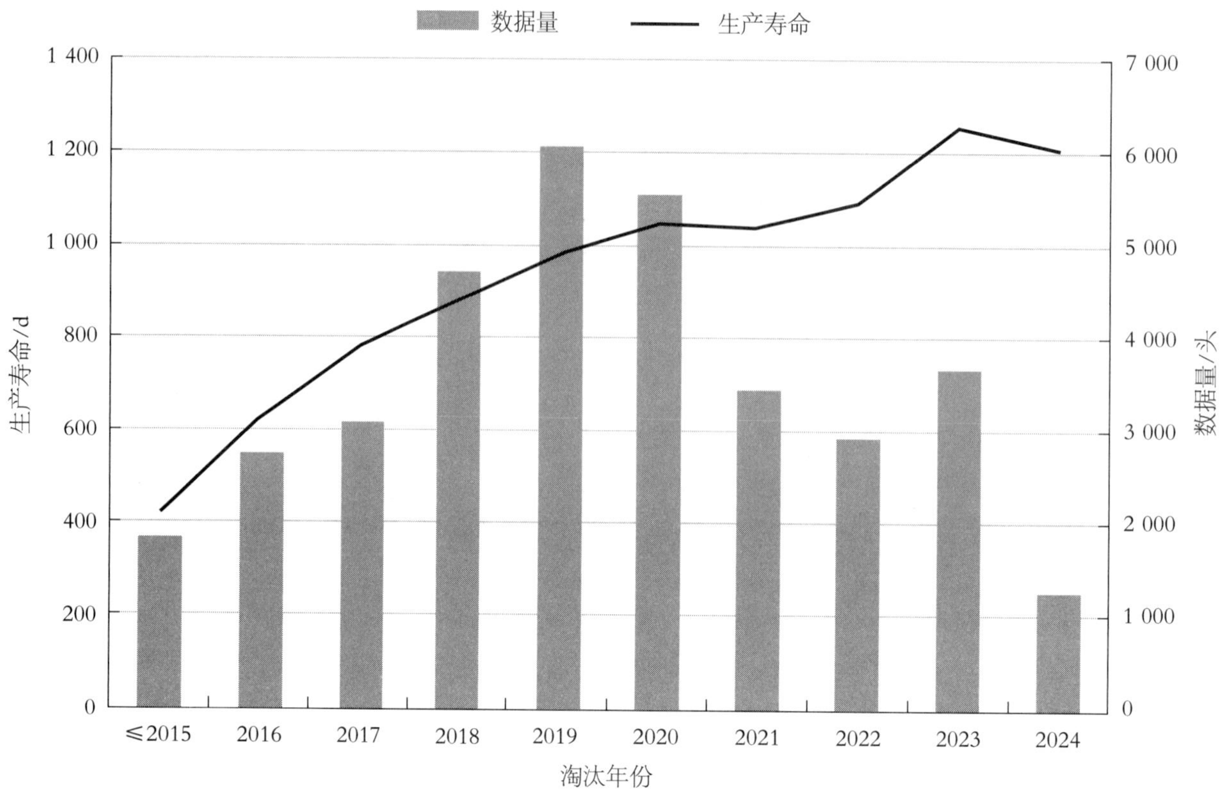

图 4-3-1　宁夏 2013—2024 年淘汰奶牛的生产寿命变化

5 宁夏奶牛遗传评估说明

遗传评估指评估奶牛某个或多个性状的遗传价值，是实现奶牛遗传改良最重要的育种措施。结合宁夏奶牛表型数据的实际情况，本章从数据来源、评估方法及模型、各性状的加性遗传标准差以及中国奶牛性能指数（China Performance Index, CPI）的计算方法等方面，对宁夏奶牛遗传评估技术体系进行介绍，为宁夏发布奶牛遗传评估结果、客观评价奶牛遗传品质提供技术保障。

5.1 数据来源

5.1.1 产奶性状表型

产奶性状原始表型数据来自 2011—2023 年宁夏 94 个牧场 332 924 头中国荷斯坦牛的 4 127 901 条 DHI 记录。评估性状包括产奶量（MY，kg）、乳脂率（MFP，%）、乳蛋白率（MPP，%）和体细胞评分（SCS，分）。其中，SCS 通过 DHI 记录中的体细胞数（SCC，个/mL）转换得到，转换公式为：

$$SCS=\log_2\frac{SCC}{100\ 000}+3$$

5.1.2 体型性状表型

体型性状原始表型数据来自 2010—2023 年宁夏 35 个牧场的 65 424 头中国荷斯坦牛的单次体型鉴定记录。根据《中国荷斯坦牛体型鉴定技术规程》，按照 9 分制的评分方法对 20 个体型性状进行线性评定，得到各性状的线性分后，根据线性分和功能分转换标准将线性分转换为功能分，参照各性状功能分在部位综合评分（以下简称部位分）中的权重以及各部位分在体型总分中的权重，计算各部位分和体型总分。

5.1.3 繁殖性状表型

繁殖性状原始表型数据来自 2007—2024 年宁夏 12 个核心育种场的 152 666 条出生记录、638 211 条配种记录、593 635 条妊检记录和 204 314 条产犊记录。评估性状包括首次配种日龄、首次产犊日龄、青年牛首末次配种间隔、经产牛首末次配种间隔和产犊至首次配种间隔。

5.1.4 产犊性状表型

产犊性状原始表型数据来自2007—2024年宁夏12个核心育种场的152 666条出生记录和204 314条产犊记录。评估性状包括青年牛产犊难易性、经产牛产犊难易性、青年牛死产率和经产牛死产率。

5.1.5 长寿性状表型

长寿性状原始表型数据来自宁夏12个核心育种场的152 666条出生记录、204 314条产犊记录和95 445条淘汰记录。评估性状为生产寿命，即奶牛头胎产犊至淘汰的存活天数。

5.2 常规遗传评估

对于产奶性状，采用单性状随机回归测定日模型计算不同胎次（1胎、2胎、3胎及以上）的方差组分估计值和估计个体的育种值，子模型为4阶Legendre多项式拟合回归曲线；对于体型性状、繁殖性状、产犊性状和长寿性状，均采用单性状动物模型计算方差组分估计值和估计个体的育种值。

5.3 各性状的加性遗传标准差

宁夏奶牛遗传评估中，各性状的加性遗传标准差见表5-3-1。

表5-3-1 宁夏奶牛遗传评估性状加性遗传标准差

性状		加性遗传标准差
产奶性状	产奶量	483.83
	乳脂量	14.22
	乳蛋白量	16.31
	体细胞评分	0.20
体型性状	体型总分	0.53
	体躯容量评分	0.80
	尻部评分	1.09
	肢蹄评分	0.75
	泌乳系统评分	1.12
	乳用特征评分	0.77

续表

性状		加性遗传标准差
繁殖性状	首次配种日龄	26.40
	首次产犊日龄	12.57
	青年牛首末次配种间隔	10.34
	经产牛首末次配种间隔	9.34
	产犊至首次配种间隔	1.60
	青年牛产犊难易性	0.05
	经产牛产犊难易性	0.05
	青年牛死产率	0.03
	经产牛死产率	0.01
长寿性状	生产寿命	143.37

5.4 中国奶牛性能指数

利用最佳线性无偏预测（Best Linear Unbiased Prediction，简称 BLUP）方法估计奶牛各性状的育种值，分别进行标准化后加权合并，计算得到 2021 年版的 $CPI1_{2020}$。计算公式如下：

$$CPI1_{2020}=20\times\left(25\times\frac{Fat}{24.6}+35\times\frac{Prot}{20.7}-10\times\frac{SCS-3}{0.16}+8\times\frac{Type}{5}+14\times\frac{MS}{5}+8\times\frac{F\&L}{5}\right)+1\ 800$$

式中，*Fat*、*Prot*、*SCS*、*Type*、*MS*、*F&L* 分别表示乳脂量、乳蛋白量、体细胞评分、体型总分、泌乳系统评分和肢蹄评分的估计育种值（Estimated Breeding Value，简称 EBV），分母是相应性状的估计遗传标准差。

个体的乳脂率和乳蛋白率育种值根据个体乳脂量、乳蛋白量和产奶量的估计育种值以及二胎奶牛的乳脂率、乳蛋白率和产奶量表型群体均值计算得到，计算公式如下：

$$Fatpct=\frac{Fat\times100-Milk\times Fat\%}{Milk+Mkg}$$

$$Propct=\frac{Prot\times100-Milk\times Pro\%}{Milk+Mkg}$$

式中，*Fat*、*Prot* 和 *Milk* 分别表示个体乳脂量、乳蛋白量和产奶量的估计育种值，*Mkg*表示二胎奶牛产奶量表型群体均值，*Fat%*表示二胎奶牛乳脂率表型群体均值，*Pro%*表示二胎奶牛乳蛋白率表型群体均值。

个体产奶性状的综合估计育种值为各胎次估计育种值的平均值。例如，某个体具有 1 胎、2 胎、3 胎及以上的产奶量记录，分别计算出各胎次的产奶量估计育种值 $Milk_1$、$Milk_2$ 和 $Milk_3$，该个体产奶量综合估计育种值的计算公式如下：

$$Milk=\frac{Milk_1+Milk_2+Milk_3}{3}$$

6 宁夏荷斯坦牛遗传评估结果展示

6.1 各核心育种场母牛产奶性状和体型性状估计育种值排名

2010年1月1日至2022年12月31日出生且有表型记录的母牛中，产奶性状（产奶量、乳脂率、乳蛋白率和体细胞评分）和体型总分估计育种值排名前500名母牛的牛号、出生年份、各性状估计育种值及估计育种值准确性、排名见附表1至附表5，产奶性状排名仅涉及同时具有3个胎次测定记录的个体，体型性状排名仅涉及具有头胎体型鉴定记录的个体。

各核心育种场体型总分、部位分和体型性状估计育种值排名前10名母牛的牛号、出生年份、各性状估计育种值及估计育种值准确性、排名见表6-1-1至表6-1-26。其中，牛号采用《中国荷斯坦牛》规定的12位母牛编号方法进行编号，包含所在地区编号、牛场编号、出生年份以及场内顺序号等信息。

表6-1-1 各核心育种场体型总分EBV排名前10名母牛

场号	场内排名	牛号	出生年份	体型总分EBV/分	EBV准确性
640003	1	640003121257	2012	0.623	0.50
	2	640003121286	2012	0.598	0.47
	3	640003203543	2020	0.514	0.50
	4	640003121282	2012	0.496	0.49
	5	640003186247	2018	0.476	0.52
	6	640003111119	2011	0.465	0.39
	7	640003120482	2012	0.464	0.50
	8	640003110017	2011	0.457	0.46
	9	640003111126	2011	0.455	0.41
	10	640003070466	2007	0.434	0.42

续表

场号	场内排名	牛号	出生年份	体型总分 EBV/分	EBV 准确性
640004	1	640004177331	2017	0.468	0.46
	2	640004181997	2018	0.456	0.50
	3	640004125988	2012	0.448	0.50
	4	640004187397	2018	0.429	0.50
	5	640004105695	2010	0.424	0.49
	6	640004177336	2017	0.419	0.48
	7	640004177329	2017	0.417	0.51
	8	640004136317	2013	0.412	0.39
	9	640004187385	2018	0.411	0.43
	10	640004187390	2018	0.395	0.55
640005	1	640005103634	2010	0.577	0.43
	2	640005134250	2013	0.561	0.42
	3	640005113749	2011	0.551	0.36
	4	640005134183	2013	0.523	0.46
	5	640005113771	2011	0.515	0.44
	6	640005103575	2010	0.501	0.37
	7	640005103637	2010	0.496	0.38
	8	640005103638	2010	0.489	0.33
	9	640005123994	2012	0.475	0.45
	10	640005134199	2013	0.452	0.46
640007	1	640007184861	2018	0.399	0.53
	2	640007126108	2012	0.395	0.44
	3	640007110008	2011	0.388	0.32
	4	640007216717	2021	0.374	0.34
	5	640007184728	2018	0.373	0.45
	6	640007216714	2021	0.365	0.27
	7	640007185022	2018	0.352	0.52
	7	640007185038	2018	0.352	0.52

续表

场号	场内排名	牛号	出生年份	体型总分 EBV/分	EBV 准确性
640007	9	640007120983	2012	0.351	0.30
	9	640007095612	2009	0.351	0.30
640009	1	640009160794	2016	0.436	0.37
	2	640009160789	2016	0.419	0.37
	3	640009120096	2012	0.378	0.41
	4	640009120139	2012	0.355	0.31
	5	640009000866	2000	0.349	0.25
	5	640009160811	2016	0.349	0.32
	7	640009160888	2016	0.337	0.31
	8	640009140223	2014	0.336	0.37
	9	640009212256	2021	0.329	0.36
	10	640009140237	2014	0.326	0.36
640035	1	640035128205	2012	0.533	0.49
	2	640035117938	2011	0.508	0.45
	3	640035128210	2012	0.456	0.47
	4	640035128244	2012	0.449	0.49
	5	640035117845	2011	0.446	0.33
	6	640035109613	2010	0.443	0.40
	7	640035170517	2018	0.437	0.44
	8	640035117852	2011	0.436	0.36
	8	640035128200	2012	0.436	0.47
	10	640035158836	2014	0.423	0.39
640166	1	640166110077	2011	0.717	0.48
	2	640166120633	2012	0.576	0.50
	3	640166110065	2011	0.513	0.45
	4	640166099338	2009	0.501	0.46
	5	640166182853	2018	0.500	0.53
	6	640166110025	2011	0.494	0.40

续表

场号	场内排名	牛号	出生年份	体型总分 EBV/分	EBV 准确性
640166	7	640166099311	2009	0.488	0.43
	8	640166077028	2007	0.483	0.42
	9	640166120480	2012	0.463	0.49
	10	640166203698	2020	0.443	0.40
640190	1	640190121599	2012	0.645	0.39
	2	640190120977	2012	0.596	0.39
	3	640190130081	2013	0.557	0.36
	4	640190134966	2013	0.540	0.27
	5	640190121771	2012	0.537	0.39
	6	640190130093	2013	0.534	0.43
	7	640190121597	2012	0.533	0.40
	7	640190121194	2012	0.533	0.37
	9	640190110119	2011	0.531	0.37
	10	640190142261	2014	0.529	0.39
640193	1	640193200152	2020	0.439	0.42
	2	640193194504	2019	0.435	0.41
	3	640193193286	2019	0.431	0.45
	4	640193200360	2020	0.421	0.42
	5	640193193314	2019	0.420	0.43
	6	640193192844	2019	0.419	0.40
	7	640193140053	2013	0.418	0.43
	7	640193130053	2013	0.418	0.43
	7	640193193746	2019	0.418	0.43
	10	640193142131	2014	0.415	0.39
640251	1	640251185816	2018	0.518	0.42
	2	640251185778	2018	0.489	0.42
	3	640251185830	2018	0.474	0.42
	4	640251185785	2018	0.448	0.41

续表

场号	场内排名	牛号	出生年份	体型总分 EBV/分	EBV 准确性
640251	5	640251185876	2018	0.445	0.42
	5	640251185807	2018	0.445	0.42
	7	640251185799	2018	0.440	0.42
	8	640251185809	2018	0.437	0.41
	9	640251185808	2018	0.434	0.42
	10	640251185666	2018	0.431	0.42
640253	1	640253182017	2018	0.474	0.49
	2	640253181981	2018	0.472	0.40
	3	640253182071	2018	0.469	0.50
	4	640253181970	2018	0.459	0.49
	5	640253181977	2018	0.448	0.50
	6	640253181983	2018	0.444	0.52
	7	640253181982	2018	0.440	0.52
	8	640253182007	2018	0.429	0.49
	9	640253182036	2018	0.426	0.49
	10	640253182050	2018	0.422	0.50

表 6-1-2　各核心育种场体躯容量评分 EBV 排名前 10 名母牛

场号	场内排名	牛号	出生年份	体躯容量评分 EBV/分	EBV 准确性
640003	1	640003203402	2020	0.862	0.40
	2	640003203362	2020	0.851	0.42
	3	640003203431	2020	0.844	0.41
	4	640003203411	2020	0.843	0.42
	5	640003203352	2020	0.805	0.41
	6	640003186247	2018	0.783	0.49
	7	640003186277	2018	0.761	0.47
	8	640003203506	2020	0.735	0.49

续表

场号	场内排名	牛号	出生年份	体躯容量评分 EBV/分	EBV 准确性
640003	9	640003203324	2020	0.726	0.45
	10	640003120432	2012	0.716	0.47
640004	1	640004187390	2018	1.064	0.52
	2	640004125986	2012	0.869	0.49
	3	640004177329	2017	0.854	0.48
	4	640004125980	2012	0.852	0.49
	5	640004187451	2018	0.843	0.50
	6	640004125981	2012	0.842	0.48
	7	640004187421	2018	0.803	0.49
	8	640004187365	2018	0.799	0.47
	9	640004187440	2018	0.797	0.49
	10	640004187437	2018	0.779	0.45
640005	1	640005123978	2005	1.078	0.48
	2	640005123970	2012	0.925	0.48
	3	640005123933	2012	0.908	0.47
	4	640005123925	2012	0.906	0.47
	5	640005123955	2012	0.884	0.47
	6	640005144370	2014	0.832	0.33
	7	640005123958	2012	0.817	0.47
	8	640005123976	2012	0.789	0.47
	9	640005123959	2012	0.780	0.48
	10	640005123937	2012	0.777	0.50
640007	1	640007184861	2018	1.026	0.49
	2	640007185022	2018	0.996	0.49
	2	640007185038	2018	0.996	0.49
	4	640007205949	2020	0.944	0.53
	5	640007205909	2020	0.935	0.50
	6	640007195757	2019	0.868	0.43

续表

场号	场内排名	牛号	出生年份	体躯容量评分 EBV/分	EBV 准确性
640007	7	640007195789	2019	0.858	0.49
	8	640007184965	2018	0.836	0.51
	8	640007185026	2018	0.836	0.51
	8	640007184974	2018	0.836	0.51
640009	1	640009181378	2018	0.712	0.47
	1	640009202208	2020	0.712	0.47
	3	640009181396	2018	0.694	0.44
	4	640009181435	2018	0.669	0.47
	5	640009201986	2020	0.657	0.43
	6	640009181441	2018	0.640	0.48
	7	640009181433	2018	0.635	0.47
	8	640009181453	2018	0.624	0.42
	9	640009181404	2018	0.619	0.42
	10	640009202008	2020	0.608	0.47
640035	1	640035050575	2005	0.638	0.12
	2	640035170580	2017	0.578	0.41
	3	640035128216	2012	0.568	0.48
	4	640035170713	2019	0.563	0.39
	5	640035107749	2010	0.559	0.39
	6	640035138352	2013	0.539	0.25
	6	640035117968	2011	0.539	0.36
	8	640035170515	2016	0.537	0.35
	9	640035170517	2018	0.535	0.40
	10	640035138382	2013	0.528	0.25
640166	1	640166120639	2012	0.850	0.47
	2	640166120676	2012	0.793	0.46
	3	640166172378	2017	0.777	0.39
	4	640166120654	2012	0.760	0.46

续表

场号	场内排名	牛号	出生年份	体躯容量评分 EBV/分	EBV 准确性
640166	5	640166120650	2012	0.745	0.48
	6	640166120441	2012	0.708	0.47
	7	640166120460	2012	0.704	0.48
	8	640166120445	2012	0.703	0.48
	9	640166120670	2012	0.698	0.50
	10	640166120643	2012	0.694	0.48
640190	1	640190112099	2011	0.887	0.36
	2	640190180546	2018	0.740	0.43
	3	640190142233	2014	0.715	0.32
	4	640190130237	2013	0.680	0.36
	4	640190121580	2012	0.680	0.36
	4	640190112393	2011	0.680	0.36
	4	640190142095	2014	0.680	0.36
	4	640190142506	2014	0.680	0.36
	4	640190142161	2014	0.680	0.36
	4	640190130205	2013	0.680	0.36
640193	1	640193181114	2018	0.697	0.37
	2	640193180546	2018	0.680	0.39
	3	640193180840	2018	0.654	0.37
	4	640193192872	2019	0.603	0.37
	5	640193203390	2020	0.600	0.46
	6	640193205242	2020	0.595	0.47
	7	640193202966	2020	0.583	0.44
	8	640193194570	2019	0.576	0.37
	9	640193181268	2018	0.570	0.38
	10	640193180712	2018	0.562	0.36
640251	1	640251186022	2018	1.199	0.55
	2	640251008657	2020	1.052	0.54

续表

场号	场内排名	牛号	出生年份	体躯容量评分 EBV/分	EBV 准确性
640251	2	640251008704	2020	1.052	0.54
	2	640251008698	2020	1.052	0.54
	2	640251008649	2020	1.052	0.54
	6	640251008670	2020	1.050	0.54
	6	640251008691	2020	1.050	0.54
	6	640251008686	2020	1.050	0.54
	6	640251008665	2020	1.050	0.54
	10	640251008554	2020	1.049	0.54
640253	1	640253204429	2020	0.965	0.42
	2	640253194414	2019	0.935	0.41
	2	640253204475	2020	0.935	0.41
	4	640253204449	2020	0.932	0.41
	5	640253194347	2019	0.925	0.41
	6	640253204544	2020	0.921	0.39
	7	640253204476	2020	0.893	0.43
	8	640253204545	2020	0.892	0.42
	9	640253204563	2020	0.885	0.41
	10	640253204504	2020	0.870	0.38

表 6-1-3 各核心育种场尻部评分 EBV 排名前 10 名母牛

场号	场内排名	牛号	出生年份	尻部评分 EBV/分	EBV 准确性
640003	1	640003090712	2009	1.513	0.40
	2	640003111123	2011	1.453	0.45
	3	640003121213	2008	1.303	0.48
	4	640003111142	2011	1.214	0.46
	5	640003111115	2011	1.131	0.48
	6	640003120442	2012	1.130	0.54

续表

场号	场内排名	牛号	出生年份	尻部评分 EBV/分	EBV 准确性
640003	7	640003121254	2012	1.117	0.44
	8	640003111160	2011	1.097	0.48
	9	640003110859	2011	1.077	0.51
	10	640003111134	2011	1.050	0.46
640004	1	640004115893	2011	1.566	0.54
	2	640004095558	2009	1.534	0.53
	3	640004095593	2009	1.505	0.51
	4	640004109789	2010	1.344	0.54
	5	640004115890	2011	1.333	0.43
	6	640004095466	2009	1.324	0.52
	7	640004095576	2009	1.313	0.53
	8	640004115891	2011	1.292	0.54
	9	640004125977	2012	1.271	0.57
	10	640004105676	2010	1.263	0.53
640005	1	640005093359	2009	1.743	0.45
	2	640005093362	2003	1.712	0.43
	3	640005113771	2011	1.678	0.53
	4	640005123907	2012	1.476	0.48
	5	640005134201	2014	1.376	0.47
	6	640005123888	2012	1.372	0.49
	7	640005144324	2014	1.198	0.39
	8	640005175090	2017	1.157	0.33
	9	640005123927	2012	1.138	0.58
	10	640005144317	2014	1.117	0.42
640007	1	640007100896	2010	1.297	0.49
	2	640007126070	2012	1.228	0.41
	3	640007090550	2009	1.091	0.45
	4	640007126041	2012	0.934	0.37

续表

场号	场内排名	牛号	出生年份	尻部评分 EBV/分	EBV 准确性
640007	5	640007126033	2012	0.917	0.38
	6	640007100866	2010	0.825	0.49
	7	640007153613	2015	0.816	0.50
	8	640007100869	2010	0.798	0.48
	9	640007091001	2009	0.793	0.34
	10	640007105610	2010	0.782	0.48
640009	1	640009120001	2012	1.039	0.45
	2	640009120132	2012	0.940	0.46
	2	640009120140	2012	0.940	0.35
	4	640009110045	2011	0.928	0.52
	5	640009120139	2012	0.915	0.40
	6	640009090052	2009	0.906	0.54
	7	640009110086	2011	0.887	0.41
	8	640009110059	2011	0.853	0.54
	9	640009120137	2012	0.851	0.46
	10	640009110080	2011	0.850	0.38
640035	1	640035097573	2018	1.678	0.53
	2	640035107722	2010	1.181	0.52
	3	640035117852	2011	1.105	0.45
	4	640035097525	2003	1.104	0.55
	5	640035128193	2012	1.101	0.57
	6	640035097405	2007	1.038	0.54
	7	640035107582	2009	1.036	0.53
	8	640035097538	2018	1.025	0.52
	9	640035097516	2020	1.024	0.52
	10	640035097521	2020	1.023	0.54
640166	1	640166099382	2009	1.524	0.53
	2	640166109751	2010	1.425	0.54

续表

场号	场内排名	牛号	出生年份	尻部评分 EBV/分	EBV 准确性
640166	3	640166130891	2013	1.369	0.48
	4	640166109755	2010	1.215	0.51
	5	640166110074	2011	1.197	0.52
	6	640166099388	2009	1.124	0.54
	7	640166141236	2014	1.090	0.45
	8	640166099251	2009	1.089	0.47
	9	640166130961	2013	1.077	0.50
	10	640166120377	2012	1.059	0.48
640190	1	640190130093	2013	2.343	0.51
	2	640190140013	2013	2.096	0.53
	3	640190141899	2014	1.968	0.49
	4	640190130078	2013	1.936	0.55
	5	640190111157	2011	1.917	0.47
	6	640190140335	2014	1.872	0.51
	6	640190110419	2011	1.872	0.47
	8	640190130052	2013	1.855	0.51
	9	640190140074	2013	1.806	0.54
	10	640190130054	2013	1.803	0.51
640193	1	640193142131	2014	1.431	0.44
	2	640193140141	2011	1.319	0.44
	3	640193130889	2013	1.281	0.44
	4	640193140336	2014	1.251	0.41
	5	640193141008	2014	1.242	0.39
	5	640193230048	2013	1.242	0.39
	7	640193130001	2013	1.226	0.41
	7	640193130038	2013	1.226	0.41
	7	640193130044	2013	1.226	0.41
	7	640193130047	2013	1.226	0.41

续表

场号	场内排名	牛号	出生年份	尻部评分 EBV/分	EBV 准确性
640251	1	640251186716	2018	0.835	0.52
	2	640251186789	2018	0.768	0.52
	3	640251004861	2017	0.749	0.32
	4	640251186708	2018	0.733	0.51
	4	640251186715	2018	0.733	0.51
	4	640251186719	2018	0.733	0.51
	7	640251006765	2018	0.720	0.42
	8	640251007032	2019	0.717	0.43
	9	640251004853	2017	0.713	0.29
	9	640251186784	2018	0.713	0.51
640253	1	640253182790	2018	0.844	0.52
	2	640253171364	2017	0.804	0.31
	3	640253182842	2018	0.788	0.51
	4	640253181982	2018	0.787	0.57
	5	640253182087	2018	0.786	0.56
	6	640253171361	2017	0.785	0.32
	7	640253171200	2017	0.766	0.33
	8	640253193098	2019	0.760	0.46
	9	640253182823	2018	0.750	0.55
	10	640253182833	2018	0.748	0.55

表 6-1-4 各核心育种场肢蹄评分 EBV 排名前 10 名母牛

场号	场内排名	牛号	出生年份	肢蹄评分 EBV/分	EBV 准确性
640003	1	640003182826	2018	0.761	0.39
	2	640003111174	2011	0.756	0.31
	3	640003182841	2018	0.722	0.38
	4	640003182809	2018	0.713	0.39

续表

场号	场内排名	牛号	出生年份	肢蹄评分 EBV/分	EBV 准确性
640003	5	640003186427	2018	0.680	0.47
	6	640003186086	2018	0.667	0.51
	7	640003182844	2018	0.624	0.41
	7	640003186413	2018	0.624	0.47
	9	640003182842	2018	0.622	0.40
	10	640003110867	2011	0.620	0.43
640004	1	640004109789	2010	0.946	0.45
	2	640004109699	2010	0.907	0.47
	3	640004109769	2010	0.824	0.46
	4	640004109729	2010	0.819	0.46
	5	640004187404	2018	0.812	0.48
	6	640004126004	2012	0.752	0.46
	7	640004109739	2010	0.669	0.46
	8	640004099249	2009	0.666	0.34
	9	640004109759	2010	0.636	0.37
	10	640004187392	2018	0.634	0.44
640005	1	640005123977	2012	0.841	0.50
	2	640005113819	2011	0.723	0.44
	3	640005185378	2018	0.703	0.45
	4	640005107679	2010	0.641	0.40
	5	640005113749	2011	0.585	0.34
	6	640005185367	2018	0.573	0.42
	7	640005185431	2018	0.572	0.45
	8	640005185467	2018	0.569	0.43
	9	640005099219	2009	0.567	0.38
	10	640005134216	2013	0.558	0.41
640007	1	640007217067	2021	0.746	0.38
	2	640007216891	2021	0.718	0.32

续表

场号	场内排名	牛号	出生年份	肢蹄评分 EBV/分	EBV 准确性
640007	3	640007216937	2021	0.705	0.41
	3	640007217086	2021	0.705	0.38
	5	640007206147	2020	0.691	0.50
	5	640007206134	2020	0.691	0.50
	7	640007123009	2012	0.658	0.34
	8	640007216717	2021	0.647	0.33
	9	640007217042	2021	0.641	0.41
	10	640007216995	2021	0.640	0.33
640009	1	640009202152	2020	0.791	0.38
	2	640009120127	2012	0.759	0.42
	3	640009120112	2012	0.751	0.42
	4	640009120096	2012	0.750	0.40
	5	640009212369	2021	0.701	0.39
	6	640009110048	2011	0.698	0.41
	7	640009120108	2012	0.693	0.39
	8	640009100088	2010	0.660	0.46
	9	640009120103	2012	0.638	0.43
	10	640009120102	2012	0.632	0.39
640035	1	640035107690	2010	0.978	0.46
	2	640035109613	2010	0.893	0.39
	3	640035109754	2010	0.808	0.45
	4	640035107717	2010	0.678	0.45
	5	640035128140	2012	0.676	0.44
	6	640035107691	2010	0.675	0.40
	7	640035180916	2018	0.656	0.31
	8	640035107723	2010	0.645	0.47
	9	640035107679	2010	0.641	0.40
	10	640035107696	2010	0.629	0.40

续表

场号	场内排名	牛号	出生年份	肢蹄评分 EBV/分	EBV 准确性
640166	1	640166109758	2010	0.866	0.46
	2	640166109764	2010	0.817	0.47
	3	640166109768	2010	0.804	0.45
	4	640166109759	2010	0.792	0.38
	5	640166109755	2010	0.789	0.43
	6	640166109785	2010	0.783	0.46
	7	640166099241	2009	0.765	0.38
	7	640166109724	2010	0.765	0.44
	9	640166109772	2010	0.753	0.46
	10	640166109795	2010	0.752	0.42
640190	1	640190128280	2012	1.152	0.39
	2	640190127763	2012	1.069	0.45
	3	640190127799	2012	1.068	0.44
	4	640190128292	2012	1.000	0.48
	5	640190128089	2012	0.978	0.39
	6	640190182177	2018	0.935	0.49
	7	640190182059	2018	0.924	0.49
	8	640190181869	2018	0.919	0.50
	9	640190127766	2012	0.911	0.44
	10	640190127742	2012	0.903	0.39
640193	1	640193182828	2018	0.825	0.51
	2	640193182318	2018	0.822	0.51
	3	640193200152	2020	0.821	0.41
	4	640193195004	2019	0.798	0.42
	5	640193195066	2019	0.786	0.42
	5	640193200170	2020	0.786	0.42
	7	640193195014	2019	0.782	0.42
	8	640193182892	2018	0.772	0.50

续表

场号	场内排名	牛号	出生年份	肢蹄评分 EBV/分	EBV 准确性
640193	9	640193194860	2019	0.770	0.42
	10	640193194338	2019	0.768	0.41
640251	1	640251185808	2018	0.849	0.40
	2	640251186181	2018	0.837	0.50
	3	640251185875	2018	0.829	0.47
	4	640251185876	2018	0.814	0.40
	5	640251009125	2020	0.810	0.43
	6	640251009300	2020	0.809	0.43
	7	640251009104	2020	0.808	0.47
	8	640251009058	2020	0.807	0.43
	9	640251186194	2018	0.804	0.51
	10	640251186385	2018	0.793	0.51
640253	1	640253205095	2020	0.815	0.45
	2	640253205070	2020	0.808	0.43
	3	640253205038	2020	0.793	0.44
	4	640253181792	2018	0.786	0.47
	5	640253204971	2020	0.785	0.40
	6	640253204984	2020	0.776	0.48
	7	640253205093	2020	0.741	0.45
	8	640253182369	2018	0.740	0.50
	9	640253205044	2020	0.735	0.44
	10	640253205061	2020	0.733	0.44

表 6–1–5 各核心育种场泌乳系统评分 EBV 排名前 10 名母牛

场号	场内排名	牛号	出生年份	泌乳系统评分 EBV/分	EBV 准确性
640003	1	640003121286	2012	1.804	0.58
	2	640003121257	2012	1.683	0.60

续表

场号	场内排名	牛号	出生年份	泌乳系统评分 EBV/分	EBV 准确性
640003	3	640003121209	2012	1.479	0.61
	3	640003121289	2012	1.479	0.61
	5	640003121282	2012	1.434	0.60
	6	640003110875	2011	1.404	0.58
	7	640003110017	2011	1.387	0.60
	8	640003120482	2012	1.372	0.61
	9	640003120497	2012	1.348	0.60
	10	640003111126	2011	1.337	0.55
640004	1	640004115819	2011	1.471	0.45
	2	640004085172	2008	1.433	0.46
	3	640004105695	2010	1.337	0.60
	4	640004125988	2012	1.308	0.60
	5	640004136317	2013	1.181	0.48
	6	640004119939	2011	1.127	0.43
	7	640004136274	2013	1.117	0.49
	8	640004115903	2011	1.100	0.58
	9	640004115883	2011	1.088	0.47
	10	640004075037	2007	1.087	0.31
640005	1	640005113749	2011	1.795	0.52
	2	640005134183	2013	1.751	0.60
	3	640005103634	2010	1.667	0.58
	4	640005134199	2013	1.577	0.60
	5	640005134141	2013	1.561	0.61
	6	640005040734	2004	1.560	0.49
	7	640005093469	2009	1.548	0.53
	8	640005113765	2011	1.538	0.59
	9	640005123982	2012	1.522	0.57
	10	640005134212	2013	1.432	0.53

续表

场号	场内排名	牛号	出生年份	泌乳系统评分 EBV/分	EBV 准确性
640007	1	640007100864	2010	1.635	0.53
	2	640007100866	2010	1.409	0.55
	3	640007100892	2010	1.183	0.54
	4	640007090735	2009	1.161	0.57
	5	640007126108	2012	1.081	0.50
	6	640007152735	2015	0.999	0.27
	7	640007100896	2010	0.991	0.54
	8	640007100027	2010	0.982	0.44
	9	640007100877	2010	0.979	0.55
	10	640007080889	2008	0.881	0.47
640009	1	640009120018	2018	1.505	0.55
	2	640009120015	2012	1.345	0.52
	3	640009000866	2000	1.255	0.38
	4	640009050064	2005	1.251	0.36
	5	640009120139	2012	1.149	0.46
	6	640009060051	2006	1.110	0.44
	7	640009050021	2005	1.062	0.45
	8	640009060052	2006	1.058	0.44
	9	640009060045	2006	1.055	0.42
	10	640009150561	2015	1.045	0.48
640035	1	640035128210	2012	1.931	0.59
	2	640035128244	2012	1.681	0.61
	3	640035128249	2012	1.612	0.60
	4	640035128184	2012	1.603	0.62
	5	640035128224	2012	1.573	0.60
	6	640035117836	2018	1.550	0.51
	7	640035117938	2011	1.515	0.59
	8	640035128212	2012	1.512	0.58

续表

场号	场内排名	牛号	出生年份	泌乳系统评分 EBV/分	EBV 准确性
640035	9	640035128181	2012	1.483	0.59
	10	640035128190	2013	1.457	0.60
640166	1	640166110077	2011	2.122	0.61
	2	640166120590	2012	1.774	0.60
	3	640166120530	2012	1.699	0.60
	4	640166120480	2012	1.629	0.61
	5	640166130796	2013	1.618	0.60
	6	640166077028	2007	1.601	0.51
	7	640166120597	2012	1.576	0.61
	8	640166077029	2007	1.532	0.54
	9	640166099338	2009	1.512	0.61
	10	640166110065	2011	1.421	0.58
640190	1	640190111218	2011	1.886	0.56
	2	640190111625	2011	1.811	0.62
	3	640190131360	2013	1.771	0.44
	4	640190127919	2012	1.739	0.42
	5	640190112520	2011	1.729	0.44
	6	640190111843	2011	1.711	0.56
	7	640190136504	2013	1.648	0.43
	8	640190127537	2012	1.637	0.54
	9	640190111222	2011	1.636	0.44
	10	640190110064	2011	1.607	0.52
640193	1	640193200864	2020	1.320	0.58
	2	640193153979	2015	1.184	0.43
	3	640193153760	2015	1.178	0.43
	4	640193192452	2019	1.171	0.44
	5	640193171414	2017	1.157	0.43
	6	640193153542	2015	1.149	0.45

续表

场号	场内排名	牛号	出生年份	泌乳系统评分 EBV/分	EBV 准确性
640193	6	640193140691	2014	1.149	0.45
	8	640193153825	2015	1.146	0.45
	8	640193153615	2015	1.146	0.45
	8	640193154109	2015	1.146	0.45
640251	1	640251174981	2017	0.910	0.48
	2	640251147519	2014	0.895	0.46
	3	640251185686	2018	0.827	0.54
	4	640251185800	2018	0.797	0.55
	5	640251147295	2014	0.793	0.48
	6	640251186808	2018	0.781	0.49
	7	640251185794	2018	0.770	0.59
	8	640251185667	2018	0.767	0.54
	9	640251147400	2014	0.763	0.45
	9	640251147495	2014	0.763	0.44
640253	1	640253193676	2019	1.225	0.48
	2	640253193723	2019	1.032	0.50
	3	640253193605	2019	0.994	0.43
	4	640253193690	2019	0.912	0.48
	4	640253204553	2020	0.912	0.53
	6	640253182017	2018	0.836	0.58
	7	640253193738	2019	0.802	0.50
	8	640253182455	2018	0.790	0.49
	9	640253216979	2021	0.754	0.49
	10	640253182440	2018	0.745	0.43

表 6-1-6 各核心育种场乳用特征评分 EBV 排名前 10 名母牛

场号	场内排名	牛号	出生年份	乳用特征评分 EBV/分	EBV 准确性
640003	1	640003203362	2020	0.877	0.34
	2	640003203402	2020	0.856	0.33
	3	640003203411	2020	0.835	0.34
	4	640003203431	2020	0.801	0.34
	5	640003203324	2020	0.719	0.39
	6	640003203398	2020	0.718	0.38
	7	640003203415	2020	0.675	0.37
	8	640003203409	2020	0.666	0.35
	9	640003203352	2020	0.662	0.34
	10	640003203469	2020	0.640	0.42
640004	1	640004197887	2019	0.848	0.39
	2	640004205885	2020	0.826	0.47
	3	640004187451	2018	0.628	0.44
	4	640004197898	2019	0.621	0.38
	5	640004177359	2009	0.588	0.32
	6	640004197965	2019	0.569	0.31
	7	640004174138	2009	0.568	0.33
	8	640004187397	2018	0.562	0.43
	9	640004206089	2020	0.556	0.36
	10	640004184189	2009	0.551	0.33
640005	1	640005205866	2020	0.744	0.38
	2	640005205935	2020	0.689	0.39
	3	640005205890	2020	0.677	0.38
	4	640005205863	2019	0.659	0.36
	5	640005205917	2020	0.652	0.38
	6	640005205886	2020	0.640	0.39
	7	640005205864	2019	0.634	0.39
	8	640005205903	2020	0.629	0.39

续表

场号	场内排名	牛号	出生年份	乳用特征评分 EBV/分	EBV 准确性
640005	8	640005205872	2020	0.629	0.39
	10	640005205907	2020	0.627	0.39
640007	1	640007205949	2020	1.225	0.47
	2	640007205909	2020	1.095	0.42
	3	640007205955	2020	1.028	0.42
	4	640007184861	2018	1.006	0.42
	4	640007195789	2019	1.006	0.41
	6	640007174288	2017	0.940	0.35
	7	640007172290	2017	0.939	0.35
	7	640007174286	2017	0.939	0.35
	9	640007185022	2018	0.911	0.42
	9	640007185038	2018	0.911	0.42
640009	1	640009202023	2020	0.478	0.32
	2	640009202051	2020	0.461	0.33
	3	640009202060	2020	0.427	0.33
	4	640009202032	2020	0.419	0.32
	5	640009202083	2020	0.378	0.20
	5	640009202087	2020	0.378	0.20
	5	640009201976	2020	0.378	0.20
	5	640009202109	2020	0.378	0.20
	9	640009191851	2019	0.373	0.28
	10	640009191746	2019	0.372	0.33
640035	1	640035107692	2010	0.490	0.41
	2	640035107697	2010	0.468	0.40
	3	640035117890	2011	0.467	0.38
	4	640035128125	2012	0.456	0.35
	5	640035099219	2009	0.440	0.24
	6	640035117884	2011	0.434	0.40

续表

场号	场内排名	牛号	出生年份	乳用特征评分 EBV/分	EBV 准确性
640035	7	640035117849	2011	0.431	0.38
	8	640035201623	2020	0.424	0.32
	9	640035109647	2010	0.420	0.38
	10	640035117851	2011	0.418	0.37
640166	1	640166141105	2014	0.823	0.31
	1	640166141271	2014	0.823	0.31
	3	640166099311	2009	0.658	0.31
	4	640166120616	2012	0.625	0.35
	5	640166099338	2009	0.624	0.33
	6	640166109625	2010	0.600	0.29
	7	640166109840	2010	0.552	0.39
	8	640166099324	2009	0.545	0.27
	9	640166109667	2010	0.538	0.39
	10	640166119880	2011	0.528	0.36
640190	1	640190112099	2011	0.936	0.30
	2	640190130237	2013	0.823	0.31
	2	640190121580	2012	0.823	0.31
	2	640190112393	2011	0.823	0.31
	2	640190142095	2014	0.823	0.31
	2	640190142506	2014	0.823	0.31
	2	640190142161	2014	0.823	0.31
	2	640190130205	2013	0.823	0.31
	2	640190141027	2014	0.823	0.31
	2	640190120689	2012	0.823	0.31
640193	1	640193180546	2018	0.526	0.33
	2	640193180290	2018	0.493	0.31
	3	640193180840	2018	0.483	0.31
	4	640193180686	2018	0.469	0.30

续表

场号	场内排名	牛号	出生年份	乳用特征评分 EBV/分	EBV 准确性
640193	4	640193180680	2018	0.469	0.31
	6	640193180712	2018	0.462	0.30
	7	640193181114	2018	0.460	0.31
	8	640193180942	2018	0.457	0.30
	9	640193181000	2018	0.453	0.31
	9	640193180990	2018	0.453	0.30
640251	1	640251008340	2019	1.369	0.48
	2	640251008357	2019	1.284	0.48
	3	640251008395	2019	1.207	0.48
	4	640251008293	2019	1.204	0.48
	5	640251008670	2020	1.176	0.46
	6	640251008704	2020	1.175	0.46
	6	640251008686	2020	1.175	0.46
	8	640251008348	2019	1.132	0.42
	9	640251008554	2020	1.096	0.46
	10	640251008657	2020	1.095	0.46
640253	1	640253204429	2020	0.874	0.35
	2	640253194414	2019	0.837	0.34
	2	640253204475	2020	0.837	0.34
	4	640253204449	2020	0.835	0.34
	4	640253194347	2019	0.835	0.34
	6	640253204563	2020	0.799	0.34
	7	640253194390	2019	0.767	0.35
	7	640253204491	2020	0.767	0.33
	9	640253194393	2019	0.736	0.34
	10	640253194406	2019	0.731	0.31

表 6-1-7 各核心育种场体高评分 EBV 排名前 10 名母牛

场号	场内排名	牛号	出生年份	体高评分 EBV/分	EBV 准确性
640003	1	640003007874	2012	3.998	0.67
	2	640003000389	2018	3.936	0.66
	2	640003000073	2018	3.936	0.66
	4	640003110157	2011	3.760	0.70
	5	640003193069	2019	3.744	0.67
	6	640003000123	2018	3.617	0.65
	7	640003182762	2018	3.605	0.74
	8	640003000250	2018	3.482	0.65
	9	640003111094	2011	3.479	0.70
	10	640003000338	2018	3.472	0.65
640004	1	640004187417	2018	3.916	0.69
	2	640004187409	2017	3.829	0.66
	3	640004187429	2018	3.816	0.70
	4	640004187419	2018	3.745	0.70
	5	640004115962	2011	3.740	0.70
	6	640004173839	2019	3.736	0.70
	7	640004187531	2018	3.733	0.73
	8	640004136344	2013	3.642	0.51
	9	640004182801	2018	3.622	0.68
	10	640004187385	2018	3.599	0.72
640005	1	640005185415	2018	4.023	0.74
	2	640005113767	2011	3.846	0.69
	3	640005113795	2011	3.741	0.70
	4	640005144414	2014	3.672	0.75
	5	640005144410	2014	3.650	0.71
	6	640005113755	2011	3.597	0.71
	7	640005195565	2019	3.589	0.66
	8	640005144397	2014	3.540	0.73

续表

场号	场内排名	牛号	出生年份	体高评分 EBV/分	EBV 准确性
640005	9	640005134162	2013	3.462	0.75
	10	640005185511	2018	3.393	0.66
640007	1	640007090550	2009	3.452	0.69
	2	640007174539	2017	3.323	0.72
	3	640007174648	2017	3.200	0.71
	4	640007185235	2018	3.121	0.71
	5	640007174399	2017	3.108	0.70
	6	640007110037	2011	3.106	0.71
	7	640007164246	2016	3.087	0.71
	8	640007184899	2018	2.963	0.72
	9	640007195548	2019	2.947	0.65
	10	640007174540	2017	2.940	0.72
640009	1	640009191602	2019	3.470	0.71
	2	640009181315	2018	3.278	0.71
	3	640009100124	2010	3.259	0.72
	4	640009181472	2018	3.238	0.72
	5	640009181522	2018	3.214	0.71
	6	640009110024	2011	3.123	0.68
	7	640009110012	2011	3.069	0.71
	8	640009113776	2011	3.067	0.69
	9	640009181320	2018	3.049	0.70
	10	640009100070	2010	2.995	0.73
640035	1	640035138494	2013	3.818	0.68
	2	640035117938	2011	3.415	0.74
	3	640035128207	2012	3.335	0.74
	4	640035117968	2011	3.292	0.72
	5	640035097551	2011	3.273	0.69
	5	640035097441	2009	3.273	0.72

续表

场号	场内排名	牛号	出生年份	体高评分 EBV/分	EBV 准确性
640035	7	640035170517	2018	3.137	0.60
	8	640035117991	2011	3.035	0.72
	9	640035138365	2013	3.024	0.41
	10	640035117856	2011	3.003	0.76
640166	1	640166110150	2011	5.188	0.71
	2	640166110153	2011	5.040	0.70
	3	640166109755	2010	4.137	0.71
	4	640166110064	2011	4.135	0.72
	5	640166099345	2009	3.946	0.72
	6	640166119968	2011	3.934	0.73
	7	640166109681	2010	3.805	0.74
	8	640166099388	2009	3.787	0.73
	9	640166099463	2009	3.785	0.72
	10	640166109737	2010	3.712	0.72
640190	1	640190142334	2014	3.977	0.67
	2	640190124066	2012	3.830	0.69
	3	640190131546	2013	3.817	0.69
	4	640190123660	2012	3.776	0.70
	5	640190130170	2013	3.736	0.71
	6	640190142168	2014	3.701	0.68
	7	640190130097	2013	3.692	0.71
	8	640190140074	2013	3.689	0.75
	9	640190130047	2013	3.679	0.71
	10	640190130072	2013	3.652	0.71
640193	1	640193142097	2014	2.637	0.56
	2	640193203390	2020	2.613	0.73
	3	640193184589	2018	2.511	0.74
	4	640193184257	2018	2.484	0.74

续表

场号	场内排名	牛号	出生年份	体高评分 EBV/分	EBV 准确性
640193	5	640193171954	2017	2.474	0.44
	6	640193172060	2017	2.449	0.44
	7	640193184329	2018	2.447	0.75
	8	640193204446	2020	2.407	0.72
	9	640193184647	2018	2.389	0.74
	10	640193200504	2020	2.337	0.72
640251	1	640251185867	2018	3.099	0.72
	1	640251185826	2018	3.099	0.72
	3	640251185825	2018	3.049	0.71
	4	640251175401	2017	3.042	0.71
	5	640251185827	2018	3.031	0.72
	6	640251185768	2018	2.977	0.72
	7	640251185846	2018	2.966	0.71
	8	640251186082	2018	2.959	0.71
	8	640251186059	2018	2.959	0.71
	8	640251186067	2018	2.959	0.71
640253	1	640253204986	2020	3.242	0.70
	2	640253181721	2018	3.191	0.69
	3	640253182284	2018	3.159	0.71
	4	640253169960	2017	3.095	0.59
	5	640253193825	2019	3.091	0.73
	6	640253193478	2019	3.050	0.74
	7	640253205897	2020	3.009	0.71
	8	640253171084	2017	3.007	0.59
	9	640253193799	2019	2.931	0.73
	10	640253181741	2018	2.917	0.69

表 6-1-8 各核心育种场体深评分 EBV 排名前 10 名母牛

场号	场内排名	牛号	出生年份	体深评分 EBV/分	EBV 准确性
640003	1	640003186247	2018	1.412	0.54
	2	640003182762	2018	1.343	0.53
	3	640003121208	2012	1.312	0.53
	4	640003100947	2010	1.308	0.43
	5	640003203327	2020	1.273	0.54
	6	640003203427	2020	1.260	0.52
	7	640003186166	2018	1.259	0.51
	8	640003120487	2012	1.229	0.48
	9	640003182908	2018	1.206	0.51
	10	640003182897	2018	1.195	0.50
640004	1	640004208257	2020	1.600	0.48
	2	640004187467	2018	1.549	0.54
	3	640004187424	2018	1.544	0.54
	4	640004208163	2020	1.510	0.48
	5	640004187362	2018	1.502	0.49
	6	640004208256	2020	1.495	0.48
	7	640004208729	2020	1.491	0.42
	8	640004085185	2008	1.490	0.14
	9	640004187463	2018	1.478	0.49
	10	640004187365	2018	1.434	0.53
640005	1	640005177328	2017	0.900	0.40
	2	640005123912	2012	0.899	0.38
	3	640005123923	2012	0.889	0.38
	4	640005175250	2017	0.885	0.44
	4	640005060128	2006	0.885	0.33
	6	640005187390	2018	0.874	0.40
	6	640005187424	2018	0.874	0.40
	8	640005103661	2010	0.820	0.40

续表

场号	场内排名	牛号	出生年份	体深评分 EBV/分	EBV 准确性
640005	9	640005103654	2010	0.819	0.32
	10	640005185535	2018	0.780	0.47
640007	1	640007206636	2020	1.595	0.43
	2	640007206590	2020	1.579	0.43
	3	640007216669	2021	1.487	0.44
	3	640007206626	2020	1.487	0.44
	3	640007216669	2021	1.487	0.44
	6	640007206654	2020	1.442	0.36
	7	640007206569	2020	1.395	0.39
	8	640007206657	2020	1.383	0.35
	9	640007206605	2020	1.372	0.44
	10	640007206647	2020	1.359	0.36
640009	1	640009202208	2020	1.653	0.53
	2	640009181441	2018	1.532	0.53
	3	640009201986	2020	1.324	0.48
	4	640009181378	2018	1.274	0.52
	5	640009181435	2018	1.263	0.52
	6	640009181399	2018	1.257	0.48
	7	640009181396	2018	1.242	0.47
	8	640009212227	2021	1.217	0.49
	9	640009181456	2018	1.196	0.51
	10	640009202002	2020	1.195	0.48
640035	1	640035128214	2012	1.278	0.52
	2	640035128206	2012	1.274	0.52
	3	640035128193	2012	1.134	0.53
	4	640035128221	2012	1.013	0.50
	5	640035067129	2006	0.991	0.35
	5	640035060129	2006	0.991	0.35

续表

场号	场内排名	牛号	出生年	体深评分 EBV/分	EBV 准确性
640035	5	640035060157	2006	0.991	0.35
	5	640035060180	2006	0.991	0.35
	5	640035060170	2006	0.991	0.35
	10	640035060171	2006	0.984	0.35
640166	1	640166182854	2018	1.263	0.55
	2	640166182853	2018	1.248	0.55
	3	640166060175	2006	1.230	0.42
	4	640166060191	2006	1.200	0.36
	5	640166120472	2012	1.188	0.52
	6	640166120511	2012	1.183	0.53
	6	640166060195	2006	1.183	0.36
	8	640166162122	2016	1.166	0.36
	9	640166120514	2012	1.162	0.53
	10	640166172501	2013	1.154	0.47
640190	1	640190183011	2018	1.157	0.43
	2	640190130164	2013	1.061	0.48
	2	640190181371	2018	1.061	0.41
	4	640190130069	2013	1.053	0.48
	5	640190184665	2018	1.038	0.48
	6	640190182241	2018	0.960	0.41
	7	640190181169	2018	0.945	0.40
	8	640190130257	2013	0.929	0.48
	9	640190180661	2018	0.921	0.41
	10	640190181435	2018	0.908	0.39
640193	1	640193180866	2018	1.057	0.49
	2	640193183030	2018	1.038	0.38
	2	640193180390	2018	1.038	0.41
	4	640193171340	2017	1.033	0.50

续表

场号	场内排名	牛号	出生年份	体深评分 EBV/分	EBV 准确性
640193	5	640193171718	2017	1.032	0.43
	6	640193180038	2018	1.028	0.41
	7	640193194740	2019	0.986	0.43
	8	640193181024	2018	0.978	0.48
	9	640193180796	2018	0.973	0.48
	9	640193173748	2017	0.973	0.48
640251	1	640251185761	2018	1.482	0.54
	2	640251185764	2018	1.374	0.54
	3	640251185743	2018	1.362	0.54
	4	640251186231	2018	1.356	0.52
	5	640251186022	2018	1.337	0.59
	6	640251186213	2018	1.321	0.52
	7	640251175205	2017	1.308	0.46
	7	640251005205	2017	1.308	0.46
	9	640251185773	2018	1.302	0.51
	10	640251005377	2017	1.301	0.46
640253	1	640253182060	2018	1.598	0.54
	2	640253181982	2018	1.459	0.54
	3	640253182090	2018	1.450	0.53
	4	640253182005	2018	1.440	0.52
	4	640253182039	2018	1.440	0.53
	6	640253182178	2018	1.407	0.52
	7	640253182050	2018	1.403	0.52
	8	640253182027	2018	1.396	0.53
	8	640253182087	2018	1.396	0.53
	10	640253182233	2018	1.393	0.52

表 6–1–9 各核心育种场腰强度评分 EBV 排名前 10 名母牛

场号	场内排名	牛号	出生年份	腰强度评分 EBV/分	EBV 准确性
640003	1	640003203380	2020	2.740	0.53
	2	640003203431	2020	2.632	0.53
	3	640003141688	2011	2.614	0.37
	4	640003203411	2020	2.543	0.53
	5	640003203414	2020	2.300	0.53
	6	640003111133	2011	2.291	0.47
	7	640003111152	2011	2.248	0.46
	8	640003111119	2011	2.193	0.48
	9	640003203352	2020	2.151	0.53
	10	640003121286	2012	2.110	0.53
640004	1	640004198011	2016	2.486	0.56
	2	640004187449	2018	2.207	0.57
	3	640004187364	2018	2.188	0.59
	4	640004174136	2009	2.114	0.50
	5	640004187445	2018	2.095	0.55
	6	640004197954	2019	2.079	0.51
	7	640004187424	2018	2.053	0.57
	8	640004125996	2012	2.022	0.54
	9	640004177334	2017	1.978	0.55
	10	640004187441	2018	1.964	0.57
640005	1	640005134186	2013	2.455	0.42
	2	640005123925	2012	2.278	0.56
	3	640005175236	2017	2.202	0.56
	4	640005113749	2011	2.021	0.44
	5	640005123970	2012	1.963	0.56
	6	640005123927	2012	1.949	0.58
	7	640005175127	2018	1.932	0.48
	8	640005131547	2014	1.926	0.44

续表

场号	场内排名	牛号	出生年份	腰强度评分 EBV/分	EBV 准确性
640005	9	640005185534	2018	1.907	0.45
	10	640005117983	2011	1.901	0.49
640007	1	640007184861	2018	3.088	0.58
	2	640007195789	2019	2.865	0.59
	3	640007205955	2020	2.861	0.60
	4	640007205949	2020	2.752	0.60
	5	640007185030	2018	2.711	0.56
	5	640007184997	2018	2.711	0.56
	5	640007185034	2018	2.711	0.56
	5	640007185015	2018	2.711	0.56
	5	640007185011	2018	2.711	0.56
	5	640007185007	2018	2.711	0.56
640009	1	640009110045	2011	2.044	0.50
	2	640009181342	2018	1.858	0.50
	3	640009160888	2016	1.845	0.36
	4	640009160845	2016	1.763	0.38
	5	640009201860	2020	1.743	0.50
	6	640009160809	2016	1.707	0.41
	7	640009181592	2018	1.699	0.55
	8	640009120030	2012	1.693	0.46
	9	640009160814	2016	1.688	0.43
	10	640009191594	2019	1.675	0.54
640035	1	640035099417	2006	2.307	0.47
	2	640035117965	2011	2.252	0.51
	3	640035170548	2017	2.246	0.48
	4	640035128203	2012	2.205	0.54
	5	640035128216	2012	2.176	0.59
	6	640035099402	2006	2.143	0.46

续表

场号	场内排名	牛号	出生年份	腰强度评分 EBV/分	EBV 准确性
640035	7	640035128115	2012	1.992	0.52
	8	640035117964	2011	1.989	0.51
	9	640035128214	2012	1.961	0.55
	10	640035170677	2017	1.917	0.52
640166	1	640166120477	2012	2.692	0.55
	2	640166141100	2014	2.688	0.46
	3	640166120464	2012	2.491	0.52
	4	640166109609	2010	2.355	0.47
	5	640166120650	2012	2.239	0.57
	6	640166120510	2012	2.071	0.54
	7	640166109590	2010	2.048	0.38
	8	640166109581	2010	2.038	0.48
	9	640166120633	2012	2.000	0.55
	10	640166120460	2012	1.984	0.56
640190	1	640190121590	2012	2.498	0.48
	2	640190121593	2012	2.452	0.46
	3	640190112099	2011	2.394	0.43
	4	640190111051	2011	2.227	0.48
	5	640190123856	2012	2.221	0.51
	6	640190110389	2011	2.212	0.48
	7	640190110766	2011	2.201	0.48
	8	640190123762	2012	2.152	0.45
	9	640190123212	2012	2.118	0.45
	10	640190180546	2018	2.072	0.53
640193	1	640193180546	2018	1.981	0.47
	2	640193180840	2018	1.916	0.44
	3	640193180712	2018	1.765	0.43
	4	640193181268	2018	1.752	0.45

续表

场号	场内排名	牛号	出生年份	腰强度评分 EBV/分	EBV 准确性
640193	5	640193140053	2013	1.732	0.47
	5	640193130053	2013	1.732	0.47
	7	640193162012	2016	1.711	0.47
	7	640193262012	2016	1.711	0.47
	9	640193180686	2018	1.710	0.43
	10	640193180388	2018	1.693	0.46
640251	1	640251008836	2020	3.869	0.66
	1	640251008795	2020	3.869	0.66
	1	640251008869	2020	3.869	0.66
	1	640251008840	2020	3.869	0.66
	1	640251008804	2020	3.869	0.66
	1	640251008820	2020	3.869	0.66
	7	640251008732	2020	3.854	0.66
	7	640251008808	2020	3.854	0.66
	9	640251008714	2020	3.841	0.66
	9	640251008706	2020	3.841	0.66
640253	1	640253204587	2020	3.242	0.54
	2	640253204491	2020	3.095	0.51
	3	640253204429	2020	3.046	0.53
	4	640253204476	2020	3.023	0.53
	5	640253194393	2019	2.977	0.52
	6	640253194390	2019	2.976	0.53
	7	640253194414	2019	2.972	0.52
	7	640253194420	2019	2.972	0.52
	7	640253204475	2020	2.972	0.52
	10	640253204449	2020	2.953	0.52

表 6-1-10 各核心育种场尻角度评分 EBV 排名前 10 名母牛

场号	场内排名	牛号	出生年份	尻角度评分 EBV/分	EBV 准确性
640003	1	640003203418	2020	1.788	0.52
	2	640003197774	2019	1.665	0.43
	3	640003197777	2019	1.641	0.42
	4	640003197673	2019	1.618	0.44
	4	640003197666	2019	1.618	0.44
	6	640003197629	2019	1.601	0.44
	7	640003197735	2019	1.599	0.45
	8	640003111124	2011	1.568	0.36
	9	640003193057	2019	1.566	0.38
	10	640003193187	2020	1.553	0.42
640004	1	640004198324	2019	2.133	0.44
	1	640004198312	2019	2.133	0.44
	1	640004198340	2019	2.133	0.44
	4	640004187642	2018	1.904	0.39
	5	640004187620	2018	1.888	0.38
	6	640004205876	2019	1.847	0.41
	7	640004195762	2019	1.718	0.46
	8	640004187631	2018	1.709	0.37
	9	640004195702	2019	1.665	0.47
	10	640004115893	2011	1.628	0.42
640005	1	640005205936	2020	1.556	0.42
	2	640005164978	2016	1.495	0.36
	3	640005206186	2020	1.475	0.39
	4	640005164927	2016	1.458	0.35
	5	640005195683	2011	1.448	0.40
	6	640005195713	2012	1.439	0.40
	7	640005123927	2012	1.417	0.49
	7	640005164954	2016	1.417	0.38

续表

场号	场内排名	牛号	出生年份	尻角度评分 EBV/分	EBV 准确性
640005	9	640005123907	2012	1.402	0.34
	10	640005185346	2018	1.393	0.41
640007	1	640007163974	2016	2.034	0.46
	2	640007162214	2016	1.721	0.46
	3	640007195748	2019	1.689	0.42
	4	640007205936	2020	1.682	0.43
	5	640007164094	2016	1.651	0.46
	6	640007195702	2019	1.648	0.44
	7	640007206010	2020	1.627	0.37
	8	640007164183	2016	1.622	0.46
	9	640007195749	2019	1.615	0.42
	10	640007164236	2016	1.612	0.46
640009	1	640009191818	2019	1.614	0.44
	2	640009191770	2019	1.576	0.42
	3	640009191786	2019	1.472	0.40
	4	640009191798	2019	1.384	0.43
	5	640009191805	2019	1.360	0.42
	6	640009191791	2019	1.330	0.42
	7	640009160911	2016	1.308	0.35
	8	640009160947	2016	1.291	0.33
	9	640009160970	2016	1.289	0.34
	10	640009191803	2019	1.287	0.40
640035	1	640035097573	2018	1.557	0.41
	2	640035097560	2018	1.444	0.41
	3	640035128280	2012	1.389	0.41
	4	640035097405	2007	1.349	0.40
	5	640035107614	2010	1.322	0.40
	6	640035128286	2012	1.262	0.40

续表

场号	场内排名	牛号	出生年份	尻角度评分 EBV/分	EBV 准确性
640035	7	640035097525	2003	1.233	0.43
	8	640035128122	2012	1.226	0.36
	9	640035128171	2012	1.223	0.39
	10	640035107620	2010	1.205	0.37
640166	1	640166193170	2019	1.451	0.41
	2	640166193199	2019	1.431	0.39
	3	640166193217	2019	1.425	0.31
	4	640166119966	2011	1.400	0.38
	5	640166193169	2019	1.367	0.40
	6	640166193112	2019	1.326	0.34
	7	640166193196	2019	1.301	0.37
	8	640166193149	2019	1.299	0.40
	9	640166120384	2012	1.289	0.32
	10	640166120606	2012	1.281	0.47
640190	1	640190140074	2013	2.126	0.42
	2	64019013A067	2013	2.076	0.41
	3	640190140013	2013	2.021	0.41
	4	640190130060	2013	2.019	0.39
	5	640190130055	2013	2.008	0.39
	6	64019013A004	2013	1.975	0.39
	7	640190130047	2013	1.967	0.39
	8	640190140335	2014	1.964	0.39
	9	640190130097	2013	1.960	0.39
	10	640190130078	2013	1.958	0.44
640193	1	640193204830	2020	1.935	0.41
	2	640193204006	2020	1.922	0.37
	3	640193203978	2020	1.712	0.41
	4	640193203380	2020	1.709	0.36

续表

场号	场内排名	牛号	出生年份	尻角度评分 EBV/分	EBV 准确性
640193	5	640193204800	2020	1.685	0.40
	6	640193204048	2020	1.681	0.42
	7	640193203658	2020	1.670	0.36
	8	640193203884	2020	1.662	0.39
	9	640193203550	2020	1.661	0.40
	10	640193203106	2020	1.639	0.36
640251	1	640251008662	2020	1.915	0.59
	2	640251208732	2020	1.833	0.49
	3	640251208662	2020	1.810	0.49
	4	640251208664	2020	1.809	0.49
	5	640251008804	2020	1.775	0.59
	6	640251208862	2020	1.746	0.46
	7	640251007947	2019	1.681	0.43
	7	640251197947	2019	1.681	0.43
	9	640251208837	2020	1.673	0.47
	10	640251007774	2019	1.665	0.43
640253	1	640253193466	2019	2.431	0.50
	2	640253193513	2019	2.423	0.50
	3	640253193432	2019	2.334	0.46
	4	640253193561	2017	2.302	0.50
	4	640253193429	2019	2.302	0.45
	6	640253193536	2019	2.248	0.45
	7	640253193472	2019	2.236	0.47
	8	640253193610	2017	2.225	0.45
	9	640253193552	2017	2.218	0.45
	10	640253193540	2019	2.217	0.45

表 6-1-11 各核心育种场尻宽评分 EBV 排名前 10 名母牛

场号	场内排名	牛号	出生年份	尻宽评分 EBV/分	EBV 准确性
640003	1	640003203411	2020	2.977	0.51
	2	640003203431	2020	2.771	0.51
	3	640003203423	2020	2.697	0.56
	4	640003203419	2020	2.663	0.52
	5	640003214337	2021	2.545	0.41
	6	640003193259	2019	2.534	0.47
	7	640003203380	2020	2.435	0.51
	8	640003203352	2020	2.383	0.50
	9	640003203401	2020	2.375	0.50
	10	640003214268	2021	2.365	0.40
640004	1	640004205885	2020	2.473	0.62
	2	640004187620	2018	1.836	0.47
	3	640004198324	2019	1.660	0.47
	3	640004198312	2019	1.660	0.47
	3	640004198340	2019	1.660	0.47
	6	640004206182	2020	1.644	0.50
	7	640004109789	2010	1.571	0.51
	8	640004099379	2009	1.564	0.48
	9	640004197976	2019	1.562	0.47
	10	640004206178	2020	1.552	0.54
640005	1	640005113771	2011	1.851	0.49
	2	640005216514	2021	1.659	0.27
	3	640005113818	2011	1.646	0.50
	4	640005216518	2021	1.491	0.39
	4	640005216525	2021	1.491	0.39
	6	640005093359	2009	1.447	0.41
	7	640005144423	2014	1.439	0.41
	8	640005195827	2019	1.397	0.45

续表

场号	场内排名	牛号	出生年份	尻宽评分 EBV/分	EBV 准确性
640005	9	640005103669	2010	1.393	0.52
	10	640005097459	2009	1.384	0.42
640007	1	640007205949	2020	3.514	0.59
	2	640007184861	2018	3.144	0.56
	3	640007195789	2019	3.102	0.57
	4	640007174254	2016	3.000	0.48
	5	640007205909	2020	2.814	0.58
	6	640007205955	2020	2.811	0.58
	7	640007174290	2017	2.560	0.48
	7	640007174306	2017	2.560	0.48
	9	640007174308	2017	2.535	0.48
	10	640007184965	2018	2.447	0.58
640009	1	640009212308	2021	1.658	0.48
	2	640009212307	2021	1.652	0.48
	3	640009212247	2021	1.284	0.48
	3	640009212380	2021	1.284	0.48
	3	640009212395	2021	1.284	0.48
	6	640009212318	2021	1.279	0.48
	7	640009212252	2021	1.272	0.48
	7	640009212373	2021	1.272	0.48
	7	640009212376	2021	1.272	0.48
	10	640009110102	2011	1.154	0.52
640035	1	640035097430	2009	1.808	0.47
	2	640035097516	2020	1.551	0.48
	3	640035097456	2006	1.527	0.44
	4	640035097551	2011	1.483	0.38
	5	640035128190	2013	1.421	0.52
	6	640035107722	2010	1.342	0.49

续表

场号	场内排名	牛号	出生年份	尻宽评分 EBV/分	EBV 准确性
640035	7	640035170517	2018	1.335	0.47
	8	640035107755	2010	1.292	0.52
	9	640035170562	2017	1.291	0.39
	10	640035097458	2006	1.290	0.44
640166	1	640166141105	2014	2.359	0.40
	1	640166141271	2014	2.359	0.40
	3	640166099382	2009	2.049	0.50
	4	640166109751	2010	1.818	0.51
	5	640166099388	2009	1.814	0.51
	6	640166109755	2010	1.609	0.48
	7	640166110072	2011	1.378	0.50
	8	640166109722	2010	1.321	0.51
	9	640166193114	2019	1.258	0.50
	10	640166110075	2011	1.255	0.48
640190	1	640190112099	2011	2.810	0.42
	2	640190130237	2013	2.359	0.40
	2	640190121580	2012	2.359	0.40
	2	640190112393	2011	2.359	0.40
	2	640190142095	2014	2.359	0.40
	2	640190142506	2014	2.359	0.40
	2	640190142161	2014	2.359	0.40
	2	640190130205	2013	2.359	0.40
	2	640190141027	2014	2.359	0.40
	2	640190120689	2012	2.359	0.40
640193	1	640193230048	2013	1.195	0.37
	2	640193141008	2014	1.168	0.37
	3	640193160646	2016	1.099	0.45
	4	640193191886	2019	1.087	0.32

续表

场号	场内排名	牛号	出生年份	尻宽评分 EBV/分	EBV 准确性
640193	5	640193260573	2016	1.079	0.44
	6	640193161217	2016	1.072	0.44
	7	640193160586	2016	1.063	0.44
	8	640193172512	2017	1.054	0.48
	9	640193261217	2016	1.052	0.46
	10	640193155632	2015	1.036	0.33
640251	1	640251008840	2020	4.055	0.65
	2	640251008732	2020	4.049	0.65
	3	640251008550	2020	3.874	0.65
	4	640251008187	2019	3.872	0.65
	5	640251008348	2019	3.823	0.59
	6	640251007922	2019	3.791	0.65
	7	640251008714	2020	3.787	0.65
	8	640251008869	2020	3.786	0.65
	8	640251008804	2020	3.786	0.65
	8	640251008820	2020	3.786	0.65
640253	1	640253204500	2020	3.207	0.49
	1	640253204506	2020	3.207	0.49
	3	640253204468	2020	3.147	0.50
	4	640253194259	2019	3.124	0.50
	5	640253194407	2019	3.014	0.50
	6	640253194378	2019	2.993	0.50
	7	640253204429	2020	2.971	0.50
	8	640253204472	2020	2.962	0.46
	9	640253204441	2020	2.897	0.47
	10	640253204462	2020	2.785	0.50

表 6-1-12　各核心育种场蹄角度评分 EBV 排名前 10 名母牛

场号	场内排名	牛号	出生年份	蹄角度评分 EBV/分	EBV 准确性
640003	1	640003182895	2018	3.376	0.56
	2	640003110867	2011	3.226	0.51
	3	640003080641	2008	3.141	0.44
	4	640003182901	2018	3.136	0.52
	5	640003182940	2018	3.130	0.52
	6	640003182952	2018	3.055	0.53
	7	640003006437	2018	3.051	0.49
	8	640003006453	2018	3.045	0.49
	9	640003214386	2021	2.913	0.42
	10	640003182961	2018	2.725	0.51
640004	1	640004109729	2010	3.639	0.53
	2	640004109769	2010	3.523	0.54
	3	640004109789	2010	2.779	0.53
	4	640004109699	2010	2.667	0.55
	5	640004109759	2010	2.488	0.42
	6	640004187404	2018	2.457	0.55
	7	640004109689	2010	2.437	0.45
	8	640004121008	2012	2.419	0.42
	9	640004109719	2010	2.408	0.44
	10	640004146535	2015	2.372	0.38
640005	1	640005185500	2018	3.579	0.50
	2	640005185463	2018	3.447	0.53
	3	640005185359	2018	3.445	0.46
	4	640005185489	2018	3.409	0.45
	5	640005185342	2018	3.212	0.45
	6	640005185497	2018	3.132	0.49
	7	640005206078	2020	3.082	0.58
	8	640005185379	2018	2.954	0.41

续表

场号	场内排名	牛号	出生年份	蹄角度评分 EBV/分	EBV 准确性
640005	9	640005185353	2018	2.951	0.47
	10	640005185510	2018	2.912	0.47
640007	1	640007217015	2021	2.885	0.41
	1	640007217021	2021	2.885	0.41
	1	640007217035	2021	2.885	0.41
	4	640007216984	2021	2.875	0.41
	4	640007217001	2021	2.875	0.41
	4	640007217003	2021	2.875	0.41
	7	640007216911	2021	2.864	0.41
	8	640007216964	2021	2.853	0.41
	9	640007216905	2021	2.842	0.41
	10	640007216688	2021	2.839	0.41
640009	1	640009181580	2018	2.223	0.52
	2	640009191679	2019	2.217	0.43
	3	640009181487	2018	2.200	0.53
	4	640009191644	2019	2.147	0.45
	5	640009181558	2018	2.144	0.50
	6	640009181510	2018	2.107	0.51
	6	640009212352	2021	2.107	0.44
	8	640009181480	2018	2.089	0.52
	9	640009212398	2021	2.082	0.44
	10	640009191655	2019	2.075	0.45
640035	1	640035109754	2010	3.489	0.53
	2	640035107690	2010	3.338	0.54
	3	640035107717	2010	3.264	0.53
	4	640035181029	2018	3.168	0.38
	5	640035109613	2010	2.754	0.48
	6	640035107682	2010	2.698	0.46

续表

场号	场内排名	牛号	出生年份	蹄角度评分 EBV/分	EBV 准确性
640035	7	640035107679	2010	2.696	0.45
	8	640035107696	2010	2.465	0.45
	9	640035109750	2010	2.464	0.46
	10	640035107691	2010	2.457	0.46
640166	1	640166109772	2010	3.664	0.55
	2	640166109725	2010	3.556	0.54
	3	640166109764	2010	3.334	0.56
	4	640166109732	2010	3.331	0.52
	5	640166109701	2010	3.316	0.52
	6	640166141117	2014	3.279	0.46
	7	640166109782	2010	3.249	0.52
	8	640166109714	2010	3.206	0.52
	9	640166109607	2010	3.150	0.47
	10	640166109717	2010	3.137	0.52
640190	1	640190127708	2012	3.721	0.49
	2	640190110361	2011	3.689	0.49
	2	640190111147	2011	3.689	0.49
	2	640190110865	2011	3.689	0.49
	5	640190140074	2013	3.635	0.54
	6	640190110911	2011	3.623	0.49
	7	640190110831	2011	3.622	0.49
	8	640190181214	2018	3.618	0.46
	9	640190110946	2011	3.611	0.49
	9	640190110386	2011	3.611	0.49
640193	1	640193193392	2019	2.696	0.51
	2	640193194686	2019	2.592	0.45
	3	640193194396	2019	2.538	0.45
	4	640193193314	2019	2.483	0.50

续表

场号	场内排名	牛号	出生年份	蹄角度评分 EBV/分	EBV 准确性
640193	5	640193194656	2019	2.423	0.44
	6	640193194040	2019	2.405	0.45
	7	640193120857	2011	2.382	0.38
	8	640193194708	2019	2.378	0.45
	9	640193194362	2019	2.366	0.45
	10	640193194516	2019	2.338	0.45
640251	1	640251006181	2018	2.403	0.42
	2	640251006116	2018	2.376	0.43
	3	640251006091	2018	2.316	0.42
	4	640251006079	2018	2.291	0.41
	4	640251006103	2018	2.291	0.41
	6	640251006093	2018	2.263	0.41
	6	640251006106	2018	2.263	0.41
	8	640251006085	2018	2.249	0.41
	9	640251006461	2018	2.193	0.43
	9	640251006068	2018	2.193	0.43
640253	1	640253160525	2016	2.935	0.47
	2	640253160483	2016	2.487	0.44
	3	640253181792	2018	2.413	0.54
	4	640253193179	2018	2.194	0.37
	5	640253193114	2018	2.180	0.37
	6	640253193327	2019	2.054	0.36
	7	640253193098	2019	2.048	0.46
	8	640253204751	2020	2.034	0.58
	9	640253169954	2017	2.017	0.23
	10	640253193467	2019	1.976	0.38

表 6-1-13 各核心育种场蹄踵深度评分 EBV 排名前 10 名母牛

场号	场内排名	牛号	出生年份	蹄踵深度评分 EBV/分	EBV 准确性
640003	1	640003203544	2020	1.271	0.47
	2	640003203506	2020	1.268	0.49
	3	640003203504	2020	1.149	0.47
	4	640003203536	2020	1.108	0.46
	5	640003203362	2020	1.094	0.41
	6	640003203940	2020	1.052	0.42
	7	640003203467	2020	1.034	0.46
	8	640003111141	2011	1.024	0.34
	9	640003203508	2020	1.002	0.48
	9	640003203451	2020	1.002	0.42
640004	1	640004197976	2019	1.146	0.37
	2	640004206072	2020	1.080	0.44
	3	640004197887	2019	1.074	0.45
	4	640004205885	2020	1.054	0.54
	5	640004197994	2019	1.015	0.35
	6	640004206089	2020	0.974	0.44
	7	640004208081	2020	0.964	0.40
	8	640004146486	2014	0.954	0.42
	9	640004085343	2008	0.920	0.34
	9	640004085320	2008	0.920	0.34
640005	1	640005205864	2019	1.098	0.45
	2	640005146580	2014	1.017	0.41
	3	640005205982	2020	0.983	0.39
	4	640005205917	2020	0.982	0.45
	5	640005205961	2020	0.971	0.45
	6	640005205975	2020	0.970	0.39
	7	640005205926	2020	0.954	0.40
	8	640005205908	2020	0.950	0.32

续表

场号	场内排名	牛号	出生年份	蹄踵深度评分 EBV/分	EBV 准确性
640005	9	640005205867	2020	0.930	0.44
	10	640005185314	2018	0.916	0.43
640007	1	640007205949	2020	1.531	0.53
	2	640007205955	2020	1.417	0.49
	3	640007205909	2020	1.409	0.49
	4	640007184861	2018	1.263	0.49
	5	640007195789	2019	1.192	0.48
	6	640007164223	2016	1.170	0.40
	7	640007184965	2018	1.142	0.50
	7	640007185026	2018	1.142	0.50
	7	640007184974	2018	1.142	0.50
	10	640007174286	2017	1.139	0.40
640009	1	640009120001	2012	1.673	0.15
	2	640009100082	2010	1.404	0.43
	3	640009212369	2021	1.356	0.36
	4	640009212354	2021	1.345	0.36
	5	640009090082	2009	1.325	0.41
	6	640009212271	2021	1.189	0.39
	7	640009212333	2021	1.162	0.36
	8	640009212387	2021	1.155	0.36
	9	640009212311	2021	1.152	0.36
	10	640009100120	2010	1.120	0.39
640035	1	640035107753	2014	0.888	0.40
	2	640035117835	2011	0.815	0.33
	3	640035117818	2011	0.807	0.36
	4	640035107763	2014	0.806	0.40
	5	640035109754	2010	0.803	0.41
	6	640035128199	2012	0.802	0.36

续表

场号	场内排名	牛号	出生年份	蹄踵深度评分 EBV/分	EBV 准确性
640035	7	640035117817	2011	0.776	0.32
	8	640035087375	2007	0.733	0.33
	9	640035107767	2010	0.732	0.31
	10	640035107689	2010	0.718	0.38
640166	1	640166120692	2012	1.097	0.41
	2	640166120662	2012	1.030	0.48
	3	640166141105	2014	1.017	0.35
	3	640166141271	2014	1.017	0.35
	5	640166141284	2014	0.929	0.40
	6	640166089201	2008	0.922	0.40
	7	640166109772	2010	0.917	0.43
	8	640166110165	2011	0.901	0.22
	9	640166089195	2008	0.870	0.35
	10	640166120653	2012	0.854	0.48
640190	1	640190130415	2013	1.478	0.43
	2	640190110683	2011	1.197	0.36
	3	640190110701	2011	1.189	0.36
	4	640190112099	2011	1.164	0.35
	5	640190090185	2009	1.082	0.39
	6	640190110850	2011	1.079	0.33
	7	640190140952	2014	1.044	0.41
	8	640190120864	2012	1.035	0.23
	9	640190110909	2011	1.027	0.36
	10	640190153783	2015	1.020	0.32
640193	1	640193153903	2015	0.796	0.34
	1	640193153853	2015	0.796	0.34
	1	640193153545	2015	0.796	0.34
	1	640193153754	2015	0.796	0.34

续表

场号	场内排名	牛号	出生年份	蹄踵深度评分 EBV/分	EBV 准确性
640193	1	640193140742	2015	0.796	0.34
	6	640193181204	2018	0.764	0.45
	7	640193171872	2017	0.745	0.45
	7	640193181038	2018	0.745	0.45
	7	640193180864	2018	0.745	0.45
	10	640193172306	2017	0.740	0.46
640251	1	640251008822	2020	1.756	0.51
	2	640251008793	2020	1.745	0.51
	3	640251008562	2020	1.738	0.51
	4	640251008665	2020	1.716	0.53
	5	640251008657	2020	1.712	0.53
	5	640251008698	2020	1.712	0.53
	5	640251008566	2020	1.712	0.53
	5	640251008582	2020	1.712	0.53
	9	640251008644	2020	1.705	0.53
	10	640251008293	2019	1.646	0.55
640253	1	640253204455	2020	1.047	0.42
	2	640253194390	2019	0.920	0.41
	3	640253182823	2018	0.907	0.44
	4	640253194393	2019	0.895	0.41
	5	640253204506	2020	0.891	0.40
	6	640253194420	2019	0.890	0.41
	6	640253204475	2020	0.890	0.41
	8	640253194357	2019	0.885	0.41
	8	640253194347	2019	0.885	0.41
	10	640253204429	2020	0.884	0.41

表 6-1-14　各核心育种场骨质地评分 EBV 排名前 10 名母牛

场号	场内排名	牛号	出生年份	骨质地评分 EBV/分	EBV 准确性
640003	1	640003203319	2020	2.056	0.50
	2	640003203324	2020	1.933	0.50
	3	640003203544	2020	1.841	0.53
	4	640003203551	2020	1.829	0.51
	5	640003203360	2020	1.801	0.48
	6	640003203349	2020	1.778	0.51
	7	640003203352	2020	1.765	0.47
	8	640003203556	2020	1.758	0.55
	9	640003203469	2020	1.751	0.53
	10	640003203508	2020	1.749	0.53
640004	1	640004198324	2019	1.838	0.46
	1	640004198312	2019	1.838	0.46
	1	640004198340	2019	1.838	0.46
	4	640004208104	2020	1.806	0.48
	5	640004208106	2020	1.695	0.51
	6	640004206051	2020	1.624	0.50
	7	640004206072	2020	1.593	0.50
	8	640004197914	2019	1.571	0.48
	9	640004198337	2019	1.471	0.47
	10	640004198486	2019	1.442	0.47
640005	1	640005205863	2019	1.838	0.48
	1	640005205883	2020	1.838	0.52
	3	640005205864	2019	1.827	0.51
	4	640005205919	2020	1.818	0.47
	5	640005206000	2020	1.783	0.56
	6	640005205917	2020	1.764	0.50
	7	640005195861	2019	1.674	0.51
	8	640005134081	2013	1.643	0.42

续表

场号	场内排名	牛号	出生年份	骨质地评分 EBV/分	EBV 准确性
640005	9	640005205991	2020	1.626	0.56
	10	640005205981	2020	1.610	0.56
640007	1	640007205949	2020	2.010	0.57
	2	640007205955	2020	1.707	0.55
	3	640007205909	2020	1.702	0.55
	4	640007217138	2021	1.595	0.36
	5	640007206365	2020	1.563	0.48
	6	640007195670	2019	1.493	0.53
	7	640007206205	2020	1.458	0.52
	8	640007198475	2019	1.451	0.47
	9	640007208094	2020	1.429	0.47
	10	640007205940	2020	1.399	0.44
640009	1	640009110095	2011	1.481	0.46
	2	640009110076	2011	1.256	0.45
	3	640009110109	2011	1.206	0.48
	4	640009110072	2011	1.160	0.32
	5	640009120019	2012	1.158	0.46
	6	640009112934	2011	1.136	0.33
	7	640009191597	2019	1.129	0.50
	8	640009110096	2016	1.097	0.40
	9	640009110100	2011	1.087	0.45
	10	640009110097	2011	1.034	0.46
640035	1	640035117968	2011	1.368	0.43
	2	640035107783	2010	1.291	0.51
	3	640035128203	2012	1.224	0.49
	4	640035107749	2010	1.119	0.43
	5	640035050575	2005	1.110	0.25
	6	640035128239	2012	1.086	0.49

续表

场号	场内排名	牛号	出生年份	骨质地评分 EBV/分	EBV 准确性
640035	7	640035117890	2011	1.064	0.49
	8	640035128204	2012	1.058	0.51
	9	640035117941	2011	1.057	0.44
	10	640035107692	2010	1.003	0.53
640166	1	640166109772	2010	1.498	0.49
	2	640166109625	2010	1.445	0.42
	3	640166141267	2014	1.428	0.44
	4	640166120583	2012	1.427	0.35
	5	640166110175	2013	1.420	0.51
	6	640166120674	2012	1.413	0.35
	7	640166141100	2014	1.373	0.40
	8	640166130895	2013	1.347	0.34
	9	640166099461	2007	1.302	0.51
	10	640166120488	2012	1.287	0.50
640190	1	640190120924	2012	1.381	0.37
	2	640190123606	2012	1.309	0.47
	3	640190112678	2011	1.246	0.38
	4	640190121577	2012	1.206	0.40
	5	640190123451	2012	1.202	0.29
	6	640190121773	2012	1.189	0.40
	7	640190120977	2012	1.183	0.40
	8	640190121593	2012	1.174	0.40
	9	640190121599	2012	1.170	0.40
	10	640190121584	2012	1.166	0.40
640193	1	640193261380	2016	1.031	0.43
	1	640193161380	2016	1.031	0.43
	3	640193162801	2016	0.978	0.44
	4	640193260198	2016	0.977	0.41

续表

场号	场内排名	牛号	出生年份	骨质地评分 EBV/分	EBV 准确性
640193	4	640193160198	2016	0.977	0.41
	6	640193261232	2016	0.948	0.43
	6	640193161232	2016	0.948	0.43
	8	640193140477	2014	0.928	0.37
	9	6401932161260	2016	0.923	0.42
	10	640193141409	2014	0.922	0.34
640251	1	640251008227	2019	2.060	0.63
	2	640251008340	2019	2.052	0.60
	2	640251008395	2019	2.052	0.60
	4	640251008669	2020	2.046	0.63
	4	640251008749	2020	2.046	0.63
	4	640251008187	2019	2.046	0.63
	4	640251008512	2019	2.046	0.63
	4	640251008682	2020	2.046	0.63
	4	640251008576	2020	2.046	0.63
	10	640251008646	2020	2.036	0.63
640253	1	640253193472	2019	1.984	0.49
	2	640253193466	2019	1.925	0.54
	3	640253193513	2019	1.920	0.54
	4	640253193432	2019	1.898	0.48
	5	640253193429	2019	1.896	0.47
	6	640253193409	2019	1.850	0.49
	7	640253193412	2019	1.816	0.48
	7	640253193426	2019	1.816	0.48
	9	640253204587	2020	1.594	0.48
	10	640253204563	2020	1.588	0.47

表 6-1-15 各核心育种场后肢侧视评分 EBV 排名前 10 名母牛

场号	场内排名	牛号	出生年份	后肢侧视评分 EBV/分	EBV 准确性
640003	1	640003006257	2018	2.855	0.48
	2	640003186196	2018	2.297	0.48
	3	640003186166	2018	2.244	0.47
	4	640003186257	2018	2.216	0.47
	5	640003006263	2018	2.195	0.47
	6	640003186086	2018	2.073	0.50
	7	640003186277	2018	2.015	0.48
	8	640003186237	2018	1.958	0.42
	9	640003186206	2018	1.952	0.42
	10	640003006273	2018	1.906	0.42
640004	1	640004182263	2018	2.143	0.48
	2	640004182391	2018	2.046	0.47
	3	640004182082	2018	2.039	0.47
	4	640004182177	2018	2.031	0.47
	5	640004182173	2018	2.025	0.47
	5	640004182175	2018	2.025	0.47
	7	640004182386	2018	2.020	0.47
	8	640004182168	2018	2.019	0.47
	8	640004182164	2018	2.019	0.47
	10	640004182172	2018	2.013	0.47
640005	1	640005185520	2018	2.232	0.51
	2	640005205997	2020	2.141	0.47
	3	640005185535	2018	2.126	0.51
	4	640005206126	2020	2.041	0.53
	5	640005206039	2020	2.020	0.53
	6	640005206014	2020	1.974	0.53
	7	640005185529	2018	1.945	0.45
	8	640005205956	2020	1.926	0.51

续表

场号	场内排名	牛号	出生年份	后肢侧视评分 EBV/分	EBV 准确性
640005	9	640005206061	2020	1.896	0.53
	10	640005185519	2018	1.876	0.45
640007	1	640007185162	2018	2.223	0.47
	2	640007185139	2018	2.048	0.47
	2	640007185168	2018	2.048	0.47
	4	640007185146	2018	2.037	0.47
	5	640007185154	2018	2.036	0.46
	6	640007185153	2018	1.955	0.47
	7	640007185149	2018	1.940	0.42
	8	640007185135	2018	1.929	0.47
	9	640007185124	2018	1.906	0.42
	10	640007185137	2018	1.899	0.42
640009	1	640009181396	2018	2.359	0.45
	2	640009181456	2018	2.290	0.47
	3	640009160782	2016	2.200	0.33
	4	640009181448	2018	2.192	0.49
	5	640009181438	2018	2.161	0.46
	6	640009181449	2018	2.123	0.50
	7	640009181450	2018	2.090	0.46
	8	640009181457	2018	2.069	0.45
	9	640009181458	2018	2.043	0.42
	10	640009181500	2018	2.041	0.49
640035	1	640035128115	2012	2.037	0.41
	2	640035128175	2012	1.909	0.40
	3	640035097521	2020	1.820	0.43
	4	640035107605	2010	1.730	0.42
	5	640035128131	2012	1.709	0.36
	6	640035181014	2018	1.695	0.40

续表

场号	场内排名	牛号	出生年份	后肢侧视评分 EBV/分	EBV 准确性
640035	7	640035107588	2010	1.683	0.44
	8	640035107622	2010	1.632	0.43
	9	640035097543	2018	1.606	0.43
	10	640035097573	2018	1.602	0.43
640166	1	640166203558	2020	2.468	0.47
	2	640166203482	2020	2.320	0.40
	3	640166203483	2020	2.276	0.44
	4	640166203480	2019	2.230	0.41
	5	640166203478	2019	2.222	0.39
	6	640166193455	2019	2.199	0.41
	7	640166203554	2020	2.185	0.46
	8	640166193462	2019	2.088	0.40
	9	640166203550	2020	2.050	0.45
	10	640166203518	2020	2.035	0.41
640190	1	640190111997	2011	2.992	0.44
	2	640190181853	2018	2.975	0.49
	3	640190111255	2011	2.974	0.48
	4	640190127763	2012	2.908	0.43
	5	640190127798	2012	2.788	0.42
	5	640190128024	2012	2.788	0.42
	5	640190127793	2012	2.788	0.42
	8	640190111446	2011	2.785	0.48
	9	640190127810	2012	2.782	0.42
	9	640190128039	2012	2.782	0.42
640193	1	640193181300	2018	2.262	0.48
	2	640193182018	2018	2.083	0.46
	3	640193181776	2018	1.965	0.46
	4	640193182912	2018	1.962	0.49

续表

场号	场内排名	牛号	出生年份	后肢侧视评分 EBV/分	EBV 准确性
640193	5	640193180472	2018	1.945	0.45
	6	640193182132	2018	1.940	0.45
	7	640193182318	2018	1.938	0.50
	8	640193182806	2018	1.929	0.50
	8	640193182130	2018	1.929	0.46
	10	640193181378	2018	1.928	0.49
640251	1	640251009128	2020	4.477	0.47
	2	640251009096	2020	4.424	0.44
	3	640251009868	2020	4.399	0.43
	4	640251009493	2020	4.387	0.47
	5	640251009744	2020	4.382	0.44
	6	640251209083	2020	4.337	0.44
	6	640251009083	2020	4.337	0.44
	8	640251009153	2020	4.248	0.48
	9	640251009952	2020	3.979	0.40
	10	640251009793	2020	3.939	0.43
640253	1	640253205074	2020	3.766	0.44
	2	640253204911	2020	3.722	0.41
	3	640253204953	2020	3.666	0.40
	4	640253204915	2020	3.636	0.44
	5	640253205110	2020	3.628	0.44
	6	640253205004	2020	3.621	0.46
	7	640253204937	2020	3.620	0.46
	8	640253204939	2020	3.604	0.44
	9	640253204979	2020	3.584	0.44
	10	640253204988	2020	3.582	0.38

表 6-1-16　各核心育种场后肢后视评分 EBV 排名前 10 名母牛

场号	场内排名	牛号	出生年份	后肢后视评分 EBV/分	EBV 准确性
640003	1	640003193292	2019	1.650	0.36
	2	640003193284	2019	1.593	0.32
	3	640003121249	2012	1.555	0.43
	4	640003193255	2019	1.503	0.35
	5	640003193243	2019	1.495	0.30
	6	640003193273	2019	1.493	0.31
	7	640003121196	2012	1.480	0.40
	8	640003193245	2019	1.444	0.30
	9	640003182777	2018	1.442	0.43
	10	640003182765	2018	1.437	0.39
640004	1	640004205885	2020	2.292	0.52
	2	640004206076	2020	1.639	0.39
	3	640004205904	2020	1.616	0.43
	4	640004205921	2020	1.612	0.43
	5	640004205900	2020	1.590	0.43
	6	640004206089	2020	1.496	0.42
	7	640004205878	2019	1.426	0.39
	8	640004205970	2020	1.397	0.37
	9	640004205973	2020	1.388	0.36
	10	640004198458	2005	1.383	0.34
640005	1	640005123911	2012	1.455	0.40
	2	640005117966	2011	1.341	0.35
	3	640005103637	2010	1.228	0.32
	4	640005175141	2017	1.171	0.37
	5	640005175236	2017	1.150	0.46
	6	640005123922	2012	1.108	0.44
	7	640005205909	2020	1.083	0.32
	8	640005103575	2010	1.080	0.32

续表

场号	场内排名	牛号	出生年份	后肢后视评分 EBV/分	EBV 准确性
640005	9	640005117979	2011	1.054	0.36
	10	640005177328	2017	1.037	0.41
640007	1	640007205955	2020	2.349	0.47
	2	640007205909	2020	2.224	0.47
	3	640007195855	2019	2.220	0.52
	4	640007195783	2019	2.216	0.52
	5	640007195789	2019	1.797	0.46
	6	640007172310	2017	1.595	0.39
	7	640007184861	2018	1.593	0.47
	8	640007164223	2016	1.591	0.39
	9	640007174295	2017	1.589	0.39
	10	640007174264	2017	1.518	0.44
640009	1	640009090040	2009	1.174	0.41
	2	640009181501	2018	1.163	0.40
	3	640009130147	2013	1.098	0.15
	4	640009090066	2009	1.071	0.41
	5	640009201881	2020	1.040	0.26
	6	640009090057	2009	1.035	0.40
	7	640009100088	2010	1.033	0.42
	8	640009181581	2018	1.012	0.41
	9	640009171294	2017	1.000	0.39
	10	640009090048	2009	0.999	0.40
640035	1	640035128214	2012	1.186	0.43
	2	640035128221	2012	1.167	0.42
	3	640035170818	2017	1.160	0.36
	4	640035181010	2018	1.145	0.38
	5	640035128205	2012	1.139	0.44
	6	640035128203	2012	1.122	0.42

续表

场号	场内排名	牛号	出生年份	后肢后视评分 EBV/分	EBV 准确性
640035	7	640035128193	2012	1.076	0.44
	8	640035180991	2018	1.071	0.39
	9	640035128211	2012	1.045	0.42
	10	640035128207	2012	1.043	0.42
640166	1	640166120514	2012	1.287	0.44
	2	640166120633	2012	1.199	0.44
	3	640166203549	2020	1.186	0.36
	4	640166203613	2020	1.168	0.36
	5	640166203697	2020	1.145	0.32
	6	640166120573	2012	1.143	0.36
	7	640166120464	2012	1.135	0.41
	8	640166203545	2020	1.096	0.37
	9	640166141105	2014	1.092	0.34
	9	640166141271	2014	1.092	0.34
640190	1	640190110865	2011	1.508	0.35
	2	640190201848	2020	1.418	0.52
	2	640190201894	2020	1.418	0.52
	2	640190201922	2020	1.418	0.52
	2	640190201976	2020	1.418	0.52
	2	640190201860	2020	1.418	0.52
	2	640190202024	2020	1.418	0.52
	2	640190201904	2020	1.418	0.52
	9	640190202102	2020	1.415	0.52
	9	640190202002	2020	1.415	0.52
640193	1	640193185566	2018	1.238	0.37
	2	640193185616	2018	1.144	0.37
	3	640193185462	2018	1.125	0.37
	4	640193185640	2018	1.117	0.36

续表

场号	场内排名	牛号	出生年份	后肢后视评分 EBV/分	EBV 准确性
640193	5	640193185464	2018	1.116	0.37
	6	640193185380	2018	1.113	0.37
	7	640193160053	2016	1.111	0.38
	7	640193260053	2016	1.111	0.38
	9	640193185746	2018	1.102	0.37
	9	640193185678	2018	1.102	0.37
640251	1	640251008192	2019	2.609	0.48
	2	640251008210	2019	2.603	0.48
	3	640251008348	2019	2.600	0.48
	4	640251008402	2019	2.597	0.48
	4	640251008351	2019	2.597	0.48
	6	640251008232	2019	2.594	0.48
	7	640251008208	2019	2.486	0.48
	8	640251008295	2019	2.123	0.48
	9	640251008756	2020	1.853	0.50
	10	640251008775	2020	1.849	0.50
640253	1	640253194134	2019	1.881	0.39
	2	640253194040	2019	1.813	0.36
	3	640253193938	2019	1.751	0.35
	4	640253193936	2019	1.743	0.35
	5	640253194094	2019	1.688	0.35
	6	640253194069	2019	1.649	0.35
	7	640253194215	2019	1.641	0.34
	8	640253193629	2019	1.550	0.41
	9	640253194249	2019	1.525	0.36
	10	640253194309	2019	1.522	0.35

表 6-1-17 各核心育种场乳房深度评分 EBV 排名前 10 名母牛

场号	场内排名	牛号	出生年份	乳房深度评分 EBV/分	EBV 准确性
640003	1	640003120550	2012	4.788	0.57
	2	640003121305	2012	4.688	0.47
	3	640003121326	2012	4.426	0.47
	4	640003121308	2012	4.191	0.46
	5	640003131363	2013	4.165	0.47
	6	640003131374	2013	4.027	0.49
	7	640003131378	2013	3.596	0.42
	8	640003131377	2013	3.558	0.49
	9	640003000152	2000	3.501	0.40
	10	640003111144	2011	3.486	0.47
640004	1	640004136253	2013	4.633	0.47
	2	640004126158	2012	4.420	0.50
	2	640004126150	2012	4.420	0.50
	4	640004136276	2013	4.400	0.46
	5	640004136274	2013	4.369	0.47
	6	640004126174	2012	4.275	0.47
	7	640004136268	2013	4.266	0.46
	8	640004136261	2013	4.165	0.43
	9	640004136249	2013	4.084	0.48
	10	640004126189	2012	4.064	0.50
640005	1	640005123982	2012	4.978	0.53
	2	640005123980	2012	4.808	0.55
	3	640005123983	2012	4.690	0.55
	4	640005124012	2012	4.360	0.56
	5	640005123986	2012	4.262	0.56
	6	640005124040	2012	4.216	0.56
	7	640005040734	2004	4.125	0.44
	8	640005123989	2012	4.116	0.54

续表

场号	场内排名	牛号	出生年份	乳房深度评分 EBV/分	EBV 准确性
640005	9	640005134080	2013	3.864	0.53
	10	640005124037	2012	3.824	0.44
640007	1	640007126148	2012	3.596	0.42
	2	640007126184	2012	3.596	0.42
	3	640007174631	2017	3.416	0.51
	4	640007217200	2021	3.203	0.44
	4	640007217210	2021	3.203	0.44
	4	640007217216	2021	3.203	0.44
	7	640007217177	2021	3.200	0.44
	7	640007217179	2021	3.200	0.44
	7	640007217213	2021	3.200	0.44
	7	640007217218	2021	3.200	0.44
640009	1	640009000866	2000	3.508	0.33
	2	640009050034	2005	3.031	0.43
	3	640009202152	2020	2.899	0.48
	4	640009090105	2009	2.888	0.55
	5	640009050047	2005	2.796	0.38
	6	640009212471	2021	2.735	0.48
	7	640009110003	2011	2.710	0.52
	8	640009060045	2006	2.688	0.39
	9	640009060051	2006	2.670	0.40
	10	640009090063	2009	2.623	0.53
640035	1	640035128249	2012	5.588	0.56
	2	640035128247	2012	5.118	0.53
	3	640035128222	2012	5.016	0.56
	4	640035128244	2012	4.960	0.56
	5	640035128224	2012	4.930	0.56
	6	640035128238	2012	4.499	0.54

续表

场号	场内排名	牛号	出生年份	乳房深度评分 EBV/分	EBV 准确性
640035	7	640035128236	2012	4.488	0.55
	8	640035128228	2012	4.251	0.54
	9	640035128252	2012	3.997	0.56
	10	640035170705	2017	3.790	0.52
640166	1	640166130765	2013	5.156	0.57
	2	640166130771	2013	4.866	0.55
	3	640166141035	2014	4.546	0.56
	4	640166120574	2012	4.428	0.55
	5	640166130772	2013	4.405	0.56
	6	640166130757	2013	4.394	0.57
	7	640166130766	2013	4.371	0.49
	8	640166120580	2012	4.283	0.54
	9	640166130795	2013	4.282	0.54
	10	640166130743	2013	4.190	0.48
640190	1	640190142123	2014	5.144	0.56
	2	640190141728	2014	4.739	0.53
	3	640190141721	2014	4.604	0.49
	4	640190141672	2014	4.573	0.52
	5	640190142134	2014	4.417	0.54
	6	640190141848	2014	4.186	0.46
	7	640190141376	2014	4.164	0.46
	8	640190171035	2017	4.162	0.47
	9	640190141785	2014	4.151	0.46
	10	640190141798	2014	4.151	0.46
640193	1	640193172290	2017	4.580	0.46
	2	640193141530	2014	4.368	0.46
	3	640193141888	2014	4.220	0.44
	4	640193141763	2014	3.911	0.45

续表

场号	场内排名	牛号	出生年份	乳房深度评分 EBV/分	EBV 准确性
640193	5	640193141308	2014	3.752	0.43
	6	640193142119	2014	3.744	0.45
	7	640193142130	2014	3.742	0.42
	8	640193141610	2014	3.741	0.43
	9	640193142121	2014	3.740	0.43
	10	640193141810	2014	3.739	0.43
640251	1	640251208669	2020	3.906	0.52
	2	640251208576	2020	3.842	0.52
	3	640251208550	2020	3.830	0.52
	4	640251208706	2020	3.791	0.52
	5	640251198512	2019	3.779	0.52
	6	640251208522	2019	3.706	0.52
	6	640251208749	2020	3.706	0.52
	8	640251197874	2019	3.609	0.50
	9	640251197925	2019	3.563	0.51
	10	640251197922	2019	3.543	0.50
640253	1	640253193413	2019	3.621	0.51
	2	640253193381	2019	3.601	0.50
	3	640253193342	2019	3.502	0.51
	4	640253194369	2015	3.351	0.53
	5	640253193314	2019	3.266	0.49
	6	640253170969	2017	3.223	0.45
	7	640253170924	2017	3.185	0.44
	8	640253170998	2017	3.155	0.43
	8	640253170858	2017	3.155	0.43
	8	640253170837	2017	3.155	0.43

表 6-1-18 各核心育种场中央悬韧带评分 EBV 排名前 10 名母牛

场号	场内排名	牛号	出生年份	中央悬韧带评分 EBV/分	EBV 准确性
640003	1	640003090830	2009	2.101	0.50
	1	640003121329	2012	2.101	0.47
	3	640003203559	2020	2.009	0.43
	4	640003121286	2012	1.881	0.47
	5	640003203538	2020	1.860	0.54
	6	640003121209	2012	1.854	0.50
	7	640003121257	2012	1.812	0.50
	8	640003120482	2012	1.798	0.50
	9	640003182951	2018	1.795	0.49
	10	640003121206	2012	1.793	0.50
640004	1	640004109639	2010	1.942	0.49
	2	640004109569	2010	1.798	0.46
	3	640004085262	2008	1.795	0.39
	4	640004075084	2007	1.648	0.39
	5	640004085220	2008	1.635	0.39
	6	640004219137	2021	1.580	0.31
	7	640004187465	2018	1.569	0.41
	8	640004075134	2007	1.562	0.40
	9	640004085172	2008	1.550	0.35
	9	640004125988	2012	1.550	0.50
640005	1	640005103634	2010	2.496	0.43
	2	640005103639	2010	2.287	0.41
	3	640005103575	2010	2.281	0.37
	4	640005103637	2010	1.902	0.38
	5	640005123918	2012	1.890	0.45
	6	640005123973	2012	1.817	0.47
	7	640005093489	2009	1.772	0.45
	8	640005103638	2010	1.686	0.33

续表

场号	场内排名	牛号	出生年份	中央悬韧带评分 EBV/分	EBV 准确性
640005	9	640005073098	2007	1.679	0.39
	10	640005123922	2012	1.669	0.49
640007	1	640007090735	2009	2.470	0.45
	2	640007217045	2021	2.230	0.42
	3	640007217293	2021	2.226	0.42
	4	640007217366	2021	2.210	0.42
	5	640007217232	2021	2.208	0.42
	5	640007217245	2021	2.208	0.42
	7	640007216924	2021	2.170	0.42
	7	640007217226	2021	2.170	0.42
	7	640007217238	2021	2.170	0.42
	7	640007217249	2021	2.170	0.42
640009	1	640009212471	2021	2.025	0.39
	2	640009202061	2020	1.616	0.37
	3	640009202054	2020	1.580	0.31
	3	640009202113	2020	1.580	0.31
	3	640009202124	2020	1.580	0.31
	3	640009202129	2020	1.580	0.31
	7	640009202064	2020	1.578	0.37
	8	640009201934	2020	1.566	0.42
	9	640009171142	2017	1.537	0.37
	10	640009202060	2020	1.466	0.44
640035	1	640035128205	2012	2.358	0.49
	2	640035128212	2012	2.086	0.47
	3	640035107621	2010	2.077	0.50
	4	640035087185	2007	1.966	0.42
	5	640035077144	2011	1.931	0.42
	6	640035128209	2006	1.881	0.48

续表

场号	场内排名	牛号	出生年份	中央悬韧带评分 EBV/分	EBV 准确性
640035	7	640035087212	2011	1.813	0.40
	8	640035128210	2012	1.795	0.47
	9	640035087210	2008	1.789	0.40
	10	640035107626	2010	1.772	0.45
640166	1	640166110077	2011	2.434	0.48
	2	640166109554	2010	2.251	0.49
	3	640166109618	2010	2.231	0.53
	4	640166077028	2007	2.037	0.42
	5	640166077029	2007	1.973	0.44
	6	640166099338	2009	1.955	0.46
	7	640166099311	2009	1.934	0.43
	8	640166099437	2009	1.918	0.50
	9	640166077050	2007	1.917	0.40
	10	640166120616	2012	1.879	0.47
640190	1	640190121584	2012	2.371	0.39
	2	640190121590	2012	2.327	0.40
	3	640190121597	2012	2.191	0.40
	4	640190121593	2012	2.102	0.39
	5	640190123201	2012	2.087	0.39
	5	640190121598	2012	2.087	0.39
	7	640190121760	2012	2.070	0.39
	8	640190120977	2012	2.013	0.39
	9	640190121773	2012	1.881	0.39
	10	640190121578	2012	1.824	0.39
640193	1	640193210060	2021	2.055	0.42
	2	640193190478	2019	1.684	0.43
	3	640193210124	2021	1.661	0.46
	4	640193205682	2020	1.624	0.47

续表

场号	场内排名	牛号	出生年份	中央悬韧带评分 EBV/分	EBV 准确性
640193	5	640193210118	2021	1.617	0.42
	6	640193205882	2020	1.571	0.47
	7	640193210058	2021	1.542	0.41
	8	640193121587	2012	1.541	0.30
	9	640193210070	2021	1.524	0.44
	10	640193124195	2012	1.518	0.30
640251	1	640251008210	2019	2.136	0.54
	2	640251008295	2019	2.132	0.54
	2	640251008232	2019	2.132	0.54
	4	640251008348	2019	2.122	0.54
	5	640251008351	2019	2.121	0.54
	6	640251186222	2018	2.068	0.53
	6	640251175347	2017	2.068	0.53
	6	640251185889	2018	2.068	0.53
	6	640251186093	2018	2.068	0.53
	6	640251174887	2017	2.068	0.53
640253	1	640253193936	2019	1.723	0.41
	2	640253194214	2019	1.660	0.37
	3	640253194270	2019	1.639	0.40
	4	640253204485	2020	1.619	0.36
	5	640253194291	2019	1.615	0.36
	6	640253194231	2019	1.594	0.37
	7	640253194290	2019	1.584	0.36
	8	640253193935	2019	1.559	0.34
	9	640253193938	2019	1.480	0.41
	10	640253194226	2019	1.471	0.39

表 6-1-19 各核心育种场前乳房附着评分 EBV 排名前 10 名母牛

场号	场内排名	牛号	出生年份	前乳房附着评分 EBV/分	EBV 准确性
640003	1	640003203950	2020	2.363	0.45
	2	640003203939	2020	2.201	0.49
	3	640003203940	2020	2.188	0.47
	3	640003197767	2019	2.188	0.51
	5	640003203370	2020	2.184	0.49
	6	640003203645	2020	2.142	0.48
	6	640003213988	2021	2.142	0.46
	8	640003203420	2020	2.139	0.47
	9	640003203429	2020	2.109	0.45
	10	640003203363	2020	2.102	0.46
640004	1	640004205885	2020	3.642	0.59
	2	640004197976	2019	2.307	0.43
	3	640004198485	2019	2.094	0.51
	4	640004198488	2019	2.075	0.51
	5	640004197887	2019	2.069	0.49
	6	640004198425	2011	2.028	0.41
	7	640004198318	2019	2.014	0.46
	7	640004198431	2019	2.014	0.46
	9	640004198458	2005	2.009	0.41
	10	640004198497	2019	1.974	0.46
640005	1	640005205865	2020	1.851	0.48
	2	640005123974	2012	1.708	0.52
	3	640005123993	2012	1.671	0.44
	4	640005195861	2019	1.667	0.50
	5	640005123967	2014	1.661	0.38
	6	640005103605	2010	1.658	0.41
	7	640005123975	2012	1.651	0.41
	8	640005123953	2012	1.648	0.52

续表

场号	场内排名	牛号	出生年份	前乳房附着评分 EBV/分	EBV 准确性
640005	9	640005113829	2011	1.646	0.46
	10	640005123949	2012	1.631	0.52
640007	1	640007205955	2020	3.411	0.55
	2	640007205909	2020	3.403	0.55
	3	640007184861	2018	3.359	0.54
	4	640007205949	2020	3.357	0.57
	5	640007185030	2018	3.348	0.51
	5	640007184997	2018	3.348	0.51
	5	640007185034	2018	3.348	0.51
	5	640007185015	2018	3.348	0.51
	5	640007185011	2018	3.348	0.51
	5	640007185007	2018	3.348	0.51
640009	1	640009212229	2021	2.327	0.47
	2	640009202216	2020	2.236	0.48
	3	640009202207	2020	2.179	0.45
	4	640009202005	2020	2.118	0.50
	5	640009202084	2020	2.051	0.50
	6	640009202053	2020	1.985	0.50
	7	640009201981	2020	1.958	0.49
	8	640009202012	2020	1.942	0.50
	9	640009202019	2020	1.918	0.50
	10	640009202210	2020	1.911	0.42
640035	1	640035191398	2019	1.797	0.42
	2	640035191377	2019	1.714	0.42
	3	640035191456	2019	1.652	0.37
	4	640035191412	2019	1.556	0.47
	5	640035060882	2011	1.493	0.38
	6	640035191417	2019	1.491	0.41

续表

场号	场内排名	牛号	出生年份	前乳房附着评分 EBV/分	EBV 准确性
640035	7	640035201568	2020	1.487	0.38
	8	640035060813	2006	1.464	0.35
	9	640035060745	2006	1.454	0.36
	10	640035191380	2019	1.427	0.36
640166	1	640166141105	2014	2.745	0.38
	1	640166141271	2014	2.745	0.38
	3	640166193286	2019	2.056	0.43
	4	640166193293	2019	2.049	0.45
	5	640166193244	2019	1.908	0.44
	6	640166193261	2019	1.898	0.42
	7	640166120652	2012	1.863	0.52
	8	640166193295	2019	1.783	0.41
	9	640166120632	2012	1.700	0.51
	10	640166060828	2006	1.687	0.38
640190	1	640190112099	2011	2.893	0.39
	2	640190130237	2013	2.745	0.38
	2	640190121580	2012	2.745	0.38
	2	640190112393	2011	2.745	0.38
	2	640190142095	2014	2.745	0.38
	2	640190142506	2014	2.745	0.38
	2	640190142161	2014	2.745	0.38
	2	640190130205	2013	2.745	0.38
	2	640190141027	2014	2.745	0.38
	2	640190120689	2012	2.745	0.38
640193	1	640193205694	2020	1.902	0.50
	2	640193190678	2019	1.842	0.44
	3	640193180680	2018	1.789	0.40
	4	640193205706	2020	1.750	0.48

续表

场号	场内排名	牛号	出生年份	前乳房附着评分 EBV/分	EBV 准确性
640193	5	640193190478	2019	1.662	0.44
	6	640193205630	2020	1.653	0.37
	7	640193210132	2021	1.617	0.47
	8	640193205580	2020	1.616	0.48
	9	640193205534	2020	1.587	0.48
	10	640193205428	2020	1.579	0.34
640251	1	640251008669	2020	4.977	0.63
	1	640251008749	2020	4.977	0.63
	3	640251008636	2020	4.965	0.63
	3	640251008576	2020	4.965	0.63
	5	640251008381	2019	4.952	0.63
	5	640251008386	2019	4.952	0.63
	7	640251008227	2019	4.774	0.63
	8	640251008646	2020	4.762	0.63
	8	640251008512	2019	4.762	0.63
	8	640251008682	2020	4.762	0.63
640253	1	640253194293	2019	2.446	0.44
	2	640253193298	2019	2.353	0.51
	3	640253194420	2019	2.344	0.46
	4	640253194407	2019	2.329	0.46
	5	640253194357	2019	2.326	0.46
	6	640253204429	2020	2.317	0.47
	7	640253194390	2019	2.315	0.47
	8	640253194301	2019	2.250	0.42
	9	640253194134	2019	2.194	0.46
	10	640253204563	2020	2.151	0.47

表 6-1-20 各核心育种场前乳头位置评分 EBV 排名前 10 名母牛

场号	场内排名	牛号	出生年份	前乳头位置评分 EBV/分	EBV 准确性
640003	1	640003121329	2012	0.936	0.38
	2	640003120482	2012	0.852	0.40
	2	640003121238	2012	0.852	0.37
	4	640003121294	2012	0.849	0.39
	5	640003121204	2012	0.819	0.37
	5	640003121224	2012	0.819	0.37
	7	640003121225	2012	0.816	0.37
	8	640003120502	2012	0.814	0.36
	9	640003121209	2012	0.813	0.39
	10	640003121309	2012	0.812	0.38
640004	1	640004126002	2012	0.770	0.36
	2	640004125988	2012	0.756	0.39
	3	640004198324	2019	0.726	0.41
	3	640004198312	2019	0.726	0.41
	3	640004198340	2019	0.726	0.41
	6	640004125995	2012	0.721	0.33
	7	640004126122	2006	0.679	0.32
	7	640004125997	2012	0.679	0.32
	9	640004126001	2012	0.676	0.35
	10	640004125989	2012	0.665	0.33
640005	1	640005123973	2012	0.803	0.36
	2	640005123922	2012	0.794	0.39
	3	640005123921	2012	0.789	0.37
	4	640005123913	2012	0.787	0.36
	4	640005123915	2012	0.787	0.34
	6	640005123918	2012	0.785	0.36
	7	640005123889	2012	0.756	0.37
	8	640005185310	2018	0.740	0.30

续表

场号	场内排名	牛号	出生年份	前乳头位置评分 EBV/分	EBV 准确性
640005	9	640005123966	2012	0.726	0.38
	10	640005123972	2012	0.711	0.38
640007	1	640007126108	2012	0.791	0.36
	2	640007110138	2011	0.744	0.33
	3	640007122099	2012	0.688	0.36
	4	640007126098	2012	0.679	0.32
	4	640007126110	2012	0.679	0.32
	4	640007126115	2012	0.679	0.32
	4	640007126134	2012	0.679	0.32
	8	640007206180	2020	0.603	0.31
	9	640007174673	2017	0.590	0.30
	10	640007172342	2017	0.588	0.29
640009	1	640009171134	2017	0.669	0.30
	2	640009171251	2017	0.649	0.29
	3	640009160944	2016	0.550	0.27
	3	640009160945	2016	0.550	0.27
	5	640009160851	2016	0.549	0.26
	6	640009161025	2016	0.542	0.26
	7	640009160947	2016	0.533	0.27
	8	640009171033	2017	0.530	0.26
	9	640009161014	2016	0.515	0.26
	10	640009160952	2016	0.506	0.27
640035	1	640035201609	2020	0.917	0.33
	2	640035128214	2012	0.880	0.38
	3	640035128205	2012	0.879	0.39
	4	640035128212	2012	0.833	0.37
	5	640035128204	2012	0.809	0.39
	6	640035128211	2012	0.806	0.37

续表

场号	场内排名	牛号	出生年份	前乳头位置评分 EBV/分	EBV 准确性
640035	7	640035128216	2012	0.789	0.40
	8	640035128223	2012	0.711	0.38
	9	640035128206	2012	0.687	0.38
	10	640035128221	2012	0.672	0.37
640166	1	640166120477	2012	0.865	0.38
	2	640166120474	2012	0.855	0.40
	3	640166120475	2012	0.843	0.40
	4	640166120485	2012	0.831	0.40
	5	640166120484	2012	0.807	0.38
	6	640166120465	2012	0.806	0.38
	7	640166120525	2012	0.804	0.36
	8	640166120464	2012	0.799	0.36
	9	640166120511	2012	0.795	0.40
	10	640166120628	2012	0.780	0.40
640190	1	640190130176	2013	0.760	0.37
	2	640190130163	2013	0.753	0.36
	3	640190130257	2013	0.722	0.36
	4	640190130252	2013	0.710	0.36
	5	640190130229	2013	0.679	0.32
	6	640190130053	2013	0.677	0.33
	7	640190130164	2013	0.652	0.36
	8	640190130069	2013	0.647	0.36
	9	640190140111	2013	0.547	0.33
	10	640190090329	2009	0.541	0.41
640193	1	640193140053	2013	0.734	0.35
	1	640193130053	2013	0.734	0.35
	3	640193130163	2013	0.679	0.32
	3	640193140163	2013	0.679	0.32

续表

场号	场内排名	牛号	出生年份	前乳头位置评分 EBV/分	EBV 准确性
640193	3	640193130229	2013	0.679	0.32
	3	640193140229	2013	0.679	0.32
	3	640193130069	2013	0.679	0.32
	3	640193140069	2013	0.679	0.32
	3	640193140164	2013	0.679	0.32
	10	640193172378	2017	0.497	0.22
640251	1	640251208646	2020	0.716	0.43
	2	640251208682	2020	0.710	0.43
	3	640251197914	2019	0.694	0.42
	4	640251198364	2019	0.683	0.43
	5	640251198386	2019	0.609	0.43
	6	640251197732	2019	0.598	0.43
	7	640251197827	2019	0.592	0.42
	8	640251197877	2019	0.585	0.42
	9	640251197863	2019	0.584	0.42
	9	640251197881	2019	0.584	0.42
640253	1	640253193466	2019	0.807	0.45
	2	640253193513	2019	0.800	0.45
	3	640253193732	2019	0.798	0.43
	4	640253193790	2019	0.782	0.45
	5	640253193779	2019	0.776	0.43
	6	640253193788	2019	0.774	0.43
	6	640253193744	2019	0.774	0.43
	6	640253193774	2019	0.774	0.43
	6	640253193771	2019	0.774	0.43
	6	640253193782	2019	0.774	0.43

表 6-1-21 各核心育种场前乳头长度评分 EBV 排名前 10 名母牛

场号	场内排名	牛号	出生年份	前乳头长度评分 EBV/分	EBV 准确性
640003	1	640003213998	2021	1.692	0.46
	2	640003090767	2009	1.604	0.34
	3	640003203376	2020	1.557	0.44
	4	640003203358	2020	1.556	0.45
	5	640003090769	2009	1.489	0.29
	6	640003090776	2009	1.484	0.31
	7	640003121258	2012	1.464	0.46
	8	640003203947	2020	1.453	0.42
	9	640003214004	2021	1.448	0.44
	10	640003090773	2009	1.447	0.38
640004	1	640004136195	2013	1.622	0.39
	2	640004095497	2009	1.500	0.27
	3	640004095496	2009	1.499	0.30
	4	640004095539	2009	1.465	0.26
	5	640004095541	2009	1.394	0.29
	6	640004095516	2009	1.344	0.29
	7	640004198497	2019	1.315	0.42
	8	640004095510	2009	1.268	0.26
	9	640004095531	2009	1.253	0.28
	9	640004095515	2009	1.253	0.29
640005	1	640005124008	2012	2.086	0.45
	2	640005103609	2010	1.850	0.33
	3	640005103563	2010	1.826	0.37
	4	640005124022	2012	1.697	0.41
	5	640005103605	2010	1.666	0.37
	6	640005134073	2013	1.623	0.48
	7	640005103608	2010	1.611	0.37
	8	640005103564	2010	1.611	0.38

续表

场号	场内排名	牛号	出生年份	前乳头长度评分 EBV/分	EBV 准确性
640005	9	640005103604	2010	1.606	0.38
	10	640005103593	2010	1.592	0.37
640007	1	640007195670	2019	1.922	0.48
	2	640007100860	2010	1.769	0.44
	3	640007205949	2020	1.519	0.54
	4	640007172310	2017	1.481	0.41
	5	640007217096	2021	1.454	0.36
	6	640007217069	2021	1.449	0.36
	7	640007100931	2010	1.413	0.41
	8	640007100930	2010	1.410	0.38
	8	640007101160	2010	1.410	0.38
	10	640007164224	2016	1.394	0.42
640009	1	640009110026	2011	2.174	0.35
	2	640009100143	2010	1.887	0.44
	3	640009100047	2010	1.875	0.44
	4	640009100094	2009	1.808	0.40
	4	640009100062	2010	1.808	0.45
	6	640009100073	2010	1.785	0.42
	7	640009202221	2020	1.783	0.47
	8	640009090132	2009	1.744	0.44
	9	640009090129	2009	1.729	0.44
	10	640009100065	2010	1.719	0.41
640035	1	640035087330	2008	1.586	0.31
	2	640035107786	2014	1.472	0.41
	3	640035201609	2020	1.454	0.42
	4	640035117816	2014	1.448	0.42
	5	640035128240	2012	1.319	0.44
	6	640035118034	2011	1.272	0.43

续表

场号	场内排名	牛号	出生年份	前乳头长度评分 EBV/分	EBV 准确性
640035	7	640035128279	2012	1.265	0.43
	8	640035191334	2019	1.255	0.37
	9	640035128284	2012	1.249	0.43
	10	640035191364	2019	1.237	0.40
640166	1	640166120604	2012	1.757	0.46
	2	640166120606	2012	1.455	0.48
	3	640166089141	2008	1.401	0.29
	4	640166130796	2013	1.389	0.45
	5	640166120597	2012	1.357	0.46
	6	640166089110	2008	1.353	0.27
	7	640166109777	2010	1.349	0.40
	8	640166120593	2012	1.336	0.43
	9	640166203650	2020	1.325	0.38
	10	640166120617	2012	1.290	0.47
640190	1	640190141897	2014	1.623	0.40
	2	640190121925	2011	1.622	0.36
	2	640190112101	2011	1.622	0.36
	2	640190122101	2011	1.622	0.36
	2	640190123025	2011	1.622	0.36
	2	640190121269	2011	1.622	0.36
	7	640190112424	2011	1.579	0.35
	7	640190111615	2011	1.579	0.41
	9	640190122701	2011	1.537	0.37
	10	640190142032	2014	1.534	0.39
640193	1	640193154176	2015	1.402	0.35
	2	640193153543	2015	1.387	0.35
	2	640193150720	2015	1.387	0.35
	4	640193153979	2015	1.348	0.33

续表

场号	场内排名	牛号	出生年份	前乳头长度评分 EBV/分	EBV 准确性
640193	5	640193153760	2015	1.343	0.33
	6	640193154009	2015	1.336	0.33
	7	640193154231	2015	1.312	0.35
	8	640193150711	2015	1.293	0.33
	9	640193153618	2015	1.287	0.33
	10	640193154142	2015	1.281	0.32
640251	1	640251008402	2019	2.065	0.51
	1	640251008351	2019	2.065	0.51
	1	640251008232	2019	2.065	0.51
	4	640251008208	2019	2.064	0.51
	4	640251008210	2019	2.064	0.51
	6	640251008348	2019	2.062	0.51
	7	640251008192	2019	2.052	0.51
	8	640251008295	2019	1.915	0.51
	9	640251008395	2019	1.447	0.56
	10	640251008357	2019	1.444	0.56
640253	1	640253194321	2019	1.500	0.42
	2	640253194407	2019	1.257	0.42
	3	640253194040	2019	1.256	0.39
	4	640253204429	2020	1.213	0.43
	5	640253204500	2020	1.193	0.42
	5	640253204506	2020	1.193	0.42
	7	640253194351	2019	1.185	0.37
	8	640253194249	2019	1.154	0.39
	9	640253194070	2019	1.109	0.32
	10	640253194158	2019	1.093	0.36

表 6-1-22 各核心育种场后乳房附着高度评分 EBV 排名前 10 名母牛

场号	场内排名	牛号	出生年份	后乳房附着高度评分 EBV/分	EBV 准确性
640003	1	640003110017	2011	2.130	0.50
	2	640003120502	2012	1.799	0.50
	3	640003120307	2012	1.679	0.48
	4	640003121209	2012	1.625	0.53
	5	640003120302	2012	1.611	0.49
	6	640003186247	2018	1.538	0.54
	7	640003120497	2012	1.500	0.52
	8	640003121287	2012	1.472	0.48
	9	640003120337	2012	1.361	0.51
	10	640003110032	2011	1.352	0.36
640004	1	640004187465	2018	2.009	0.45
	2	640004187458	2018	1.873	0.57
	3	640004187360	2018	1.852	0.48
	4	640004172648	2017	1.734	0.34
	5	640004187460	2018	1.728	0.55
	6	640004187471	2018	1.709	0.41
	7	640004187464	2018	1.649	0.48
	8	640004115901	2011	1.644	0.42
	9	640004172716	2017	1.536	0.34
	9	640004181997	2018	1.536	0.52
640005	1	640005113793	2011	2.132	0.43
	2	640005185466	2018	1.975	0.47
	3	640005123993	2012	1.949	0.47
	4	640005075033	2007	1.912	0.38
	5	640005123984	2012	1.909	0.38
	6	640005113783	2011	1.875	0.50
	7	640005113771	2011	1.782	0.48
	8	640005113764	2011	1.762	0.40

续表

场号	场内排名	牛号	出生年份	后乳房附着高度评分EBV/分	EBV 准确性
640005	9	640005113817	2019	1.760	0.38
	10	640005113813	2011	1.735	0.40
640007	1	640007174384	2017	1.329	0.44
	2	640007121117	2012	1.282	0.28
	3	640007090606	2009	1.266	0.48
	4	640007110753	2011	1.223	0.41
	4	640007110028	2011	1.223	0.35
	6	640007206257	2020	1.188	0.38
	7	640007206290	2020	1.170	0.38
	7	640007206296	2020	1.170	0.38
	9	640007100169	2011	1.164	0.27
	10	640007197975	2019	1.158	0.30
640009	1	640009120061	2012	1.740	0.46
	2	640009110123	2011	1.732	0.44
	3	640009120078	2012	1.671	0.45
	4	640009181400	2018	1.530	0.47
	5	640009130126	2013	1.441	0.36
	6	640009120066	2012	1.370	0.40
	7	640009120076	2012	1.355	0.40
	8	640009110059	2011	1.289	0.50
	9	640009120060	2012	1.278	0.44
	10	640009120053	2012	1.219	0.34
640035	1	640035128199	2012	2.006	0.45
	2	640035117918	2019	1.695	0.47
	3	640035117920	2011	1.679	0.46
	4	640035128206	2012	1.638	0.52
	5	640035117901	2011	1.596	0.43
	6	640035117927	2011	1.556	0.46

续表

场号	场内排名	牛号	出生年份	后乳房附着高度评分 EBV/分	EBV 准确性
640035	7	640035117942	2011	1.527	0.40
	8	640035110069	2011	1.524	0.42
	9	640035128201	2012	1.506	0.50
	9	640035117914	2011	1.506	0.38
640166	1	640166110077	2011	2.176	0.52
	2	640166130796	2013	1.963	0.52
	3	640166141140	2014	1.928	0.49
	4	640166110035	2011	1.921	0.49
	5	640166110070	2011	1.913	0.50
	6	640166110064	2011	1.851	0.47
	7	640166110075	2011	1.831	0.48
	8	640166110022	2011	1.818	0.47
	9	640166110040	2011	1.756	0.41
	10	640166130794	2013	1.739	0.45
640190	1	640190120331	2012	2.273	0.45
	2	640190121149	2012	2.086	0.43
	3	640190113280	2011	2.013	0.40
	4	640190112373	2011	2.007	0.41
	5	640190121101	2012	1.992	0.44
	6	640190123386	2012	1.910	0.49
	7	640190114041	2011	1.798	0.37
	8	640190111843	2011	1.772	0.45
	9	640190183427	2018	1.743	0.52
	10	640190183649	2018	1.726	0.31
640193	1	640193183972	2018	1.427	0.46
	2	640193183862	2018	1.425	0.46
	3	640193183260	2018	1.423	0.46
	4	640193184174	2018	1.314	0.40

续表

场号	场内排名	牛号	出生年份	后乳房附着高度评分EBV/分	EBV 准确性
640193	5	640193120241	2011	1.223	0.41
	6	640193184066	2018	1.198	0.39
	7	640193185140	2018	1.180	0.40
	8	640193184262	2018	1.143	0.39
	9	640193192654	2019	1.133	0.45
	10	640193184288	2018	1.113	0.39
640251	1	640251008726	2020	1.704	0.53
	2	640251185724	2018	1.688	0.52
	3	640251004622	2017	1.527	0.30
	4	640251016068	2019	1.514	0.43
	5	640251005724	2018	1.496	0.47
	6	640251185753	2018	1.485	0.51
	7	640251004618	2017	1.465	0.28
	8	640251174632	2017	1.464	0.33
	9	640251004625	2017	1.459	0.28
	10	640251005696	2018	1.458	0.47
640253	1	640253181983	2018	1.733	0.55
	2	640253181970	2018	1.682	0.51
	3	640253170643	2017	1.679	0.31
	4	640253182017	2018	1.676	0.51
	5	640253182065	2018	1.665	0.51
	6	640253170686	2017	1.663	0.31
	7	640253170735	2017	1.652	0.31
	8	640253170681	2017	1.573	0.29
	9	640253182050	2018	1.559	0.52
	10	640253170715	2017	1.480	0.33

表 6-1-23 各核心育种场后乳房附着宽度评分 EBV 排名前 10 名母牛

场号	场内排名	牛号	出生年份	后乳房附着宽度评分 EBV/分	EBV 准确性
640003	1	640003203472	2020	7.253	0.53
	2	640003203500	2020	6.703	0.60
	3	640003203468	2020	6.627	0.53
	4	640003203487	2020	6.357	0.52
	5	640003203564	2020	6.220	0.58
	5	640003203532	2020	6.220	0.58
	7	640003203494	2020	5.994	0.56
	8	640003203481	2020	5.876	0.54
	9	640003203522	2020	5.826	0.59
	10	640003203474	2020	5.797	0.53
640004	1	640004205885	2020	3.538	0.67
	2	640004172773	2017	3.306	0.39
	3	640004198324	2019	3.296	0.48
	3	640004198312	2019	3.296	0.48
	3	640004198340	2019	3.296	0.48
	6	640004198319	2019	3.104	0.48
	6	640004198316	2019	3.104	0.48
	6	640004198317	2019	3.104	0.48
	6	640004198304	2019	3.104	0.48
	6	640004198320	2019	3.104	0.48
640005	1	640005185301	2018	3.200	0.56
	2	640005205918	2020	3.183	0.53
	3	640005185291	2018	2.931	0.51
	4	640005185295	2018	2.876	0.53
	5	640005185326	2018	2.844	0.55
	6	640005185303	2018	2.805	0.54
	7	640005185288	2018	2.760	0.51
	8	640005185345	2018	2.602	0.44

续表

场号	场内排名	牛号	出生年份	后乳房附着宽度评分 EBV/分	EBV 准确性
640005	9	640005185294	2018	2.550	0.53
	10	640005113818	2011	2.533	0.58
640007	1	640007206376	2020	3.916	0.51
	2	640007206317	2020	3.887	0.51
	3	640007185030	2018	3.760	0.59
	3	640007184997	2018	3.760	0.59
	3	640007185034	2018	3.760	0.59
	3	640007185015	2018	3.760	0.59
	3	640007185011	2018	3.760	0.59
	3	640007185007	2018	3.760	0.59
	3	640007185041	2018	3.760	0.59
	10	640007164236	2016	3.540	0.57
640009	1	640009202061	2020	5.790	0.50
	2	640009202046	2020	5.194	0.50
	3	640009202066	2020	4.537	0.50
	3	640009202062	2020	4.537	0.50
	3	640009202064	2020	4.537	0.50
	6	640009202052	2020	3.879	0.50
	7	640009120066	2012	3.871	0.49
	8	640009120082	2012	3.303	0.53
	9	640009191757	2019	3.255	0.59
	10	640009120057	2012	3.107	0.53
640035	1	640035097516	2020	2.932	0.55
	2	640035128210	2012	2.279	0.58
	3	640035128205	2012	2.243	0.59
	4	640035128211	2012	2.220	0.57
	5	640035201562	2020	2.089	0.51
	6	640035201568	2020	2.062	0.52

续表

场号	场内排名	牛号	出生年份	后乳房附着宽度评分 EBV/分	EBV 准确性
640035	7	640035117938	2011	2.032	0.58
	8	640035117890	2011	2.001	0.58
	9	640035201563	2020	1.895	0.51
	10	640035107588	2010	1.870	0.57
640166	1	640166203588	2020	4.091	0.58
	2	640166203590	2020	3.977	0.62
	3	640166172421	2017	3.168	0.41
	4	640166203605	2020	3.080	0.64
	5	640166203560	2020	3.003	0.63
	6	640166141105	2014	2.597	0.43
	6	640166141271	2014	2.597	0.43
	8	640166120344	2012	2.537	0.52
	9	640166141100	2014	2.452	0.51
	10	640166141031	2014	2.450	0.52
640190	1	640190112099	2011	3.580	0.46
	2	640190123802	2012	3.449	0.56
	3	640190123517	2012	3.392	0.56
	4	640190123386	2012	3.377	0.56
	5	640190112969	2011	3.301	0.61
	6	640190080212	2008	3.104	0.48
	6	640190090068	2009	3.104	0.48
	6	640190080207	2008	3.104	0.48
	6	640190080196	2008	3.104	0.48
	6	640190080376	2008	3.104	0.48
640193	1	640193120241	2011	2.786	0.45
	2	640193205910	2020	2.298	0.55
	3	640193180806	2018	2.136	0.47
	4	640193260199	2016	2.095	0.46

续表

场号	场内排名	牛号	出生年份	后乳房附着宽度评分EBV/分	EBV 准确性
640193	5	640193205892	2020	2.010	0.53
	6	640193205772	2020	1.986	0.52
	7	640193261591	2016	1.983	0.47
	8	640193205920	2020	1.969	0.53
	9	640193206008	2020	1.967	0.52
	10	640193181476	2018	1.958	0.47
640251	1	640251007922	2019	6.006	0.69
	2	640251008732	2020	5.953	0.69
	3	640251008836	2020	5.515	0.69
	3	640251008869	2020	5.515	0.69
	3	640251008840	2020	5.515	0.69
	3	640251008804	2020	5.515	0.69
	3	640251008820	2020	5.515	0.69
	8	640251008714	2020	5.509	0.69
	8	640251008706	2020	5.509	0.69
	10	640251008662	2020	5.495	0.69
640253	1	640253193472	2019	3.587	0.52
	2	640253193409	2019	3.291	0.52
	3	640253194270	2019	3.258	0.52
	4	640253193412	2019	3.134	0.51
	4	640253193426	2019	3.134	0.51
	6	640253193513	2019	3.085	0.60
	7	640253194112	2019	3.075	0.39
	8	640253193466	2019	3.038	0.60
	9	640253193985	2019	2.959	0.38
	9	640253194157	2019	2.959	0.38

表 6-1-24 各核心育种场后乳头位置评分 EBV 排名前 10 名母牛

场号	场内排名	牛号	出生年份	后乳头位置评分 EBV/分	EBV 准确性
640003	1	640003203583	2020	1.339	0.27
	2	640003203528	2020	1.331	0.27
	3	640003203564	2020	1.288	0.32
	3	640003203532	2020	1.288	0.32
	5	640003203472	2020	1.131	0.29
	6	640003203522	2020	1.126	0.32
	7	640003203500	2020	1.107	0.37
	8	640003203559	2020	1.013	0.32
	9	640003203533	2020	1.009	0.32
	10	640003203561	2020	1.002	0.27
640004	1	640004105749	2010	0.992	0.41
	2	640004105695	2010	0.984	0.41
	3	640004208632	2020	0.951	0.37
	4	640004105748	2010	0.928	0.40
	5	640004208105	2020	0.926	0.37
	6	640004115827	2011	0.914	0.38
	7	640004115794	2011	0.899	0.38
	7	640004115838	2011	0.899	0.38
	9	640004208869	2020	0.893	0.32
	10	640004206138	2020	0.892	0.44
640005	1	640005206166	2020	0.993	0.37
	2	640005206147	2020	0.879	0.36
	3	640005206156	2020	0.867	0.36
	4	640005107749	2010	0.866	0.35
	5	640005206176	2020	0.854	0.37
	6	640005123977	2012	0.850	0.44
	7	640005206029	2020	0.844	0.42
	8	640005205995	2020	0.835	0.41

续表

场号	场内排名	牛号	出生年份	后乳头位置评分 EBV/分	EBV 准确性
640005	9	640005206243	2020	0.829	0.34
	10	640005205994	2020	0.827	0.42
640007	1	640007110753	2011	0.920	0.34
	2	640007206147	2020	0.912	0.43
	2	640007206134	2020	0.912	0.43
	4	640007206146	2020	0.900	0.43
	5	640007206255	2020	0.899	0.43
	6	640007206117	2020	0.853	0.40
	7	640007206157	2020	0.830	0.35
	8	640007206650	2020	0.826	0.40
	9	640007206642	2020	0.780	0.40
	10	640007206639	2020	0.772	0.39
640009	1	640009202061	2020	1.283	0.28
	2	640009202046	2020	1.145	0.28
	2	640009202064	2020	1.145	0.28
	4	640009202066	2020	1.004	0.28
	4	640009202052	2020	1.004	0.28
	6	640009191757	2019	0.886	0.42
	7	640009202009	2020	0.866	0.45
	8	640009202062	2020	0.863	0.28
	9	640009201945	2020	0.826	0.36
	10	640009201972	2020	0.806	0.35
640035	1	640035117857	2011	0.949	0.41
	2	640035117856	2011	0.941	0.42
	3	640035107787	2010	0.928	0.40
	4	640035107694	2010	0.927	0.40
	5	640035117882	2011	0.917	0.41
	6	640035107756	2019	0.914	0.41

续表

场号	场内排名	牛号	出生年份	后乳头位置评分 EBV/分	EBV 准确性
640035	7	640035117849	2011	0.900	0.40
	8	640035107784	2010	0.896	0.40
	9	640035117860	2011	0.886	0.41
	10	640035107707	2010	0.875	0.41
640166	1	640166120670	2012	1.029	0.45
	2	640166109817	2010	0.980	0.41
	3	640166109661	2010	0.978	0.42
	4	640166120450	2012	0.963	0.45
	5	640166109862	2010	0.950	0.40
	6	640166109850	2010	0.904	0.42
	7	640166109658	2010	0.902	0.42
	8	640166109848	2010	0.892	0.39
	9	640166120646	2012	0.885	0.45
	10	640166120634	2012	0.883	0.45
640190	1	640190123306	2012	1.030	0.38
	2	640190123386	2012	1.027	0.38
	3	640190110827	2011	0.920	0.34
	4	640190123517	2012	0.887	0.38
	5	640190110241	2011	0.878	0.38
	6	640190123802	2012	0.876	0.38
	7	640190110454	2011	0.872	0.40
	8	640190124095	2012	0.836	0.43
	9	640190134374	2013	0.632	0.38
	10	640190123648	2012	0.628	0.30
640193	1	640193120241	2011	0.920	0.34
	2	640193182000	2018	0.499	0.46
	3	640193192994	2019	0.498	0.35
	4	640193182738	2018	0.469	0.47

续表

场号	场内排名	牛号	出生年份	后乳头位置评分 EBV/分	EBV 准确性
640193	5	640193192740	2019	0.448	0.38
	6	640193261306	2016	0.443	0.21
	6	640193161306	2016	0.443	0.21
	8	640193182400	2018	0.438	0.39
	9	640193193436	2019	0.434	0.31
	10	640193194058	2019	0.422	0.37
640251	1	640251009340	2020	1.195	0.38
	2	640251009000	2020	1.021	0.40
	3	640251009082	2020	1.004	0.39
	4	640251009036	2020	0.995	0.39
	5	640251009077	2020	0.991	0.39
	6	640251209000	2020	0.982	0.37
	7	640251009915	2020	0.976	0.40
	8	640251009428	2020	0.969	0.37
	9	640251009060	2020	0.964	0.39
	10	640251009493	2020	0.960	0.42
640253	1	640253205172	2020	0.890	0.39
	2	640253204877	2020	0.865	0.41
	3	640253204905	2020	0.854	0.41
	4	640253204809	2020	0.852	0.41
	5	640253205074	2020	0.843	0.39
	6	640253205039	2020	0.842	0.41
	7	640253204939	2020	0.837	0.38
	8	640253205110	2020	0.827	0.39
	9	640253204796	2020	0.825	0.38
	10	640253204907	2020	0.823	0.38

表 6-1-25　各核心育种场棱角性评分 EBV 排名前 10 名母牛

场号	场内排名	牛号	出生年份	棱角性评分 EBV/分	EBV 准确性
640003	1	640003203481	2020	1.409	0.41
	2	640003203472	2020	1.396	0.39
	3	640003203473	2020	1.371	0.39
	4	640003203431	2020	1.357	0.46
	5	640003203487	2020	1.345	0.39
	6	640003203536	2020	1.336	0.50
	7	640003203464	2020	1.333	0.39
	8	640003203474	2020	1.315	0.40
	9	640003203376	2020	1.308	0.47
	10	640003193301	2019	1.292	0.35
640004	1	640004205885	2020	2.705	0.59
	2	640004197887	2019	1.412	0.49
	3	640004208097	2020	1.355	0.50
	4	640004206072	2020	1.335	0.49
	5	640004198425	2011	1.308	0.40
	6	640004187551	2018	1.300	0.47
	7	640004198323	2019	1.274	0.51
	8	640004205973	2020	1.241	0.42
	9	640004197965	2019	1.217	0.41
	10	640004206089	2020	1.212	0.50
640005	1	640005205866	2020	1.407	0.50
	2	640005195861	2019	1.354	0.50
	3	640005205869	2020	1.330	0.48
	4	640005205907	2020	1.327	0.50
	5	640005205917	2020	1.256	0.49
	6	640005205872	2020	1.236	0.50
	7	640005175127	2018	1.212	0.43
	8	640005205863	2019	1.143	0.47

续表

场号	场内排名	牛号	出生年份	棱角性评分 EBV/分	EBV 准确性
640005	9	640005099219	2009	1.134	0.40
	9	640005205871	2020	1.134	0.47
640007	1	640007205955	2020	3.194	0.54
	2	640007205909	2020	3.192	0.54
	3	640007184861	2018	3.180	0.53
	4	640007205949	2020	3.027	0.57
	5	640007195855	2019	2.781	0.58
	6	640007195783	2019	2.777	0.58
	7	640007174254	2016	2.742	0.45
	8	640007184965	2018	2.703	0.55
	8	640007185026	2018	2.703	0.55
	8	640007184974	2018	2.703	0.55
640009	1	640009202053	2020	1.250	0.50
	2	640009202008	2020	1.138	0.51
	3	640009212222	2021	1.096	0.48
	4	640009202093	2020	1.094	0.48
	5	640009202004	2020	1.012	0.47
	6	640009202005	2020	1.008	0.49
	7	640009202012	2020	0.987	0.49
	8	640009202019	2020	0.951	0.50
	9	640009113154	2011	0.944	0.34
	10	640009202084	2020	0.939	0.50
640035	1	640035170548	2017	1.179	0.44
	2	640035170580	2017	1.141	0.45
	3	640035170528	2018	1.098	0.42
	4	640035170713	2019	1.094	0.42
	5	640035170578	2017	1.031	0.43
	6	640035170655	2017	1.021	0.43

续表

场号	场内排名	牛号	出生年份	棱角性评分 EBV/分	EBV 准确性
640035	7	6400351-8011	2011	1.020	0.33
	8	640035170718	2017	1.008	0.40
	9	640035099219	2009	0.960	0.33
	10	640035170630	2018	0.944	0.44
640166	1	640166141105	2014	2.352	0.38
	2	640166141271	2014	2.352	0.38
	3	640166099311	2009	1.477	0.43
	4	640166099338	2009	1.375	0.46
	5	640166120616	2012	1.348	0.47
	6	640166110153	2011	1.223	0.36
	7	640166109625	2010	1.140	0.41
	8	640166099324	2009	1.133	0.42
	9	640166109611	2010	1.116	0.43
	10	640166099215	2009	1.092	0.37
640190	1	640190112099	2011	2.529	0.39
	2	640190130237	2013	2.352	0.38
	2	640190121580	2012	2.352	0.38
	2	640190112393	2011	2.352	0.38
	2	640190142095	2014	2.352	0.38
	2	640190142506	2014	2.352	0.38
	2	640190142161	2014	2.352	0.38
	2	640190130205	2013	2.352	0.38
	2	640190141027	2014	2.352	0.38
	2	640190120689	2012	2.352	0.38
640193	1	640193180766	2018	0.903	0.39
	2	640193180546	2018	0.844	0.43
	3	640193180840	2018	0.834	0.40
	4	640193180686	2018	0.817	0.39

续表

场号	场内排名	牛号	出生年份	棱角性评分 EBV/分	EBV 准确性
640193	5	640193180680	2018	0.787	0.40
	6	640193181000	2018	0.776	0.40
	7	640193180290	2018	0.775	0.40
	8	640193180364	2018	0.774	0.39
	9	640193180990	2018	0.772	0.38
	10	640193180712	2018	0.771	0.39
640251	1	640251008348	2019	3.488	0.55
	2	640251008351	2019	3.481	0.55
	3	640251008210	2019	3.479	0.55
	4	640251008732	2020	3.448	0.62
	5	640251007922	2019	3.445	0.62
	6	640251008192	2019	3.304	0.55
	7	640251008402	2019	3.283	0.55
	8	640251008208	2019	3.282	0.55
	9	640251008295	2019	3.280	0.55
	10	640251008232	2019	3.280	0.55
640253	1	640253194263	2019	1.713	0.41
	2	640253193936	2019	1.646	0.42
	3	640253194187	2019	1.512	0.38
	4	640253194191	2019	1.501	0.38
	5	640253194393	2019	1.493	0.46
	6	640253194407	2019	1.485	0.46
	7	640253194250	2019	1.484	0.41
	8	640253194293	2019	1.482	0.43
	9	640253194347	2019	1.472	0.46
	10	640253194214	2019	1.470	0.37

表 6-1-26 各核心育种场胸宽评分 EBV 排名前 10 名母牛

场号	场内排名	牛号	出生年份	胸宽评分 EBV/分	EBV 准确性
640003	1	640003203500	2020	2.329	0.46
	2	640003203472	2020	2.198	0.39
	3	640003203532	2020	2.109	0.43
	4	640003203550	2020	2.039	0.43
	4	640003203419	2020	2.039	0.47
	6	640003203487	2020	1.949	0.39
	7	640003203431	2020	1.912	0.46
	8	640003203464	2020	1.833	0.39
	9	640003203435	2020	1.807	0.35
	10	640003203455	2020	1.694	0.39
640004	1	640004205885	2020	2.977	0.58
	2	640004205921	2020	1.723	0.48
	3	640004205900	2020	1.707	0.49
	4	640004187526	2018	1.705	0.48
	5	640004187385	2018	1.654	0.43
	6	640004195815	2019	1.639	0.49
	7	640004187507	2018	1.628	0.48
	8	640004198324	2019	1.607	0.46
	8	640004198312	2019	1.607	0.46
	8	640004198340	2019	1.607	0.46
640005	1	640005123978	2005	1.859	0.51
	2	640005205907	2020	1.773	0.49
	3	640005205872	2020	1.696	0.50
	4	640005144370	2014	1.665	0.37
	5	640005113684	2011	1.621	0.46
	6	640005175034	2018	1.601	0.44
	7	640005107749	2010	1.570	0.43
	8	640005123970	2012	1.541	0.51

续表

场号	场内排名	牛号	出生年份	胸宽评分 EBV/分	EBV 准确性
640005	9	640005205866	2020	1.532	0.49
	10	640005103658	2010	1.507	0.44
640007	1	640007184861	2018	3.224	0.53
	2	640007195855	2019	3.109	0.58
	3	640007195783	2019	3.095	0.58
	4	640007195789	2019	3.085	0.53
	5	640007205909	2020	2.364	0.54
	6	640007205955	2020	2.191	0.54
	7	640007195670	2019	2.100	0.51
	7	640007208093	2020	2.100	0.46
	9	640007090577	2009	2.013	0.39
	10	640007174295	2017	1.987	0.44
640009	1	640009202061	2020	1.730	0.37
	2	640009201889	2020	1.708	0.44
	3	640009201934	2020	1.587	0.42
	4	640009202046	2020	1.462	0.37
	4	640009202052	2020	1.462	0.37
	6	640009181317	2018	1.425	0.44
	7	640009201926	2020	1.318	0.42
	8	640009202087	2020	1.274	0.30
	8	640009202109	2020	1.274	0.30
	10	640009201860	2020	1.260	0.42
640035	1	640035201544	2019	2.043	0.41
	2	640035170580	2017	2.040	0.44
	3	640035170587	2017	1.870	0.43
	4	640035201567	2020	1.828	0.37
	5	640035201562	2020	1.818	0.37
	6	640035170705	2017	1.786	0.45

续表

场号	场内排名	牛号	出生年份	胸宽评分 EBV/分	EBV 准确性
640035	7	640035170655	2017	1.761	0.43
	8	640035107784	2010	1.757	0.48
	9	640035201526	2019	1.740	0.44
	10	640035170713	2019	1.709	0.42
640166	1	640166141105	2014	1.966	0.38
	1	640166141271	2014	1.966	0.38
	3	640166172378	2017	1.833	0.43
	4	640166172484	2017	1.813	0.42
	5	640166110134	2011	1.595	0.38
	6	640166203691	2020	1.559	0.39
	7	640166120676	2012	1.544	0.49
	8	640166172491	2017	1.483	0.42
	9	640166203697	2020	1.441	0.39
	10	640166120629	2012	1.440	0.52
640190	1	640190112099	2011	2.231	0.39
	2	640190130237	2013	1.966	0.38
	2	640190121580	2012	1.966	0.38
	2	640190112393	2011	1.966	0.38
	2	640190142095	2014	1.966	0.38
	2	640190142506	2014	1.966	0.38
	2	640190142161	2014	1.966	0.38
	2	640190130205	2013	1.966	0.38
	2	640190141027	2014	1.966	0.38
	2	640190120689	2012	1.966	0.38
640193	1	640193180298	2018	1.525	0.41
	2	640193180364	2018	1.515	0.39
	3	640193181114	2018	1.419	0.40
	4	640193180388	2018	1.396	0.42

续表

场号	场内排名	牛号	出生年份	胸宽评分 EBV/分	EBV 准确性
640193	5	640193180766	2018	1.342	0.39
	6	640193181268	2018	1.296	0.41
	7	640193180840	2018	1.284	0.40
	8	640193180990	2018	1.261	0.38
	9	640193185278	2018	1.259	0.42
	10	640193180680	2018	1.251	0.40
640251	1	640251008441	2019	2.860	0.50
	2	640251008358	2019	2.844	0.50
	3	640251008300	2019	2.843	0.50
	4	640251008518	2019	2.655	0.50
	5	640251008485	2019	2.654	0.50
	6	640251008471	2019	2.652	0.50
	6	640251008464	2019	2.652	0.50
	6	640251008459	2019	2.652	0.50
	9	640251186031	2018	2.651	0.47
	9	640251185860	2018	2.651	0.47
640253	1	640253194250	2019	2.023	0.40
	2	640253194420	2019	1.906	0.45
	3	640253194347	2019	1.885	0.45
	4	640253194263	2019	1.788	0.40
	5	640253194187	2019	1.738	0.37
	6	640253194191	2019	1.717	0.37
	7	640253194389	2015	1.662	0.44
	8	640253194393	2019	1.652	0.46
	9	640253194414	2019	1.647	0.45
	9	640253204475	2020	1.647	0.45

6.2 各核心育种场母牛管理性状估计育种值排名

2010 年 1 月 1 日至 2022 年 12 月 31 日出生且有表型记录的母牛中，繁殖性状、产犊性状和长寿性状估计育种值排名前 500 名母牛的牛号、出生年份、估计育种值、估计育种值准确性和排名见附表 6 至附表 15，各核心育种场繁殖性状、产犊性状和长寿性状估计育种值排名前 10 名母牛的牛号、出生年份、估计育种值、估计育种值准确性和排名见表 6-2-1 至表 6-2-10。

表 6-2-1 各核心育种场首次配种日龄 EBV 排名前 10 名母牛

场号	场内排名	牛号	出生年份	首次配种日龄 EBV/d	EBV 准确性
640003	1	640003111071	2011	−99.7	0.81
	2	640003111077	2011	−89.1	0.81
	3	640003111075	2011	−85.0	0.81
	4	640003111076	2011	−82.5	0.78
	5	640003131393	2013	−82.2	0.82
	6	640003111083	2011	−79.7	0.79
	7	640003111057	2011	−75.3	0.77
	8	640003111081	2011	−71.7	0.82
	9	640003110007	2011	−70.4	0.80
	10	640003131395	2013	−68.7	0.83
640004	1	640004126191	2012	−93.3	0.79
	2	640004126182	2012	−86.8	0.78
	3	640004126163	2014	−80.5	0.78
	4	640004136285	2013	−79.4	0.80
	5	640004136282	2013	−79.1	0.80
	6	640004136312	2013	−71.3	0.81
	7	640004136297	2013	−68.9	0.82
	7	640004146510	2014	−68.9	0.82
	9	640004136344	2013	−68.7	0.82
	10	640004136287	2013	−67.0	0.81

续表

场号	场内排名	牛号	出生年份	首次配种日龄 EBV/d	EBV 准确性
640005	1	640005113754	2011	−138.9	0.80
	2	640005113750	2011	−132.8	0.79
	3	640005113779	2011	−101.0	0.80
	4	640005113755	2011	−100.8	0.79
	5	640005117899	2011	−100.0	0.78
	6	640005113804	2011	−98.1	0.80
	7	640005113791	2011	−96.6	0.79
	8	640005113745	2011	−89.4	0.79
	9	640005124038	2012	−86.7	0.80
	10	640005113834	2011	−79.4	0.78
640007	1	640007195609	2019	−54.9	0.63
	2	640007195749	2019	−40.5	0.64
	3	640007195734	2019	−40.4	0.63
	4	640007195703	2019	−40.0	0.63
	5	640007195350	2019	−38.5	0.62
	6	640007195690	2019	−38.0	0.64
	7	640007195693	2019	−37.9	0.64
	8	640007195541	2019	−37.5	0.63
	9	640007195456	2019	−37.4	0.62
	10	640007195472	2019	−37.2	0.64
640009	1	640009140348	2014	−74.5	0.78
	2	640009140361	2014	−65.5	0.81
	3	640009150711	2015	−60.9	0.82
	4	640009150698	2015	−53.6	0.80
	5	640009150710	2015	−51.3	0.80
	6	640009150702	2015	−49.3	0.83
	7	640009150706	2015	−49.2	0.80
	8	640009150687	2015	−46.9	0.82

续表

场号	场内排名	牛号	出生年份	首次配种日龄 EBV/d	EBV 准确性
640009	9	640009150598	2015	−46.0	0.80
	10	640009150580	2015	−45.7	0.82
640035	1	640035117902	2011	−73.7	0.84
	2	640035117887	2011	−65.7	0.83
	3	640035117927	2011	−62.3	0.81
	4	640035117925	2011	−60.9	0.81
	5	640035117911	2011	−57.8	0.81
	6	640035138317	2013	−57.4	0.81
	7	640035138318	2013	−56.2	0.82
	8	640035128267	2012	−55.6	0.80
	9	640035138308	2013	−55.5	0.83
	10	640035138310	2015	−53.8	0.82
640166	1	640166203492	2020	−79.2	0.82
	2	640166203490	2020	−76.7	0.82
	3	640166120679	2012	−73.8	0.76
	4	640166203491	2020	−72.8	0.82
	5	640166203488	2020	−68.8	0.82
	6	640166130833	2013	−63.3	0.81
	7	640166130839	2013	−59.0	0.79
	8	640166130830	2013	−54.9	0.85
	9	640166203524	2020	−54.5	0.82
	10	640166130840	2013	−51.1	0.85
640190	1	640190129083	2013	−170.8	0.77
	2	640190125420	2013	−153.9	0.79
	3	640190128718	2013	−149.4	0.77
	4	640190128389	2013	−141.9	0.79
	5	640190140063	2013	−126.5	0.77
	6	640190140040	2013	−118.8	0.77

续表

场号	场内排名	牛号	出生年份	首次配种日龄 EBV/d	EBV 准确性
640190	7	640190140220	2012	−116.7	0.77
	8	640190120564	2012	−114.0	0.78
	9	640190140201	2012	−112.3	0.77
	10	640190123752	2012	−108.6	0.79
640193	1	640193124519	2013	−170.7	0.77
	2	640193126872	2013	−126.8	0.78
	3	640193126403	2013	−121.3	0.77
	4	640193124976	2013	−119.6	0.77
	5	640193123758	2012	−115.7	0.76
	6	640193126225	2013	−108.1	0.80
	7	640193124912	2013	−107.0	0.77
	8	640193126739	2013	−100.8	0.77
	9	640193124411	2013	−100.7	0.78
	10	640193125496	2013	−98.7	0.77
640251	1	640251150397	2015	−53.5	0.78
	2	640251007649	2019	−50.9	0.83
	3	640251007000	2019	−50.8	0.82
	3	640251007684	2019	−50.8	0.83
	5	640251006970	2019	−50.7	0.82
	6	640251006998	2019	−49.8	0.82
	7	640251006987	2019	−48.5	0.82
	8	640251007039	2019	−48.4	0.82
	9	640251007025	2019	−48.3	0.82
	10	640251006990	2019	−48.2	0.82
640253	1	640253193314	2019	−56.6	0.83
	2	640253193298	2019	−55.8	0.83
	3	640253193326	2019	−51.5	0.83
	4	640253193412	2019	−49.7	0.82

续表

场号	场内排名	牛号	出生年份	首次配种日龄 EBV/d	EBV 准确性
640253	5	640253193413	2019	−48.0	0.83
	6	640253193084	2019	−47.9	0.82
	7	640253193513	2019	−47.6	0.82
	8	640253193004	2019	−47.3	0.81
	8	640253193342	2019	−47.3	0.83
	10	640253193699	2019	−47.2	0.82
640351	1	640351000874	2016	−130.3	0.80
	2	640351000877	2016	−129.7	0.79
	3	640351000911	2016	−128.8	0.79
	4	640351000965	2016	−124.3	0.79
	5	640351000961	2016	−123.4	0.79
	6	640351000671	2015	−122.7	0.77
	7	640351000878	2016	−121.9	0.79
	7	640351000876	2016	−121.9	0.79
	9	640351000970	2016	−120.8	0.79
	10	640351000956	2016	−120.1	0.79

表 6-2-2 各核心育种场首次产犊日龄 EBV 排名前 10 名母牛

场号	场内排名	牛号	出生年份	首次产犊日龄 EBV/d	EBV 准确性
640003	1	640003203418	2020	−66.3	0.64
	2	640003182845	2018	−58.4	0.67
	3	640003203436	2020	−57.7	0.63
	4	640003182858	2018	−57.0	0.67
	5	640003131395	2013	−54.6	0.66
	6	640003007356	2019	−52.5	0.62
	7	640003006313	2018	−51.5	0.63
	8	640003006583	2018	−51.4	0.62

续表

场号	场内排名	牛号	出生年份	首次产犊日龄 EBV/d	EBV 准确性
640003	9	640003110002	2011	−50.7	0.58
	10	640003182838	2018	−49.4	0.66
640004	1	640004197885	2019	−81.8	0.64
	2	640004198431	2019	−76.1	0.61
	3	640004198312	2019	−69.2	0.63
	4	640004198320	2019	−68.7	0.63
	5	640004198319	2019	−67.7	0.63
	6	640004198317	2019	−67.3	0.63
	7	640004198304	2019	−67.0	0.63
	8	640004198340	2019	−65.6	0.63
	9	640004198316	2019	−65.2	0.63
	10	640004198318	2019	−64.8	0.63
640005	1	640005113754	2011	−57.4	0.57
	2	640005113755	2011	−55.9	0.56
	3	640005113750	2011	−54.3	0.56
	4	640005113791	2011	−53.4	0.56
	5	640005117899	2011	−50.1	0.54
	6	640005124057	2012	−49.6	0.63
	7	640005134070	2013	−49.0	0.64
	8	640005113804	2011	−47.8	0.61
	9	640005134060	2013	−47.5	0.64
	10	640005124026	2012	−46.2	0.64
640007	1	640007195619	2019	−55.4	0.53
	2	640007195627	2019	−52.0	0.51
	3	640007195608	2019	−51.0	0.48
	4	640007195614	2019	−50.3	0.47
	5	640007195613	2019	−46.0	0.52
	6	640007195609	2019	−41.1	0.55

续表

场号	场内排名	牛号	出生年份	首次产犊日龄 EBV/d	EBV 准确性
640007	7	640007195692	2019	−39.3	0.58
	8	640007195703	2019	−36.0	0.57
	9	640007195455	2019	−35.7	0.57
	10	640007195856	2015	−34.7	0.60
640009	1	640009160996	2016	−59.4	0.56
	2	640009160993	2016	−52.1	0.59
	3	640009181471	2018	−38.6	0.65
	3	640009191706	2019	−38.6	0.66
	5	640009160968	2016	−37.8	0.58
	6	640009181496	2018	−37.5	0.65
	7	640009201924	2020	−37.1	0.58
	8	640009161007	2016	−37.0	0.60
	9	640009191616	2019	−35.2	0.61
	10	640009171130	2017	−34.3	0.65
640035	1	640035128261	2012	−54.1	0.55
	2	640035128268	2012	−53.8	0.68
	3	640035117902	2011	−51.9	0.65
	4	640035128294	2015	−48.4	0.65
	5	640035148750	2014	−47.8	0.56
	6	640035117907	2019	−47.7	0.67
	7	640035117925	2011	−46.7	0.62
	8	640035117924	2011	−45.6	0.57
	9	640035138307	2015	−44.1	0.66
	10	640035160472	2016	−43.9	0.64
640166	1	640166203491	2020	−57.2	0.67
	2	640166203492	2020	−46.9	0.66
	3	640166130840	2013	−43.9	0.65
	4	640166203524	2020	−40.0	0.64

续表

场号	场内排名	牛号	出生年份	首次产犊日龄 EBV/d	EBV 准确性
640166	5	640166193164	2019	−39.6	0.67
	6	640166130884	2013	−39.3	0.66
	7	640166130839	2013	−38.9	0.57
	8	640166203490	2020	−37.9	0.67
	9	640166193101	2019	−37.5	0.66
	10	640166193132	2019	−36.8	0.66
640190	1	640190140152	2012	−69.6	0.60
	2	640190140109	2013	−64.2	0.51
	3	640190121591	2012	−62.1	0.57
	4	640190121769	2012	−61.5	0.56
	5	640190121756	2012	−61.4	0.59
	6	640190123209	2012	−60.9	0.57
	7	640190121592	2012	−60.3	0.60
	8	640190140158	2012	−60.2	0.50
	9	640190121759	2012	−59.1	0.59
	10	640190123212	2012	−58.1	0.56
640193	1	640193124519	2013	−87.3	0.50
	2	640193126225	2013	−62.3	0.54
	3	640193124411	2013	−56.3	0.50
	4	640193125496	2013	−53.6	0.50
	5	640193125011	2013	−49.5	0.50
	6	640193124267	2013	−47.1	0.50
	7	640193121768	2012	−46.6	0.47
	8	640193124369	2013	−46.5	0.50
	9	640193126739	2013	−45.6	0.50
	9	640193123774	2012	−45.6	0.49
640251	1	640251007684	2019	−69.0	0.68
	2	640251007649	2019	−68.0	0.68

续表

场号	场内排名	牛号	出生年份	首次产犊日龄 EBV/d	EBV 准确性
	3	640251008820	2020	−58.4	0.73
	4	640251008869	2020	−58.3	0.73
	5	640251008836	2020	−57.8	0.73
	6	640251008795	2020	−57.7	0.73
640251	7	640251008840	2020	−57.1	0.73
	8	640251008714	2020	−57.0	0.73
	8	640251008732	2020	−57.0	0.73
	8	640251008804	2020	−57.0	0.73
	1	640253193314	2019	−79.8	0.68
	2	640253193787	2019	−73.3	0.68
	3	640253193849	2019	−71.4	0.67
	4	640253193814	2019	−70.9	0.67
	5	640253193866	2019	−70.5	0.67
640253	6	640253193836	2019	−69.9	0.68
	6	640253193778	2019	−69.9	0.68
	8	640253193807	2019	−68.8	0.68
	9	640253193798	2019	−67.9	0.68
	10	640253193824	2019	−67.8	0.68
	1	640351000838	2019	−50.0	0.56
	2	640351033382	2018	−45.4	0.61
	3	640351033028	2017	−44.2	0.54
	4	640351033314	2018	−43.6	0.61
	5	640351011037	2017	−43.5	0.36
640351	6	640351033343	2018	−42.8	0.55
	7	640351033039	2017	−41.2	0.55
	8	640351033342	2018	−40.5	0.56
	9	640351033353	2018	−40.4	0.56
	10	640351033416	2018	−39.2	0.60

表 6-2-3 各核心育种场青年牛首末次配种间隔 EBV 排名前 10 名母牛

场号	场内排名	牛号	出生年份	青年牛首末次配种间隔 EBV/d	EBV 准确性
640003	1	640003110237	2011	−13.4	0.44
	2	640003110192	2013	−12.6	0.43
	3	640003111175	2011	−12.5	0.47
	3	640003110167	2013	−12.5	0.43
	5	640003110257	2011	−12.4	0.45
	6	640003110182	2013	−12.2	0.45
	6	640003121187	2013	−12.2	0.44
	8	640003110187	2013	−12.1	0.45
	9	640003111173	2013	−11.9	0.47
	9	640003111178	2011	−11.9	0.46
640004	1	640004136437	2013	−13.1	0.39
	2	640004136353	2011	−11.8	0.46
	3	640004177282	2017	−11.7	0.44
	4	640004136357	2011	−10.6	0.46
	5	640004136298	2011	−10.3	0.44
	6	640004172649	2017	−10.2	0.46
	7	640004136327	2011	−10.1	0.48
	8	640004136319	2011	−10.0	0.46
	9	640004136354	2011	−9.7	0.45
	9	640004136351	2011	−9.7	0.46
640005	1	640005113868	2011	−13.0	0.46
	2	640005113857	2011	−12.5	0.45
	3	640005113856	2011	−12.0	0.45
	4	640005113850	2011	−11.7	0.47
	5	640005113845	2011	−11.2	0.45
	6	640005113847	2011	−10.9	0.45
	6	640005134170	2013	−10.9	0.48
	8	640005113842	2011	−10.8	0.46

续表

场号	场内排名	牛号	出生年份	青年牛首末次配种间隔 EBV/d	EBV 准确性
640005	9	640005134138	2013	−10.7	0.50
	10	640005134132	2012	−10.4	0.46
640007	1	640007206556	2020	−7.4	0.47
	2	640007206639	2020	−7.3	0.47
	3	640007206653	2020	−7.1	0.45
	4	640007206586	2020	−6.9	0.45
	5	640007184906	2018	−6.8	0.40
	6	640007172384	2017	−6.7	0.41
	6	640007172414	2017	−6.7	0.40
	8	640007216664	2021	−6.6	0.48
	9	640007206600	2020	−6.4	0.46
	10	640007206577	2020	−6.3	0.45
640009	1	640009181496	2018	−11.0	0.45
	2	640009201973	2020	−10.9	0.36
	3	640009181516	2018	−10.8	0.45
	4	640009160996	2016	−10.7	0.30
	5	640009181534	2018	−10.4	0.47
	5	640009181459	2018	−10.4	0.41
	7	640009160993	2016	−10.2	0.35
	8	640009181559	2018	−10.0	0.46
	9	640009181347	2018	−9.9	0.49
	9	640009181481	2018	−9.9	0.48
640035	1	640035138433	2013	−11.5	0.47
	2	640035138394	2013	−11.4	0.48
	3	640035138391	2013	−11.1	0.47
	4	640035180958	2018	−11.0	0.38
	5	640035181028	2018	−10.9	0.44
	6	640035138498	2013	−10.8	0.45

续表

场号	场内排名	牛号	出生年份	青年牛首末次配种间隔 EBV/d	EBV 准确性
640035	7	640035138397	2013	−10.6	0.48
	7	640035138485	2013	−10.6	0.45
	9	640035138431	2013	−10.5	0.47
	10	640035138426	2013	−10.3	0.44
640166	1	640166182892	2018	−12.7	0.51
	2	640166141109	2011	−11.9	0.45
	3	640166183016	2018	−11.3	0.51
	3	640166193423	2019	−11.3	0.53
	5	640166183018	2018	−11.0	0.54
	6	640166193365	2019	−10.8	0.49
	6	640166151668	2015	−10.8	0.44
	8	640166182879	2018	−10.7	0.52
	9	640166193382	2019	−10.6	0.49
	9	640166193369	2019	−10.6	0.50
640190	1	640190182771	2018	−12.8	0.48
	2	640190183811	2018	−11.5	0.49
	3	640190182807	2018	−11.4	0.53
	4	640190182353	2018	−11.3	0.49
	4	640190184143	2018	−11.3	0.49
	6	640190183951	2018	−11.0	0.49
	6	640190181877	2018	−11.0	0.52
	8	640190182329	2018	−10.9	0.50
	9	640190184557	2018	−10.7	0.52
	10	640190185058	2018	−10.5	0.45
640193	1	640193182324	2018	−12.2	0.48
	2	640193190138	2019	−11.9	0.51
	2	640193185418	2018	−11.9	0.51
	2	640193185798	2019	−11.9	0.52

续表

场号	场内排名	牛号	出生年份	青年牛首末次配种间隔 EBV/d	EBV 准确性
640193	5	640193190014	2019	−11.8	0.51
	6	640193184362	2018	−11.7	0.51
	6	640193190298	2019	−11.7	0.51
	8	640193183338	2018	−11.2	0.52
	9	640193183118	2018	−11.1	0.52
	9	640193185654	2018	−11.1	0.52
640251	1	640251170726	2017	−10.8	0.49
	2	640251004619	2017	−9.6	0.45
	3	640251006874	2018	−9.1	0.39
	3	640251004629	2017	−9.1	0.46
	5	640251170769	2017	−8.9	0.44
	6	640251004171	2016	−8.7	0.51
	7	640251160382	2016	−8.5	0.46
	7	640251004630	2017	−8.5	0.44
	7	640251004609	2017	−8.5	0.43
	10	640251170779	2017	−8.4	0.43
640253	1	640253193787	2019	−12.0	0.53
	2	640253193836	2019	−11.8	0.52
	3	640253193866	2019	−11.7	0.52
	4	640253193849	2019	−11.6	0.52
	4	640253193814	2019	−11.6	0.52
	6	640253193778	2019	−11.4	0.52
	7	640253193829	2019	−11.1	0.52
	8	640253193807	2019	−10.9	0.52
	9	640253193860	2019	−10.5	0.52
	10	640253171482	2017	−9.1	0.49
640351	1	640351033733	2019	−8.1	0.42
	2	640351022568	2016	−8.0	0.41

续表

场号	场内排名	牛号	出生年份	青年牛首末次配种间隔 EBV/d	EBV 准确性
640351	3	640351022567	2016	−7.8	0.40
	3	640351033721	2019	−7.8	0.41
	3	640351022546	2016	−7.8	0.40
	3	640351022579	2016	−7.8	0.39
	7	640351033741	2019	−7.7	0.40
	8	640351022539	2016	−7.6	0.40
	8	640351022583	2016	−7.6	0.39
	10	640351022565	2016	−7.5	0.39

表 6-2-4　各核心育种场经产牛首末次配种间隔 EBV 排名前 10 名母牛

场号	场内排名	牛号	出生年份	经产牛首末次配种间隔 EBV/d	EBV 准确性
640003	1	640003151897	2015	−11.4	0.40
	1	640003141711	2013	−11.4	0.35
	3	640003141723	2019	−10.8	0.34
	4	640003121186	2012	−9.4	0.39
	5	640003141726	2013	−9.2	0.37
	5	640003151911	2015	−9.2	0.39
	7	640003121230	2012	−9.0	0.32
	8	640003152022	2015	−8.5	0.39
	9	640003131362	2013	−8.3	0.37
	9	640003172535	2017	−8.3	0.34
640004	1	640004162276	2016	−11.7	0.44
	1	640004162309	2016	−11.7	0.44
	3	640004146493	2014	−9.2	0.52
	4	640004156801	2015	−9.1	0.42
	5	640004156795	2015	−8.7	0.41
	6	640004208803	2020	−8.5	0.43

续表

场号	场内排名	牛号	出生年份	经产牛首末次配种间隔 EBV/d	EBV 准确性
640004	7	640004156818	2015	−8.4	0.40
	8	640004172458	2017	−7.9	0.46
	8	640004187607	2018	−7.9	0.41
	10	640004156756	2015	−7.6	0.41
640005	1	640005123904	2012	−10.6	0.36
	2	640005144454	2014	−9.0	0.50
	3	640005164803	2016	−8.8	0.38
	4	640005123899	2012	−8.7	0.36
	5	640005156827	2015	−8.6	0.40
	6	640005134153	2012	−8.4	0.38
	7	640005123894	2012	−8.3	0.39
	8	640005118006	2012	−8.1	0.35
	9	640005206035	2020	−7.9	0.39
	10	640005206039	2020	−7.7	0.42
640007	1	640007195612	2019	−8.4	0.40
	2	640007185003	2018	−8.0	0.42
	3	640007162214	2016	−7.7	0.38
	4	640007172337	2017	−7.6	0.38
	5	640007163860	2016	−7.5	0.47
	6	640007208232	2020	−7.3	0.42
	7	640007195652	2019	−7.2	0.37
	8	640007195617	2019	−7.1	0.41
	9	640007163863	2016	−6.9	0.47
	10	640007163846	2016	−6.6	0.47
640009	1	640009150529	2015	−7.3	0.46
	2	640009171125	2017	−7.1	0.36
	3	640009160846	2016	−7.0	0.38
	4	640009150514	2015	−6.7	0.42

续表

场号	场内排名	牛号	出生年份	经产牛首末次配种间隔 EBV/d	EBV 准确性
640009	5	640009150537	2015	−6.6	0.46
	6	640009160891	2016	−6.5	0.37
	6	640009171057	2017	−6.5	0.38
	8	640009171227	2017	−6.2	0.46
	9	640009171099	2017	−6.1	0.40
	9	640009171110	2017	−6.1	0.39
640035	1	640035191377	2019	−11.2	0.37
	2	640035191439	2019	−10.8	0.39
	2	640035191456	2019	−10.8	0.44
	4	640035128087	2012	−10.7	0.38
	5	640035160375	2016	−10.6	0.37
	6	640035138368	2013	−10.5	0.40
	7	640035150054	2015	−10.4	0.47
	8	640035158937	2015	−10.3	0.52
	9	640035148826	2014	−9.9	0.33
	10	640035148783	2014	−9.8	0.46
640166	1	640166193262	2019	−11.7	0.41
	2	640166193281	2019	−11.4	0.41
	3	640166193279	2019	−11.0	0.38
	4	640166193275	2019	−10.7	0.42
	5	640166193282	2019	−10.6	0.39
	6	640166193273	2019	−10.4	0.38
	7	640166193277	2019	−10.3	0.41
	8	640166193278	2019	−10.2	0.40
	9	640166193296	2019	−9.9	0.39
	10	640166193295	2019	−9.7	0.41
640190	1	640190170962	2017	−11.7	0.45
	2	640190170984	2017	−11.4	0.45

续表

场号	场内排名	牛号	出生年份	经产牛首末次配种间隔 EBV/d	EBV 准确性
640190	3	640190170808	2017	−11.3	0.44
	3	640190170816	2017	−11.3	0.46
	5	640190170854	2017	−11.0	0.45
	6	640190170728	2017	−10.9	0.45
	7	640190170406	2017	−10.3	0.44
	8	640190170662	2017	−10.2	0.44
	9	640190142991	2014	−9.0	0.45
	10	640190142950	2014	−8.6	0.46
640193	1	640193170356	2017	−12.2	0.47
	2	640193170424	2017	−12.1	0.45
	3	640193170316	2017	−12.0	0.45
	4	640193170368	2017	−11.9	0.45
	4	640193170414	2017	−11.9	0.45
	6	640193170512	2017	−11.4	0.46
	7	640193170046	2017	−11.3	0.44
	8	640193170184	2017	−11.2	0.44
	8	640193170358	2017	−11.2	0.44
	10	640193170412	2017	−10.3	0.46
640251	1	640251160382	2016	−16.2	0.43
	2	640251004095	2016	−14.5	0.52
	3	640251005989	2016	−14.2	0.48
	4	640251004254	2017	−14.1	0.50
	5	640251004256	2017	−14.0	0.49
	5	640251004227	2016	−14.0	0.49
	5	640251004251	2017	−14.0	0.49
	8	640251004108	2016	−13.9	0.51
	9	640251004142	2016	−13.8	0.51
	10	640251004109	2016	−13.7	0.50

续表

场号	场内排名	牛号	出生年份	经产牛首末次配种间隔 EBV/d	EBV 准确性
640253	1	640253160454	2016	−13.4	0.46
	2	640253194350	2015	−11.9	0.45
	3	640253161967	2016	−11.3	0.43
	4	640253161965	2016	−10.9	0.42
	4	640253161999	2014	−10.9	0.42
	6	640253162301	2015	−10.3	0.43
	7	640253160537	2016	−9.8	0.46
	8	640253160324	2016	−9.7	0.48
	9	640253160424	2016	−9.5	0.46
	10	640253159067	2015	−9.2	0.48
640351	1	640351033639	2019	−5.2	0.44
	2	640351033174	2018	−5.0	0.31
	3	640351033177	2018	−4.7	0.33
	4	640351033583	2019	−4.6	0.42
	5	640351033624	2019	−4.5	0.44
	5	640351033622	2019	−4.5	0.45
	5	640351033305	2018	−4.5	0.33
	8	640351033426	2018	−4.4	0.34
	8	640351033511	2018	−4.4	0.34
	10	640351033084	2018	−4.3	0.34

表 6-2-5　各核心育种场产犊至首次配种间隔 EBV 排名前 10 名母牛

场号	场内排名	牛号	出生年份	产犊至首次配种间隔 EBV/d	EBV 准确性
640003	1	640003110042	2019	−3.5	0.45
	2	640003110032	2011	−3.3	0.42
	3	640003110062	2019	−2.3	0.43
	3	640003151989	2015	−2.3	0.52

续表

场号	场内排名	牛号	出生年份	产犊至首次配种间隔 EBV/d	EBV 准确性
640003	5	640003110007	2011	−2.2	0.45
	6	640003151988	2015	−2.1	0.50
	7	640003193248	2019	−2.0	0.51
	8	640003152036	2015	−1.9	0.53
	8	640003162181	2016	−1.9	0.57
	10	640003121258	2012	−1.8	0.50
640004	1	640004115883	2011	−2.5	0.41
	1	640004136317	2013	−2.5	0.51
	3	640004187465	2018	−2.3	0.46
	4	640004136195	2013	−2.2	0.47
	5	640004115916	2011	−2.1	0.37
	5	640004136310	2013	−2.1	0.52
	7	640004136307	2013	−2.0	0.51
	8	640004156744	2015	−1.9	0.30
	8	640004177247	2017	−1.9	0.47
	8	640004187512	2018	−1.9	0.48
640005	1	640005113813	2011	−3.2	0.45
	2	640005113816	2011	−2.5	0.42
	3	640005113807	2011	−2.4	0.39
	3	640005134063	2013	−2.4	0.44
	3	640005113743	2019	−2.4	0.39
	6	640005185413	2018	−2.3	0.51
	6	640005113745	2011	−2.3	0.38
	6	640005113801	2011	−2.3	0.39
	6	640005134062	2013	−2.3	0.43
	6	640005185425	2018	−2.3	0.52
640007	1	640007184745	2018	−1.2	0.47
	1	640007185169	2018	−1.2	0.51

续表

场号	场内排名	牛号	出生年份	产犊至首次配种间隔 EBV/d	EBV 准确性
640007	1	640007185165	2018	−1.2	0.50
	1	640007153507	2015	−1.2	0.32
	1	640007195541	2019	−1.2	0.51
	6	640007184746	2018	−1.1	0.47
	6	640007174615	2017	−1.1	0.43
	6	640007195769	2019	−1.1	0.51
	6	640007174642	2017	−1.1	0.47
	10	640007152949	2015	−1.0	0.47
640009	1	640009201951	2020	−1.4	0.48
	2	640009160864	2016	−1.3	0.47
	2	640009160859	2016	−1.3	0.38
	2	640009160908	2016	−1.3	0.41
	2	640009201959	2020	−1.3	0.43
	2	640009201957	2020	−1.3	0.48
	2	640009140215	2014	−1.3	0.50
	2	640009160899	2016	−1.3	0.41
	9	640009201945	2020	−1.2	0.48
	9	640009201952	2020	−1.2	0.44
640035	1	640035117925	2011	−3.3	0.45
	2	640035117920	2011	−2.9	0.41
	3	640035117942	2011	−2.8	0.42
	3	640035117921	2019	−2.8	0.49
	5	640035117907	2019	−2.3	0.50
	5	640035107792	2014	−2.3	0.39
	5	640035117918	2019	−2.3	0.48
	8	640035117935	2011	−2.2	0.44
	8	640035117911	2011	−2.2	0.44
	8	640035117887	2011	−2.2	0.48

续表

场号	场内排名	牛号	出生年份	产犊至首次配种间隔 EBV/d	EBV 准确性
640166	1	640166110070	2011	−2.5	0.41
	2	640166110064	2011	−2.4	0.37
	2	640166110066	2011	−2.4	0.36
	4	640166110075	2011	−2.3	0.38
	5	640166110038	2011	−2.2	0.38
	6	640166110022	2011	−2.1	0.38
	6	640166110040	2011	−2.1	0.38
	6	640166151569	2015	−2.1	0.44
	9	640166110020	2011	−2.0	0.38
	9	640166110068	2011	−2.0	0.37
640190	1	640190156324	2015	−1.7	0.54
	2	640190120156	2012	−1.6	0.49
	3	640190155269	2015	−1.5	0.52
	3	640190155318	2015	−1.5	0.52
	5	640190155339	2015	−1.4	0.49
	5	640190128033	2012	−1.4	0.38
	5	640190127582	2012	−1.4	0.39
	8	640190155292	2015	−1.3	0.49
	8	640190157670	2015	−1.3	0.53
	8	640190155336	2015	−1.3	0.49
640193	1	640193141741	2014	−1.6	0.55
	2	640193130798	2013	−1.5	0.49
	2	640193130661	2013	−1.5	0.55
	4	640193260099	2016	−1.4	0.53
	4	640193129039	2013	−1.4	0.44
	4	640193250087	2015	−1.4	0.48
	4	640193156460	2015	−1.4	0.49
	4	640193141087	2014	−1.4	0.52

续表

场号	场内排名	牛号	出生年份	产犊至首次配种间隔 EBV/d	EBV 准确性
640193	9	640193155231	2015	−1.3	0.49
	9	640193156388	2015	−1.3	0.46
640251	1	640251006312	2018	−2.4	0.52
	1	640251013194	2011	−2.4	0.42
	1	640251011067	2019	−2.4	0.47
	1	640251005898	2018	−2.4	0.52
	1	640251003581	2016	−2.4	0.55
	1	640251150504	2015	−2.4	0.57
	7	640251006301	2018	−2.3	0.48
	8	640251006326	2018	−2.2	0.49
	8	640251004635	2017	−2.2	0.53
	8	640251003618	2016	−2.2	0.55
640253	1	640253169433	2016	−2.4	0.57
	2	640253169503	2015	−2.1	0.50
	3	640253169389	2016	−2.0	0.54
	4	640253182465	2018	−1.9	0.51
	4	640253169363	2016	−1.9	0.54
	4	640253204637	2020	−1.9	0.42
	4	640253169733	2016	−1.9	0.47
	4	640253181716	2018	−1.9	0.43
	4	640253194249	2019	−1.9	0.49
	4	640253194375	2019	−1.9	0.51
640351	1	640351011143	2017	−1.7	0.49
	2	640351011074	2017	−1.6	0.43
	3	640351011056	2017	−1.5	0.46
	4	640351011041	2017	−1.3	0.43
	5	640351011057	2017	−1.2	0.46
	5	640351011040	2017	−1.2	0.43

续表

场号	场内排名	牛号	出生年份	产犊至首次配种间隔 EBV/d	EBV 准确性
640351	5	640351011097	2017	−1.2	0.50
	8	640351011070	2017	−1.1	0.48
	8	640351011147	2017	−1.1	0.32
	8	640351011061	2017	−1.1	0.37

表 6-2-6　各核心育种场青年牛产犊难易性 EBV 排名前 10 名母牛

场号	场内排名	牛号	出生年份	青年牛产犊难易性 EBV	EBV 准确性
640003	1	640003172454	2016	−0.052 8	0.41
	2	640003162403	2016	−0.052 1	0.41
	3	640003162393	2016	−0.049 5	0.41
	4	640003162449	2016	−0.049 2	0.39
	5	640003162411	2016	−0.048 0	0.42
	6	640003006527	2018	−0.046 8	0.47
	7	640003162311	2016	−0.046 0	0.39
	8	640003006523	2018	−0.045 6	0.46
	9	640003162286	2016	−0.045 4	0.39
	10	640003162217	2016	−0.045 1	0.39
640004	1	640004177201	2017	−0.049 6	0.38
	1	640004184328	2019	−0.049 6	0.48
	3	640004177184	2017	−0.048 3	0.38
	4	640004187392	2018	−0.046 2	0.49
	5	640004184323	2018	−0.045 9	0.46
	6	640004187404	2018	−0.045 7	0.48
	7	640004184295	2018	−0.045 6	0.46
	8	640004187609	2018	−0.045 2	0.48
	9	640004184318	2018	−0.044 8	0.46
	10	640004187604	2018	−0.043 8	0.47

续表

场号	场内排名	牛号	出生年份	青年牛产犊难易性 EBV	EBV 准确性
640005	1	640005164940	2016	−0.040 8	0.37
	2	640005164920	2016	−0.039 5	0.35
	3	640005164844	2016	−0.038 8	0.37
	4	640005164970	2016	−0.037 1	0.38
	5	640005174988	2017	−0.036 5	0.38
	6	640005164915	2016	−0.036 3	0.38
	7	640005164797	2016	−0.035 4	0.44
	8	640005166981	2016	−0.035 3	0.35
	9	640005164943	2016	−0.034 6	0.44
	10	640005154463	2015	−0.033 1	0.27
640007	1	640007174491	2017	−0.059 1	0.49
	2	640007174259	2017	−0.052 6	0.46
	3	640007174265	2017	−0.050 8	0.46
	4	640007174574	2017	−0.050 4	0.45
	5	640007174575	2017	−0.050 2	0.47
	6	640007174347	2017	−0.050 0	0.46
	7	640007174545	2017	−0.049 6	0.47
	7	640007174278	2017	−0.049 6	0.47
	9	640007174477	2017	−0.049 4	0.47
	9	640007174556	2017	−0.049 4	0.47
640009	1	640009160949	2016	−0.041 5	0.36
	2	640009160958	2016	−0.038 2	0.37
	3	640009160907	2016	−0.033 3	0.36
	4	640009181520	2018	−0.029 4	0.42
	5	640009181398	2018	−0.028 7	0.39
	6	640009191807	2019	−0.027 9	0.40
	7	640009181356	2018	−0.027 6	0.39
	8	640009181483	2018	−0.027 0	0.44

续表

场号	场内排名	牛号	出生年份	青年牛产犊难易性 EBV	EBV 准确性
640009	9	640009181435	2018	−0.025 9	0.44
	10	640009191753	2019	−0.025 6	0.40
640035	1	640035160401	2016	−0.038 9	0.45
	2	640035160338	2016	−0.035 4	0.44
	3	640035160334	2016	−0.035 1	0.42
	4	640035201614	2020	−0.034 5	0.36
	5	640035201756	2020	−0.034 1	0.36
	6	640035160368	2016	−0.033 5	0.45
	7	640035160441	2016	−0.033 3	0.45
	8	640035160418	2016	−0.033 0	0.44
	9	640035160323	2016	−0.032 8	0.43
	10	640035201676	2020	−0.032 7	0.33
640166	1	640166182956	2018	−0.063 1	0.51
	2	640166182967	2018	−0.062 3	0.50
	3	640166182860	2018	−0.062 0	0.51
	4	640166182862	2018	−0.053 6	0.51
	5	640166182968	2018	−0.052 5	0.49
	6	640166182971	2018	−0.052 4	0.49
	7	640166182865	2018	−0.050 4	0.49
	8	640166182949	2018	−0.049 7	0.46
	9	640166172250	2016	−0.048 3	0.47
	10	640166172324	2017	−0.048 0	0.47
640190	1	640190180303	2018	−0.055 1	0.49
	2	640190180299	2018	−0.053 1	0.48
	3	640190180479	2018	−0.051 8	0.50
	4	640190180911	2018	−0.051 0	0.50
	5	640190185164	2018	−0.050 4	0.36
	6	640190180309	2018	−0.049 7	0.47

续表

场号	场内排名	牛号	出生年份	青年牛产犊难易性 EBV	EBV 准确性
640190	7	640190180909	2018	−0.048 9	0.47
	8	640190177009	2017	−0.048 7	0.47
	9	640190171668	2017	−0.048 5	0.47
	10	640190180011	2018	−0.047 8	0.49
640193	1	640193180960	2018	−0.057 2	0.49
	2	640193181136	2018	−0.055 7	0.50
	3	640193180470	2018	−0.054 3	0.51
	4	640193171242	2017	−0.054 1	0.50
	5	640193172668	2017	−0.053 5	0.49
	6	640193180954	2018	−0.053 3	0.50
	7	640193171818	2017	−0.053 2	0.50
	8	640193190782	2019	−0.053 1	0.36
	9	640193180794	2018	−0.052 9	0.39
	10	640193173604	2017	−0.052 8	0.50
640251	1	640251006509	2018	−0.058 7	0.49
	2	640251006536	2018	−0.051 7	0.50
	3	640251006515	2018	−0.051 6	0.51
	4	640251008355	2019	−0.048 8	0.44
	5	640251006506	2018	−0.048 3	0.50
	6	640251160168	2016	−0.048 2	0.33
	7	640251170652	2017	−0.047 4	0.47
	8	640251006539	2018	−0.046 1	0.48
	9	640251006486	2018	−0.044 3	0.47
	10	640251170582	2017	−0.043 7	0.46
640253	1	640253170589	2017	−0.043 6	0.46
	2	640253170648	2017	−0.043 5	0.47
	3	640253181744	2018	−0.043 4	0.48
	4	640253160563	2016	−0.043 3	0.47

续表

场号	场内排名	牛号	出生年份	青年牛产犊难易性 EBV	EBV 准确性
640253	5	640253181975	2018	−0.043 0	0.46
	5	640253181952	2018	−0.043 0	0.46
	5	640253204468	2020	−0.043 0	0.36
	8	640253181956	2017	−0.042 8	0.46
	9	640253171025	2017	−0.042 7	0.46
	10	640253170626	2017	−0.042 6	0.47
640351	1	640351033383	2018	−0.041 6	0.42
	2	640351033448	2018	−0.041 5	0.42
	3	640351033190	2018	−0.039 4	0.22
	4	640351033192	2018	−0.039 1	0.26
	5	640351033198	2018	−0.038 0	0.26
	6	640351033137	2018	−0.037 8	0.26
	6	640351033118	2018	−0.037 8	0.26
	8	640351033305	2018	−0.037 6	0.26
	8	640351033386	2018	−0.037 6	0.42
	10	640351033397	2018	−0.037 4	0.42

表 6-2-7　各核心育种场经产牛产犊难易性 EBV 排名前 10 名母牛

场号	场内排名	牛号	出生年份	经产牛产犊难易性 EBV	EBV 准确性
640003	1	640003141821	2014	−0.054 1	0.49
	2	640003151864	2015	−0.053 5	0.46
	3	640003151839	2014	−0.052 7	0.44
	4	640003182894	2018	−0.051 8	0.46
	5	640003151868	2015	−0.051 3	0.43
	6	640003182896	2018	−0.050 0	0.47
	7	640003151859	2011	−0.048 9	0.48
	8	640003182933	2018	−0.048 8	0.44

续表

场号	场内排名	牛号	出生年份	经产牛产犊难易性 EBV	EBV 准确性
640003	9	640003151855	2015	−0.046 7	0.49
	10	640003151893	2015	−0.046 1	0.52
640004	1	640004136369	2011	−0.057 7	0.38
	2	640004136376	2011	−0.057 2	0.39
	3	640004172771	2017	−0.050 3	0.39
	4	640004136373	2013	−0.048 6	0.41
	5	640004172708	2017	−0.047 6	0.36
	6	640004136368	2011	−0.046 9	0.41
	7	640004172762	2017	−0.046 0	0.37
	8	640004136383	2013	−0.045 8	0.35
	8	640004172763	2017	−0.045 8	0.36
	10	640004136380	2013	−0.045 2	0.30
640005	1	640005154522	2015	−0.047 8	0.51
	2	640005175088	2017	−0.042 7	0.54
	3	640005154578	2015	−0.042 5	0.49
	4	640005154478	2015	−0.041 7	0.54
	5	640005154603	2015	−0.039 3	0.50
	6	640005154513	2015	−0.038 6	0.50
	7	640005154514	2015	−0.038 5	0.54
	8	640005154462	2015	−0.038 0	0.53
	9	640005154591	2015	−0.037 1	0.50
	10	640005154586	2015	−0.036 7	0.51
640007	1	640007174462	2017	−0.064 5	0.48
	2	640007152946	2015	−0.054 0	0.53
	3	640007152950	2015	−0.053 9	0.51
	4	640007152892	2015	−0.053 6	0.52
	5	640007184890	2018	−0.052 7	0.41
	6	640007152967	2015	−0.051 7	0.51

续表

场号	场内排名	牛号	出生年份	经产牛产犊难易性 EBV	EBV 准确性
640007	7	640007195317	2019	−0.051 6	0.42
	8	640007184781	2018	−0.051 3	0.45
	9	640007153554	2015	−0.050 9	0.51
	10	640007174290	2017	−0.050 5	0.44
640009	1	640009181455	2018	−0.063 7	0.44
	2	640009171286	2017	−0.060 7	0.44
	3	640009181428	2018	−0.058 6	0.44
	4	640009171255	2017	−0.058 5	0.48
	5	640009181353	2018	−0.057 6	0.40
	6	640009181437	2018	−0.057 1	0.45
	7	640009181406	2018	−0.055 4	0.42
	8	640009171271	2017	−0.054 8	0.48
	9	640009171256	2017	−0.054 0	0.46
	10	640009181316	2018	−0.053 5	0.43
640035	1	640035181078	2018	−0.037 1	0.42
	2	640035181075	2018	−0.034 1	0.42
	3	640035181072	2018	−0.034 0	0.41
	4	640035181097	2018	−0.033 7	0.45
	5	640035181104	2018	−0.033 6	0.46
	6	640035181045	2018	−0.033 4	0.43
	7	640035181048	2018	−0.032 7	0.40
	8	640035181079	2018	−0.032 6	0.37
	9	640035170812	2017	−0.032 2	0.46
	10	640035170779	2017	−0.031 7	0.47
640166	1	640166172627	2017	−0.038 1	0.46
	2	640166172606	2017	−0.037 4	0.54
	3	640166182754	2018	−0.035 3	0.51
	4	640166182711	2018	−0.034 6	0.52

续表

场号	场内排名	牛号	出生年份	经产牛产犊难易性 EBV	EBV 准确性
640166	5	640166182730	2018	−0.034 4	0.49
	6	640166119987	2011	−0.034 2	0.28
	7	640166182639	2017	−0.034 0	0.52
	8	640166120388	2012	−0.033 8	0.33
	9	640166120375	2012	−0.032 7	0.32
	10	640166172609	2017	−0.032 5	0.51
640190	1	640190142964	2014	−0.050 7	0.53
	2	640190143380	2014	−0.048 8	0.49
	3	640190143370	2014	−0.048 5	0.51
	4	640190142822	2014	−0.047 5	0.50
	4	640190143289	2014	−0.047 5	0.51
	6	640190143299	2014	−0.046 9	0.53
	7	640190131211	2014	−0.046 8	0.49
	8	640190142840	2014	−0.046 5	0.49
	9	640190142867	2014	−0.046 1	0.49
	9	640190143449	2014	−0.046 1	0.47
640193	1	640193142866	2014	−0.040 9	0.47
	2	640193143462	2014	−0.040 3	0.48
	3	640193143016	2014	−0.039 6	0.47
	4	640193143001	2014	−0.039 2	0.47
	4	640193154154	2015	−0.039 2	0.47
	6	640193142816	2014	−0.039 0	0.48
	7	640193142820	2014	−0.038 6	0.43
	8	640193142897	2014	−0.038 5	0.47
	9	640193143063	2014	−0.038 4	0.47
	10	640193143316	2014	−0.038 0	0.45
640251	1	640251005534	2017	−0.064 7	0.46
	2	640251198321	2019	−0.058 6	0.38

续表

场号	场内排名	牛号	出生年份	经产牛产犊难易性 EBV	EBV 准确性
640251	3	640251005659	2017	−0.055 2	0.42
	4	640251005609	2018	−0.054 6	0.43
	5	640251005520	2017	−0.053 8	0.41
	5	640251005613	2018	−0.053 8	0.41
	7	640251007347	2019	−0.053 7	0.43
	8	640251005605	2018	−0.053 5	0.46
	9	640251197603	2019	−0.053 1	0.40
	10	640251005551	2017	−0.052 6	0.42
640253	1	640253171594	2017	−0.045 4	0.43
	1	640253193685	2019	−0.045 4	0.43
	3	640253193692	2019	−0.045 0	0.40
	3	640253171598	2017	−0.045 0	0.42
	5	640253181747	2018	−0.044 1	0.39
	6	640253181707	2018	−0.044 0	0.42
	7	640253171608	2017	−0.043 6	0.42
	7	640253193693	2019	−0.043 6	0.41
	9	640253171677	2017	−0.043 4	0.39
	10	640253171622	2017	−0.043 2	0.40
640351	1	640351033637	2019	−0.030 4	0.27
	2	640351033567	2019	−0.028 7	0.21
	3	640351008623	2011	−0.028 3	0.28
	4	640351033636	2019	−0.027 8	0.21
	5	640351000986	2017	−0.027 2	0.31
	6	640351000981	2016	−0.027 1	0.27
	7	640351000772	2016	−0.026 8	0.20
	8	640351000984	2017	−0.026 7	0.26
	9	640351000934	2016	−0.026 6	0.26
	9	640351000963	2016	−0.026 6	0.32

表 6-2-8 各核心育种场青年牛死产率 EBV 排名前 10 名母牛

场号	场内排名	牛号	出生年份	青年牛死产率 EBV	EBV 准确性
640003	1	640003006527	2018	−0.023 4	0.42
	2	640003006493	2018	−0.023 1	0.42
	3	640003006523	2018	−0.023 0	0.42
	4	640003006517	2018	−0.022 8	0.42
	5	640003006557	2018	−0.022 1	0.42
	5	640003006537	2018	−0.022 1	0.42
	5	640003006477	2018	−0.022 1	0.42
	5	640003006513	2018	−0.022 1	0.42
	9	640003141757	2014	−0.018 8	0.22
	10	640003203415	2020	−0.015 5	0.29
640004	1	640004187395	2018	−0.026 7	0.45
	2	640004187601	2018	−0.024 5	0.44
	3	640004187404	2018	−0.024 2	0.43
	4	640004187393	2018	−0.024 0	0.44
	5	640004184264	2018	−0.023 8	0.42
	6	640004187609	2018	−0.023 7	0.43
	7	640004187392	2018	−0.023 6	0.44
	8	640004184328	2019	−0.023 5	0.43
	9	640004184295	2018	−0.023 3	0.42
	9	640004187399	2018	−0.023 3	0.44
640005	1	640005164934	2016	−0.027 1	0.38
	2	640005144432	2014	−0.023 5	0.26
	3	640005144450	2014	−0.023 3	0.23
	4	640005164797	2016	−0.022 2	0.37
	5	640005164938	2016	−0.021 0	0.39
	6	640005144437	2014	−0.020 7	0.23
	7	640005164943	2016	−0.020 5	0.38
	8	640005164928	2016	−0.020 2	0.37

续表

场号	场内排名	牛号	出生年份	青年牛死产率 EBV	EBV 准确性
640005	9	640005175009	2017	−0.020 1	0.36
	10	640005124058	2012	−0.019 8	0.27
640007	1	640007174533	2017	−0.023 6	0.42
	1	640007174543	2017	−0.023 6	0.43
	1	640007174347	2017	−0.023 6	0.42
	4	640007174259	2017	−0.023 4	0.42
	4	640007174575	2017	−0.023 4	0.43
	6	640007174477	2017	−0.023 3	0.42
	7	640007174532	2017	−0.023 2	0.43
	7	640007174652	2017	−0.023 2	0.42
	7	640007174574	2017	−0.023 2	0.41
	10	640007174551	2017	−0.023 1	0.42
640009	1	640009191752	2019	−0.016 5	0.31
	2	640009191818	2019	−0.016 1	0.30
	3	640009191828	2019	−0.015 7	0.33
	4	640009181399	2018	−0.014 4	0.38
	5	640009191753	2019	−0.013 9	0.34
	6	640009191802	2019	−0.013 8	0.32
	7	640009191810	2019	−0.013 5	0.28
	7	640009181440	2018	−0.013 5	0.38
	7	640009191822	2019	−0.013 5	0.32
	10	640009191821	2019	−0.013 4	0.30
640035	1	640035160316	2016	−0.025 5	0.40
	2	640035160441	2016	−0.022 3	0.38
	2	640035170767	2017	−0.022 3	0.33
	4	640035160368	2016	−0.021 3	0.38
	5	640035170743	2017	−0.021 1	0.31
	6	640035160334	2016	−0.020 7	0.35

续表

场号	场内排名	牛号	出生年份	青年牛死产率 EBV	EBV 准确性
640035	6	640035160319	2016	−0.020 7	0.37
	8	640035160340	2016	−0.020 3	0.37
	8	640035160335	2016	−0.020 3	0.36
	10	640035170761	2017	−0.020 1	0.32
640166	1	640166182860	2018	−0.031 1	0.46
	2	640166182967	2018	−0.030 3	0.45
	3	640166182956	2018	−0.028 4	0.46
	4	640166162048	2016	−0.025 9	0.40
	5	640166162124	2016	−0.025 8	0.40
	6	640166162050	2016	−0.025 6	0.40
	6	640166161927	2016	−0.025 6	0.39
	8	640166182939	2018	−0.025 3	0.42
	9	640166182854	2018	−0.024 8	0.43
	10	640166182853	2018	−0.024 7	0.43
640190	1	640190181957	2018	−0.027 2	0.30
	2	640190181903	2018	−0.026 7	0.31
	3	640190180978	2018	−0.026 5	0.42
	3	640190181811	2018	−0.026 5	0.30
	3	640190180479	2018	−0.026 5	0.45
	6	640190181853	2018	−0.026 3	0.30
	7	640190182039	2018	−0.026 2	0.31
	7	640190181823	2018	−0.026 2	0.30
	7	640190182059	2018	−0.026 2	0.30
	10	640190182025	2018	−0.026 1	0.30
640193	1	640193172680	2017	−0.028 3	0.44
	2	640193172668	2017	−0.028 1	0.44
	3	640193180954	2018	−0.027 5	0.46
	4	640193180470	2018	−0.027 4	0.46

续表

场号	场内排名	牛号	出生年份	青年牛死产率 EBV	EBV 准确性
640193	5	640193171818	2017	−0.027 2	0.45
	5	640193171242	2017	−0.027 2	0.46
	7	640193173604	2017	−0.027 1	0.45
	8	640193171374	2017	−0.027 0	0.45
	9	640193181136	2018	−0.026 7	0.45
	10	640193180918	2018	−0.026 4	0.43
640251	1	640251006525	2018	−0.029 1	0.46
	2	640251006538	2018	−0.026 0	0.45
	3	640251006519	2018	−0.024 1	0.42
	4	640251006541	2018	−0.023 3	0.45
	5	640251170652	2017	−0.023 1	0.42
	6	640251006485	2018	−0.023 0	0.42
	6	640251006500	2018	−0.023 0	0.42
	8	640251006539	2018	−0.022 9	0.43
	8	640251170636	2017	−0.022 9	0.42
	10	640251170672	2016	−0.022 8	0.42
640253	1	640253171034	2017	−0.030 6	0.46
	2	640253171020	2017	−0.030 2	0.45
	3	640253171053	2017	−0.030 1	0.45
	4	640253171048	2017	−0.029 7	0.45
	5	640253181933	2018	−0.027 8	0.45
	6	640253171033	2017	−0.026 8	0.43
	7	640253171049	2017	−0.026 4	0.42
	8	640253170626	2017	−0.024 5	0.43
	9	640253181766	2018	−0.024 2	0.43
	10	640253170648	2017	−0.024 1	0.42
640351	1	640351033481	2018	−0.014 5	0.15
	2	640351033426	2018	−0.013 8	0.21

续表

场号	场内排名	牛号	出生年份	青年牛死产率 EBV	EBV 准确性
640351	3	640351033513	2018	−0.013 5	0.20
	4	640351033397	2018	−0.013 2	0.36
	4	640351033471	2018	−0.013 2	0.36
	6	640351033386	2018	−0.013 0	0.36
	6	640351033383	2018	−0.013 0	0.36
	6	640351033503	2018	−0.013 0	0.36
	9	640351033452	2018	−0.012 9	0.16
	10	640351033515	2018	−0.012 8	0.36

表 6-2-9 各核心育种场经产牛死产率 EBV 排名前 10 名母牛

场号	场内排名	牛号	出生年份	经产牛死产率 EBV	EBV 准确性
640003	1	640003203562	2020	−0.004 9	0.30
	2	640003182896	2018	−0.004 8	0.24
	3	640003141817	2014	−0.004 4	0.25
	4	640003182914	2018	−0.004 2	0.25
	5	640003182930	2018	−0.004 1	0.23
	5	640003182920	2018	−0.004 1	0.23
	7	640003151848	2015	−0.004 0	0.24
	7	640003141818	2014	−0.004 0	0.24
	9	640003203388	2020	−0.003 9	0.30
	10	640003182802	2018	−0.003 7	0.23
640004	1	640004187392	2018	−0.004 3	0.35
	1	640004187394	2018	−0.004 3	0.38
	3	640004187400	2018	−0.004 2	0.38
	3	640004187403	2018	−0.004 2	0.38
	5	640004187393	2018	−0.004 1	0.37
	6	640004187601	2018	−0.004 0	0.36

续表

场号	场内排名	牛号	出生年份	经产牛死产率 EBV	EBV 准确性
640004	7	640004208864	2020	−0.003 9	0.25
	8	640004187604	2018	−0.003 7	0.35
	9	640004184264	2018	−0.003 6	0.35
	9	640004187611	2018	−0.003 6	0.36
640005	1	640005185391	2018	−0.004 1	0.21
	2	640005185468	2018	−0.003 7	0.21
	3	640005185475	2018	−0.003 6	0.20
	3	640005185404	2018	−0.003 6	0.20
	3	640005185433	2018	−0.003 6	0.20
	3	640005185513	2018	−0.003 6	0.22
	7	640005185438	2018	−0.003 5	0.21
	7	640005185476	2018	−0.003 5	0.19
	7	640005185442	2018	−0.003 5	0.20
	10	640005144339	2014	−0.003 4	0.16
640007	1	640007195494	2019	−0.004 9	0.27
	2	640007195357	2019	−0.004 8	0.27
	3	640007185220	2018	−0.003 8	0.24
	3	640007174540	2017	−0.003 8	0.35
	3	640007174349	2017	−0.003 8	0.35
	3	640007174563	2017	−0.003 8	0.35
	7	640007174537	2017	−0.003 7	0.35
	7	640007174561	2017	−0.003 7	0.35
	7	640007174556	2017	−0.003 7	0.35
	7	640007174551	2017	−0.003 7	0.35
640009	1	640009191711	2019	−0.004 2	0.24
	2	640009202180	2020	−0.004 0	0.30
	3	640009181564	2018	−0.003 9	0.23
	4	640009202164	2020	−0.003 6	0.30

续表

场号	场内排名	牛号	出生年份	经产牛死产率 EBV	EBV 准确性
640009	5	640009191696	2019	−0.003 5	0.22
	6	640009202196	2020	−0.003 3	0.29
	7	640009201997	2020	−0.003 2	0.29
	7	640009191700	2019	−0.003 2	0.23
	7	640009202005	2020	−0.003 2	0.29
	10	640009171063	2017	−0.003 0	0.18
640035	1	640035201641	2020	−0.004 0	0.32
	2	640035191522	2019	−0.003 5	0.30
	3	640035201640	2020	−0.003 4	0.30
	4	640035117816	2014	−0.003 3	0.16
	4	640035117802	2014	−0.003 3	0.16
	4	640035201631	2020	−0.003 3	0.32
	7	640035201643	2020	−0.003 2	0.30
	7	640035201626	2020	−0.003 2	0.30
	9	640035148616	2014	−0.003 1	0.32
	9	640035160289	2016	−0.003 1	0.24
640166	1	640166182967	2018	−0.0051	0.37
	2	640166182956	2018	−0.004 7	0.37
	3	640166182974	2018	−0.004 4	0.36
	3	640166182862	2018	−0.004 4	0.37
	3	640166182860	2018	−0.004 4	0.37
	6	640166182941	2018	−0.004 2	0.37
	6	640166182971	2018	−0.004 2	0.37
	8	640166182958	2018	−0.004 0	0.36
	9	640166182955	2018	−0.003 8	0.35
	9	640166182945	2018	−0.003 8	0.35
640190	1	640190180303	2018	−0.004 8	0.36
	2	640190180309	2018	−0.003 7	0.35

续表

场号	场内排名	牛号	出生年份	经产牛死产率 EBV	EBV 准确性
640190	2	640190171206	2017	−0.003 7	0.34
	4	640190171652	2017	−0.003 6	0.35
	4	640190171668	2017	−0.003 6	0.35
	4	640190175971	2017	−0.003 6	0.35
	4	640190171352	2017	−0.003 6	0.35
	4	640190171442	2017	−0.003 6	0.35
	4	640190174729	2017	−0.003 6	0.35
	4	640190180079	2018	−0.003 6	0.35
640193	1	640193171718	2017	−0.005 3	0.12
	2	640193171720	2017	−0.004 2	0.38
	2	640193171242	2017	−0.004 2	0.38
	2	640193171638	2017	−0.004 2	0.38
	2	640193171634	2017	−0.004 2	0.37
	6	640193171704	2017	−0.003 7	0.36
	6	640193172490	2017	−0.003 7	0.36
	6	640193172308	2017	−0.003 7	0.36
	6	640193171402	2017	−0.003 7	0.35
	10	640193171320	2017	−0.003 6	0.35
640251	1	640251006561	2018	−0.004 2	0.22
	2	640251006539	2018	−0.004 1	0.35
	2	640251006500	2018	−0.004 1	0.35
	2	640251006538	2018	−0.004 1	0.37
	5	640251186538	2018	−0.003 9	0.36
	5	640251006525	2018	−0.003 9	0.37
	7	640251186539	2018	−0.003 8	0.35
	7	640251006468	2018	−0.003 8	0.36
	7	640251006521	2018	−0.003 8	0.35
	7	640251186468	2018	−0.003 8	0.36

续表

场号	场内排名	牛号	出生年份	经产牛死产率 EBV	EBV 准确性
640253	1	640253204546	2020	−0.004 9	0.34
	2	640253181785	2018	−0.004 2	0.38
	3	640253194126	2019	−0.004 1	0.28
	3	640253205029	2020	−0.004 1	0.26
	3	640253171044	2017	−0.004 1	0.36
	3	640253205209	2020	−0.004 1	0.26
	3	640253194168	2019	−0.004 1	0.28
	8	640253194080	2019	−0.004 0	0.29
	8	640253171384	2017	−0.004 0	0.28
	8	640253171319	2017	−0.004 0	0.29
640351	1	640351033891	2020	−0.004 5	0.16
	2	640351044077	2019	−0.004 2	0.14
	3	640351033917	2020	−0.004 1	0.10
	4	640351044034	2019	−0.003 9	0.15
	5	640351044032	2020	−0.003 8	0.18
	6	640351044081	2019	−0.003 7	0.14
	7	640351044082	2019	−0.003 5	0.14
	7	640351044023	2020	−0.003 5	0.13
	9	640351033310	2018	−0.003 4	0.14
	9	640351033998	2020	−0.003 4	0.14

表 6-2-10 各核心育种场生产寿命 EBV 排名前 10 名母牛

场号	场内排名	牛号	出生年份	生产寿命 EBV/d	EBV 准确性
640003	1	640003120347	2012	388.8	0.49
	2	640003120307	2012	387.2	0.47
	3	640003120292	2012	382.9	0.49
	4	640003120337	2012	372.6	0.49

续表

场号	场内排名	牛号	出生年份	生产寿命 EBV/d	EBV 准确性
640003	5	640003128076	2012	359.6	0.44
	6	640003120302	2012	350.9	0.49
	7	640003110287	2011	350.6	0.50
	8	640003120362	2012	340.6	0.50
	9	640003131348	2013	327.5	0.50
	10	640003120357	2012	326.2	0.48
640004	1	640004136247	2013	327.6	0.51
	2	640004126063	2012	302.0	0.48
	3	640004136241	2013	297.8	0.52
	4	640004136282	2013	280.5	0.47
	5	640004136239	2013	255.3	0.50
	6	640004136267	2013	248.6	0.51
	7	640004115942	2011	244.6	0.49
	8	640004136232	2013	239.7	0.52
	9	640004136279	2013	238.6	0.50
	10	640004126183	2012	234.7	0.52
640005	1	640005117970	2011	398.2	0.46
	2	640005134208	2013	349.9	0.52
	3	640005144416	2014	344.1	0.51
	4	640005124029	2012	332.9	0.51
	5	640005117946	2011	332.3	0.49
	6	640005123980	2012	319.8	0.54
	7	640005124009	2012	315.8	0.46
	8	640005134212	2013	310.0	0.54
	9	640005117963	2011	308.3	0.46
	10	640005124016	2012	298.1	0.52
640009	1	640009140361	2014	144.6	0.44
	2	640009140388	2014	141.4	0.41

续表

场号	场内排名	牛号	出生年份	生产寿命 EBV/d	EBV 准确性
640009	3	640009150615	2015	141.1	0.44
	4	640009160737	2016	136.3	0.49
	5	640009150597	2015	131.8	0.48
	6	640009150602	2015	124.1	0.48
	7	640009150561	2015	122.7	0.51
	8	640009150558	2015	121.9	0.47
	9	640009160932	2016	115.2	0.51
	10	640009150525	2015	114.9	0.45
640035	1	640035128081	2012	399.9	0.51
	2	640035128092	2012	387.1	0.48
	3	640035117965	2011	371.2	0.49
	4	640035128074	2012	371.1	0.48
	5	640035128279	2012	368.3	0.55
	6	640035117995	2011	364.0	0.49
	7	640035128078	2012	363.8	0.48
	8	640035138504	2013	362.4	0.50
	9	640035118002	2011	360.3	0.46
	10	640035117972	2011	359.9	0.50
640166	1	640166120348	2012	383.3	0.47
	2	640166120288	2012	365.9	0.49
	3	640166120568	2012	330.1	0.48
	4	640166120554	2012	319.3	0.47
	5	640166120340	2012	313.7	0.47
	6	640166120581	2012	312.1	0.50
	7	640166130769	2013	311.3	0.54
	8	640166130788	2013	310.8	0.55
	9	640166130807	2013	308.9	0.48
	10	640166120572	2012	304.4	0.49

续表

场号	场内排名	牛号	出生年份	生产寿命 EBV/d	EBV 准确性
640173	1	640173164046	2016	181.1	0.41
	2	640173153544	2015	171.8	0.44
	3	640173153689	2015	171.0	0.41
	4	640173164062	2016	161.3	0.41
	5	640173163840	2016	160.4	0.41
	6	640173152950	2015	156.2	0.44
	7	640173152965	2015	148.0	0.29
	8	640173174462	2017	139.0	0.39
	9	640173162070	2016	138.3	0.40
	10	640173152938	2015	138.0	0.45
640190	1	640190130893	2013	282.7	0.52
	2	640190141822	2014	240.7	0.51
	3	640190141254	2014	240.2	0.49
	4	640190141327	2014	238.7	0.52
	5	640190141623	2014	233.6	0.51
	6	640190141263	2014	228.2	0.51
	6	640190141331	2014	228.2	0.50
	8	640190141422	2014	222.1	0.49
	9	640190121010	2012	220.1	0.37
	10	640190120401	2012	218.3	0.37
640193	1	640193141844	2014	287.8	0.52
	2	640193142114	2014	226.0	0.49
	3	640193141367	2014	225.1	0.50
	4	640193141674	2014	218.4	0.49
	5	640193141229	2014	217.7	0.49
	6	640193141836	2014	217.2	0.49
	7	640193142124	2014	216.6	0.49
	8	640193141739	2014	216.2	0.49

续表

场号	场内排名	牛号	出生年份	生产寿命 EBV/d	EBV 准确性
640193	9	640193141548	2014	214.4	0.51
	10	640193141391	2014	214.0	0.49
640251	1	640251010966	2012	144.1	0.37
	2	640251150313	2015	136.3	0.50
	3	640251003870	2016	135.6	0.52
	4	640251015666	2011	134.4	0.38
	5	640251010968	2012	131.8	0.38
	5	640251010948	2012	131.8	0.39
	7	640251013389	2018	131.4	0.35
	8	640251004034	2016	129.5	0.52
	9	640251015004	2012	124.0	0.36
	10	640251004835	2017	122.8	0.39
640253	1	640253000336	2011	151.7	0.27
	2	640253001335	2011	149.0	0.32
	3	640253003570	2011	142.4	0.27
	4	640253169461	2016	141.1	0.44
	5	640253181950	2018	127.8	0.50
	6	640253146952	2014	123.5	0.29
	7	640253140405	2014	121.4	0.29
	8	640253160099	2016	120.5	0.49
	9	640253141034	2014	115.6	0.29
	10	640253160189	2016	113.0	0.48

6.3 $CPI1_{2020}$ 指数变化趋势及排名

6.3.1 种公牛后裔女儿分布情况

参与产奶性状或体型性状遗传评估的有表型记录的母牛共计 161 814 头，为 5 615 头种公牛的后裔。有表型记录的母牛中，30 443 头母牛有体型性状表型记录（2 412 头种公牛后裔），105 173 头母牛有产奶性状表型记录（5 615 头种公牛后裔）。宁夏种公牛有表型记录女儿的分布情况如表 6–3–1 所示。随着女儿数量增加，公牛头数有减少的趋势。

表 6–3–1　宁夏种公牛有表型记录女儿的分布情况

女儿数量分组	种公牛头数/头	
	有产奶性状表型记录	有体型性状表型记录
1~10 头	4 225	1 425
11~20 头	416	248
21~30 头	197	145
31~50 头	230	135
51~100 头	250	148
101~300 头	243	207
301~500 头	38	64
501~1 000 头	16	36
1 000 头以上	0	4

6.3.2　种公牛及母牛 $CPI1_{2020}$ 指数年度变化

2010 年 1 月 1 日至 2022 年 12 月 31 日出生，同时具有产奶性状和体型性状育种值估计结果的 76 306头母牛及其父亲（2007 年 1 月 1 日至 2022 年 12 月 31 日出生，共 80 头）的 $CPI1_{2020}$ 指数年度变化趋势见图6–3–1 和图 6–3–2。

6.3.3　$CPI1_{2020}$ 指数排名前 500 名的母牛及各核心育种场排名前 10 名的母牛

同时具有产奶性状和体型性状育种值估计结果的 76 306 头母牛中，$CPI1_{2020}$ 指数排名前 500 名母牛的牛号、出生年份和指数值见附表 16，各核心育种场 $CPI1_{2020}$ 指数排名前 10 名母牛的牛号、出生年份和指数值见表 6–3–2。

6.3.4　$CPI1_{2020}$ 指数排名前 300 名和前 1 000 名母牛在各场的分布

同时具有产奶性状和体型性状育种值估计结果的 76 306 头母牛中，$CPI1_{2020}$ 指数排名前 300 名及前1 000 名的母牛来源场见图 6–3–3 和图 6–3–4。优秀母牛中，640193 号牧场和 640190 号牧场占比最大。

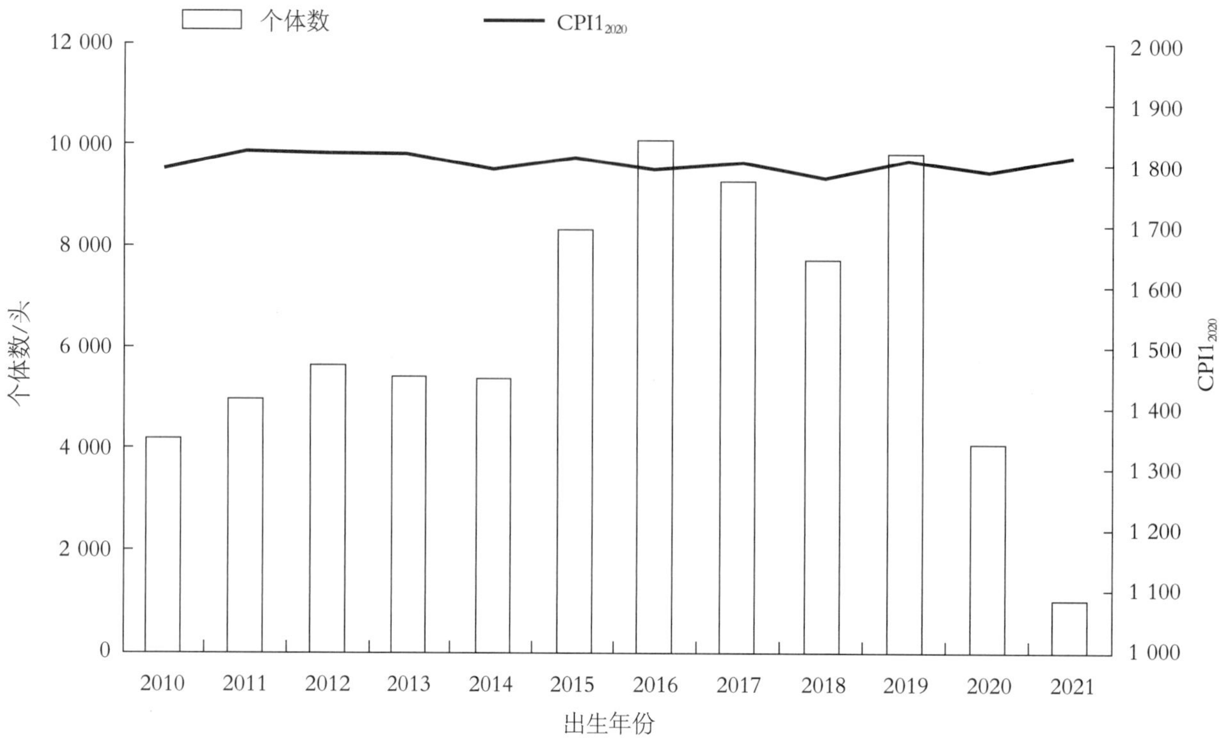

图 6-3-1 宁夏有表型记录的母牛 $CPI1_{2020}$ 指数年度变化

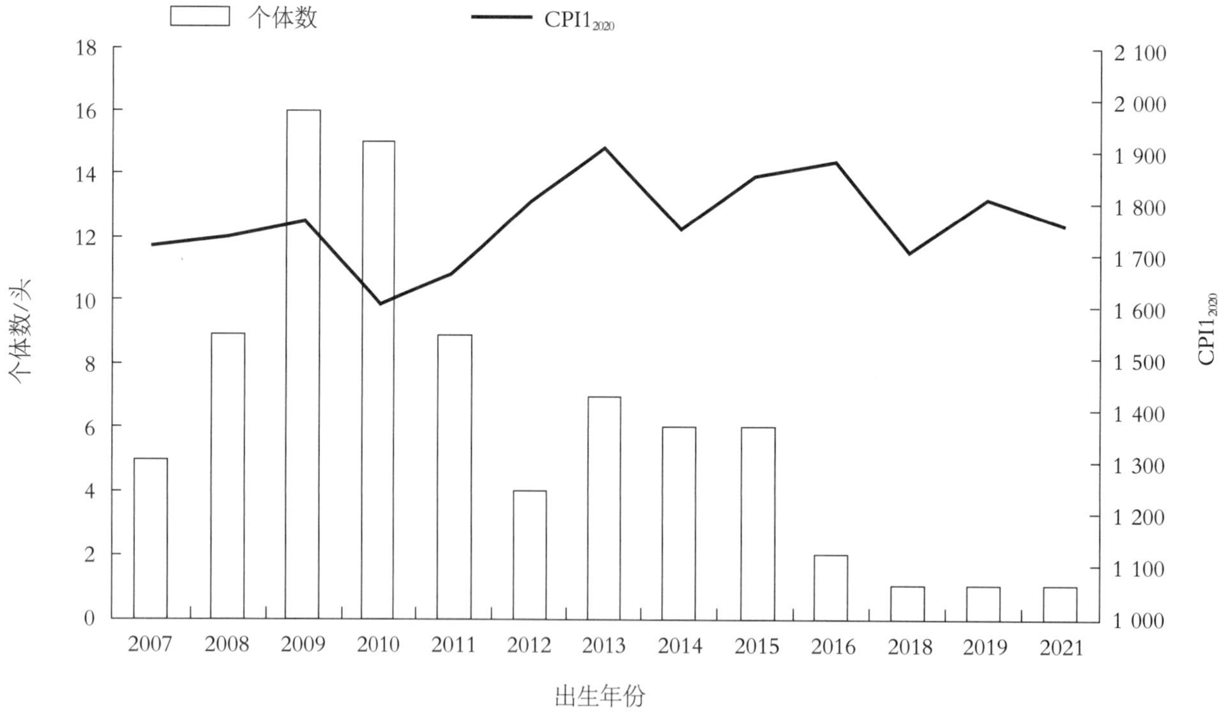

图 6-3-2 宁夏母牛群曾使用公牛 $CPI1_{2020}$ 指数年度变化

表 6-3-2 各核心育种场 $CPI1_{2020}$ 排名前 10 名的母牛

场号	场内排名	牛号	出生年份	$CPI1_{2020}$
640003	1	640003121286	2012	2 175.6
	2	640003162234	2016	2 147.2
	3	640003121310	2012	2 117.5
	4	640003162427	2016	2 115.5
	5	640003111119	2011	2 105.9
	6	640003121294	2012	2 096.8
	7	640003195632	2019	2 088.7
	8	640003195663	2019	2 087.4
	9	640003195648	2019	2 086.4
	10	640003195638	2019	2 086.3
640004	1	640004125988	2012	2 143.4
	2	640004197861	2016	2 103.3
	3	640004181997	2018	2 084.8
	4	640004197866	2017	2 062.1
	5	640004195676	2019	2 040.9
	6	640004095508	2009	2 034.6
	7	640004184446	2018	2 033.1
	8	640004126094	2012	2 027.1
	9	640004177331	2017	2 026.3
	10	640004195744	2019	2 021.1
640005	1	640005195748	2015	2 107.8
	2	640005123953	2012	2 091.5
	3	640005134196	2013	2 083.9
	4	640005103598	2010	2 083.5
	5	640005123918	2012	2 080.9
	6	640005195658	2019	2 076.2
	7	640005124024	2012	2 072.0
	8	640005123952	2012	2 071.1

续表

场号	场内排名	牛号	出生年份	$CPI1_{2020}$
640005	9	640005195740	2013	2 071.0
	10	640005195756	2015	2 067.3
640009	1	640009100096	2010	2 083.9
	2	640009110050	2011	2 075.6
	3	640009120109	2012	2 072.5
	4	640009110049	2011	2 065.8
	5	640009120168	2012	2 063.1
	6	640009090040	2009	2 052.8
	7	640009090048	2009	2 047.4
	8	640009110081	2011	2 044.5
	9	640009150468	2019	2 043.5
	10	640009090052	2009	2 042.0
640035	1	640035107702	2014	2 157.9
	2	640035191205	2019	2 061.4
	3	640035128205	2012	2 059.6
	4	640035160198	2016	2 053.4
	5	640035148768	2014	2 049.7
	6	640035097569	2011	2 047.7
	7	640035138502	2013	2 045.8
	8	640035128224	2012	2 038.1
	9	640035181047	2018	2 026.5
	10	640035141157	2014	2 025.6
640166	1	640166120671	2012	2 101.6
	2	640166120525	2012	2 089.5
	3	640166120511	2012	2 080.1
	4	640166120628	2012	2 078.8
	5	640166120638	2012	2 077.2
	6	640166120644	2012	2 076.8

续表

场号	场内排名	牛号	出生年份	$CPI1_{2020}$
640166	7	640166162131	2016	2 071.2
	8	640166172565	2017	2 064.1
	9	640166172505	2017	2 057.6
	10	640166099338	2009	2 050.0
640007	1	640007174542	2017	2 096.7
	2	640007197863	2019	2 080.1
	3	640007197863	2019	2 075.8
	4	640007153671	2015	2 067.1
	5	640007174542	2017	2 064.9
	6	640007185218	2018	2 047.9
	7	640007152938	2015	2 046.6
	8	640007185218	2018	2 042.0
	9	640007153502	2015	2 041.8
	10	640007197868	2019	2 035.1
640190	1	640190190579	2019	2 252.3
	2	640190190655	2019	2 176.6
	3	640190175799	2017	2 163.0
	4	640190155644	2015	2 132.2
	5	640190190603	2019	2 127.3
	6	640190130838	2013	2 125.4
	7	640190190619	2019	2 120.6
	8	640190190589	2019	2 108.0
	9	640190160409	2016	2 102.0
	10	640190120368	2012	2 100.8
640193	1	640193173596	2017	2 246.6
	2	640193192892	2019	2 158.6
	3	640193172990	2017	2 154.3
	4	640193155973	2015	2 130.6

续表

场号	场内排名	牛号	出生年份	$CPI1_{2020}$
640193	5	640193172830	2017	2 129.9
	6	640193173110	2017	2 115.5
	7	640193173632	2017	2 106.5
	8	640193173746	2017	2 104.8
	9	640193173972	2017	2 099.7
	10	640193180421	2018	2 098.7
640251	1	640251185764	2018	2 128.3
	2	640251175243	2017	2 075.7
	3	640251197209	2019	2 070.8
	4	640251175326	2017	2 062.4
	5	640251185750	2018	2 054.3
	6	640251163932	2016	2 052.8
	7	640251163866	2016	2 051.5
	8	640251185755	2018	2 048.0
	9	640251185761	2018	2 043.0
	10	640251174861	2017	2 040.1
640253	1	640253193830	2019	2 079.8
	2	640253171326	2017	2 078.3
	3	640253171330	2017	2 076.2
	4	640253169874	2016	2 071.2
	5	640253181982	2018	2 045.5
	6	640253169864	2016	2 044.2
	7	640253159147	2015	2 029.7
	8	640253182087	2018	2 027.8
	9	640253193823	2019	2 027.5
	10	640253171454	2017	2 027.4

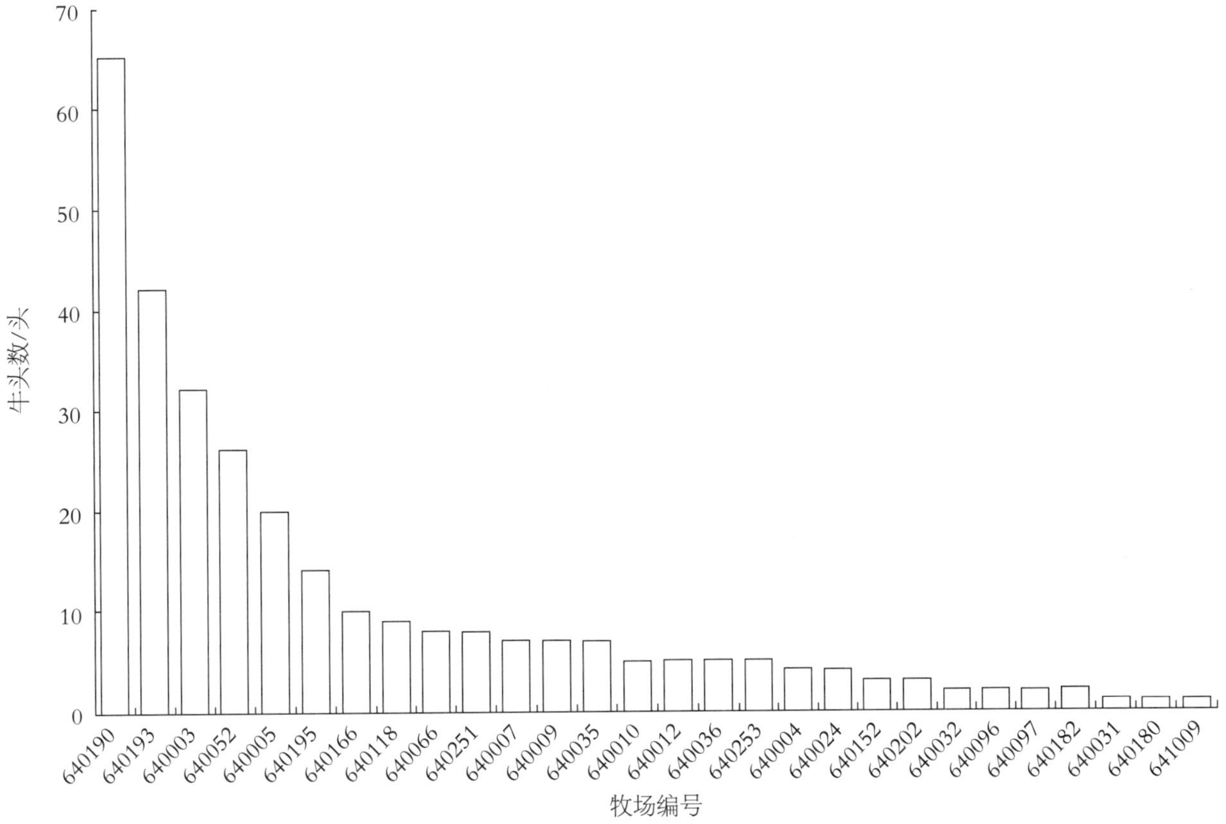

图 6-3-3　宁夏 $CPI1_{2020}$ 指数排名前 300 名母牛来源场分布

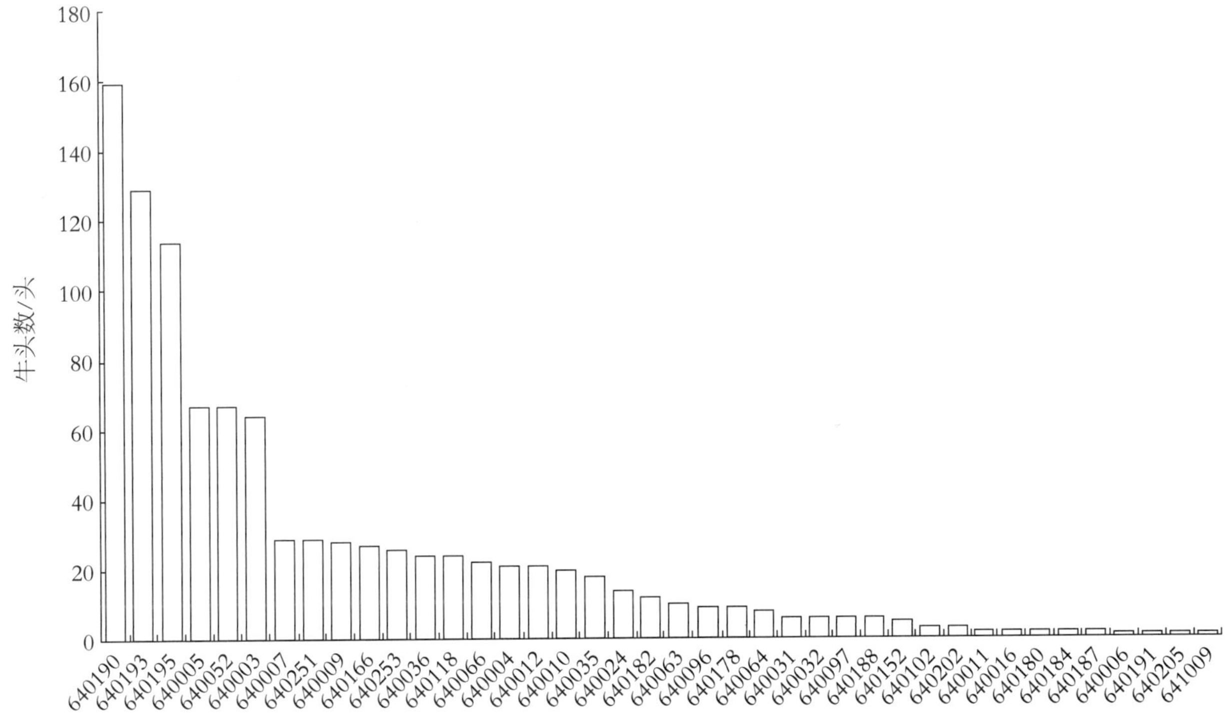

图 6-3-4　宁夏 $CPI1_{2020}$ 指数排名前 1 000 名母牛来源场分布

6.4 各性状遗传进展趋势

6.4.1 母牛产奶性状

宁夏荷斯坦牛产奶性状估计育种值年度变化趋势见图 6-4-1 至图 6-4-6。产奶性状估计育种值来源于有表型记录、出生于 2010 年 1 月 1 日至 2021 年 12 月 31 日的 105 173 头母牛。

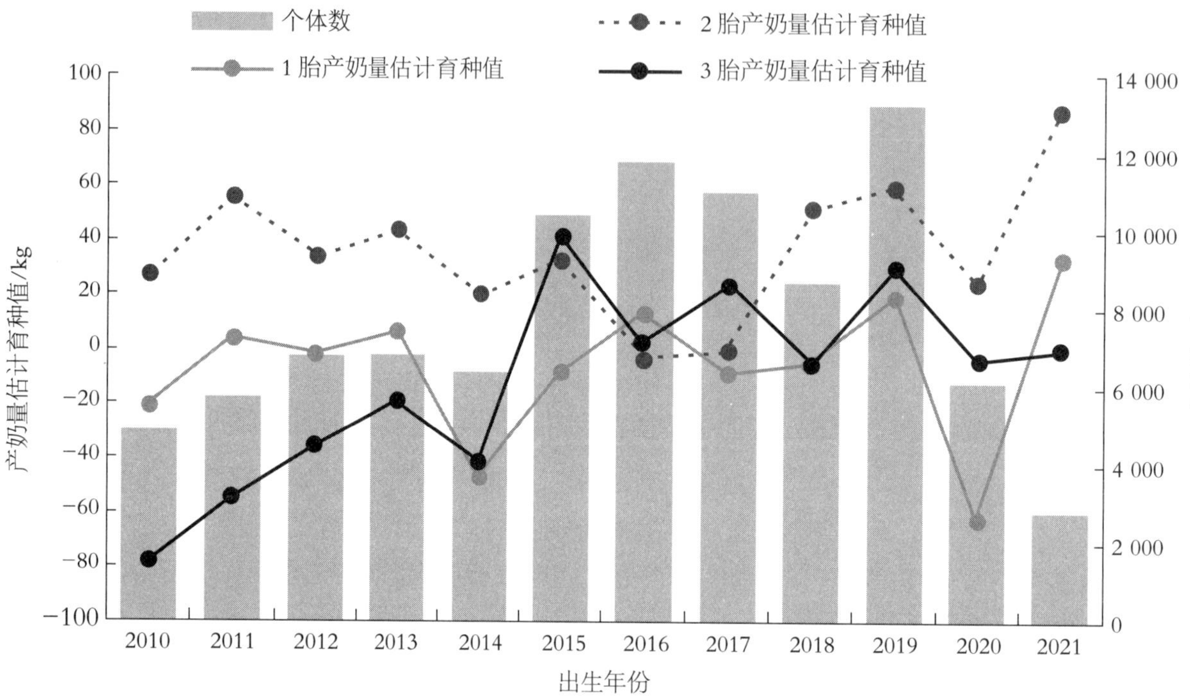

图 6-4-1 宁夏母牛产奶量估计育种值年度变化

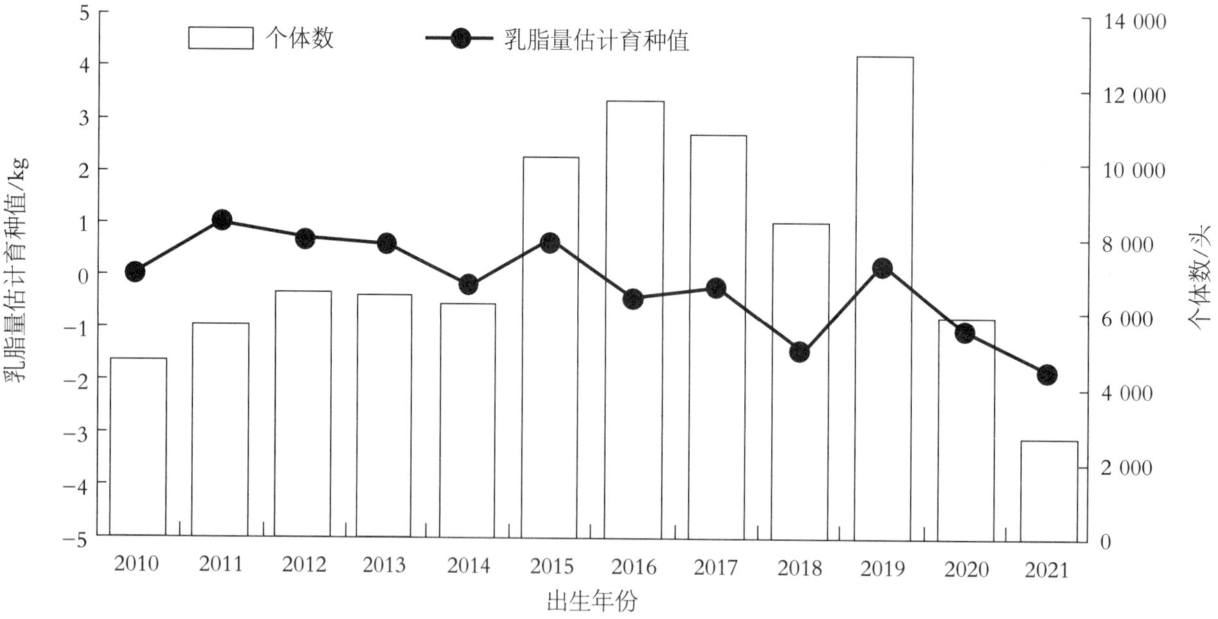

图 6-4-2 宁夏母牛乳脂量估计育种值年度变化

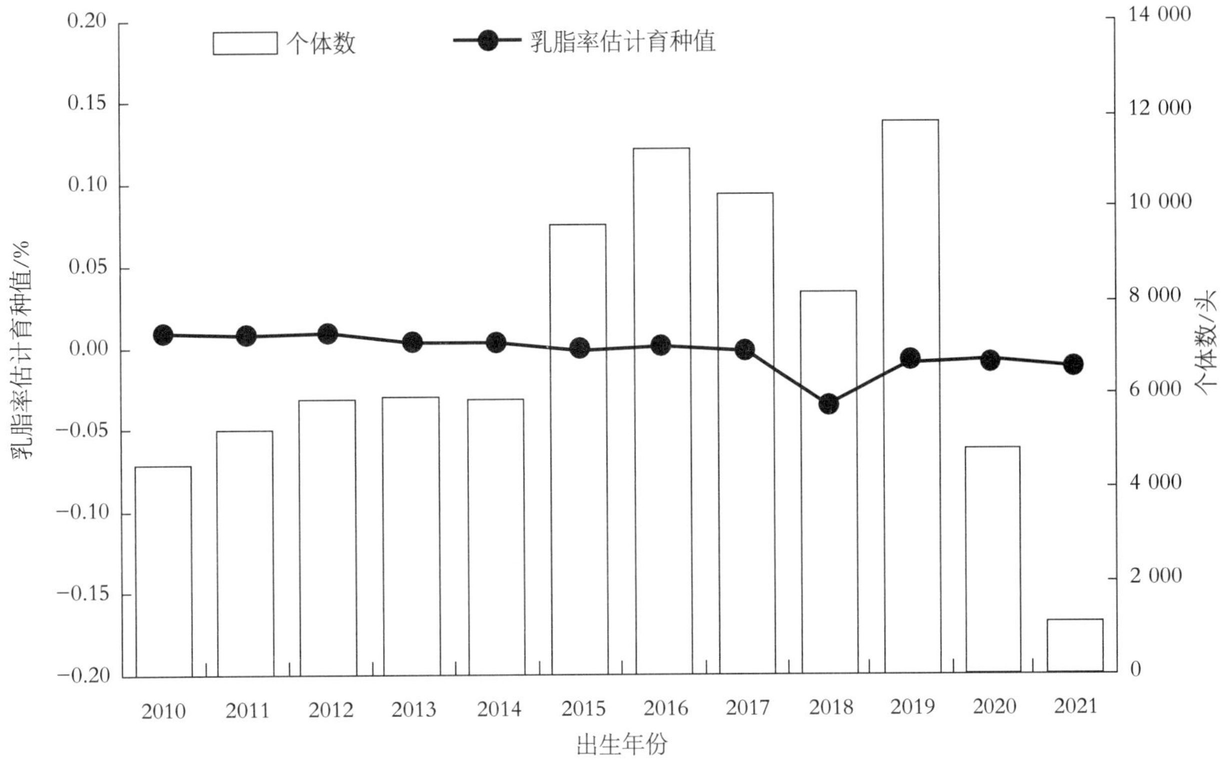

图 6-4-3　宁夏母牛乳脂率估计育种值年度变化

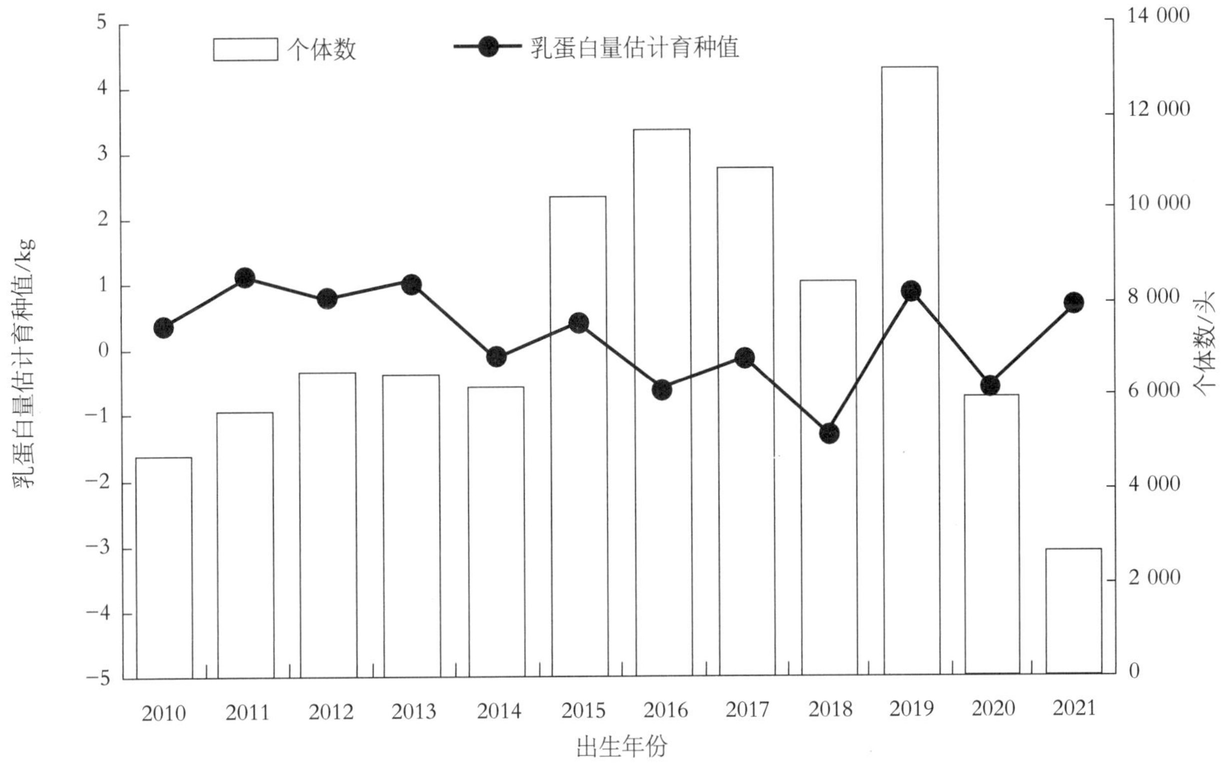

图 6-4-4　宁夏母牛乳蛋白量估计育种值年度变化

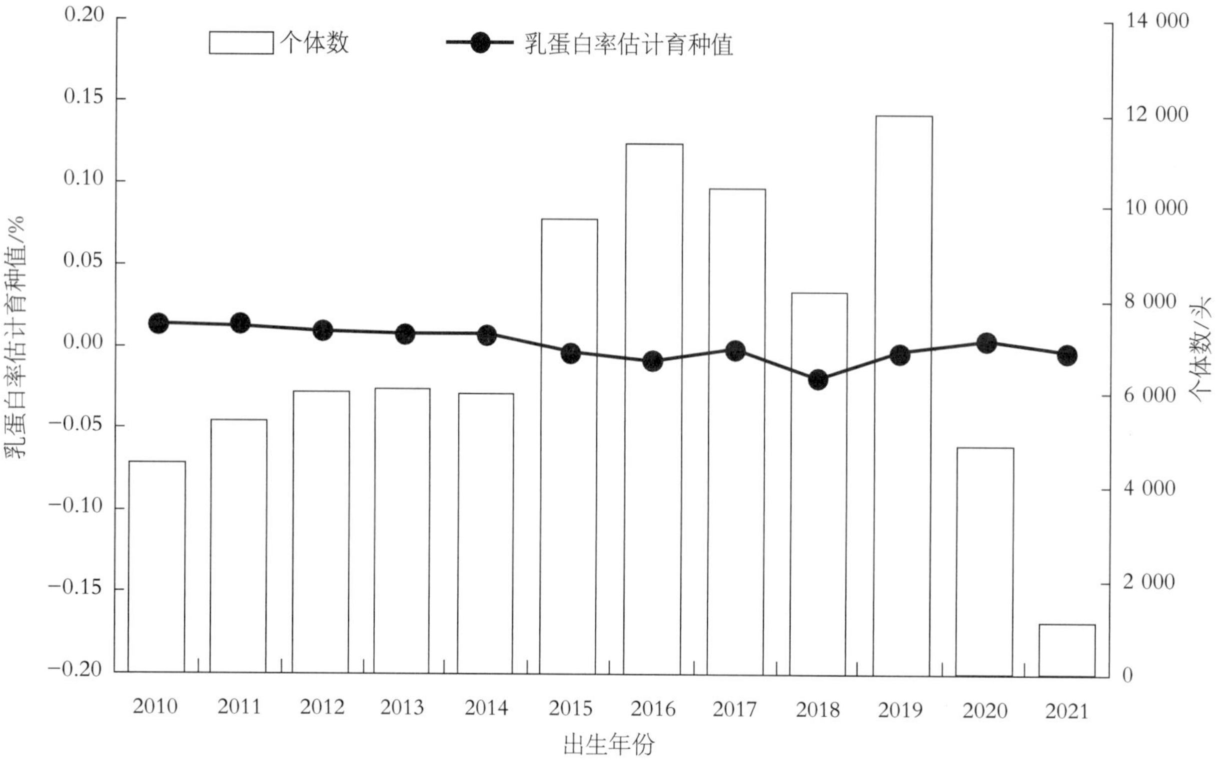

图 6-4-5 宁夏母牛乳蛋白率估计育种值年度变化

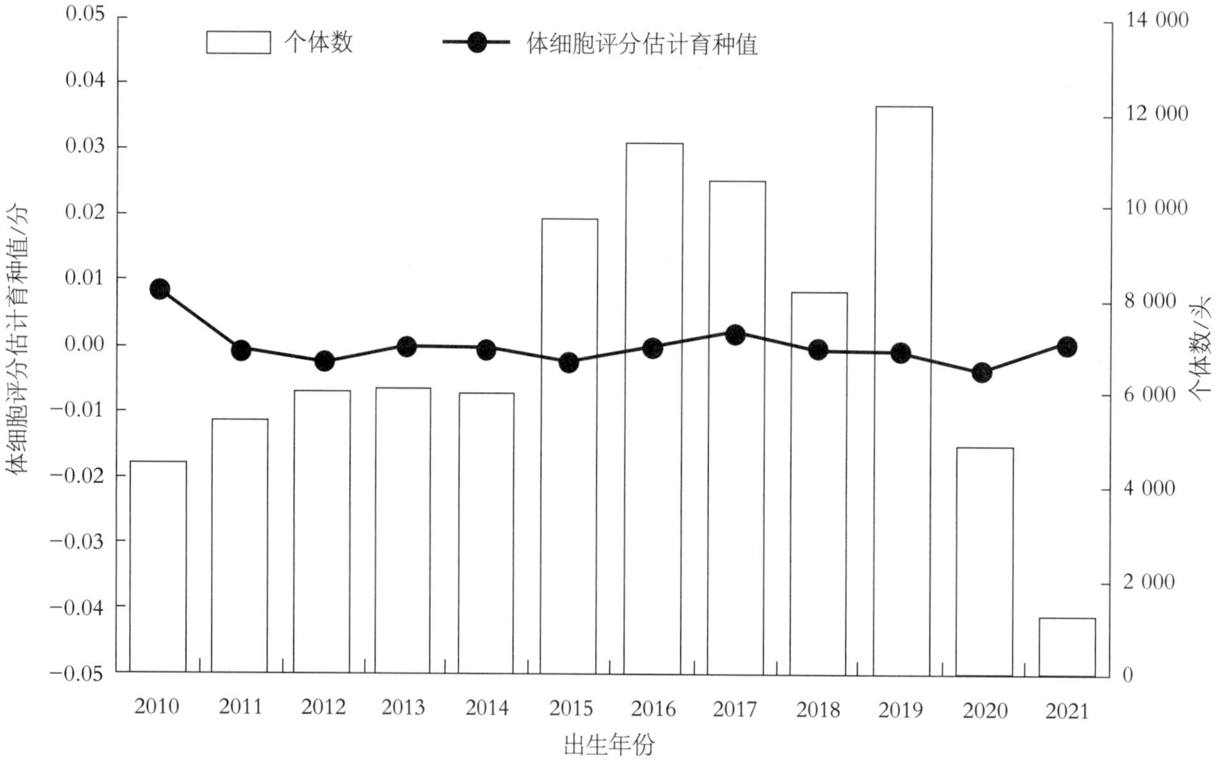

图 6-4-6 宁夏母牛体细胞评分估计育种值年度变化

6.4.2 产奶性状估计育种值排名前 10 名种公牛

女儿数大于 20 头且各性状估计育种值排名前 10 名的种公牛信息见表 6-4-1 至表 6-4-4。

表 6-4-1 产奶量 EBV 排名前 10 名的种公牛（女儿数大于 20 头）信息

排名	公牛注册号	产奶量 EBV/kg	出生年份
1	HO840M3008897582	1 075.68	2011
2	HOCANM11857459	781.20	2013
3	HOUSAM70135881	463.47	2008
4	HOCANM7611374	456.05	2006
5	HOUSAM72372685	455.00	2013
6	HOUSAM50741232	454.22	2005
7	HOUSAM69791477	420.63	2012
8	HO840M3010353210	383.54	2014
9	HOUSAM69017605	379.05	2009
10	HO840M3129038324	338.33	2015

表 6-4-2 乳脂量 EBV 排名前 10 名的种公牛（女儿数大于 20 头）信息

排名	公牛注册号	乳脂量 EBV/kg	出生年份
1	HO840M3008897582	25.79	2011
2	HOCANM11857459	24.97	2013
3	HOCANM7611374	15.70	2006
4	HO840M3010353210	13.92	2014
5	HO840M3132117134	12.84	2016
6	HOUSAM70135881	12.38	2008
7	HOUSAM136525132	12.12	2004
8	HOUSAM72372685	11.77	2013
9	HOCANM107293708	11.73	2011
10	HOUSAM69017605	11.23	2009

表 6-4-3 乳蛋白量 EBV 排名前 10 名的种公牛（女儿数大于 20 头）信息

排名	公牛注册号	乳蛋白量 EBV/kg	出生年份
1	HO840M3008897582	35.20	2011
2	HOCANM11857459	29.65	2013
3	HOUSAM50741232	19.32	2005
4	HOUSAM70135881	17.04	2008
5	HOCANM7611374	15.57	2006
6	HOUSAM69017605	13.24	2009
7	HO840M3008328673	13.18	2015
8	HO840M3010353210	12.46	2014
9	HOCHNM31104493	12.26	2004
10	HO840M3008608889	12.09	2011

表 6-4-4 体细胞评分 EBV 排名前 10 名的种公牛（女儿数大于 20 头）信息

排名	公牛注册号	体细胞评分 EBV/分	出生年份
1	HOUSAM70541411	−0.12	2011
2	HOUSAM70715474	−0.11	2011
3	HOUSAM69829747	−0.10	2012
4	HO840M3129038324	−0.09	2015
4	HOUSAM74564976	−0.09	2016
4	HO840M3010979794	−0.09	2012
7	HOCANM11538388	−0.08	2012
7	HOCHNM64102305	−0.08	2002
7	HO840M3008328673	−0.08	2015
10	HO840M3132117134	−0.07	2016

6.4.3 母牛体型性状

宁夏荷斯坦母牛的体型总分和部位分估计育种值年度变化趋势见图 6-4-7 至图 6-4-12。

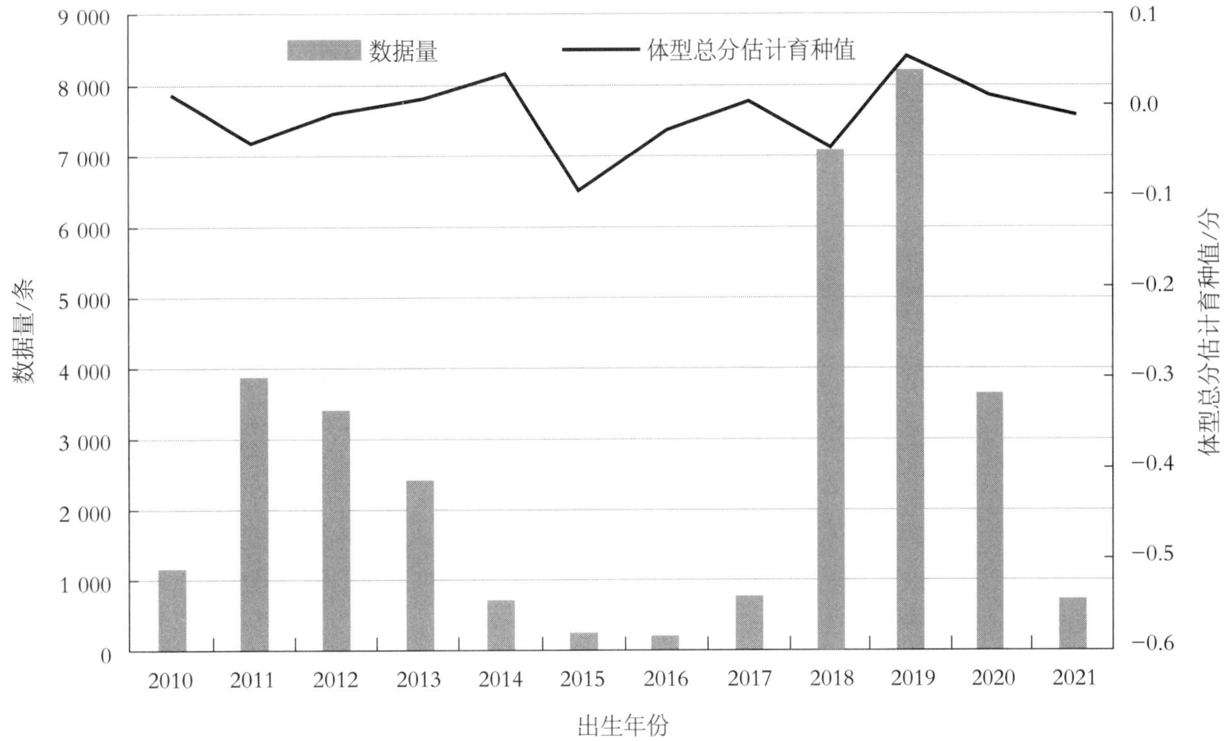

图 6-4-7　宁夏母牛体型总分估计育种值年度变化

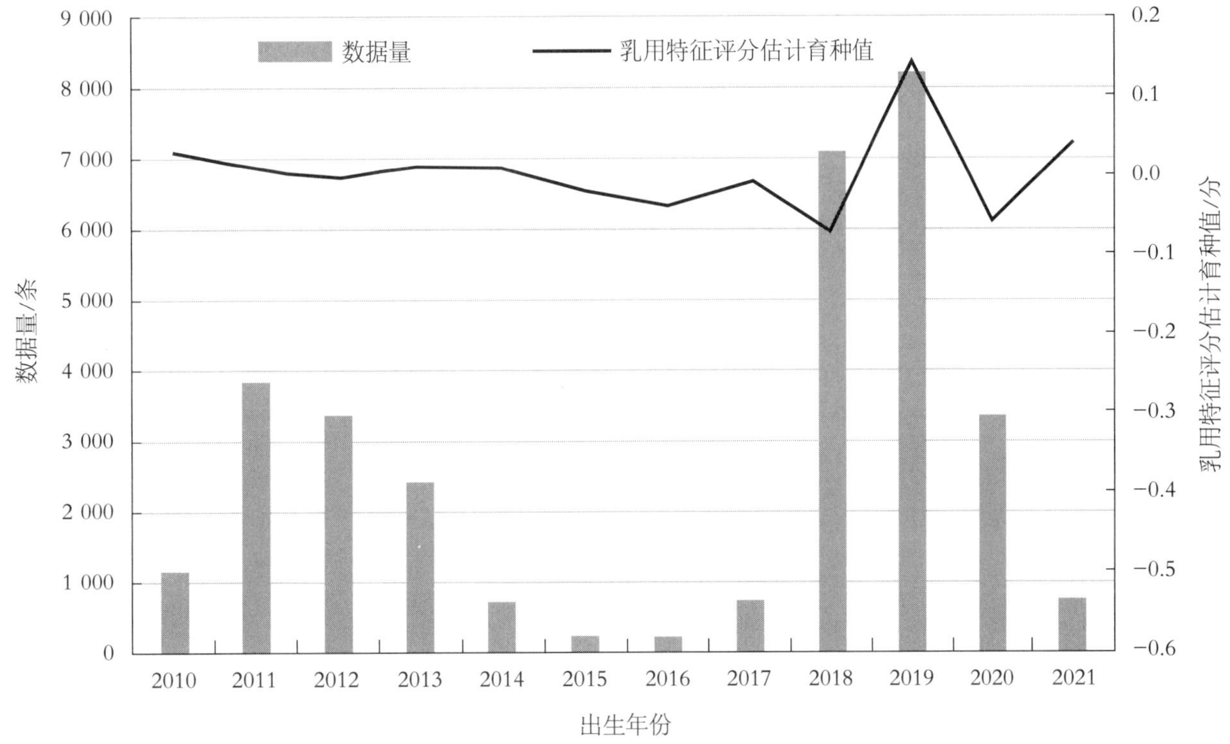

图 6-4-8　宁夏母牛乳用特征评分估计育种值年度变化

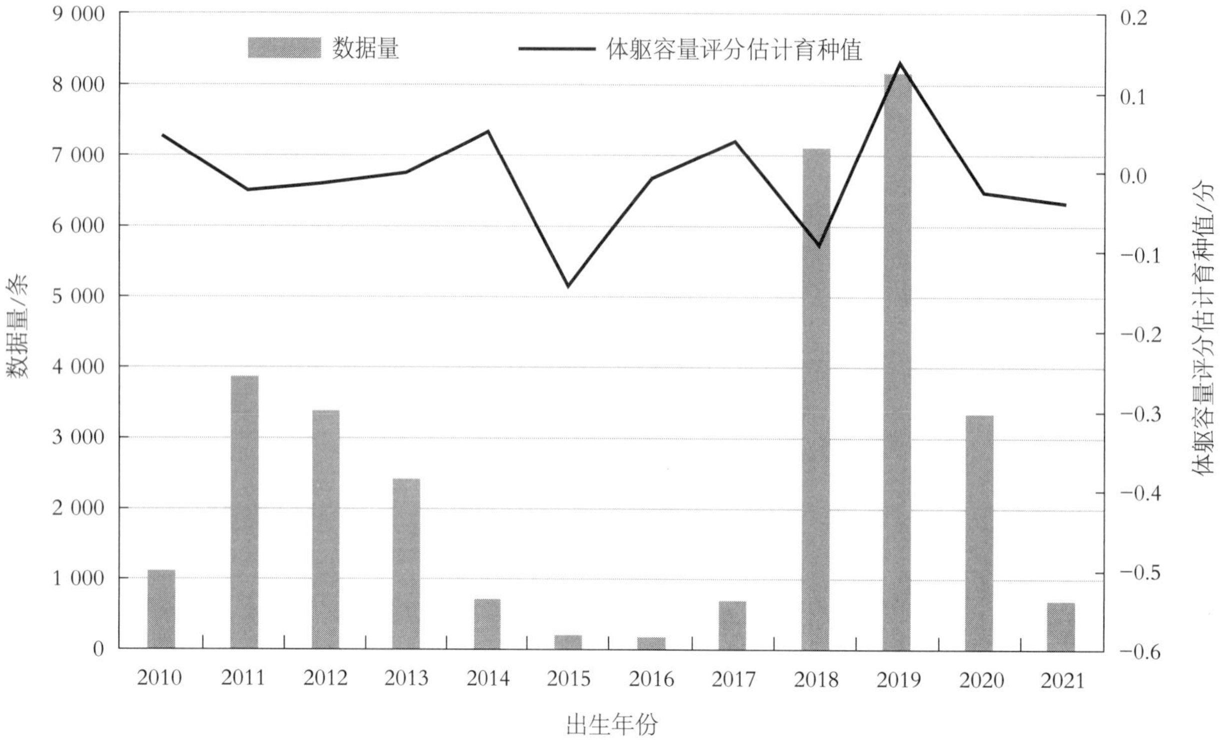

图 6-4-9 宁夏母牛体躯容量评分估计育种值年度变化

图 6-4-10 宁夏母牛泌乳系统评分估计育种值年度变化

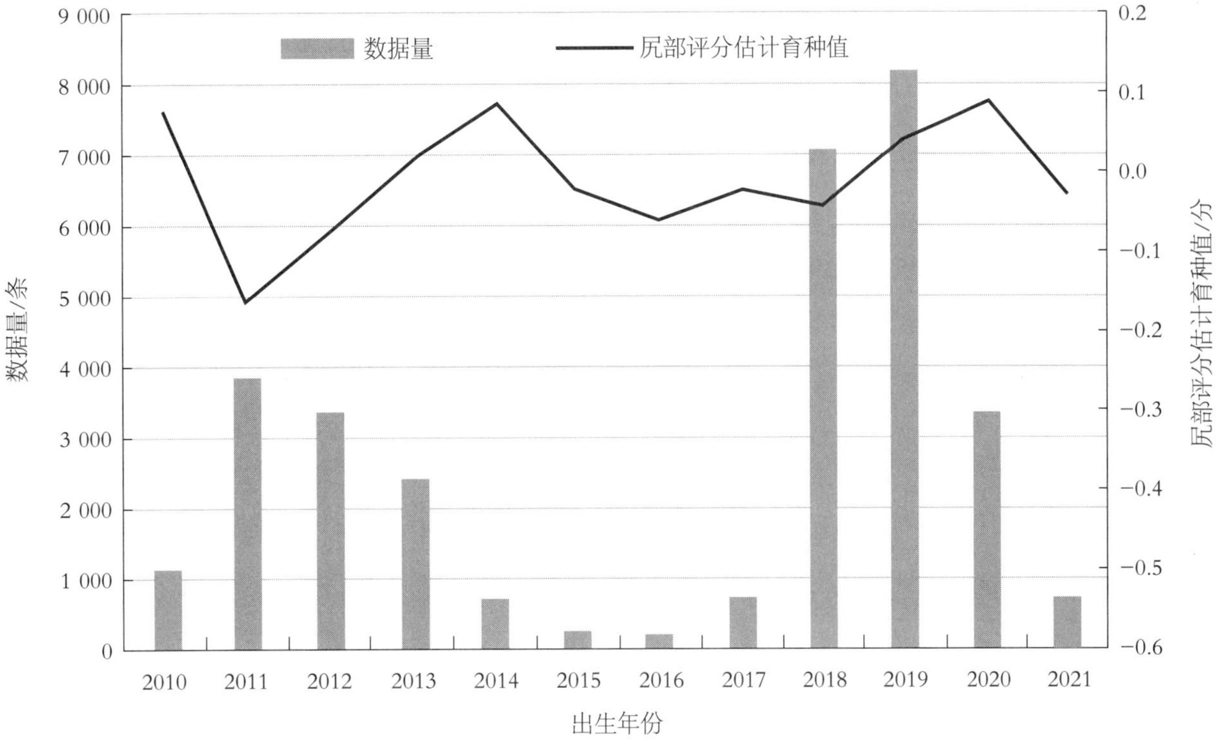

图 6-4-11　宁夏母牛尻部评分估计育种值年度变化

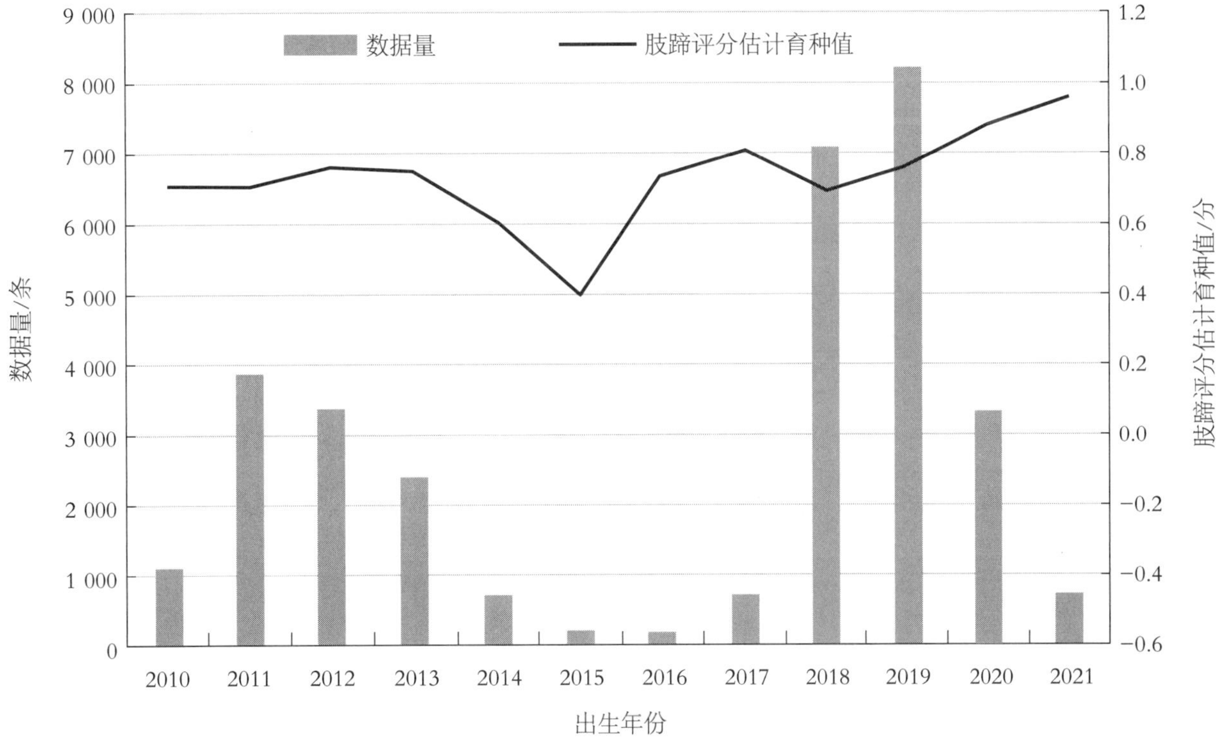

图 6-4-12　宁夏母牛肢蹄评分估计育种值年度变化

6.4.4　体型总分估计育种值排名前 10 名种公牛

女儿数大于 20 头且体型总分估计育种值排名前 10 名的种公牛信息见表 6-4-5。

表 6-4-5 体型总分 EBV 排名前 10 名的种公牛（女儿数大于 20 头）信息

排名	公牛注册号	体型总分 EBV/分	出生年份	EBV 准确性
1	HOCANM101432000	0.58	2003	0.66
2	HOUSAM136525132	0.57	2004	0.66
3	HODEUM580675108	0.52	2006	0.52
4	HOAUSM1352464	0.51	2005	0.84
5	HOUSAM3006988872	0.50	2010	0.65
6	HOAUSM1457890	0.48	2006	0.46
6	HOCANM10705608	0.48	2000	0.50
8	HOAUSM1317387	0.45	2004	0.55
8	HOUSAM135650545	0.45	2004	0.75
10	HONZLM105758	0.43	2004	0.36

6.4.5 母牛繁殖性状

宁夏荷斯坦母牛繁殖性状估计育种值年度变化趋势见图 6-4-13 至图 6-4-17。青年牛繁殖性状估计育种值来源于有表型记录、出生于 2012 年 1 月 1 日至 2021 年 12 月 31 日的 71 813 头母牛，经产牛繁殖性状估计育种值来源于有表型记录、出生于 2012 年 1 月 1 日至 2020 年 12 月 31 日的 65 919 头母牛。

图 6-4-13 宁夏核心育种场 2012—2021 年出生母牛首次配种日龄（AFS）估计育种值年度变化

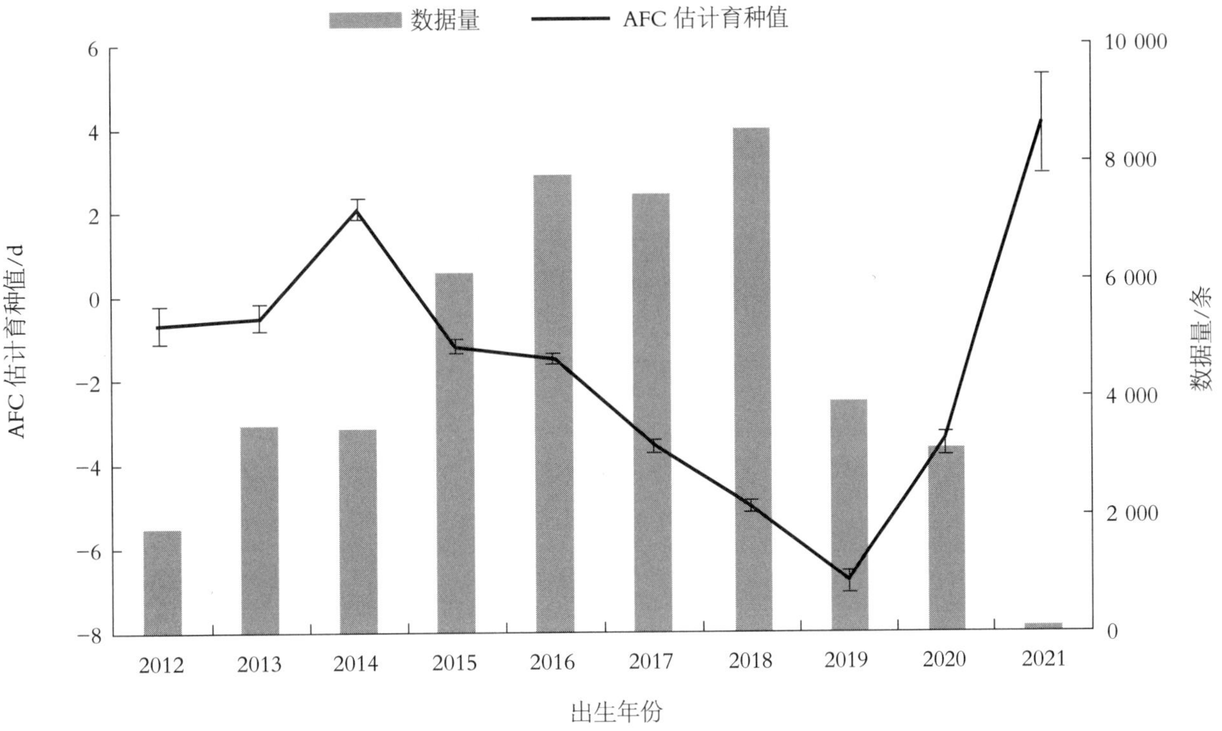

图 6-4-14　宁夏核心育种场 2012—2021 年出生母牛首次产犊日龄（AFC）估计育种值年度变化

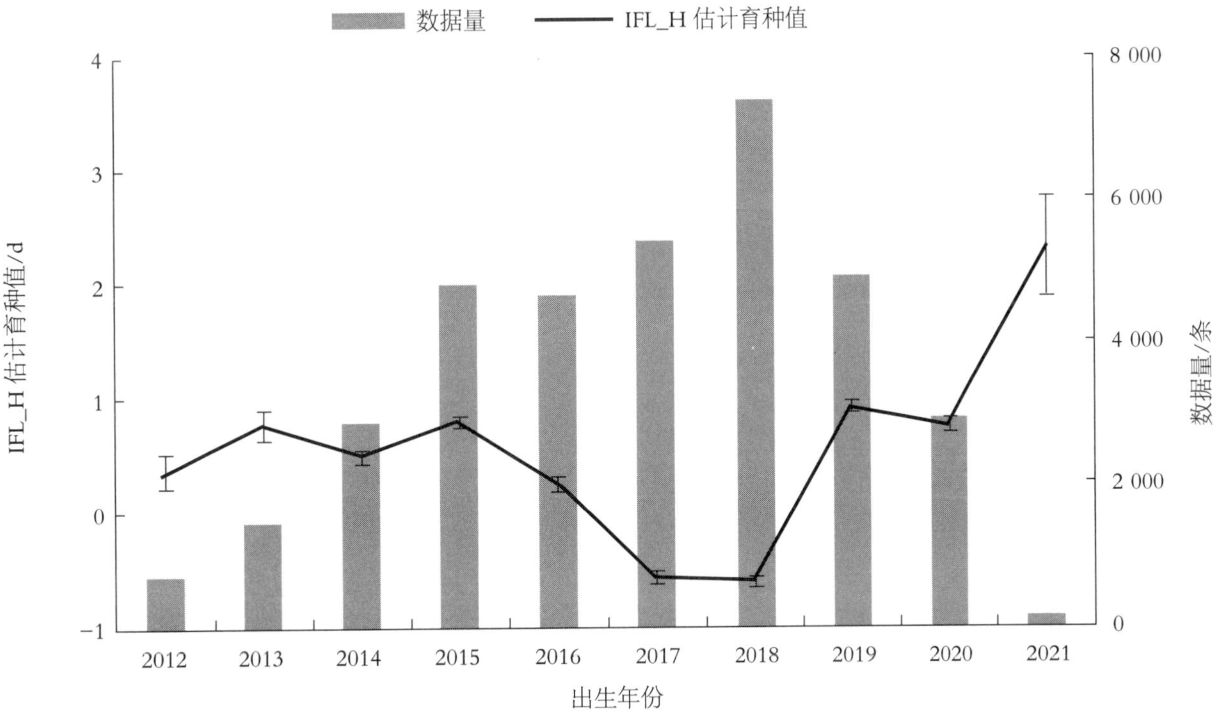

图 6-4-15　宁夏核心育种场 2012—2021 年出生青年牛首末次配种间隔（IFL_H）估计育种值年度变化

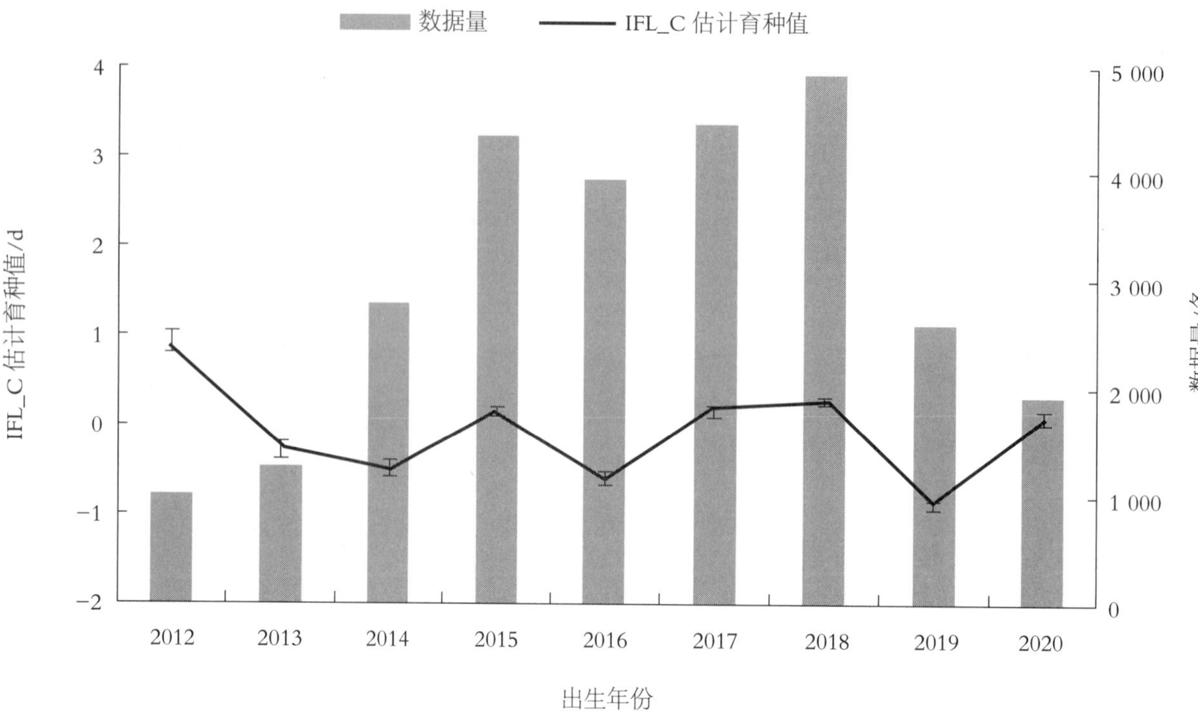

图 6-4-16 宁夏核心育种场 2012—2020 年出生经产牛首末次配种间隔（IFL_C）估计育种值年度变化

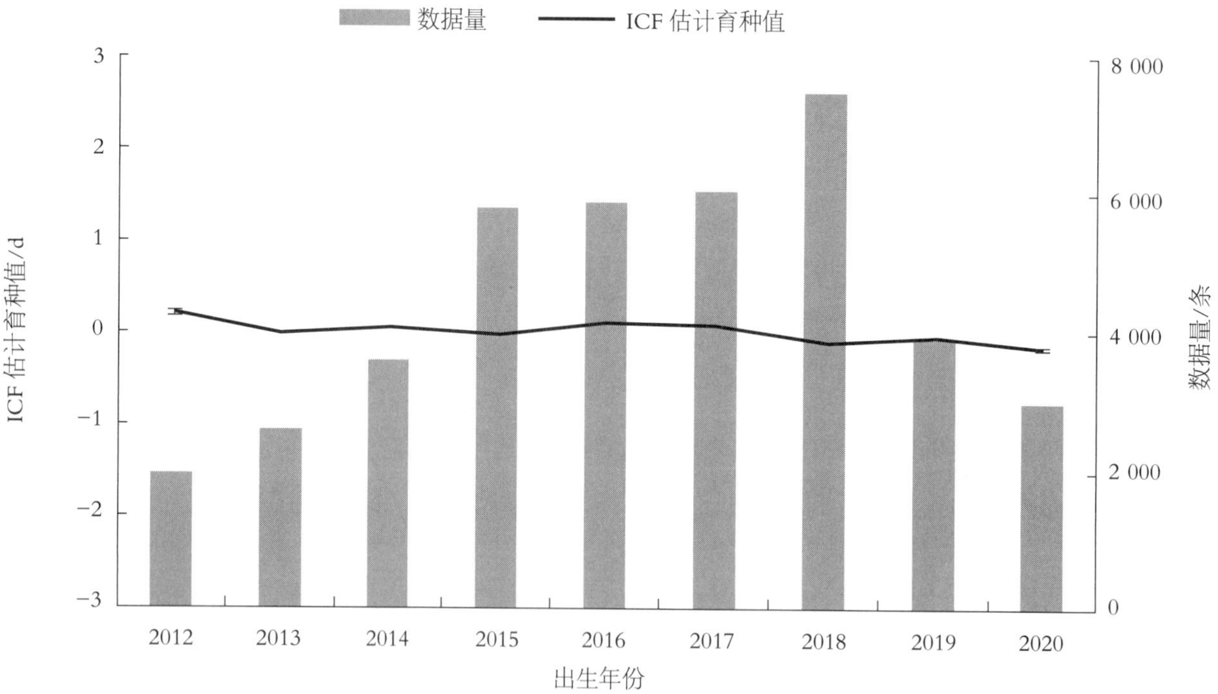

图 6-4-17 宁夏核心育种场 2012—2020 年出生母牛产犊至首次配种间隔（ICF）估计育种值年度变化

6.4.6 繁殖性状估计育种值排名前 10 名种公牛

女儿数大于 20 头且各繁殖性状估计育种值排名前 10 名的种公牛信息见表 6-4-6 至表 6-4-10。

表 6-4-6　首次配种日龄 EBV 排名前 10 名的种公牛（女儿数大于 20 头）信息

排名	公牛注册号	首次配种日龄 EBV/d	出生年份
1	HOCANM11104016	−29.5	2012
2	HOUSAM70626023	−25.7	2014
3	HO840M3132350030	−24.4	2016
4	HOUSAM66451345	−22.9	2011
5	HO840M3128461509	−19.1	2017
6	HOUSAM3006988872	−16.2	2010
7	HO840M3008897582	−15.3	2011
8	HOCANM104854291	−11.5	2015
9	HO840M3008328673	−11.2	2015
10	HOCANM11110533	−10.5	2010

表 6-4-7　首次产犊日龄 EBV 排名前 10 名的种公牛（女儿数大于 20 头）信息

排名	公牛注册号	首次产犊日龄 EBV/d	出生年份
1	HOCANM104854291	−27.0	2015
2	HO840M3132350030	−24.8	2016
3	HO840M3128461509	−23.2	2017
4	HONZLM108237	−20.8	2007
5	HOUSAM66451345	−20.5	2011
6	HOCANM11104016	−16.3	2012
7	HOUSAM3006988872	−8.9	2010
8	HONZLM103505	−2.3	2007
9	HOUSAM70626023	0.4	2014
10	HOAUSM859718	0.5	1996

表 6-4-8 青年牛首末次配种间隔 EBV 排名前 10 名的种公牛（女儿数大于 20 头）信息

排名	公牛注册号	青年牛首末次配种间隔 EBV/d	出生年份
1	HOAUSM1620990	−11.4	2010
2	HOCANM104854291	−10.7	2015
3	HOAUSM859718	−8.9	1996
4	HOAUSM1377914	−8.3	2005
5	HO840M3132350030	−6.3	2016
6	HOAUSM1383442	−6.0	2005
7	HOUSAM66451345	−5.6	2011
7	HONZLM108237	−5.6	2007
9	HO840M3008897582	−4.4	2011
10	HOAUSM1352464	−4.3	2005

表 6-4-9 经产牛首末次配种间隔 EBV 排名前 10 名的种公牛（女儿数大于 20 头）信息

排名	公牛注册号	经产牛首末次配种间隔 EBV/d	出生年份
1	HONZLM104015	−6.7	2010
2	HOUSAM66451345	−6.5	2011
3	HOUSAM70626023	−6.3	2014
4	HONZLM103180	−5.9	2002
5	HOAUSM1422003	−5.0	2006
6	HO840M3008328673	−4.8	2015
7	HO840M3132350030	−4.3	2016
8	HOAUSM1142619	−3.9	2001
9	HOGBRM598172	−3.4	1999
10	HOUSAM132135971	−2.6	2008

表 6-4-10 产犊至首次配种间隔 EBV 排名前 10 名的种公牛（女儿数大于 20 头）信息

排名	公牛注册号	产犊至首次配种间隔 EBV/d	出生年份
1	HOCANM11104016	−2.6	2012
1	HOUSAM66451345	−2.6	2011
3	HOUSAM132135971	−2.1	2008
4	HOAUSM1317385	−1.4	2004
5	HOAUSM1383442	−1.3	2005
6	HONZLM108237	−1.2	2007
7	HOAUSM1620990	−1.1	2010
7	HO840M3008897582	−1.1	2011
9	HOAUSM1517297	−1.0	2008
9	HOAUSM1377914	−1.0	2005

6.4.7 母牛产犊性状

宁夏荷斯坦母牛产犊性状估计育种值年度变化趋势见图 6-4-18 至图 6-4-21。青年牛产犊性状估计育种值来源于有表型记录、出生于 2012 年 1 月 1 日至 2021 年 12 月 31 日的 61 473 头母牛，经产牛产犊性状估计育种值来源于有表型记录、出生于 2012 年 1 月 1 日至 2020 年 12 月 31 日的 46 479 头母牛。

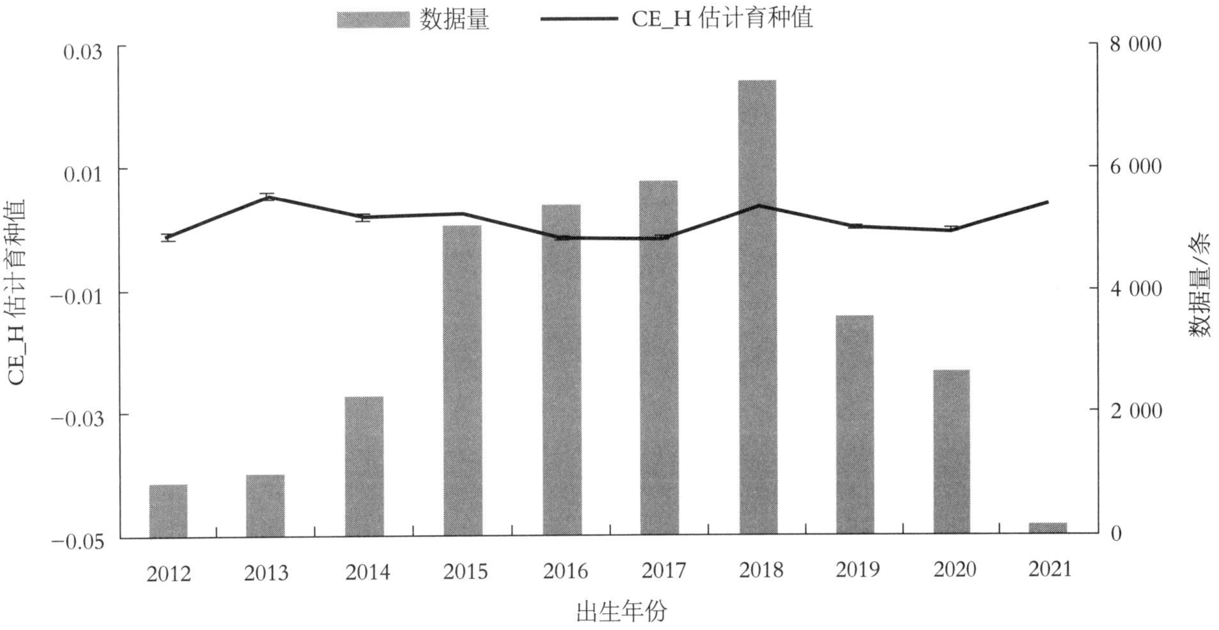

图 6-4-18 宁夏核心育种场 2012—2021 年出生青年牛产犊难易性（CE_H）估计育种值年度变化

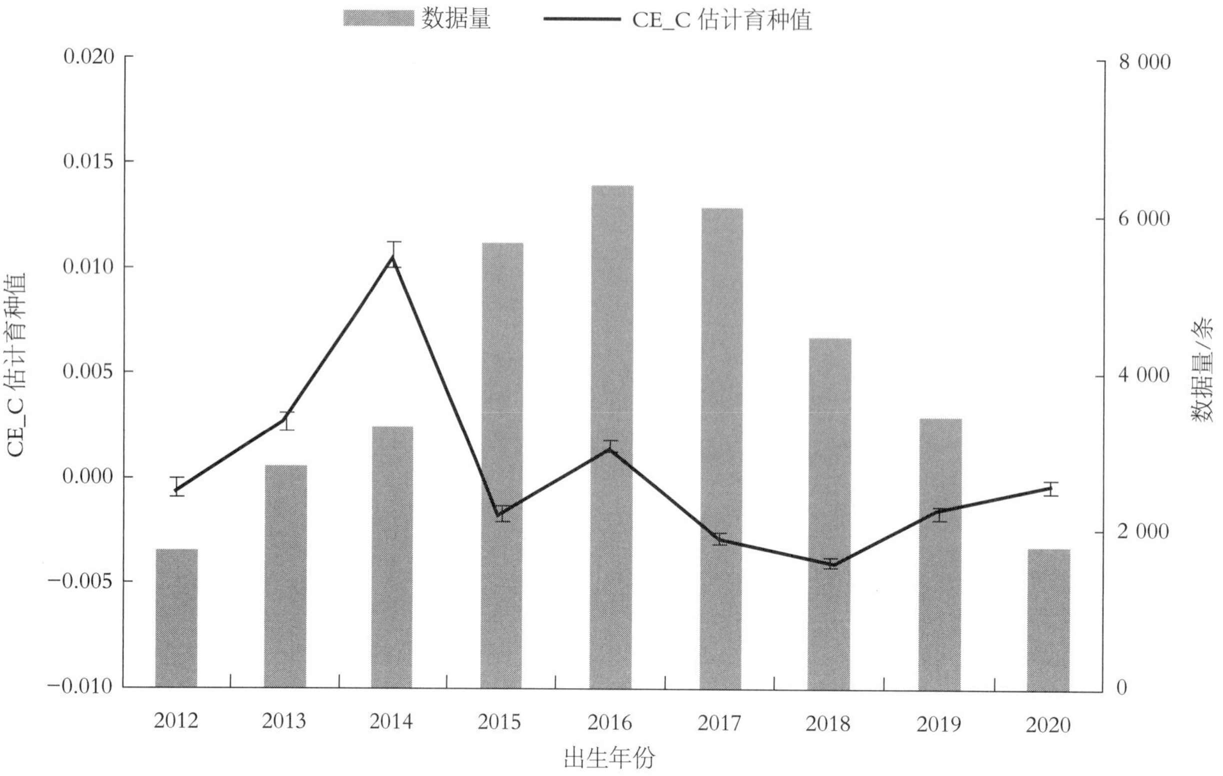

图 6-4-19 宁夏核心育种场 2012—2020 年出生经产牛产犊难易性（CE_C）估计育种值年度变化

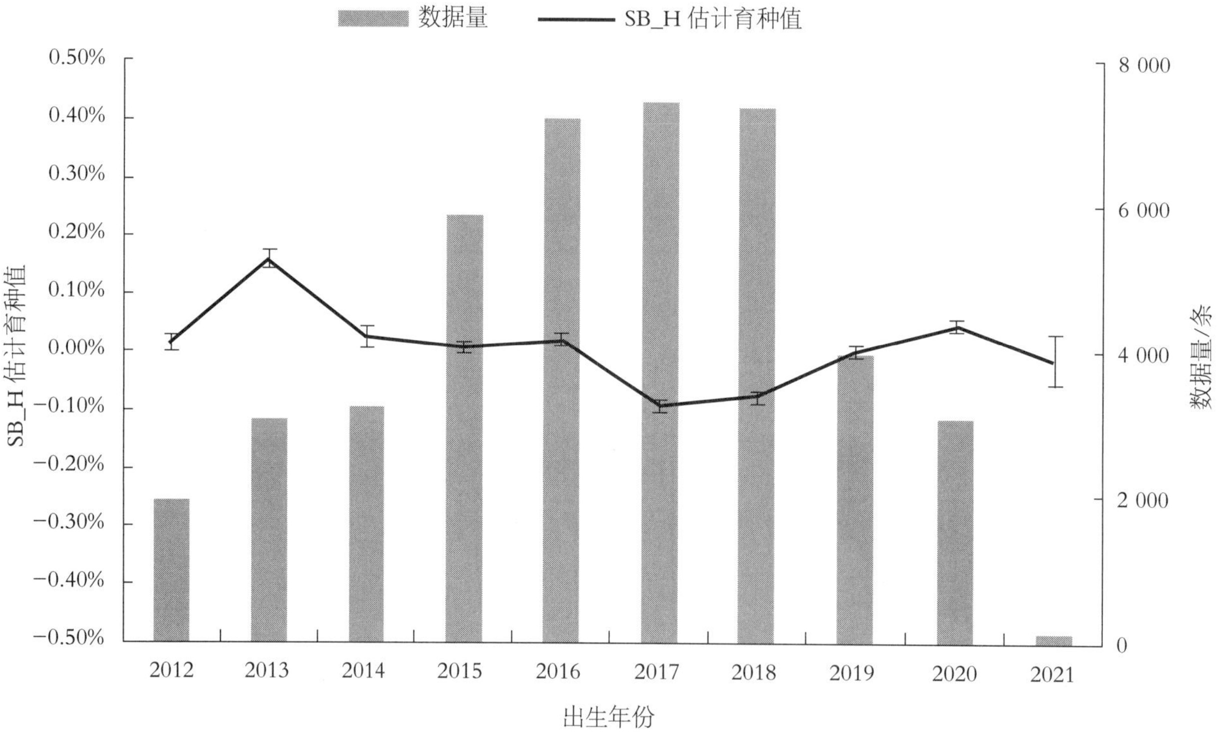

图 6-4-20 宁夏核心育种场 2012—2021 年出生青年牛死产率（SB_H）估计育种值年度变化

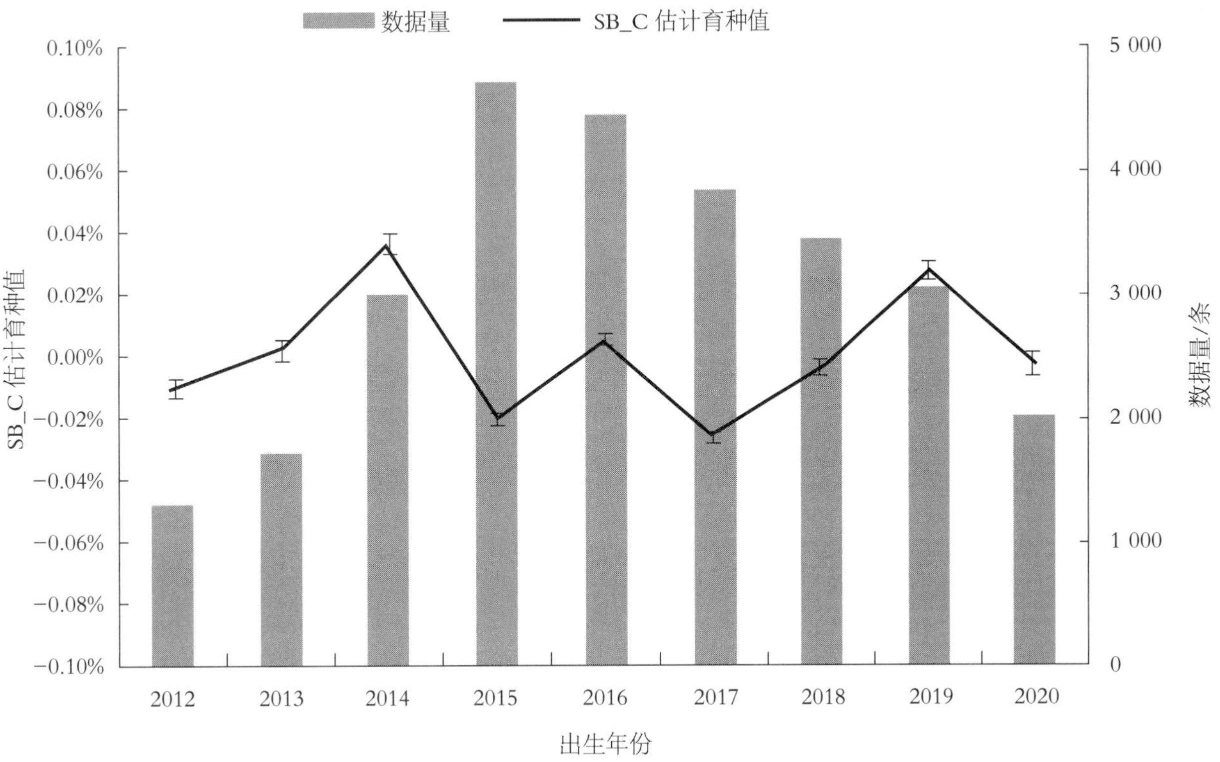

图 6-4-21 宁夏核心育种场 2012—2020 年出生经产牛死产率（SB_C）估计育种值年度变化

6.4.8 产犊性状估计育种值排名前 10 名种公牛

女儿数大于 20 头且各产犊性状估计育种值排名前 10 名的种公牛信息见表 6-4-11 至表 6-4-14。

表 6-4-11 青年牛产犊难易性 EBV 排名前 10 名的种公牛（女儿数大于 20 头）信息

排名	公牛注册号	青年牛产犊难易性 EBV	出生年份
1	HO840M3129037786	−0.060 9	2015
2	HOUSAM3006988872	−0.044 0	2010
3	HOUSAM60597003	−0.024 6	2003
4	HOAUSM1377914	−0.023 9	2005
5	HOAUSM1142619	−0.019 3	2001
6	HO840M3128463273	−0.016 5	2017
7	HOAUSM1422003	−0.016 1	2006
8	HOCANM104854291	−0.015 1	2015
9	HOUSAM135650545	−0.014 4	2004
10	HO840M3128461509	−0.012 4	2017

表 6-4-12　经产牛产犊难易性 EBV 排名前 10 名的种公牛（女儿数大于 20 头）信息

排名	公牛注册号	经产牛产犊难易性 EBV	出生年份
1	HOGBRM598172	−0.075 2	1999
2	HOUSAM60597003	−0.048 8	2003
3	HOAUSM1317385	−0.044 4	2004
4	HO840M3132350030	−0.037 1	2016
5	HOAUSM1620990	−0.034 0	2010
6	HOAUSM1478971	−0.033 4	2007
7	HOAUSM859718	−0.031 7	1996
8	HONZLM113938	−0.031 0	2009
9	HOAUSM1549182	−0.028 7	2008
10	HOUSAM3006988872	−0.028 0	2010

表 6-4-13　青年牛死产率 EBV 排名前 10 名的种公牛（女儿数大于 20 头）信息

排名	公牛注册号	青年牛死产率 EBV	出生年份
1	HOAUSM1317385	−0.014 1	2004
1	HO840M3128463273	−0.014 1	2017
3	HOUSAM132135971	−0.013 3	2008
4	HONZLM104015	−0.010 9	2010
5	HO840M3129037786	−0.010 2	2015
6	HONZLM108237	−0.009 4	2007
7	HOCANM104854291	−0.007 4	2015
8	HOAUSM1422003	−0.005 5	2006
9	HOUSAM66451345	−0.004 2	2011
10	HOUSAM70626023	−0.003 5	2014

表 6-4-14 经产牛死产率 EBV 排名前 10 名的种公牛（女儿数大于 20 头）信息

排名	公牛注册号	经产牛死产率 EBV	出生年份
1	HOCANM11104016	−0.005 1	2012
2	HO840M3128463273	−0.002 9	2017
3	HOAUSM1317385	−0.002 0	2004
4	HOUSAM129800008	−0.001 1	2007
5	HOUSAM66451345	−0.000 4	2011
6	HOUSAM1902193	−0.000 2	1982
7	HOUSAM69169951	0.000 1	2014
8	HOUSAM132135971	0.000 3	2008
9	HOCANM104854291	0.000 5	2015
9	HO840M3008328673	0.000 5	2015

6.4.9 母牛长寿性状

宁夏荷斯坦母牛生产寿命性状估计育种值年度变化趋势见图 6-4-22。生产寿命估计育种值来源于有表型记录、出生于 2010 年 1 月 1 日至 2021 年 12 月 31 日的 33 413 头母牛。

图 6-4-22 宁夏核心育种场 2010—2021 年出生母牛生产寿命估计育种值年度变化

6.4.10 长寿性状估计育种值排名前 10 名种公牛

女儿数大于 20 头且生产寿命估计育种值排名前 10 名的种公牛信息见表 6-4-15。

表 6-4-15 生产寿命 EBV 排名前 10 名的种公牛（女儿数大于 20 头）信息

排名	公牛注册号	出生年份	生产寿命 EBV/d	EBV 准确性
1	HOUSAM62294281	2005	435.23	0.67
2	HOUSAM62037518	2005	401.92	0.77
3	HOUSAM134625573	2003	350.19	0.66
4	HOUSAM51557959	2001	283.92	0.44
5	HOCHNM31104148	2004	231.62	0.32
6	HOUSAM62175932	2005	218.41	0.56
7	HOUSAM62030790	2004	183.91	0.77
8	HOCHNM11104110	2004	181.33	0.61
9	HOUSAM62085114	2005	159.36	0.55
10	HOUSAM137375664	2006	157.37	0.77

6.5 各核心育种场母牛管理性状遗传变异度变化趋势

各核心育种场 2012 年 1 月 1 日至 2021 年 12 月 31 日出生的母牛中，繁殖性状、产犊性状和长寿性状估计育种值排名前 25%及排名后 25%的母牛遗传水平随出生年份变化的趋势见图 6-5-1 至图 6-5-10。遗传水平较高的母牛与遗传水平较低的母牛相比，首次配种日龄相差 18~80 d，首次产犊日龄相差 27~47 d，青年牛首末次配种间隔相差 9~13 d，经产牛首末次配种间隔相差 8~10 d，产犊至首次配种间隔相差 1~2 d，生产寿命相差 68~186 d。

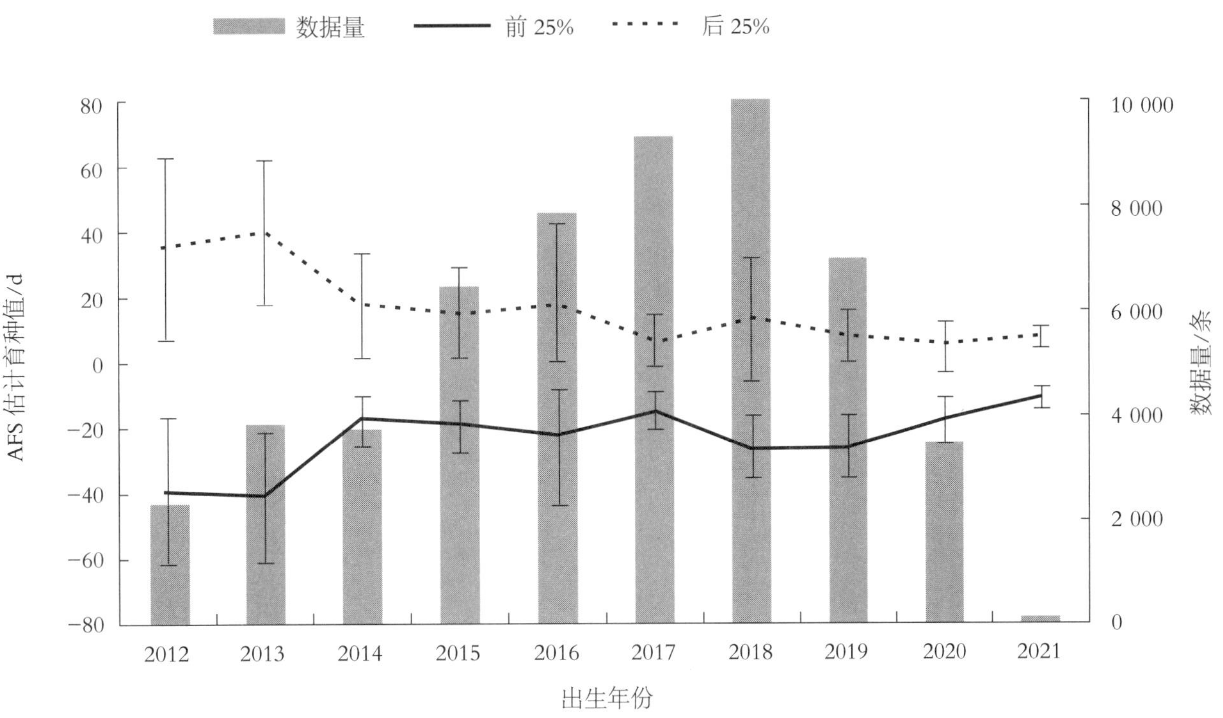

图 6-5-1 宁夏核心育种场 2012—2021 年出生母牛首次配种日龄（AFS）估计育种值年度变化

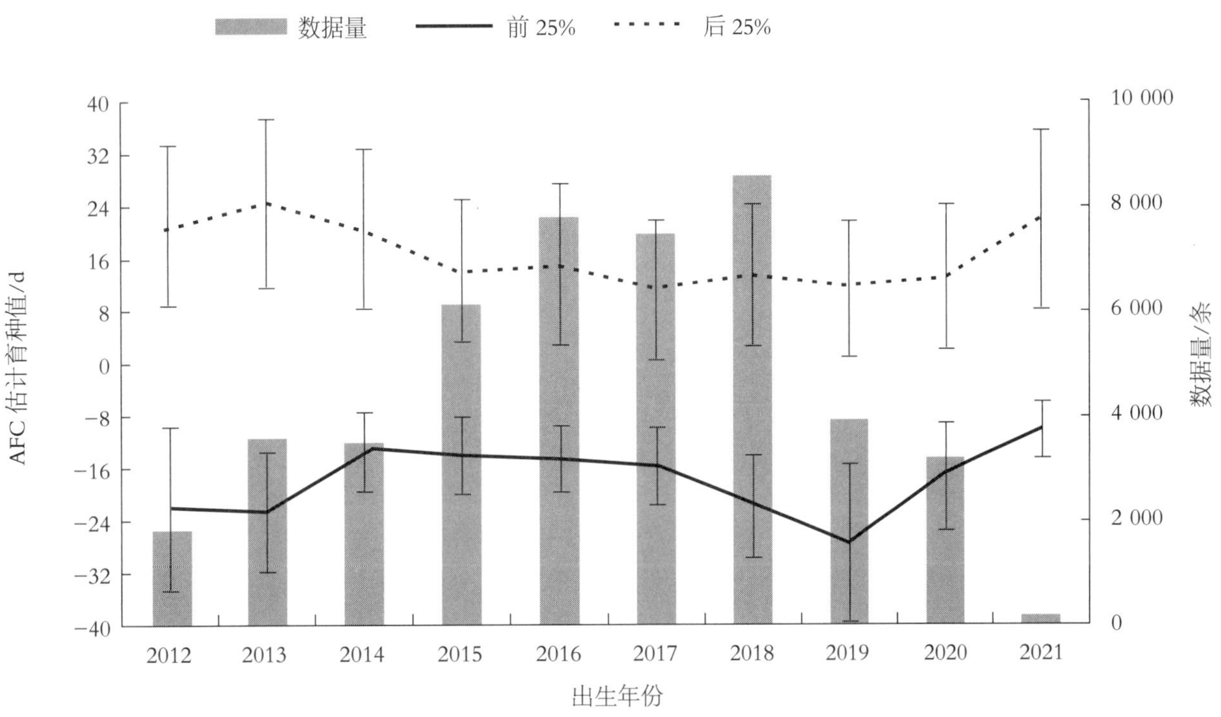

图 6-5-2 宁夏核心育种场 2012—2021 年出生母牛首次产犊日龄（AFC）估计育种值年度变化

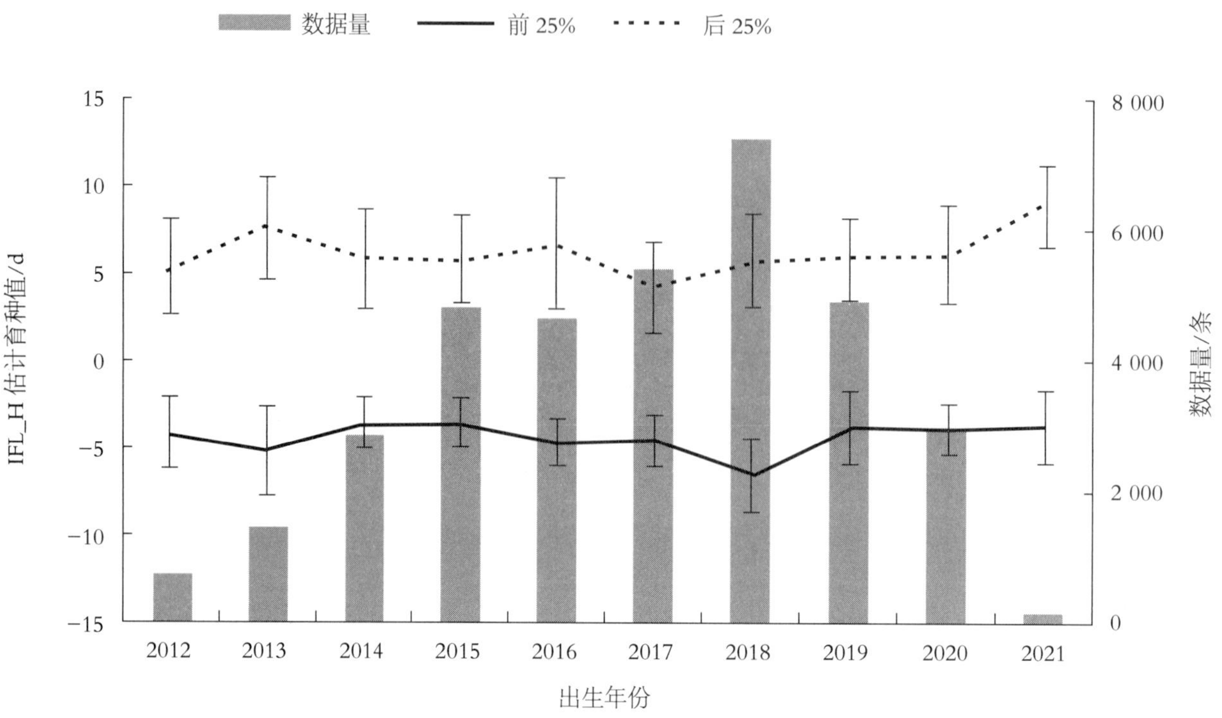

图 6-5-3 宁夏核心育种场 2012—2021 年出生青年牛首末次配种间隔（IFL_H）估计育种值年度变化

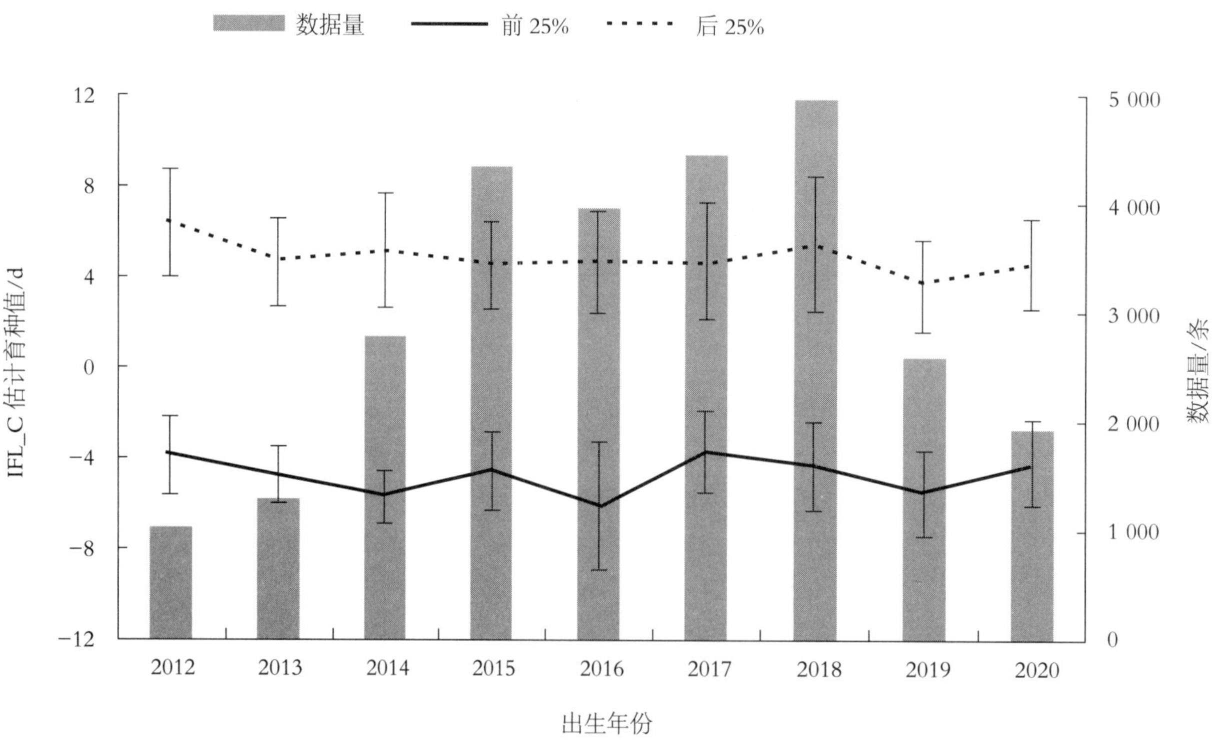

图 6-5-4 宁夏核心育种场 2012—2020 年出生经产牛首末次配种间隔（IFL_C）估计育种值年度变化

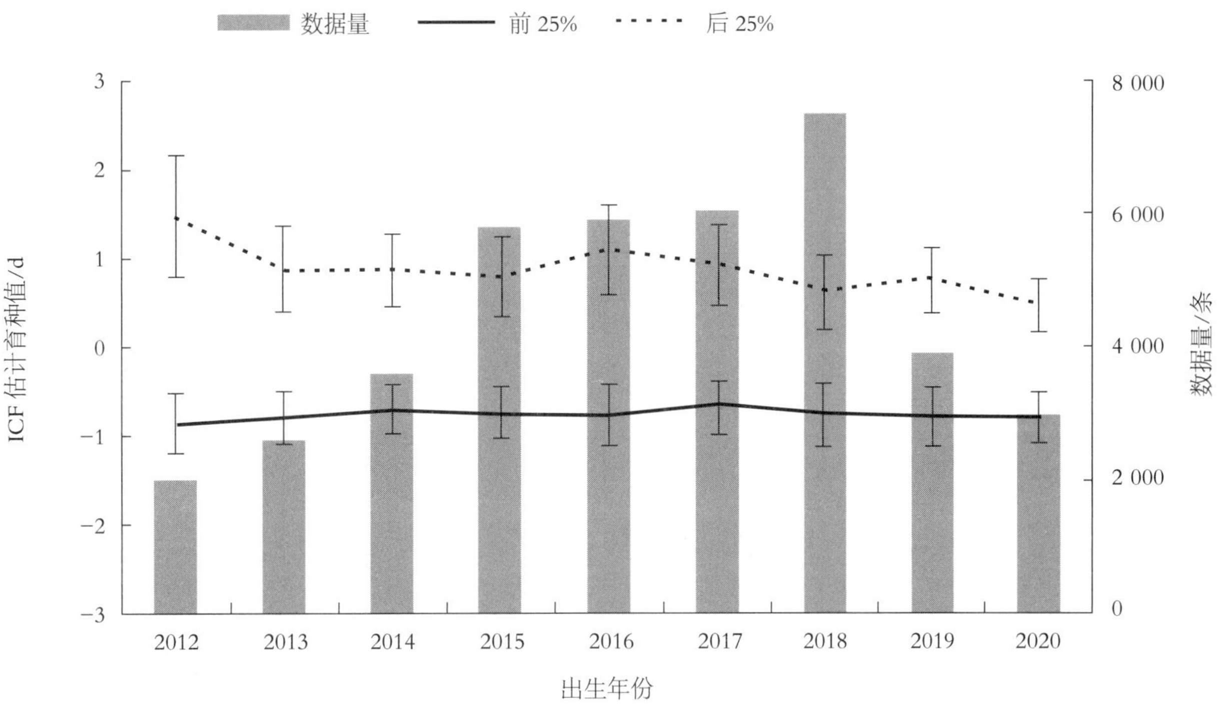

图 6-5-5　宁夏核心育种场 2012—2020 年出生母牛产犊至首次配种间隔（ICF）估计育种值年度变化

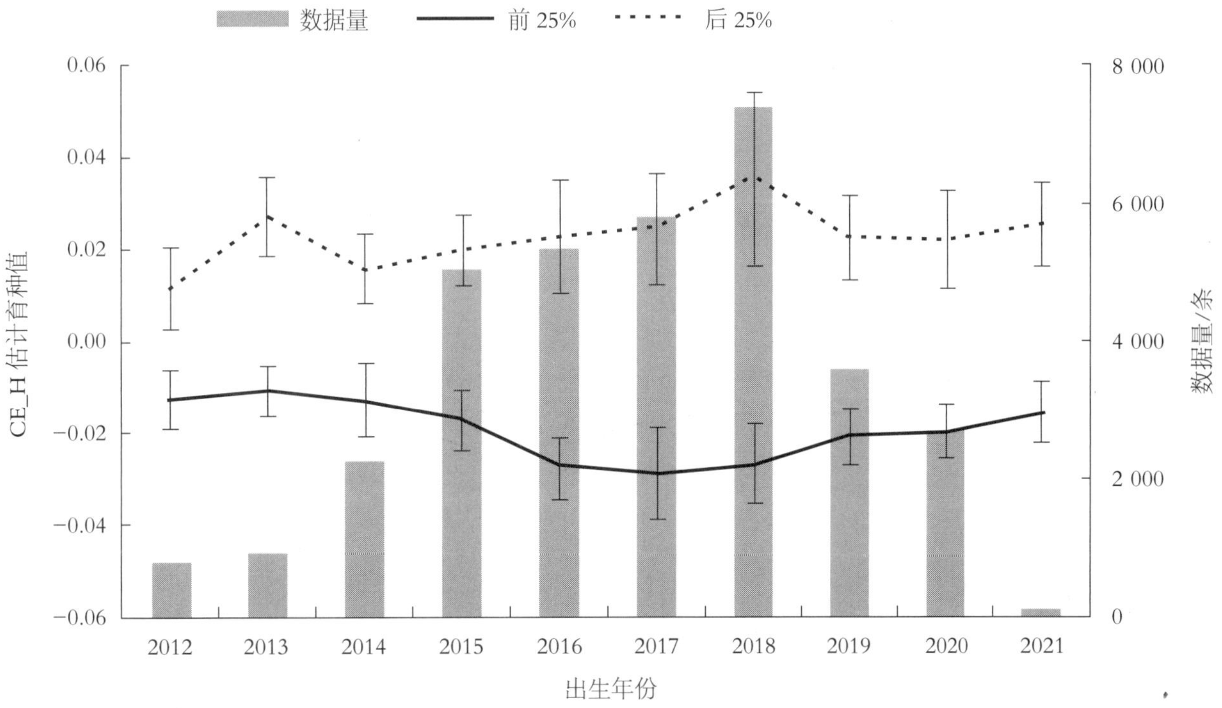

图 6-5-6　宁夏核心育种场 2012—2021 年出生青年牛产犊难易性（CE_H）估计育种值年度变化

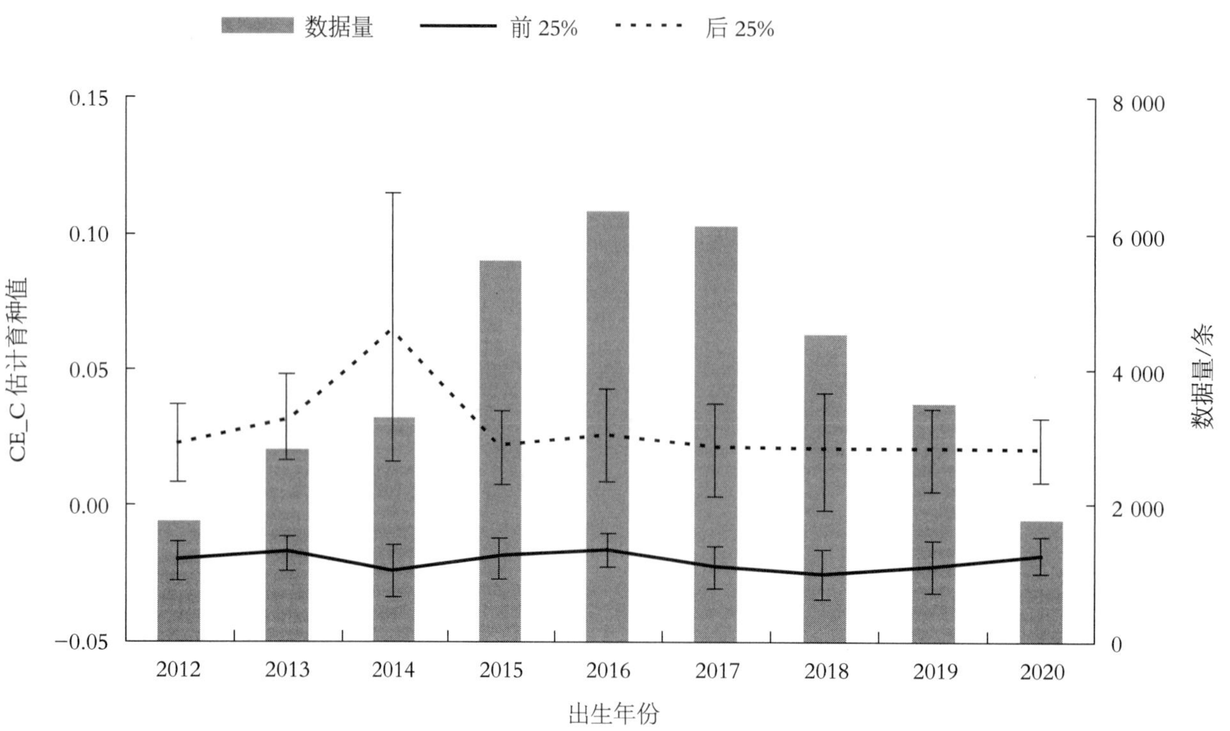

图 6-5-7　宁夏核心育种场 2012—2020 年出生经产牛产犊难易性（CE_C）估计育种值年度变化

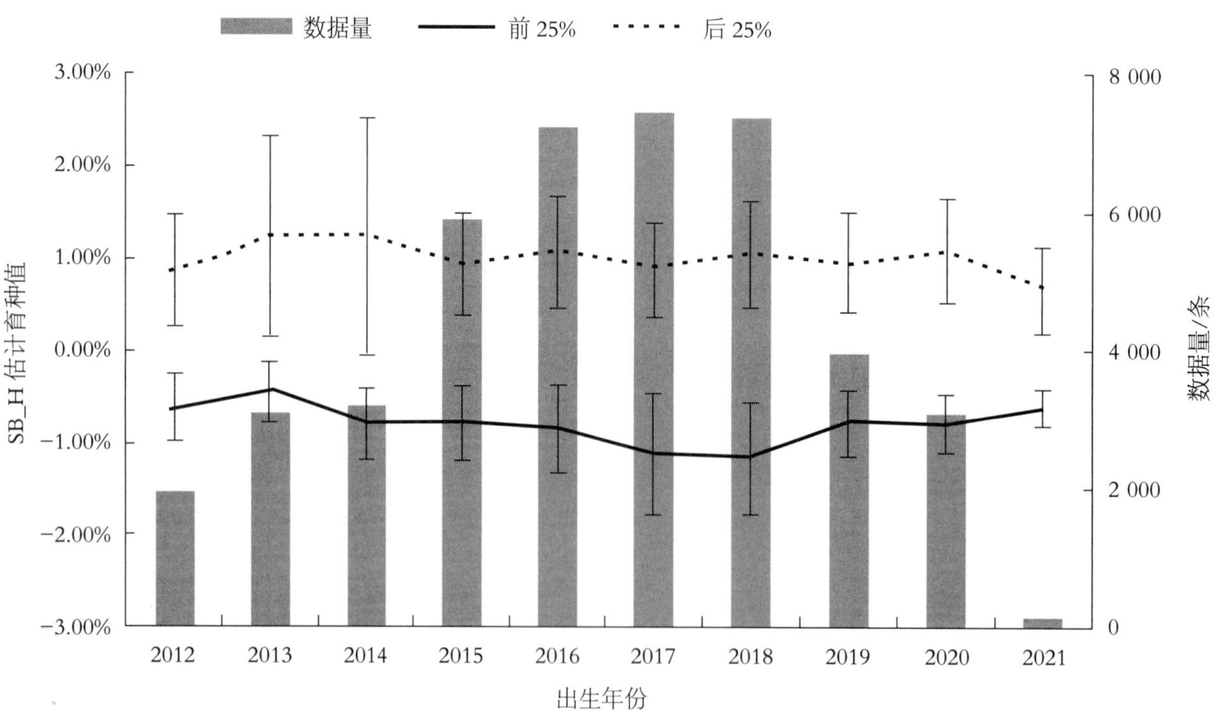

图 6-5-8　宁夏核心育种场 2012—2021 年出生青年牛死产率（SB_H）估计育种值年度变化

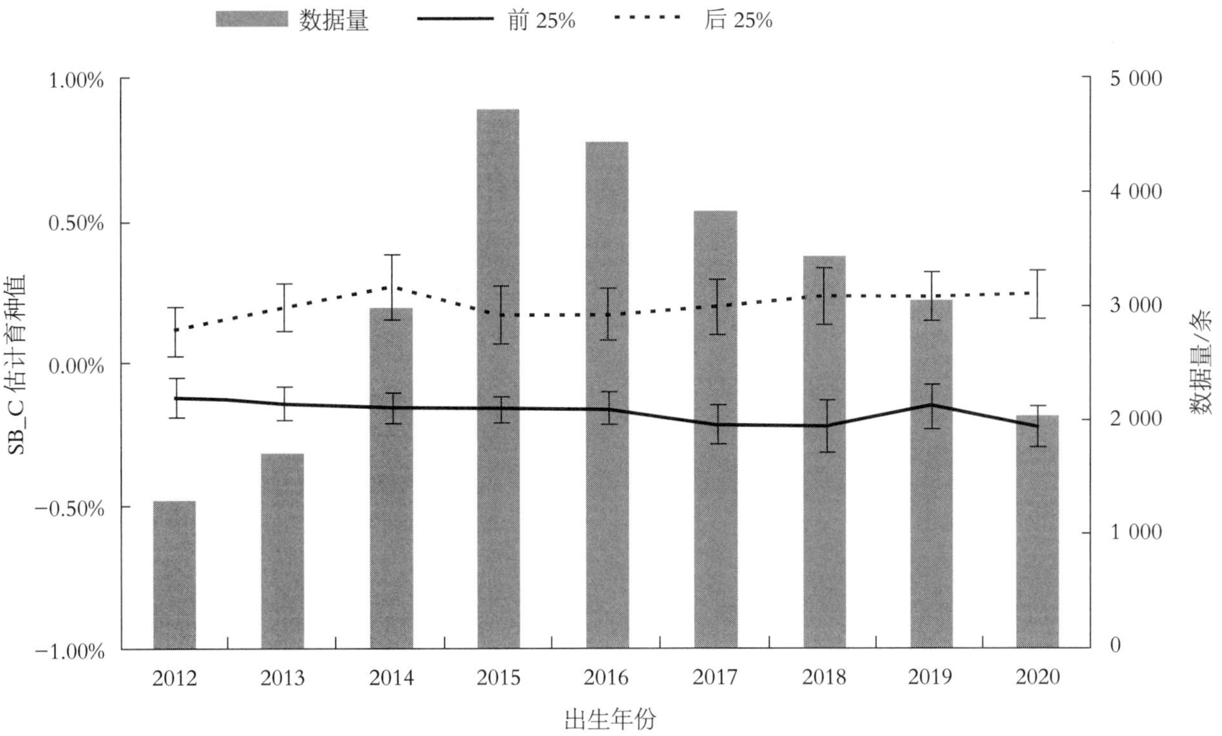

图 6-5-9　宁夏核心育种场 2012—2020 年出生经产牛死产率（SB_C）估计育种值年度变化

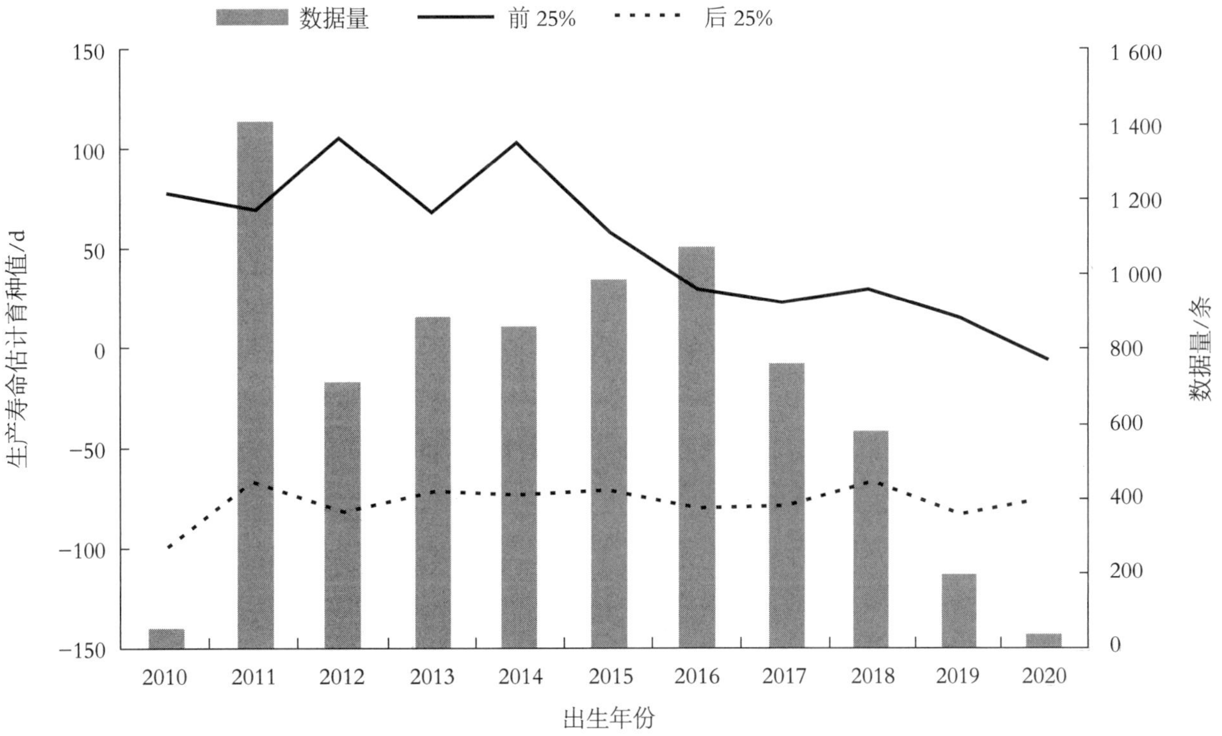

图 6-5-10　宁夏核心育种场 2010—2020 年出生母牛生产寿命估计育种值年度变化

7　宁夏荷斯坦牛基因组遗传评估报告

7.1　宁夏荷斯坦牛基因组遗传评估说明

基因组遗传评估是指通过检测覆盖全基因组的单核苷酸多态性（SNP）标记，利用基因组水平的遗传信息来评估和选择基因优良的个体。利用该技术，可以实现不依赖表型信息对青年公牛及后备母牛进行早期选择，大幅缩短世代间隔，显著降低育种成本，加快群体遗传进展，是实现奶牛遗传改良最重要的育种措施。

在宁夏回族自治区“优质高产奶牛选育”项目的支持下，宁夏畜牧工作站和中国农业大学研究团队连续多年开展了奶牛表型、基因组数据的收集工作，形成了宁夏荷斯坦牛表型、基因组数据库。依托中国农业大学全基因组选择技术平台，针对青年母牛开展了覆盖产奶量、乳脂率、乳蛋白率、乳脂量、乳蛋白量、体细胞评分、体型总分、泌乳系统评分和肢蹄评分等 9 个性状的基因组遗传评估，形成了宁夏荷斯坦牛基因组遗传评估技术体系。

本报告结合宁夏奶牛收集数据的实际情况，从数据来源、评估方法和模型以及中国奶牛基因组选择性能指数（Genomic China Performance Index，简称 GCPI）的计算方法等方面，对宁夏荷斯坦牛基因组遗传评估技术体系进行介绍，为宁夏发布奶牛遗传评估结果、客观评价奶牛遗传品质提供技术保障。

7.1.1　数据来源

7.1.1.1　表型数据

产奶性状原始表型数据来自 2011—2022 年宁夏 82 个牧场 258 612 头中国荷斯坦牛的 3 503 078 条 DHI 记录。评估性状包括产奶量（MY，kg）、乳脂率（MFP，%）、乳蛋白率（MPP，%）、乳脂量（Fat，kg）、乳蛋白量（Prot，kg）和体细胞评分（SCS，分）。其中，SCS 通过 DHI 记录中的体细胞数（SCC，个/mL）转换得到，转换公式为：

$$SCS=\log_2\frac{SCC}{100\ 000}+3$$

体型性状原始表型数据来自 2010—2022 年宁夏 36 个牧场的 40 479 头中国荷斯坦牛的单次体型鉴定记录。根据《中国荷斯坦牛体型鉴定技术规程》，按照 9 分制的评分方法对 20 个体型性状进行线性评定，得到各性状的线性分后，根据线性分和功能分转换标准将线性分转换为功能分，参照各性状功能分在部位分中的权重以及各部位分在体型总分中的权重，计算各部位分和体型总分。此次评估性状包括体型总分、泌乳系统评分、肢蹄评分。

宁夏荷斯坦牛原始表型数据概况见表 7–1–1。

表 7–1–1 宁夏荷斯坦牛原始表型数据概况

性状		数据起止年限	牛场数/个	牛头数/头	数据量/条
产奶性状	产奶量	2011—2022	74	176 074	2 363 614
	乳脂率	2011—2022	74	170 919	2 168 061
	乳蛋白率	2011—2022	74	170 919	2 168 061
	乳脂量	2011—2022	74	170 919	2 168 061
	乳蛋白量	2011—2022	74	170 919	2 168 061
	体细胞评分	2011—2022	74	170 919	2 168 061
体型性状	体型总分	2012—2023	35	32 497	32 497
	泌乳系统评分	2012—2023	35	32 497	32 497
	肢蹄评分	2012—2023	35	32 497	32 497

7.1.1.2 基因组数据

基因组数据来自 2014—2023 年宁夏 33 个牧场 4 963 头青年母牛。宁夏荷斯坦牛基因组数据概况（部分）见表 7–1–2。

表 7–1–2 宁夏荷斯坦牛基因组数据概况（部分）

序号	牛场名	场号	测定芯片数目
1	宁夏农垦乳业股份有限公司平吉堡奶牛一场	640003	286
2	宁夏农垦乳业股份有限公司平吉堡奶牛二场	640004	301
3	宁夏农垦乳业股份有限公司平吉堡奶牛三场	640005	391
4	宁夏贺兰山奶牛原种繁育有限公司	640035	302
5	宁夏农垦乳业股份有限公司平吉堡奶牛五场	640166	353
6	宁夏农垦乳业股份有限公司平吉堡第六奶牛场	640251	294
7	宁夏农垦乳业股份有限公司茂盛牧场	640253	326
8	宁夏农垦乳业股份有限公司灵武奶牛场	640173	207
9	宁夏农垦乳业股份有限公司连湖奶牛场	640009	313

续表

序号	牛场名	场号	测定芯片数目
10	宁夏中地畜牧养殖有限公司	640193	365
11	贺兰中地生态牧场有限公司	640190	609
12	吴忠市优牧源奶牛养殖专业合作社	643051	160

7.1.2 基因组遗传评估

中国荷斯坦牛基因组选择技术于2012年开始实际应用，利用中国农业大学构建的中国荷斯坦牛基因组选择参考群体，对经过基因组检测的青年公牛利用SNPs标记数据信息和基因组最佳线性无偏预测（Genomic Best Linear Unbiased Prediction，简称GBLUP）方法进行育种值估计。计算模型与传统的BLUP模型类似，不同之处在于用基因组关系矩阵（G矩阵）代替个体亲缘关系矩阵（A矩阵），混合模型方程组为：

$$\begin{bmatrix} X'R^{-1}X & X'R^{-1}Z \\ Z'R^{-1}X & Z'R^{-1}Z+G^{-1} \end{bmatrix} \begin{bmatrix} \hat{b} \\ \hat{a} \end{bmatrix} = \begin{bmatrix} X'R^{-1}y \\ Z'R^{-1}y \end{bmatrix}$$

式中，G为基因组关系矩阵，反映个体间在基因组中共享同一基因的比例。

7.1.3 中国奶牛基因组选择性能指数

利用中国农业大学构建的中国荷斯坦牛基因组选择参考群体数据平台，结合青年公牛基因组检测的SNP信息，用GBLUP方法估计公牛的各性状基因组直接育种值（DGV），并与其系谱估计育种值进行标准化后加权合并，计算得到GCPI。

现行2020年版的GCPI指数计算公式如下：

$$GCPI_{2020}=4\times\left(25\times\frac{GEBV_{Fat}}{22.0}+35\times\frac{GEBV_{Prot}}{17.0}-10\times\frac{GEBV_{SCS}-3}{0.46}+8\times\frac{GEBV_{Type}}{5}+14\times\frac{GEBV_{MS}}{5}+8\times\frac{GEBV_{FL}}{5}\right)+1\,800$$

式中，$GEBV_{Fat}$、$GEBV_{Prot}$、$GEBV_{SCS}$、$GEBV_{Type}$、$GEBV_{MS}$和$GEBV_{FL}$分别是乳脂量、乳蛋白量、体细胞评分、体型总分、泌乳系统评分、肢蹄评分性状的合并基因组估计育种值（Genomic Estimated Breeding Value，简称GEBV），分母是相应性状估计育种值标准差。

2012年版GCPI指数计算公式如下：

$$GCPI_{2012}=20\times\left(30\times\frac{GEBV_{Milk}}{800}+15\times\frac{GEBV_{Fatpct}}{0.3}+25\times\frac{GEBV_{Propct}}{0.12}+5\times\frac{GEBV_{Type}}{5}+10\times\frac{GEBV_{MS}}{5}+5\times\frac{GEBV_{FL}}{5}-10\times\frac{GEBV_{SCS}-3}{0.46}\right)+500$$

式中，$GEBV_{Milk}$、$GEBV_{Fatpct}$、$GEBV_{Propct}$、$GEBV_{Type}$、$GEBV_{MS}$、$GEBV_{FL}$和$GEBV_{SCS}$分别是产奶量、乳脂率、乳蛋白率、体型总分、泌乳系统评分、肢蹄评分和体细胞评分性状的合并基因组估计育种值，分母是相应性状估计育种值标准差。

7.2 宁夏荷斯坦牛基因组遗传评估结果

7.2.1 宁夏荷斯坦牛 $GCPI_{2020}$ 指数及各性状遗传进展趋势

7.2.1.1 宁夏荷斯坦牛 $GCPI_{2020}$ 指数年度变化趋势

$GCPI_{2020}$ 指数在 2014—2023 年间的变化趋势如图 7-2-1所示。

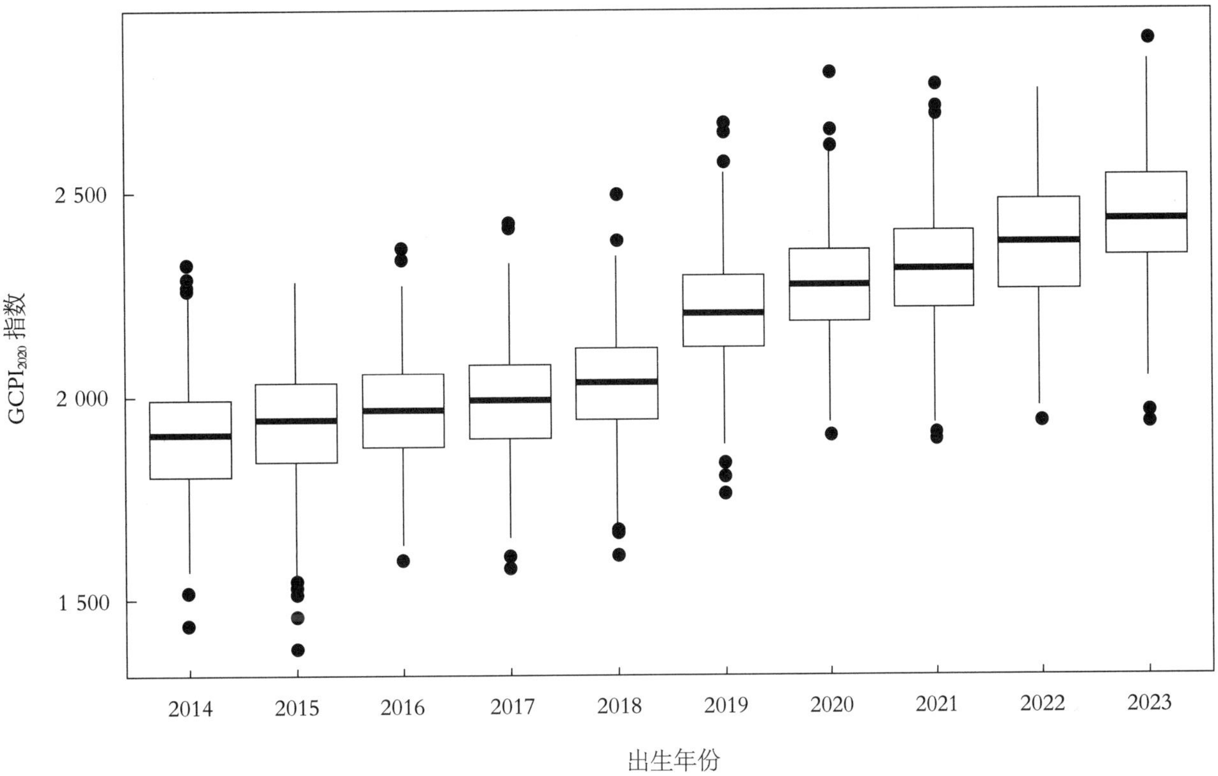

图 7-2-1　2014—2023 年宁夏荷斯坦牛 $GCPI_{2020}$ 指数年度变化

7.2.1.2 宁夏荷斯坦牛产奶性状和体型性状遗传进展趋势

产奶性状（产奶量、乳脂率、乳蛋白率、乳脂量、乳蛋白量、体细胞评分）和体型性状（体型总分、泌乳系统评分、肢蹄评分）基因组估计育种值在 2014—2023 年间的变化趋势如图 7-2-2 至图 7-2-10 所示。

7.2.2 宁夏荷斯坦牛 GCPI 指数排名

7.2.2.1 宁夏荷斯坦牛 GCPI 指数前 100 名排名

宁夏荷斯坦牛 GCPI 指数排名前 100 名母牛的场号、牛号、出生年份、$GCPI_{2020}$ 指数、$GCPI_{2012}$ 指数及排名见表 7-2-1。

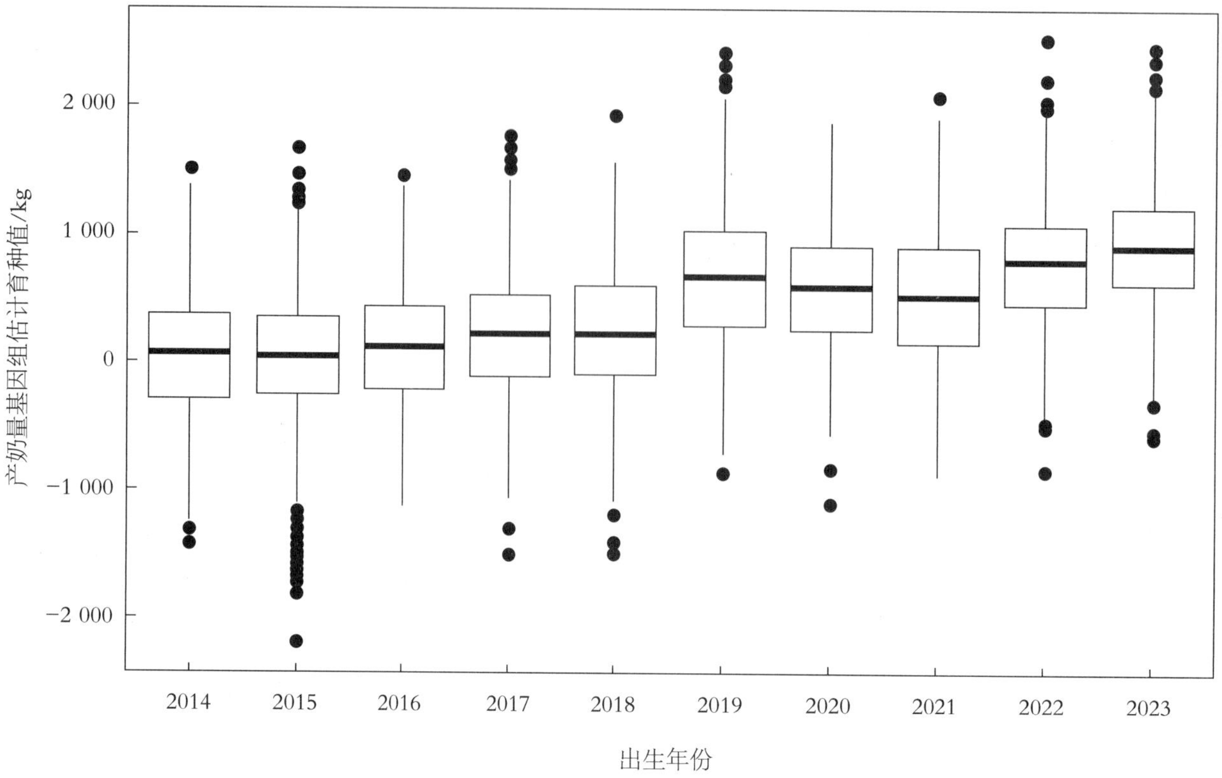

图 7-2-2 2014—2023 年宁夏荷斯坦牛产奶量基因组估计育种值年度变化

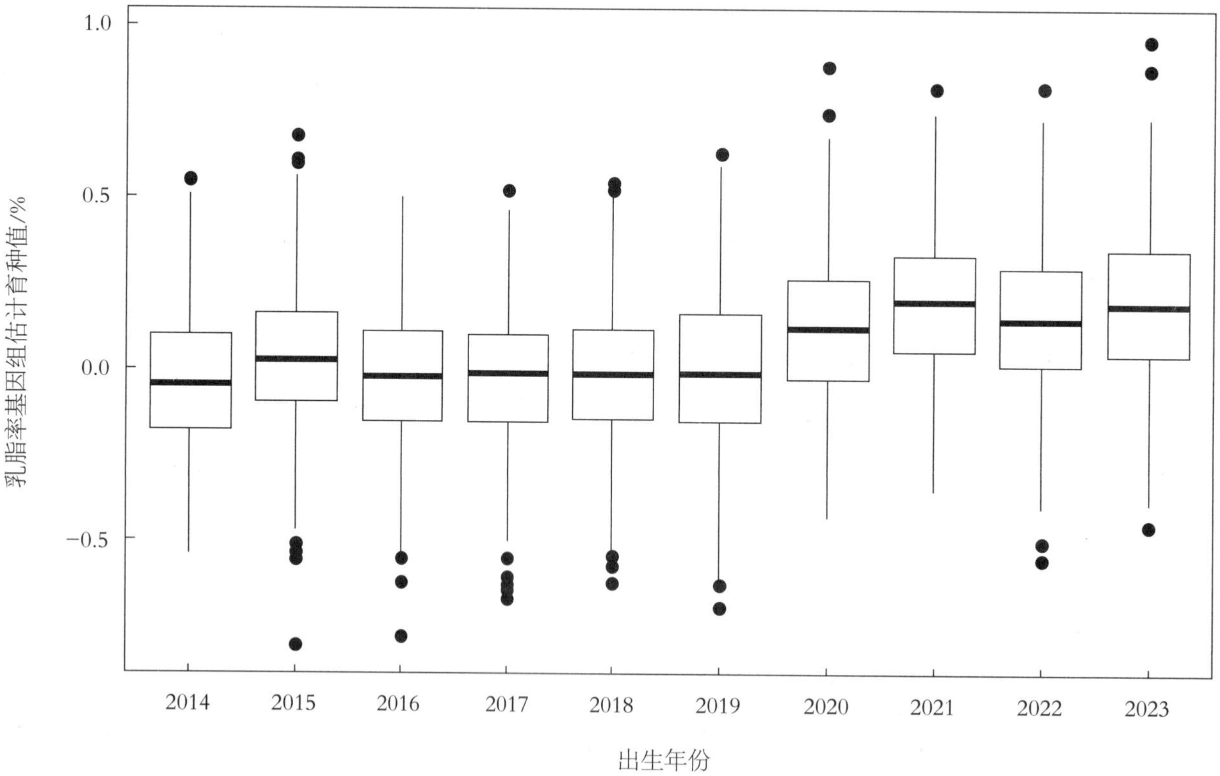

图7-2-3 2014—2023 年宁夏荷斯坦牛乳脂率基因组估计育种值年度变化

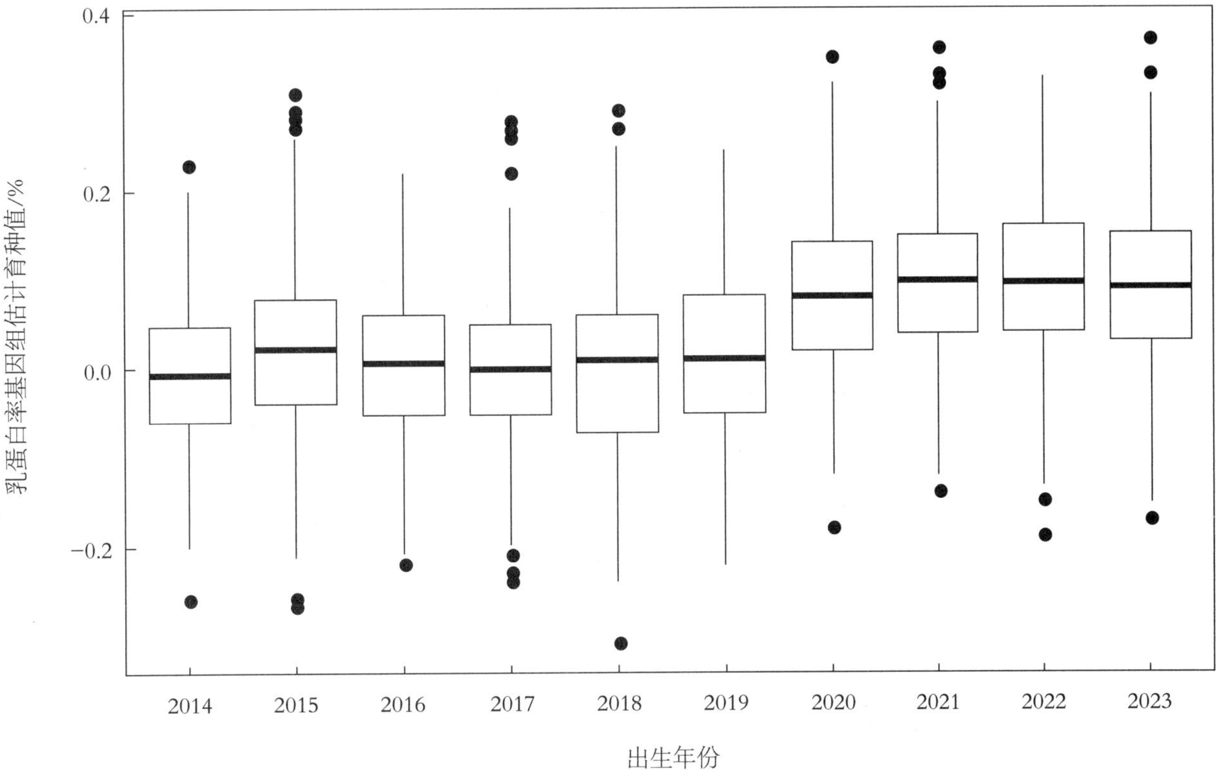

图7-2-4　2014—2023 年宁夏荷斯坦牛乳蛋白率基因组估计育种值年度变化

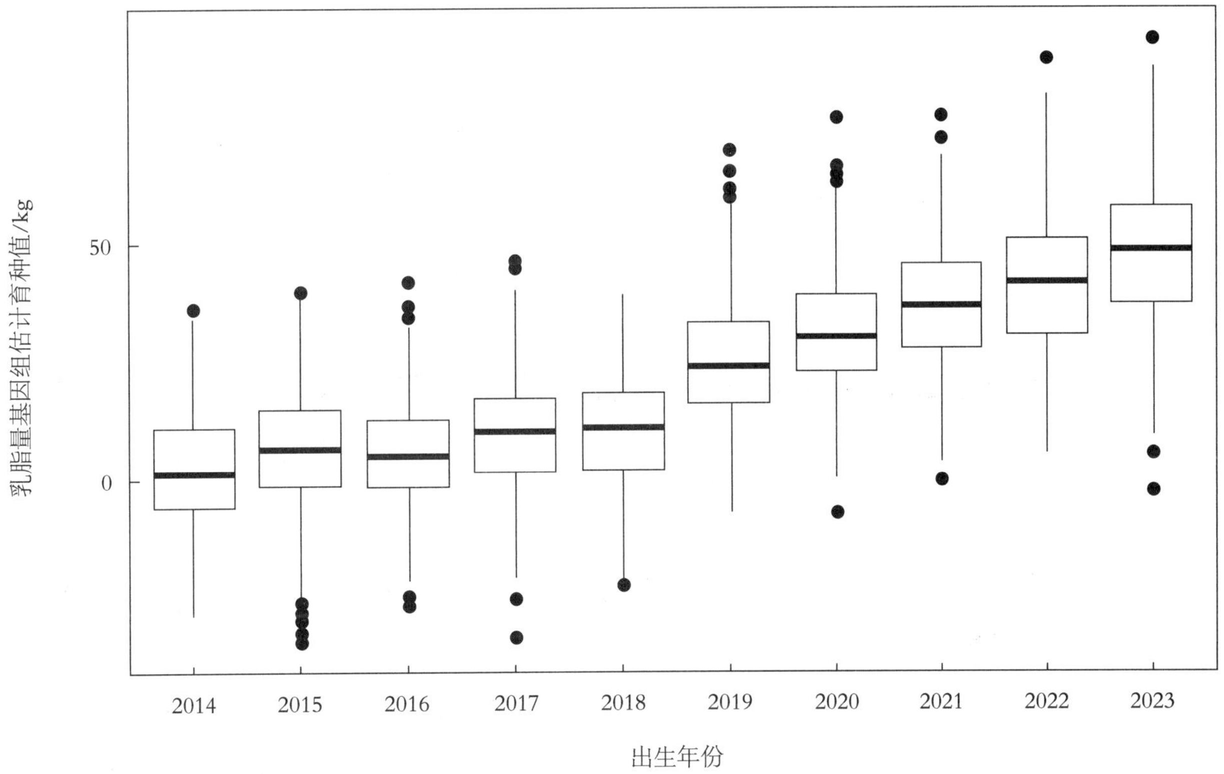

图7-2-5　2014—2023 年宁夏荷斯坦牛乳脂量基因组估计育种值年度变化

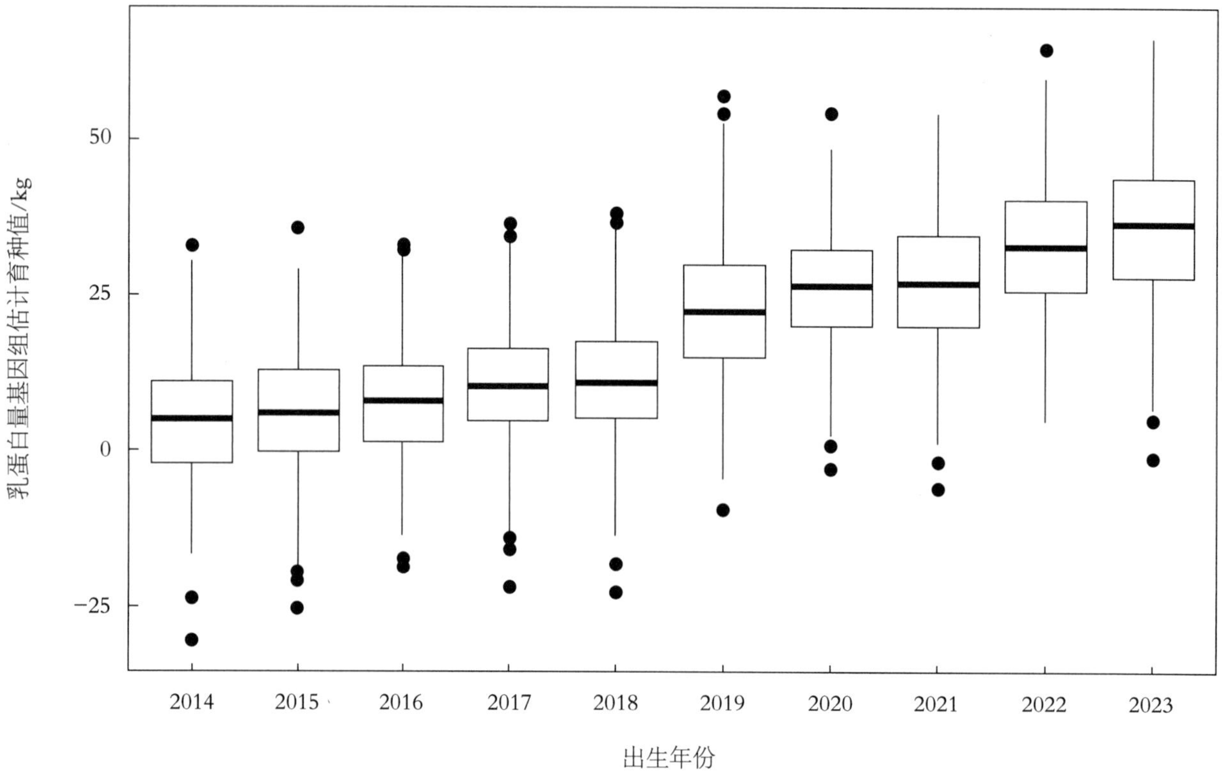

图7-2-6 2014—2023 年宁夏荷斯坦牛乳蛋白量基因组估计育种值年度变化

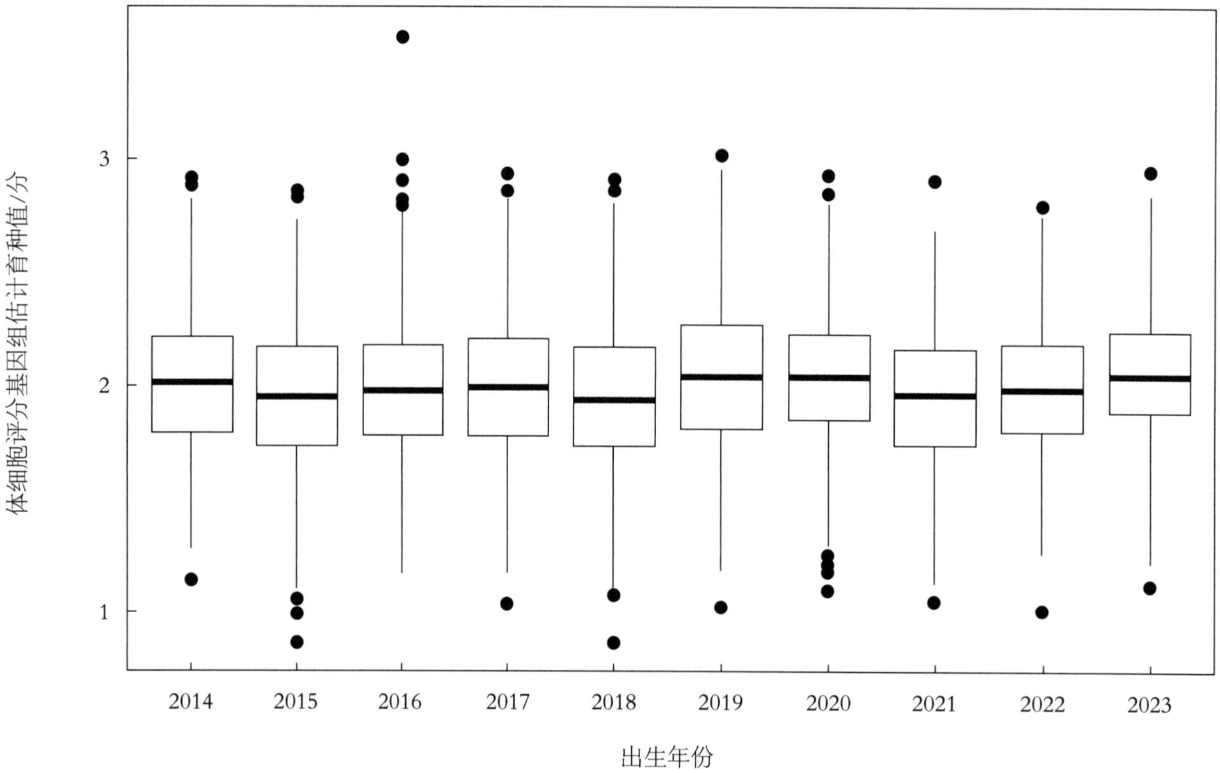

图7-2-7 2014—2023 年宁夏荷斯坦牛体细胞评分基因组估计育种值年度变化

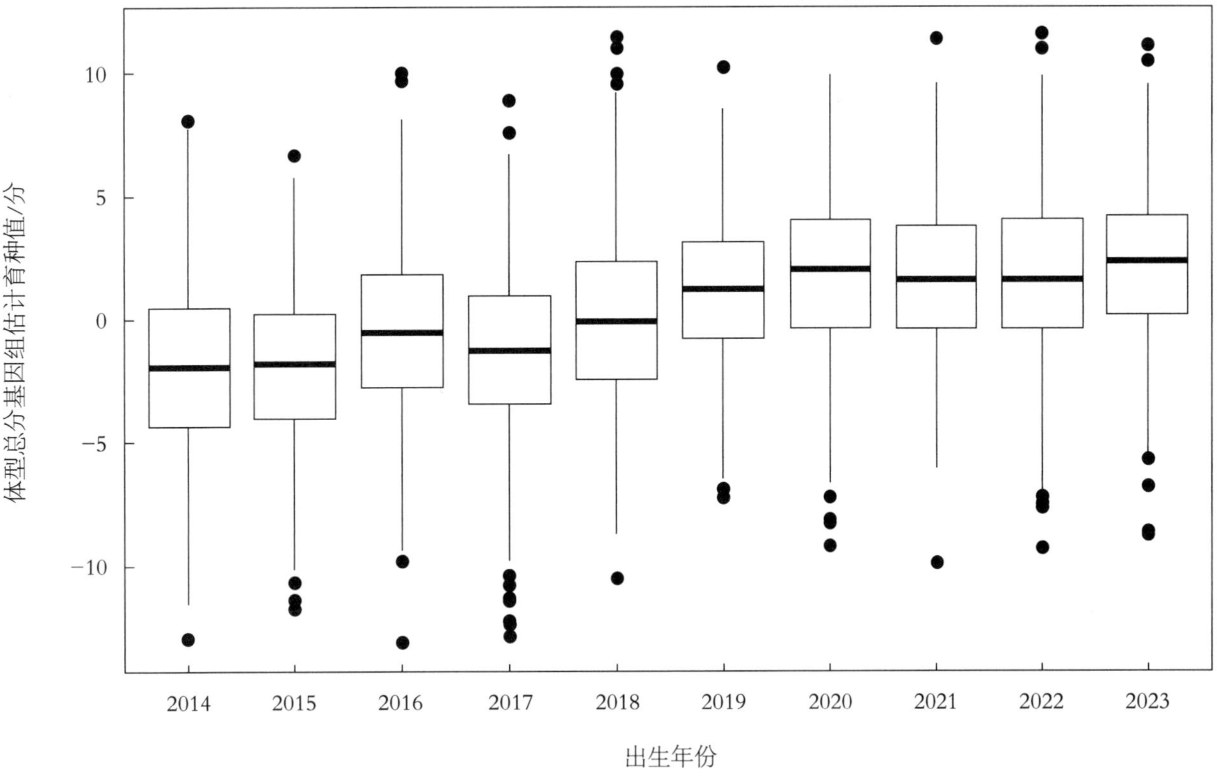

图7-2-8 2014—2023 年宁夏荷斯坦牛体型总分基因组估计育种值年度变化

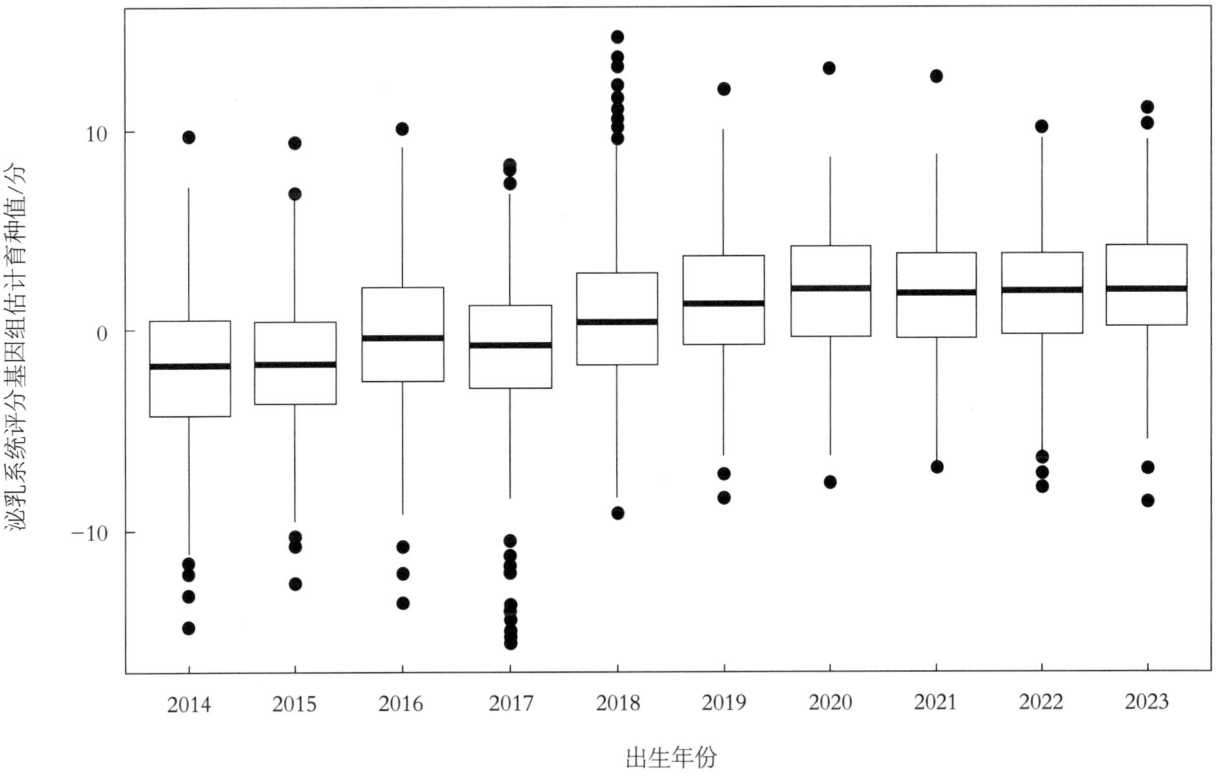

图7-2-9 2014—2023 年宁夏荷斯坦牛泌乳系统评分基因组估计育种值年度变化

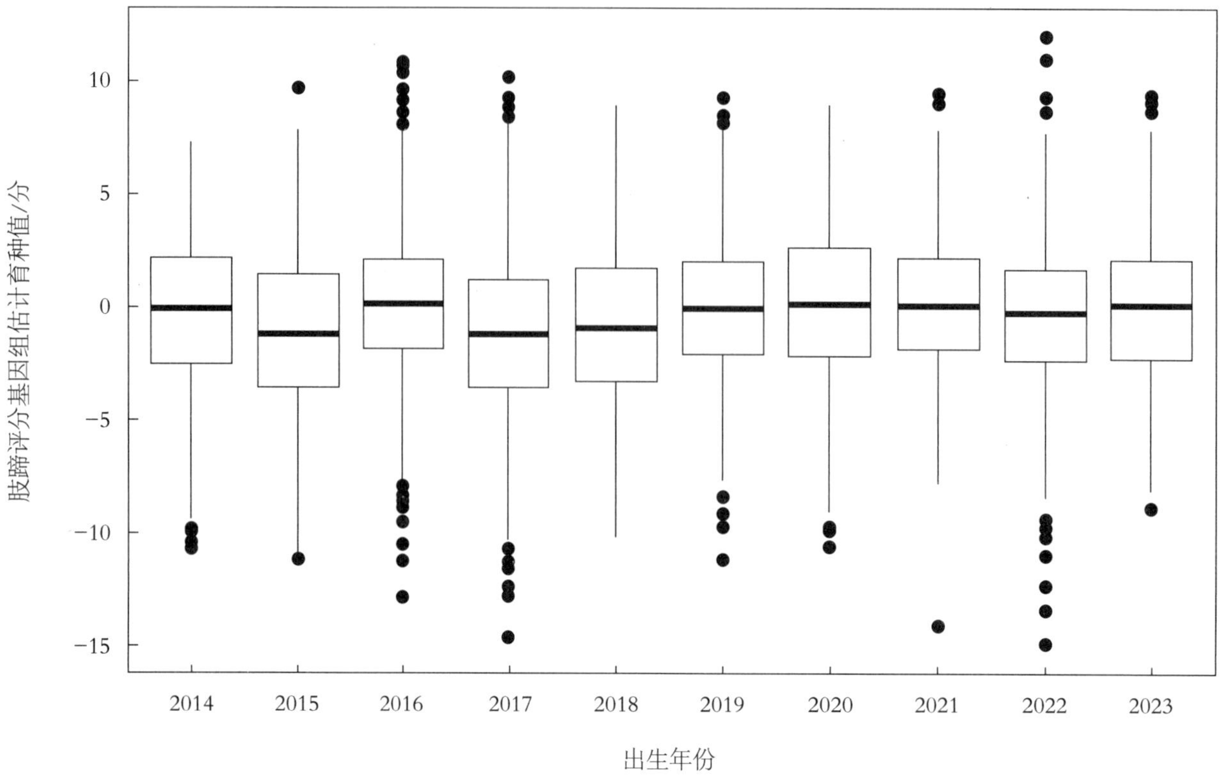

图7-2-10　2014—2023 年宁夏荷斯坦牛肢蹄评分基因组估计育种值年度变化

表 7-2-1　宁夏 $GCPI_{2020}$ 指数排名前 100 名荷斯坦牛

排名	场号	牛号	出生年份	$GCPI_{2020}$	$GCPI_{2012}$
1	643051	643051230565	2023	2 875.51	3 759.84
2	640253	640253219151	2022	2 825.83	3 924.40
3	640004	640004230025	2023	2 820.76	3 615.10
4	640190	640190230587	2023	2 796.82	3 052.98
5	640005	640005206004	2020	2 793.10	3 581.24
6	640253	640253232569	2023	2 788.82	3 571.24
7	640003	640003225269	2022	2 782.46	3 702.91
8	640005	640005229230	2023	2 775.76	3 175.14
9	640190	640190231425	2023	2 761.33	3 366.20
10	640193	640193210910	2021	2 760.45	3 453.55
11	640190	640190223945	2022	2 751.66	3 777.76
12	640190	640190226205	2022	2 739.34	3 237.07
13	640005	640005216720	2021	2 728.75	3 397.92

续表

排名	场号	牛号	出生年份	$GCPI_{2020}$	$GCPI_{2012}$
14	643051	643051230564	2023	2 725.48	2 833.06
15	643051	643051220290	2022	2 725.15	2 918.56
16	640004	640004230174	2023	2 724.74	2 961.63
17	640193	640193224982	2022	2 722.83	3 161.60
18	640251	640251222896	2022	2 717.29	3 774.25
19	640253	640253219099	2022	2 715.04	3 377.09
20	640193	640193214284	2021	2 710.22	3 515.55
21	640251	640251222922	2022	2 709.35	3 252.80
22	640253	640253216086	2021	2 707.04	3 155.13
23	640193	640193230574	2023	2 706.57	2 611.96
24	640003	640003225767	2022	2 705.57	3 497.92
25	640251	640251200328	2020	2 705.13	3 424.21
26	640190	640190215019	2021	2 702.44	3 566.97
27	640166	640166234877	2023	2 697.55	2 589.22
28	640003	640003225461	2022	2 694.37	3 182.96
29	640173	640173228034	2022	2 693.01	2 931.33
30	640190	640190205435	2020	2 688.51	2 608.24
31	640190	640190224009	2022	2 686.75	2 814.05
32	640009	640009222953	2022	2 684.84	3 012.37
33	640253	640253217525	2021	2 684.64	2 895.16
34	640004	640004228090	2022	2 682.45	3 102.97
35	643051	643051230574	2023	2 680.67	3 061.71
36	640251	640251222300	2022	2 678.15	3 381.57
37	640253	640253232543	2023	2 678.14	3 149.13
38	640253	640253218914	2022	2 676.53	3 058.15
39	640009	640009222623	2022	2 675.69	3 326.39
40	640251	640251224040	2022	2 675.47	3 266.99
41	640003	640003225271	2022	2 675.01	3 426.68

续表

排名	场号	牛号	出生年份	$GCPI_{2020}$	$GCPI_{2012}$
42	640251	640251211291	2021	2 674.38	3 076.26
43	640190	640190230909	2023	2 672.54	2 989.64
44	640193	640193214252	2021	2 671.68	3 405.49
45	640193	640193193312	2019	2 670.46	2 639.50
46	640003	640003225591	2022	2 670.19	3 296.36
47	640251	640251222918	2022	2 665.39	3 082.44
48	640193	640193215636	2021	2 664.50	2 922.46
49	640193	640193221652	2022	2 662.56	2 408.25
50	640251	640251222968	2022	2 661.44	2 969.83
51	640251	640251222186	2022	2 660.60	2 506.11
52	640009	640009222808	2022	2 658.67	3 092.30
53	640190	640190230873	2023	2 656.12	2 912.57
54	640251	640251222912	2022	2 654.47	2 777.53
55	640009	640009222806	2022	2 654.10	2 995.11
56	640190	640190192679	2019	2 652.89	3 207.37
57	640251	640251210485	2021	2 649.09	3 489.00
58	640003	640003225294	2022	2 647.03	2 841.85
59	640166	640166203483	2020	2 646.14	3 032.85
60	640003	640003225604	2022	2 645.97	3 137.80
61	640190	640190223467	2022	2 644.37	3 324.17
62	640035	640035232764	2023	2 644.20	3 028.82
63	640005	640005229286	2023	2 644.15	2 600.25
64	640253	640253219153	2022	2 643.01	3 313.27
65	640003	640003214415	2021	2 642.85	2 857.18
66	640251	640251211842	2021	2 641.33	2 920.67
67	640193	640193214234	2021	2 640.16	3 166.41
68	640251	640251211902	2021	2 638.92	3 213.84
69	640166	640166234888	2023	2 637.03	2 406.35

续表

排名	场号	牛号	出生年份	$GCPI_{2020}$	$GCPI_{2012}$
70	640251	640251234615	2023	2 636.80	3 059.34
71	640009	640009222660	2022	2 636.48	3 313.14
72	640173	640173228391	2022	2 635.93	3 126.03
73	640251	640251222956	2022	2 635.62	3 200.91
74	640193	640193222192	2022	2 635.61	2 436.78
75	640190	640190210801	2021	2 635.34	2 828.46
76	640003	640003225764	2022	2 634.01	3 850.89
77	643051	643051210071	2021	2 632.71	3 017.86
78	640005	640005229319	2023	2 632.12	3 128.80
79	640003	640003225579	2022	2 631.25	2 822.73
80	640193	640193213654	2021	2 630.95	2 992.29
81	640166	640166234873	2023	2 629.55	2 937.83
82	640251	640251211166	2021	2 629.17	2 939.23
83	640190	640190223525	2022	2 628.99	2 178.91
84	640251	640251222900	2022	2 628.25	3 347.32
85	640253	640253219104	2022	2 627.94	3 268.18
86	640253	640253217811	2021	2 627.45	2 635.73
87	640193	640193225132	2022	2 627.28	3 015.55
88	640251	640251222313	2022	2 627.22	2 990.34
89	640253	640253218743	2022	2 626.28	2 934.38
90	640166	640166234884	2023	2 625.98	2 596.06
91	640193	640193214266	2021	2 625.97	3 031.90
92	640190	640190226537	2022	2 624.67	2 752.36
93	640190	640190226337	2022	2 620.05	3 003.52
94	640190	640190223925	2022	2 619.46	2 055.21
95	640190	640190226371	2022	2 617.62	2 561.12
96	640253	640253219071	2022	2 614.64	2 874.41
97	640253	640253217094	2021	2 614.52	2 842.11

续表

排名	场号	牛号	出生年份	$GCPI_{2020}$	$GCPI_{2012}$
98	640005	640005206001	2020	2 613.45	2 687.94
99	640193	640193205296	2020	2 613.37	2 867.46
100	640251	640251211388	2021	2 611.72	3 193.47

7.2.2.2 $GCPI_{2020}$ 指数排名前 100 名的荷斯坦牛在各牛场的分布

$GCPI_{2020}$ 指数排名前 100 名的母牛在各牛场的分布情况如图 7-2-11 所示。

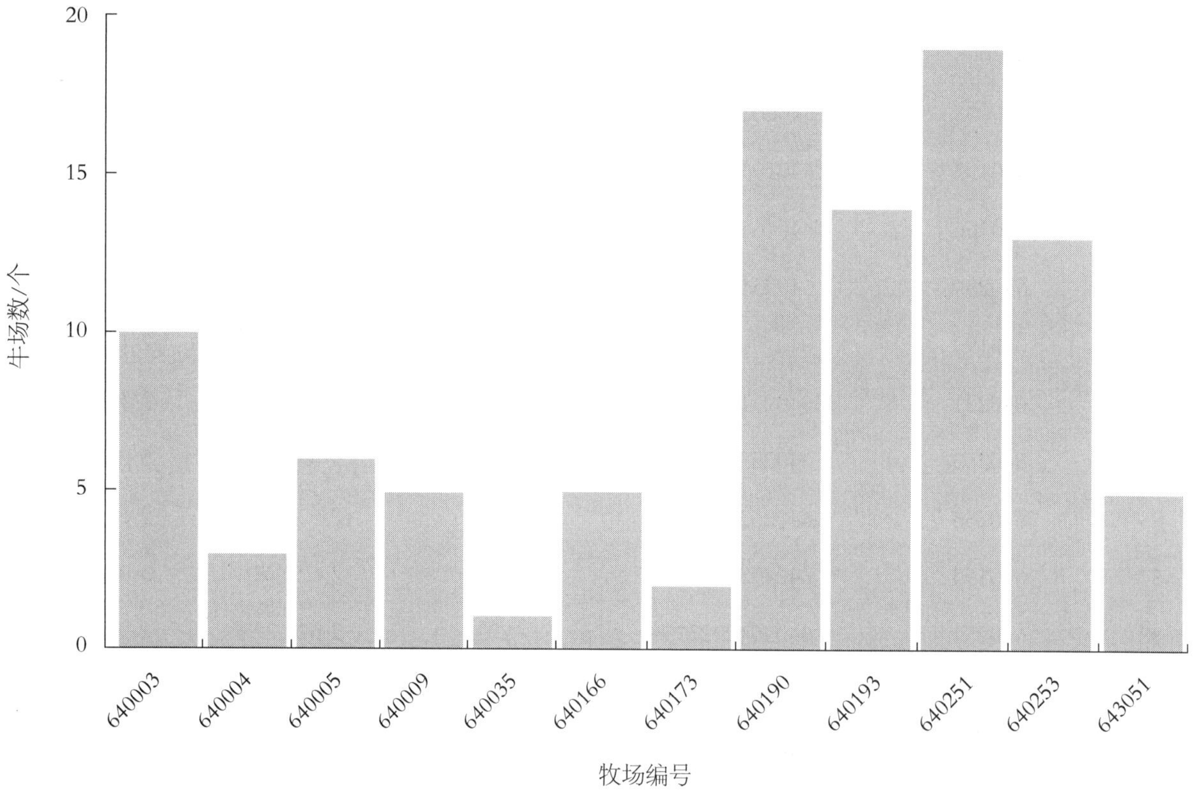

图 7-2-11 宁夏荷斯坦牛 $GCPI_{2020}$ 指数排名前 100 名母牛在各牛场的分布情况

7.2.2.3 宁夏各牛场荷斯坦牛 $GCPI_{2020}$ 指数排名

宁夏荷斯坦牛 $GCPI_{2020}$ 指数在各牛场排名前 10 名母牛的场号、牛号、出生年份、$GCPI_{2020}$ 指数、$GCPI_{2012}$ 指数及排名见表 7-2-2。

表 7-2-2 宁夏各牛场 $GCPI_{2020}$ 指数排名前 10 名荷斯坦牛

场号	场内排名	牛号	出生年份	$GCPI_{2020}$	$GCPI_{2012}$
640003	1	640003225269	2022	2 782.46	3 702.91
	2	640003225767	2022	2 705.57	3 497.92
	3	640003225461	2022	2 694.37	3 182.96
	4	640003225271	2022	2 675.01	3 426.68
	5	640003225591	2022	2 670.19	3 296.36
	6	640003225294	2022	2 647.03	2 841.85
	7	640003225604	2022	2 645.97	3 137.80
	8	640003214415	2021	2 642.85	2 857.18
	9	640003225764	2022	2 634.01	3 850.89
	10	640003225579	2022	2 631.25	2 822.73
640004	1	640004230025	2023	2 820.76	3 615.10
	2	640004230174	2023	2 724.74	2 961.63
	3	640004228090	2022	2 682.45	3 102.97
	4	640004228524	2022	2 597.69	3 186.91
	5	640004208231	2020	2 583.10	3 237.15
	6	640004230024	2023	2 576.78	2 291.19
	7	640004230110	2023	2 561.78	2 506.70
	8	640004229957	2022	2 548.11	2 911.93
	9	640004228533	2022	2 528.79	1 852.75
	10	640004228689	2023	2 526.52	2 852.11
640005	1	640005206004	2020	2 793.10	3 581.24
	2	640005229230	2023	2 775.76	3 175.14
	3	640005216720	2021	2 728.75	3 397.92
	4	640005229286	2023	2 644.15	2 600.25
	5	640005229319	2023	2 632.12	3 128.80
	6	640005206001	2020	2 613.45	2 687.94
	7	640005216559	2021	2 608.04	2 497.20
	8	640005227096	2022	2 597.54	2 608.99

续表

场号	场内排名	牛号	出生年份	$GCPI_{2020}$	$GCPI_{2012}$
640005	9	640005205998	2020	2 588.40	2 745.76
	10	640005206024	2020	2 585.83	3 255.31
640009	1	640009222953	2022	2 684.84	3 012.37
	2	640009222623	2022	2 675.69	3 326.39
	3	640009222808	2022	2 658.67	3 092.30
	4	640009222806	2022	2 654.10	2 995.11
	5	640009222660	2022	2 636.48	3 313.14
	6	640009222950	2022	2 599.87	2 695.44
	7	640009233089	2023	2 583.69	2 542.29
	8	640009222957	2022	2 582.44	2 596.38
	9	640009222824	2022	2 578.97	2 678.18
	10	640009233210	2023	2 576.48	3 430.68
640035	1	640035232764	2023	2 644.20	3 028.82
	2	640035232829	2023	2 607.97	2 448.43
	3	640035232825	2023	2 596.60	2 644.00
	4	640035222363	2022	2 583.31	3 016.20
	5	640035232827	2023	2 567.85	2 625.70
	6	640035232765	2023	2 560.12	2 345.60
	7	640035222601	2022	2 546.23	2 425.70
	8	640035211976	2021	2 541.79	3 032.17
	9	640035232770	2023	2 540.24	2 806.95
	10	640035211981	2021	2 531.75	2 327.48
640166	1	640166234877	2023	2 697.55	2 589.22
	2	640166203483	2020	2 646.14	3 032.85
	3	640166234888	2023	2 637.03	2 406.35
	4	640166234873	2023	2 629.55	2 937.83
	5	640166234884	2023	2 625.98	2 596.06
	6	640166234891	2023	2 585.42	3 107.70

续表

场号	场内排名	牛号	出生年份	$GCPI_{2020}$	$GCPI_{2012}$
640166	7	640166193355	2019	2 571.99	2 428.54
	8	640166234889	2023	2 571.40	2 479.65
	9	640166224656	2022	2 536.71	2 362.56
	10	640166224654	2022	2 528.78	2 736.47
640173	1	640173228034	2022	2 693.01	2 931.33
	2	640173228391	2022	2 635.93	3 126.03
	3	640173227756	2022	2 608.27	3 141.33
	4	640173227876	2022	2 606.01	2 908.09
	5	640173238765	2023	2 596.00	3 077.32
	6	640173227784	2022	2 563.32	2 714.68
	7	640173195832	2019	2 542.33	3 164.14
	8	640173228132	2022	2 509.69	2 391.24
	9	640173239023	2023	2 500.95	2 263.44
	10	640173217587	2021	2 493.67	2 525.39
640190	1	640190230587	2023	2 796.82	3 052.98
	2	640190231425	2023	2 761.33	3 366.20
	3	640190223945	2022	2 751.66	3 777.76
	4	640190226205	2022	2 739.34	3 237.07
	5	640190215019	2021	2 702.44	3 566.97
	6	640190205435	2020	2 688.51	2 608.24
	7	640190224009	2022	2 686.75	2 814.05
	8	640190230909	2023	2 672.54	2 989.64
	9	640190230873	2023	2 656.12	2 912.57
	10	640190192679	2019	2 652.89	3 207.37
640193	1	640193210910	2021	2 760.45	3 453.55
	2	640193224982	2022	2 722.83	3 161.60
	3	640193214284	2021	2 710.22	3 515.55
	4	640193230574	2023	2 706.57	2 611.96

续表

场号	场内排名	牛号	出生年份	$GCPI_{2020}$	$GCPI_{2012}$
640193	5	640193214252	2021	2 671.68	3 405.49
	6	640193193312	2019	2 670.46	2 639.50
	7	640193215636	2021	2 664.50	2 922.46
	8	640193221652	2022	2 662.56	2 408.25
	9	640193214234	2021	2 640.16	3 166.41
	10	640193222192	2022	2 635.61	2 436.78
640251	1	640251222896	2022	2 717.29	3 774.25
	2	640251222922	2022	2 709.35	3 252.80
	3	640251200328	2020	2 705.13	3 424.21
	4	640251222300	2022	2 678.15	3 381.57
	5	640251224040	2022	2 675.47	3 266.99
	6	640251211291	2021	2 674.38	3 076.26
	7	640251222918	2022	2 665.39	3 082.44
	8	640251222968	2022	2 661.44	2 969.83
	9	640251222186	2022	2 660.60	2 506.11
	10	640251222912	2022	2 654.47	2 777.53
640253	1	640253219151	2022	2 825.83	3 924.40
	2	640253232569	2023	2 788.82	3 571.24
	3	640253219099	2022	2 715.04	3 377.09
	4	640253216086	2021	2 707.04	3 155.13
	5	640253217525	2021	2 684.64	2 895.16
	6	640253232543	2023	2 678.14	3 149.13
	7	640253218914	2022	2 676.53	3 058.15
	8	640253219153	2022	2 643.01	3 313.27
	9	640253219104	2022	2 627.94	3 268.18
	10	640253217811	2021	2 627.45	2 635.73
643051	1	643051230565	2023	2 875.51	3 759.84
	2	643051230564	2023	2 725.48	2 833.06

续表

场号	场内排名	牛号	出生年份	$GCPI_{2020}$	$GCPI_{2012}$
643051	3	643051220290	2022	2 725.15	2 918.56
	4	643051230574	2023	2 680.67	3 061.71
	5	643051210071	2021	2 632.71	3 017.86
	6	643051220287	2022	2 610.16	2 659.87
	7	643051220289	2022	2 562.89	2 668.13
	8	643051220274	2022	2 553.11	2 613.58
	9	643051230537	2023	2 530.72	2 533.50
	10	643051210049	2021	2 523.84	2 824.51

7.2.3 宁夏荷斯坦牛各性状基因组估计育种值排名

7.2.3.1 宁夏荷斯坦牛产奶性状和体型性状基因组估计育种值前 100 名排名

产奶性状（产奶量、乳脂率、乳蛋白率、乳脂量、乳蛋白量、体细胞评分）和体型性状（体型总分、泌乳系统评分、肢蹄评分）基因组估计育种值排名前 100 名母牛的场号、牛号、出生年份、基因组估计育种值及基因组估计育种值准确性、排名见表 7−2−3 至表 7−2−11。

表 7−2−3　宁夏产奶量 GEBV 排名前 100 名荷斯坦牛

排名	场号	牛号	出生年份	产奶量 GEBV/kg	GEBV 准确性
1	640190	640190223925	2022	2 534.98	0.71
2	640190	640190223525	2022	2 460.28	0.72
3	640173	640173195807	2019	2 418.55	0.73
4	640190	640190230587	2023	2 372.17	0.73
5	640004	640004230024	2023	2 357.86	0.74
6	640190	640190190619	2019	2 318.10	0.76
7	640004	640004230174	2023	2 239.74	0.74
8	640193	640193221652	2022	2 220.02	0.71
9	640190	640190190905	2019	2 213.54	0.75
10	640190	640190190625	2019	2 168.37	0.77

续表

排名	场号	牛号	出生年份	产奶量 GEBV/kg	GEBV 准确性
11	640193	640193222192	2022	2 165.97	0.72
12	640193	640193226290	2022	2 154.33	0.73
13	640193	640193230574	2023	2 108.85	0.71
14	640004	640004228533	2022	2 098.55	0.74
15	640190	640190205435	2020	2 095.86	0.75
16	640005	640005216559	2021	2 089.43	0.74
17	640005	640005195607	2019	2 074.34	0.76
18	640009	640009233144	2023	2 054.12	0.72
19	640251	640251222186	2022	2 051.03	0.70
20	640035	640035232829	2023	2 041.71	0.75
21	640190	640190190631	2019	1 993.34	0.74
22	640253	640253217175	2021	1 991.19	0.74
23	640166	640166234877	2023	1 961.41	0.73
24	640004	640004229971	2022	1 961.12	0.73
25	640166	640166234888	2023	1 956.60	0.73
26	640005	640005195682	2019	1 947.34	0.77
27	640035	640035222599	2022	1 939.90	0.72
28	640190	640190173985	2017	1 938.81	0.73
29	643051	643051230564	2023	1 931.64	0.69
30	643051	643051220290	2022	1 930.88	0.70
31	640193	640193193312	2019	1 924.75	0.78
32	640190	640190224009	2022	1 911.86	0.74
33	640190	640190190593	2019	1 909.71	0.78
34	640004	640004219047	2021	1 902.30	0.72
35	640009	640009233199	2023	1 890.07	0.72
36	640035	640035222371	2022	1 887.51	0.72
37	640190	640190192973	2019	1 882.62	0.71
38	640005	640005195731	2019	1 847.17	0.76

续表

排名	场号	牛号	出生年份	产奶量 GEBV/kg	GEBV 准确性
39	640173	640173217510	2021	1 836.43	0.72
40	640190	640190214279	2021	1 829.60	0.74
41	640173	640173206134	2020	1 825.74	0.74
42	640005	640005195734	2019	1 820.77	0.74
43	640190	640190223287	2022	1 820.45	0.71
44	640251	640251223916	2022	1 820.07	0.72
45	640005	640005195627	2019	1 806.90	0.77
46	640190	640190223543	2022	1 797.78	0.72
47	640190	640190223765	2022	1 793.38	0.75
48	640251	640251200037	2020	1 789.92	0.72
49	640190	640190191287	2019	1 787.96	0.76
50	640005	640005216706	2021	1 779.42	0.73
51	640190	640190190563	2019	1 775.48	0.74
52	640190	640190230773	2023	1 770.18	0.72
53	640009	640009160962	2016	1 763.85	0.74
54	640251	640251200049	2020	1 760.75	0.73
55	643051	643051230565	2023	1 755.43	0.70
56	640190	640190226371	2022	1 751.06	0.70
57	640253	640253218083	2022	1 748.16	0.72
58	640253	640253215968	2021	1 741.60	0.73
59	640166	640166234928	2023	1 737.40	0.72
60	640190	640190223115	2022	1 729.30	0.71
61	640003	640003193117	2019	1 724.85	0.76
62	640253	640253216080	2021	1 719.66	0.73
63	640190	640190202891	2020	1 716.65	0.74
64	640005	640005195746	2019	1 708.96	0.77
65	640173	640173228034	2022	1 707.74	0.71
66	640005	640005216560	2021	1 702.75	0.74

续表

排名	场号	牛号	出生年份	产奶量 GEBV/kg	GEBV 准确性
67	640166	640166193355	2019	1 701.54	0.74
68	640193	640193192514	2019	1 699.50	0.71
69	640193	640193222754	2022	1 685.22	0.73
70	640004	640004230207	2023	1 679.23	0.74
71	640193	640193202600	2020	1 678.78	0.73
72	640190	640190230909	2023	1 678.12	0.72
73	640193	640193222792	2022	1 676.84	0.73
74	640253	640253217811	2021	1 676.76	0.72
75	640005	640005195697	2019	1 673.78	0.76
76	640009	640009160987	2016	1 671.22	0.76
77	640190	640190191207	2019	1 669.52	0.73
78	641071	641071141127	2014	1 667.96	0.72
79	640193	640193222728	2022	1 663.45	0.73
80	640166	640166234884	2023	1 660.65	0.74
81	640190	640190224003	2022	1 656.60	0.73
82	640005	640005195677	2019	1 656.26	0.74
83	640005	640005216552	2021	1 654.70	0.74
84	640003	640003225579	2022	1 653.21	0.77
85	640166	640166234889	2023	1 649.87	0.70
86	640251	640251211222	2021	1 649.62	0.72
87	640009	640009222695	2022	1 649.57	0.76
88	640005	640005205970	2020	1 649.48	0.75
89	640253	640253205675	2020	1 648.54	0.72
90	640190	640190190579	2019	1 647.19	0.74
91	640009	640009222955	2022	1 645.73	0.74
92	640004	640004230110	2023	1 643.57	0.72
93	640193	640193215764	2021	1 643.10	0.71
94	640005	640005229286	2023	1 640.04	0.75

续表

排名	场号	牛号	出生年份	产奶量 GEBV/kg	GEBV 准确性
95	640004	640004218970	2021	1 639.70	0.76
96	640190	640190192625	2019	1 637.83	0.70
97	640253	640253217525	2021	1 634.15	0.76
98	640005	640005195786	2019	1 631.87	0.78
99	640190	640190223927	2022	1 630.09	0.74
100	640173	640173239023	2023	1 629.48	0.73

表 7-2-4　宁夏乳脂率 GEBV 排名前 100 名荷斯坦牛

排名	场号	牛号	出生年份	乳脂率 GEBV/%	GEBV 准确性
1	640003	640003225764	2022	0.96	0.77
2	640193	640193192388	2019	0.88	0.77
3	640251	640251222896	2022	0.87	0.77
4	640009	640009222733	2022	0.82	0.77
4	640253	640253216944	2021	0.82	0.71
6	640173	640173206152	2020	0.75	0.76
7	640009	640009212398	2021	0.74	0.78
7	640193	640193193032	2019	0.74	0.74
9	640253	640253219071	2022	0.73	0.76
9	640253	640253218896	2022	0.73	0.77
11	640253	640253218996	2022	0.72	0.77
12	640193	640193213428	2021	0.71	0.76
13	640253	640253205731	2020	0.70	0.74
14	640251	640251222900	2022	0.69	0.74
15	640253	640253217701	2021	0.68	0.73
15	640173	640173206230	2020	0.68	0.76
15	640035	640035201663	2020	0.68	0.77
15	640035	640035201632	2020	0.68	0.82

续表

排名	场号	牛号	出生年份	乳脂率 GEBV/%	GEBV 准确性
15	640190	640190143049	2014	0.68	0.55
20	640004	640004229767	2022	0.67	0.76
20	640190	640190193431	2019	0.67	0.78
22	640251	640251222532	2022	0.66	0.73
23	640190	640190223467	2022	0.65	0.78
23	640253	640253219217	2022	0.65	0.77
23	640251	640251223050	2022	0.65	0.77
23	640193	640193214240	2021	0.65	0.77
23	640009	640009201876	2020	0.65	0.77
23	640005	640005216631	2021	0.65	0.79
29	640190	640190231425	2023	0.64	0.76
30	640173	640173228391	2022	0.63	0.77
30	640193	640193200810	2020	0.63	0.70
32	640190	640190192679	2019	0.62	0.75
32	640253	640253219034	2022	0.62	0.78
32	640035	640035212007	2021	0.62	0.75
32	640193	640193213418	2021	0.62	0.74
32	640251	640251210880	2021	0.62	0.72
37	640193	640193213654	2021	0.61	0.75
37	640009	640009233120	2023	0.61	0.77
37	640253	640253217123	2021	0.61	0.76
37	640190	640190143043	2014	0.61	0.56
41	640173	640173227756	2022	0.60	0.77
41	640005	640005205905	2020	0.60	0.75
41	640005	640005205965	2020	0.60	0.76
41	640009	640009191634	2019	0.60	0.77
41	641009	641009140216	2014	0.60	0.75
41	640190	640190143046	2014	0.60	0.57

续表

排名	场号	牛号	出生年份	乳脂率 GEBV/%	GEBV 准确性
41	640190	640190143064	2014	0.60	0.54
48	640193	640193210360	2021	0.59	0.73
49	640251	640251222300	2022	0.58	0.74
49	640193	640193215590	2021	0.58	0.76
49	640253	640253218862	2022	0.58	0.75
49	640193	640193231268	2023	0.58	0.73
49	640193	640193200498	2020	0.58	0.72
54	643051	643051230565	2023	0.57	0.74
54	640253	640253219099	2022	0.57	0.75
54	640003	640003225767	2022	0.57	0.76
54	640251	640251222956	2022	0.57	0.77
54	640253	640253217865	2021	0.57	0.74
54	640004	640004230112	2023	0.57	0.76
54	640193	640193200202	2020	0.57	0.79
54	640009	640009212558	2021	0.57	0.79
54	640253	640253216447	2021	0.57	0.77
54	640009	640009191854	2019	0.57	0.81
54	640004	640004208229	2020	0.57	0.76
54	640003	640003214526	2021	0.57	0.67
66	640251	640251210941	2021	0.56	0.74
66	640173	640173195832	2019	0.56	0.78
66	640251	640251222940	2022	0.56	0.74
66	640251	640251210903	2021	0.56	0.72
66	640193	640193200508	2020	0.56	0.70
66	640035	640035191233	2019	0.56	0.76
66	640007	640007141181	2014	0.56	0.77
73	640253	640253219153	2022	0.55	0.77
73	640035	640035222363	2022	0.55	0.77

续表

排名	场号	牛号	出生年份	乳脂率 GEBV/%	GEBV 准确性
73	640190	640190223430	2022	0.55	0.75
73	640003	640003225253	2022	0.55	0.78
73	640251	640251223040	2022	0.55	0.77
73	640173	640173205918	2020	0.55	0.71
73	640193	640193224876	2022	0.55	0.76
73	640005	640005205941	2020	0.55	0.79
73	643051	643051044493	2021	0.55	0.67
73	640193	640193192522	2019	0.55	0.82
73	640190	640190191093	2019	0.55	0.78
73	640253	640253232084	2023	0.55	0.74
73	640193	640193213146	2021	0.55	0.74
73	640035	640035201636	2020	0.55	0.80
73	640035	640035148589	2014	0.55	0.78
73	640190	640190143054	2014	0.55	0.58
89	640005	640005206024	2020	0.54	0.74
89	640193	640193230432	2023	0.54	0.75
89	640173	640173227762	2022	0.54	0.75
89	640253	640253232613	2023	0.54	0.74
89	640193	640193210468	2021	0.54	0.70
89	640190	640190205581	2020	0.54	0.75
89	643051	643051044480	2021	0.54	0.75
89	640190	640190205447	2020	0.54	0.73
89	640190	640190193213	2019	0.54	0.80
89	640251	640251174633	2017	0.54	0.71
99	640253	640253232124	2023	0.53	0.75
99	640253	640253219171	2022	0.53	0.69

表 7-2-5 宁夏乳蛋白率 GEBV 排名前 100 名荷斯坦牛

排名	场号	牛号	出生年份	乳蛋白率 GEBV/%	GEBV 准确性
1	640003	640003225764	2022	0.37	0.79
2	640003	640003214279	2021	0.36	0.78
3	640005	640005205905	2020	0.35	0.78
4	640251	640251222896	2022	0.33	0.80
4	640009	640009222723	2022	0.33	0.82
4	640003	640003214148	2021	0.33	0.79
7	640253	640253216944	2021	0.32	0.74
7	640193	640193192388	2019	0.32	0.79
9	640003	640003225269	2022	0.31	0.83
9	640253	640253219173	2022	0.31	0.78
9	640009	640009222733	2022	0.31	0.80
9	640190	640190143043	2014	0.31	0.60
13	640251	640251222956	2022	0.30	0.80
13	640251	640251222976	2022	0.30	0.79
13	640035	640035201632	2020	0.30	0.84
13	640253	640253217106	2021	0.30	0.74
13	640004	640004218945	2021	0.30	0.79
18	640253	640253219153	2022	0.29	0.80
18	640009	640009233210	2023	0.29	0.80
18	640005	640005216664	2021	0.29	0.82
18	640004	640004208111	2020	0.29	0.80
18	640005	640005216631	2021	0.29	0.82
18	643051	643051044493	2021	0.29	0.70
18	640251	640251210610	2021	0.29	0.78
18	640251	640251174637	2017	0.29	0.79
18	640251	640251174633	2017	0.29	0.73
18	640190	640190143058	2014	0.29	0.60
18	640190	640190143049	2014	0.29	0.59

续表

排名	场号	牛号	出生年份	乳蛋白率 GEBV/%	GEBV 准确性
29	640253	640253219151	2022	0.28	0.77
29	640190	640190223945	2022	0.28	0.80
29	640190	640190223609	2022	0.28	0.79
29	640253	640253218896	2022	0.28	0.80
29	640193	640193213418	2021	0.28	0.76
29	640253	640253204590	2020	0.28	0.79
29	640190	640190214477	2021	0.28	0.72
29	640253	640253216975	2021	0.28	0.75
29	640003	640003214526	2021	0.28	0.70
29	640036	640036160700	2016	0.28	0.78
29	640190	640190143076	2014	0.28	0.63
29	640190	640190143489	2014	0.28	0.59
41	640003	640003225271	2022	0.27	0.79
41	640251	640251211902	2021	0.27	0.80
41	640253	640253217875	2021	0.27	0.77
41	640005	640005216447	2021	0.27	0.81
41	640004	640004219058	2021	0.27	0.81
41	640004	640004229767	2022	0.27	0.78
41	640173	640173206230	2020	0.27	0.79
41	640190	640190222669	2022	0.27	0.80
41	640253	640253219171	2022	0.27	0.71
41	640009	640009201876	2020	0.27	0.80
41	640004	640004208270	2020	0.27	0.79
41	640190	640190210055	2021	0.27	0.74
41	640252	640252172918	2017	0.27	0.72
41	640036	640036160678	2016	0.27	0.78
41	640190	640190143064	2014	0.27	0.57
56	640193	640193224956	2022	0.26	0.81

续表

排名	场号	牛号	出生年份	乳蛋白率 GEBV/%	GEBV 准确性
56	640251	640251223040	2022	0.26	0.79
56	640173	640173216920	2021	0.26	0.81
56	640193	640193212998	2021	0.26	0.78
56	640253	640253216578	2021	0.26	0.79
56	640005	640005205965	2020	0.26	0.79
56	640193	640193192624	2019	0.26	0.78
56	640173	640173206318	2020	0.26	0.79
56	643051	643051044466	2021	0.26	0.77
56	640036	640036160629	2016	0.26	0.79
56	640036	640036160628	2016	0.26	0.78
56	640190	640190143201	2014	0.26	0.60
68	640003	640003225767	2022	0.25	0.79
68	640009	640009222660	2022	0.25	0.80
68	640251	640251222906	2022	0.25	0.79
68	640190	640190223851	2022	0.25	0.79
68	640251	640251222244	2022	0.25	0.79
68	640193	640193213428	2021	0.25	0.79
68	640035	640035201638	2020	0.25	0.83
68	640190	640190226111	2022	0.25	0.74
68	640193	640193200864	2020	0.25	0.80
68	640190	640190200921	2020	0.25	0.76
68	640005	640005206038	2020	0.25	0.81
68	640193	640193205856	2020	0.25	0.75
68	640253	640253216652	2021	0.25	0.78
68	640190	640190221851	2022	0.25	0.69
68	640005	640005216428	2021	0.25	0.80
68	640003	640003214139	2021	0.25	0.78
68	640253	640253204732	2020	0.25	0.78

续表

排名	场号	牛号	出生年份	乳蛋白率 GEBV/%	GEBV 准确性
68	640173	640173216912	2021	0.25	0.78
68	640005	640005206003	2020	0.25	0.79
68	640253	640253170743	2017	0.25	0.80
68	640253	640253170749	2017	0.25	0.74
68	640190	640190143054	2014	0.25	0.61
68	640190	640190143070	2014	0.25	0.63
91	640251	640251210485	2021	0.24	0.80
91	640253	640253219104	2022	0.24	0.80
91	640003	640003225253	2022	0.24	0.81
91	640253	640253219034	2022	0.24	0.80
91	640003	640003197409	2019	0.24	0.79
91	640003	640003214627	2021	0.24	0.80
91	640009	640009212398	2021	0.24	0.81
91	640193	640193205930	2020	0.24	0.81
91	640166	640166234895	2023	0.24	0.79
91	643051	643051044446	2021	0.24	0.77

表 7-2-6 宁夏乳脂量 GEBV 排名前 100 名荷斯坦牛

排名	场号	牛号	出生年份	乳脂量 GEBV/kg	GEBV 准确性
1	643051	643051230565	2023	93.29	0.68
2	640253	640253219071	2022	89.15	0.70
3	640251	640251223050	2022	87.75	0.71
4	640251	640251222896	2022	85.94	0.71
5	640251	640251222956	2022	85.74	0.71
6	640004	640004230025	2023	84.85	0.68
7	640166	640166234877	2023	82.09	0.71
8	640251	640251222922	2022	82.08	0.71

续表

排名	场号	牛号	出生年份	乳脂量 GEBV/kg	GEBV 准确性
9	640253	640253219099	2022	81.62	0.70
10	640166	640166234884	2023	81.43	0.72
11	640251	640251222912	2022	81.38	0.72
12	640190	640190231425	2023	81.02	0.70
13	640009	640009233120	2023	80.47	0.72
14	640193	640193224982	2022	79.58	0.71
15	640190	640190223525	2022	79.48	0.70
16	640253	640253218273	2022	78.51	0.68
17	640253	640253232569	2023	77.96	0.68
18	640253	640253219151	2022	77.57	0.68
19	640193	640193210910	2021	77.07	0.73
20	640190	640190223467	2022	76.85	0.72
21	640190	640190192679	2019	76.46	0.70
22	640190	640190230909	2023	76.36	0.69
23	640005	640005206004	2020	76.26	0.76
24	640253	640253219153	2022	76.21	0.72
25	640251	640251222900	2022	75.91	0.68
26	640166	640166234873	2023	75.88	0.70
27	640193	640193224876	2022	74.80	0.71
28	640173	640173228391	2022	74.66	0.71
29	640003	640003225269	2022	74.63	0.76
30	640009	640009222623	2022	74.47	0.73
31	640193	640193215636	2021	74.45	0.72
32	640251	640251223040	2022	74.43	0.71
33	640193	640193213654	2021	74.26	0.70
34	640193	640193222728	2022	74.24	0.71
35	640251	640251224040	2022	74.10	0.70
36	640190	640190230587	2023	74.04	0.71

续表

排名	场号	牛号	出生年份	乳脂量 GEBV/kg	GEBV 准确性
37	640173	640173227756	2022	73.53	0.72
38	640253	640253218896	2022	72.70	0.71
39	640009	640009212398	2021	72.24	0.73
40	640166	640166234901	2023	71.55	0.70
41	640004	640004230174	2023	71.29	0.72
42	640253	640253217525	2021	71.11	0.74
43	640005	640005229230	2023	70.72	0.70
44	640253	640253219072	2022	70.65	0.73
45	640253	640253219111	2022	70.64	0.72
46	640003	640003225461	2022	70.55	0.74
47	640193	640193230622	2023	70.38	0.68
48	640005	640005227039	2022	70.10	0.72
49	640190	640190223925	2022	70.09	0.69
50	640166	640166234888	2023	70.03	0.71
51	640193	640193215646	2021	69.93	0.73
52	640009	640009233091	2023	69.86	0.72
53	640190	640190223945	2022	69.82	0.72
54	640009	640009222953	2022	69.70	0.73
55	640009	640009222950	2022	69.68	0.71
56	640003	640003225767	2022	69.56	0.71
57	640193	640193193312	2019	69.55	0.76
57	640251	640251211832	2021	69.55	0.71
59	640003	640003214340	2021	69.53	0.71
60	640035	640035222363	2022	69.12	0.71
61	640003	640003225271	2022	69.01	0.71
62	640173	640173227706	2022	68.95	0.72
63	640253	640253219115	2022	68.88	0.70
64	640173	640173227876	2022	68.87	0.72

续表

排名	场号	牛号	出生年份	乳脂量 GEBV/kg	GEBV 准确性
65	640166	640166234889	2023	68.86	0.68
66	640190	640190205475	2020	68.84	0.71
67	640253	640253218743	2022	68.75	0.69
68	640253	640253217175	2021	68.62	0.72
69	640190	640190226537	2022	68.43	0.69
70	640173	640173238765	2023	68.40	0.72
71	640035	640035232825	2023	68.32	0.70
72	640004	640004230024	2023	68.31	0.72
73	640251	640251222932	2022	68.19	0.68
74	640251	640251222918	2022	67.83	0.72
75	640253	640253217875	2021	67.60	0.69
76	640003	640003214151	2021	67.31	0.73
77	640035	640035232764	2023	67.23	0.70
78	640190	640190230873	2023	67.19	0.71
79	640190	640190226529	2022	66.98	0.69
80	640253	640253217701	2021	66.96	0.67
81	640193	640193224956	2022	66.81	0.73
82	640193	640193225132	2022	66.64	0.67
83	640193	640193230582	2023	66.46	0.71
84	640251	640251223137	2022	66.31	0.66
85	640251	640251222300	2022	66.20	0.68
86	640253	640253217865	2021	66.17	0.69
87	640009	640009233089	2023	66.14	0.73
88	643051	64305100D055	2020	66.04	0.72
89	640253	640253219217	2022	65.98	0.71
90	640166	640166234936	2023	65.91	0.72
91	640251	640251200328	2020	65.90	0.72
92	640035	640035232827	2023	65.79	0.69

续表

排名	场号	牛号	出生年份	乳脂量 GEBV/kg	GEBV 准确性
93	640251	640251211902	2021	65.76	0.72
94	640193	640193200358	2020	65.65	0.75
95	640190	640190226371	2022	65.59	0.68
96	640190	640190230883	2023	65.58	0.69
97	640251	640251222186	2022	65.47	0.68
98	640190	640190223421	2022	65.44	0.71
99	640193	640193213418	2021	65.33	0.68
100	640009	640009222733	2022	65.21	0.72

表 7-2-7 宁夏乳蛋白量 GEBV 排名前 100 名荷斯坦牛

排名	场号	牛号	出生年份	乳蛋白量 GEBV/kg	GEBV 准确性
1	640004	640004230174	2023	66.34	0.72
2	640190	640190223925	2022	64.33	0.69
3	640190	640190230587	2023	63.31	0.71
4	643051	643051230565	2023	62.01	0.68
5	640193	640193222192	2022	61.69	0.70
6	640004	640004230024	2023	61.27	0.72
7	640251	640251211902	2021	59.75	0.72
8	640004	640004230025	2023	59.60	0.68
9	640251	640251222956	2022	59.22	0.71
10	640193	640193222652	2022	58.63	0.70
11	640003	640003225269	2022	57.72	0.76
12	640193	640193221652	2022	57.32	0.69
13	640190	640190223115	2022	56.77	0.69
14	640190	640190190905	2019	56.63	0.74
15	640190	640190223525	2022	56.53	0.70
16	640190	640190224009	2022	56.52	0.72

续表

排名	场号	牛号	出生年份	乳蛋白量 GEBV/kg	GEBV 准确性
17	640251	640251222186	2022	55.94	0.68
18	640193	640193224982	2022	55.90	0.71
19	640193	640193226290	2022	55.89	0.71
20	640253	640253219151	2022	55.73	0.68
21	640190	640190230873	2023	55.32	0.71
22	640005	640005229286	2023	55.15	0.73
23	640005	640005229275	2023	54.93	0.73
24	640166	640166234884	2023	54.91	0.72
24	640166	640166234889	2023	54.91	0.68
26	640035	640035232829	2023	54.90	0.73
27	640251	640251222922	2022	54.83	0.71
27	640173	640173228034	2022	54.83	0.69
29	640003	640003225294	2022	54.74	0.74
30	640190	640190220229	2022	54.53	0.70
31	640190	640190223325	2022	54.43	0.70
32	640035	640035222599	2022	54.30	0.70
33	640253	640253204982	2020	54.14	0.68
34	640166	640166234877	2023	53.92	0.71
35	640190	640190190631	2019	53.80	0.72
36	640251	640251200049	2020	53.73	0.72
37	640190	640190205435	2020	53.62	0.73
38	640251	640251211359	2021	53.58	0.71
39	643051	643051220290	2022	53.51	0.68
39	640253	640253217175	2021	53.51	0.72
41	640190	640190230773	2023	53.14	0.70
42	640253	640253219153	2022	53.12	0.72
43	640003	640003225579	2022	52.92	0.75
44	640035	640035222371	2022	52.90	0.69

续表

排名	场号	牛号	出生年份	乳蛋白量 GEBV/kg	GEBV 准确性
45	640193	640193210910	2021	52.87	0.73
46	640190	640190214279	2021	52.78	0.72
47	640190	640190214261	2021	52.77	0.72
48	640193	640193230574	2023	52.64	0.68
49	640004	640004230110	2023	52.45	0.70
50	640005	640005227029	2022	52.44	0.69
51	640251	640251211832	2021	52.33	0.71
52	640193	640193193312	2019	52.29	0.76
53	640190	640190226371	2022	52.21	0.68
54	640166	640166203483	2020	51.99	0.69
55	640193	640193210508	2021	51.92	0.69
56	640193	640193222642	2022	51.87	0.69
57	640166	640166234873	2023	51.83	0.71
58	640190	640190223945	2022	51.80	0.72
59	640166	640166234888	2023	51.79	0.71
60	640190	640190190619	2019	51.70	0.74
61	640190	640190226337	2022	51.65	0.71
62	640190	640190223765	2022	51.62	0.73
63	643051	643051230564	2023	51.55	0.67
63	640003	640003225271	2022	51.55	0.71
65	640193	640193215762	2021	51.32	0.71
66	640009	640009222953	2022	51.14	0.73
67	640005	640005216664	2021	51.05	0.74
68	640253	640253232543	2023	50.95	0.70
69	640253	640253217875	2021	50.94	0.69
70	640253	640253217811	2021	50.92	0.70
71	640005	640005226911	2022	50.80	0.73
72	640251	640251222155	2022	50.76	0.69

续表

排名	场号	牛号	出生年份	乳蛋白量 GEBV/kg	GEBV 准确性
73	640190	640190230909	2023	50.75	0.70
74	640035	640035232825	2023	50.71	0.71
75	640005	640005216720	2021	50.55	0.71
76	640253	640253218083	2022	50.45	0.70
77	640009	640009233089	2023	50.37	0.73
78	640190	640190223927	2022	50.24	0.72
79	640253	640253232569	2023	50.23	0.68
80	640193	640193222198	2022	49.92	0.70
81	640005	640005229319	2023	49.85	0.70
82	640253	640253219099	2022	49.82	0.70
83	640190	640190223893	2022	49.80	0.72
84	640253	640253218982	2022	49.79	0.73
85	640251	640251223137	2022	49.78	0.67
86	640253	640253216086	2021	49.74	0.74
87	640190	640190226205	2022	49.72	0.70
88	640035	640035232827	2023	49.55	0.69
89	640251	640251211842	2021	49.52	0.75
90	640005	640005229184	2023	49.48	0.71
91	640251	640251211166	2021	49.45	0.71
91	640190	640190214761	2021	49.45	0.68
93	640190	640190223287	2022	49.40	0.69
94	640251	640251223050	2022	49.19	0.71
95	640173	640173239023	2023	49.16	0.71
96	640253	640253232554	2023	49.14	0.69
97	640251	640251222932	2022	49.12	0.68
98	640003	640003214341	2021	49.07	0.73
99	640009	640009222623	2022	48.99	0.73
100	640005	640005229244	2023	48.94	0.69

表 7-2-8　宁夏体细胞评分 GEBV 排名前 100 名荷斯坦牛

排名	场号	牛号	出生年份	体细胞评分 GEBV/ 分	GEBV 准确性
1	640166	640166141254	2014	0.87	0.71
1	640173	640173174340	2017	0.87	0.69
3	640032	640032142603	2014	1.00	0.28
4	640251	640251222532	2022	1.01	0.63
5	640251	640251197268	2019	1.03	0.70
6	640005	640005164908	2016	1.04	0.69
7	643051	643051044336	2021	1.05	0.67
8	641009	641009140211	2014	1.06	0.74
9	640190	640190173775	2017	1.07	0.66
10	640005	640005205980	2020	1.10	0.72
10	640004	640004146660	2014	1.10	0.72
12	640190	640190163985	2016	1.11	0.68
13	640009	640009233150	2023	1.12	0.65
14	640190	640190210071	2021	1.13	0.68
15	643052	643052120504	2012	1.14	0.63
16	643091	643091139070	2013	1.15	0.72
17	640252	640252162115	2016	1.17	0.67
18	640005	640005205966	2020	1.18	0.71
18	640005	640005195765	2019	1.18	0.69
18	640166	640166161835	2016	1.18	0.66
21	640253	640253171358	2017	1.20	0.70
21	640251	640251200197	2020	1.20	0.69
21	640166	640166172299	2017	1.20	0.71
24	640166	640166141295	2014	1.21	0.71
25	640190	640190210039	2021	1.22	0.64
25	640005	640005229416	2023	1.22	0.68
25	643051	64305100D077	2020	1.22	0.67
25	640066	640066160140	2016	1.22	0.64

续表

排名	场号	牛号	出生年份	体细胞评分 GEBV/ 分	GEBV 准确性
25	640166	640166162127	2016	1.22	0.70
30	640190	640190210185	2021	1.23	0.68
31	640253	640253216944	2021	1.24	0.62
31	640009	640009140402	2014	1.24	0.66
31	640003	640003141816	2014	1.24	0.62
31	640036	640036150266	2015	1.24	0.67
35	640005	640005216382	2021	1.26	0.67
35	640005	640005216631	2021	1.26	0.71
35	640009	640009201891	2020	1.26	0.67
35	640166	640166162021	2016	1.26	0.70
35	640007	640007164136	2016	1.26	0.65
40	640005	640005216622	2021	1.27	0.67
40	640193	640193200864	2020	1.27	0.68
40	640190	640190191165	2019	1.27	0.68
43	640173	640173228476	2022	1.28	0.69
43	640100	640100140333	2014	1.28	0.65
45	640005	640005229271	2023	1.29	0.66
45	643051	643051044495	2021	1.29	0.70
45	640035	640035222350	2022	1.29	0.64
45	640190	640190190721	2019	1.29	0.69
45	640005	640005227065	2022	1.29	0.68
50	640190	640190230905	2023	1.30	0.65
50	643052	643052151204	2016	1.30	0.69
50	640193	640193192500	2019	1.30	0.69
50	640005	640005144385	2014	1.30	0.53
50	640012	640012161570	2016	1.30	0.65
50	640012	640012151370	2015	1.30	0.65
56	640251	640251210955	2021	1.31	0.63

续表

排名	场号	牛号	出生年份	体细胞评分 GEBV/ 分	GEBV 准确性
56	640005	640005175033	2017	1.31	0.70
56	640166	640166172353	2017	1.31	0.69
56	640036	640036150305	2015	1.31	0.63
60	640193	640193210468	2021	1.32	0.60
60	640004	640004218943	2021	1.32	0.67
60	640173	640173195860	2019	1.32	0.64
60	640251	640251210734	2021	1.32	0.68
60	641071	641071151814	2015	1.32	0.63
60	640253	640253160086	2016	1.32	0.59
60	640253	640253170951	2017	1.32	0.64
60	641071	641071151861	2015	1.32	0.67
60	640064	640064151365	2015	1.32	0.63
69	643051	643051230537	2023	1.33	0.64
69	640173	640173227762	2022	1.33	0.66
69	640251	640251211575	2021	1.33	0.70
69	640251	640251222958	2022	1.33	0.60
69	640003	640003193108	2019	1.33	0.68
69	640190	640190192651	2019	1.33	0.68
69	640193	640193192506	2019	1.33	0.66
69	640166	640166162173	2016	1.33	0.73
69	640004	640004197808	2019	1.33	0.65
69	640004	640004197806	2019	1.33	0.65
79	640251	640251222944	2022	1.34	0.64
79	640005	640005164741	2016	1.34	0.69
79	643051	643051220270	2022	1.34	0.67
79	640009	640009150711	2015	1.34	0.69
79	640100	640100130838	2013	1.34	0.56
79	640118	640118140480	2014	1.34	0.67

续表

排名	场号	牛号	出生年份	体细胞评分 GEBV/ 分	GEBV 准确性
79	640178	640178130905	2013	1.34	0.75
79	640166	640166141248	2014	1.34	0.71
79	640066	640066160093	2016	1.34	0.69
88	640009	640009233210	2023	1.35	0.69
88	640193	640193213228	2021	1.35	0.67
88	640173	640173206282	2020	1.35	0.69
88	640003	640003224915	2022	1.35	0.69
88	640190	640190192699	2019	1.35	0.65
88	640190	640190191183	2019	1.35	0.66
88	640009	640009160985	2016	1.35	0.69
88	640005	640005164949	2016	1.35	0.66
88	640035	640035160439	2016	1.35	0.72
88	640226	640226140526	2014	1.35	0.67
88	640166	640166141018	2014	1.35	0.66
99	640035	640035201614	2020	1.36	0.71
99	640035	640035191260	2019	1.36	0.68

表 7-2-9　宁夏体型总分 GEBV 排名前 100 名荷斯坦牛

排名	场号	牛号	出生年份	体型总分 GEBV/ 分	GEBV 准确性
1	640009	640009222728	2022	11.61	0.68
2	640003	640003172520	2017	11.49	0.72
3	640004	640004218981	2021	11.44	0.71
4	640253	640253219104	2022	11.14	0.69
5	640190	640190173923	2017	11.05	0.67
6	640253	640253218050	2022	11.02	0.65
7	640003	640003225764	2022	10.50	0.69
8	640009	640009191627	2019	10.26	0.70

续表

排名	场号	牛号	出生年份	体型总分 GEBV/ 分	GEBV 准确性
9	640003	640003172486	2017	10.03	0.70
10	640190	640190156421	2015	9.99	0.68
11	640253	640253205214	2020	9.97	0.68
12	640173	640173228034	2022	9.93	0.65
13	640003	640003172527	2017	9.88	0.69
14	640005	640005205966	2020	9.71	0.71
15	640003	640003203379	2020	9.69	0.74
16	640222	640222153671	2015	9.68	0.66
17	640251	640251222778	2022	9.67	0.70
18	643051	643051044347	2021	9.63	0.70
19	640190	640190231505	2023	9.58	0.67
20	640004	640004177232	2017	9.57	0.71
21	643051	643051210071	2021	9.38	0.67
22	640190	640190231425	2023	9.30	0.67
23	640190	640190173839	2017	9.25	0.64
24	640193	640193214284	2021	9.10	0.65
24	640003	640003172511	2017	9.10	0.71
26	640009	640009222806	2022	9.08	0.66
27	640190	640190200887	2020	9.06	0.67
28	640253	640253216086	2021	8.97	0.70
29	640253	640253169991	2016	8.92	0.69
30	640005	640005205975	2020	8.91	0.65
31	640166	640166214241	2021	8.83	0.65
32	640173	640173228394	2022	8.80	0.67
33	640251	640251223745	2022	8.75	0.67
34	640003	640003172507	2017	8.71	0.68
35	640166	640166172343	2017	8.68	0.71
36	640253	640253216652	2021	8.67	0.66

续表

排名	场号	牛号	出生年份	体型总分 GEBV/ 分	GEBV 准确性
36	640190	640190173903	2017	8.67	0.65
38	640193	640193192386	2019	8.63	0.69
39	640193	640193215590	2021	8.58	0.67
40	640035	640035201529	2019	8.57	0.64
41	640190	640190163981	2016	8.53	0.67
41	640003	640003172502	2017	8.53	0.70
43	640173	640173174339	2017	8.49	0.63
44	640253	640253218542	2022	8.45	0.70
44	640009	640009222656	2022	8.45	0.68
46	643051	643051230537	2023	8.40	0.63
47	640190	640190191257	2019	8.35	0.70
48	640166	640166193199	2019	8.34	0.70
49	640166	640166224654	2022	8.33	0.69
50	640253	640253217683	2021	8.32	0.67
50	640005	640005206027	2020	8.32	0.68
52	640251	640251197703	2019	8.31	0.69
53	640004	640004177233	2017	8.28	0.73
54	640004	640004229960	2022	8.26	0.67
54	640009	640009222777	2022	8.26	0.68
56	643051	643051220290	2022	8.25	0.64
56	640173	640173195832	2019	8.25	0.70
58	640253	640253205071	2020	8.23	0.66
59	640253	640253218577	2022	8.21	0.68
59	640190	640190193237	2019	8.21	0.70
59	640003	640003214718	2021	8.21	0.70
59	640003	640003172504	2017	8.21	0.71
59	640035	640035201633	2020	8.21	0.66
64	640003	640003172517	2017	8.20	0.72

续表

排名	场号	牛号	出生年份	体型总分 GEBV/ 分	GEBV 准确性
65	640005	640005206004	2020	8.19	0.73
66	640064	640064151350	2015	8.17	0.71
67	640118	640118140462	2014	8.10	0.68
68	640193	640193200876	2020	8.09	0.68
69	640009	640009222808	2022	8.04	0.73
70	640003	640003225699	2022	8.02	0.68
71	640253	640253218914	2022	7.97	0.64
72	640003	640003172526	2017	7.94	0.71
73	640251	640251208984	2020	7.92	0.67
74	640003	640003225584	2022	7.88	0.67
75	640253	640253193789	2019	7.84	0.69
76	640005	640005227069	2022	7.81	0.69
77	640166	640166130784	2013	7.80	0.77
78	640004	640004219280	2021	7.79	0.68
78	640003	640003172492	2017	7.79	0.72
80	640173	640173228476	2022	7.78	0.68
81	640251	640251222300	2022	7.77	0.65
82	640193	640193230260	2023	7.73	0.66
83	640253	640253205735	2020	7.69	0.67
83	640166	640166214167	2021	7.69	0.68
83	640003	640003193106	2019	7.69	0.70
86	640253	640253204552	2020	7.68	0.65
87	640193	640193192496	2019	7.65	0.68
87	640190	640190201259	2020	7.65	0.67
89	640251	640251164296	2016	7.62	0.67
90	640005	640005205962	2020	7.61	0.70
90	640005	640005216374	2021	7.61	0.68
92	640005	640005205998	2020	7.60	0.68

续表

排名	场号	牛号	出生年份	体型总分 GEBV/ 分	GEBV 准确性
93	640005	640005205961	2020	7.59	0.69
94	640003	640003193123	2019	7.58	0.71
95	640003	640003225604	2022	7.57	0.69
96	640009	640009202040	2020	7.56	0.68
97	640251	640251209170	2020	7.54	0.65
98	640251	640251222968	2022	7.53	0.67
98	640009	640009222660	2022	7.53	0.68
100	641071	641071151820	2015	7.52	0.69

表 7-2-10　宁夏泌乳系统评分 GEBV 排名前 100 名荷斯坦牛

排名	场号	牛号	出生年份	泌乳系统评分 GEBV/ 分	GEBV 准确性
1	640003	640003172486	2017	14.69	0.69
2	640166	640166172343	2017	13.74	0.71
3	640003	640003172520	2017	13.23	0.72
4	640003	640003203379	2020	13.09	0.73
5	640004	640004218981	2021	12.66	0.71
6	640004	640004177232	2017	12.33	0.71
7	640190	640190191257	2019	12.04	0.70
8	640003	640003172507	2017	11.71	0.68
9	640003	640003172494	2017	11.26	0.71
10	640173	640173228394	2022	11.12	0.66
11	640003	640003172527	2017	11.08	0.68
12	640003	640003172504	2017	11.06	0.71
13	640003	640003172511	2017	10.77	0.71
14	640003	640003172526	2017	10.68	0.71
15	640004	640004177233	2017	10.65	0.73
16	640166	640166172361	2017	10.60	0.72

续表

排名	场号	牛号	出生年份	泌乳系统评分 GEBV/ 分	GEBV 准确性
17	640003	640003172517	2017	10.58	0.72
18	640166	640166224654	2022	10.42	0.69
19	640005	640005175033	2017	10.36	0.69
20	640251	640251223745	2022	10.28	0.67
21	640003	640003172502	2017	10.17	0.70
22	640005	640005163810	2016	10.12	0.68
23	640009	640009222728	2022	10.08	0.68
23	640003	640003193106	2019	10.08	0.70
25	640166	640166130784	2013	9.74	0.77
26	640005	640005227096	2022	9.70	0.67
27	640190	640190173839	2017	9.61	0.63
28	640009	640009222806	2022	9.54	0.66
29	640003	640003172499	2017	9.47	0.65
30	640007	640007141197	2014	9.42	0.65
31	640009	640009191627	2019	9.31	0.70
32	640222	640222153671	2015	9.13	0.66
33	640253	640253170951	2017	9.12	0.63
34	640035	640035212120	2021	9.07	0.66
35	640003	640003193123	2019	9.02	0.70
36	640005	640005175027	2017	8.99	0.73
37	640253	640253218968	2022	8.95	0.67
38	640173	640173228034	2022	8.89	0.65
39	640190	640190173923	2017	8.86	0.67
40	640005	640005226809	2022	8.82	0.70
41	640253	640253216086	2021	8.75	0.70
42	640190	640190231425	2023	8.66	0.67
43	640003	640003172492	2017	8.65	0.72
44	640005	640005205961	2020	8.64	0.69

续表

排名	场号	牛号	出生年份	泌乳系统评分 GEBV/ 分	GEBV 准确性
45	640005	640005216564	2021	8.62	0.69
46	640035	640035170563	2017	8.60	0.67
47	640003	640003224861	2022	8.55	0.66
48	640251	640251223084	2022	8.53	0.69
49	640003	640003203413	2020	8.52	0.77
50	640005	640005227069	2022	8.41	0.69
51	640003	640003172482	2017	8.39	0.73
52	640251	640251222778	2022	8.36	0.70
53	640003	640003172491	2017	8.30	0.71
54	640253	640253204918	2020	8.27	0.70
54	640009	640009150693	2015	8.27	0.68
56	640253	640253169991	2016	8.26	0.68
57	640251	640251210485	2021	8.25	0.69
57	640166	640166203526	2020	8.25	0.64
57	643051	643051044347	2021	8.25	0.69
60	640005	640005195731	2019	8.22	0.71
61	640193	640193201148	2020	8.20	0.66
62	640253	640253218542	2022	8.08	0.70
62	640007	640007164087	2016	8.08	0.69
64	640004	640004228533	2022	8.02	0.69
65	640032	640032172340	2017	8.01	0.71
66	640003	640003203520	2020	7.99	0.67
67	640193	640193200646	2020	7.94	0.63
67	640009	640009191628	2019	7.94	0.67
69	640190	640190193237	2019	7.92	0.69
69	640173	640173228392	2022	7.92	0.65
71	640253	640253218870	2022	7.90	0.67
72	640005	640005216561	2021	7.86	0.68

续表

排名	场号	牛号	出生年份	泌乳系统评分 GEBV/ 分	GEBV 准确性
73	640035	640035211971	2021	7.85	0.66
74	640253	640253218050	2022	7.84	0.65
75	640035	640035170518	2016	7.83	0.70
76	640190	640190192651	2019	7.82	0.68
77	640009	640009212366	2021	7.80	0.69
78	640190	640190231505	2023	7.79	0.67
79	640035	640035201666	2020	7.78	0.68
80	640253	640253218914	2022	7.77	0.64
80	640253	640253193789	2019	7.77	0.69
82	640003	640003225584	2022	7.72	0.67
83	640003	640003225764	2022	7.70	0.68
84	643051	643051210071	2021	7.69	0.67
85	640005	640005195679	2019	7.68	0.71
86	640035	640035170591	2017	7.65	0.67
87	640004	640004229941	2022	7.64	0.69
88	640166	640166214167	2021	7.63	0.68
89	640173	640173174339	2017	7.62	0.63
89	640173	640173174341	2017	7.62	0.70
91	640253	640253205000	2020	7.60	0.64
92	640190	640190215019	2021	7.56	0.64
92	640005	640005205998	2020	7.56	0.68
92	640190	640190200457	2020	7.56	0.61
95	640253	640253218540	2022	7.55	0.68
96	640251	640251235055	2023	7.51	0.66
96	640190	640190200147	2020	7.51	0.66
98	640003	640003225604	2022	7.50	0.69
98	640193	640193214266	2021	7.50	0.66
98	640003	640003203399	2020	7.50	0.72

表 7-2-11 宁夏肢蹄评分 GEBV 排名前 100 名荷斯坦牛

排名	场号	牛号	出生年份	肢蹄评分 GEBV/ 分	GEBV 准确性
1	640253	640253218050	2022	12.03	0.74
2	640009	640009222756	2022	11.02	0.76
3	640252	640252150579	2015	10.82	0.66
4	640219	640219D30174	2015	10.56	0.74
5	640252	640252150578	2015	10.32	0.68
6	640012	640012161638	2016	10.20	0.75
7	640035	640035148754	2014	9.71	0.74
8	640190	640190156421	2015	9.65	0.75
9	640012	640012151342	2015	9.54	0.74
10	640003	640003225861	2022	9.41	0.74
11	640004	640004219036	2021	9.38	0.69
12	640253	640253218577	2022	9.34	0.75
13	640253	640253193175	2019	9.29	0.77
14	640193	640193200876	2020	9.28	0.75
15	640253	640253169991	2016	9.27	0.76
16	640253	640253232613	2023	9.20	0.73
17	640190	640190156563	2015	9.08	0.68
18	640193	640193205930	2020	9.03	0.77
19	640009	640009191794	2019	8.96	0.76
20	640009	640009171082	2017	8.95	0.76
21	640024	640024163408	2016	8.77	0.76
22	640003	640003225767	2022	8.73	0.75
23	640035	640035170587	2017	8.72	0.78
23	640253	640253158925	2015	8.72	0.65
25	640251	640251222019	2022	8.71	0.66
26	640166	640166161869	2016	8.59	0.74
27	640190	640190170295	2017	8.55	0.70
28	640004	640004197866	2019	8.50	0.76

续表

排名	场号	牛号	出生年份	肢蹄评分 GEBV/ 分	GEBV 准确性
28	640007	640007163593	2016	8.50	0.74
30	640190	640190163981	2016	8.45	0.74
31	643052	643052160704	2016	8.43	0.70
32	640035	640035201633	2020	8.38	0.74
33	640190	640190191223	2019	8.35	0.76
34	640253	640253193217	2019	8.21	0.75
35	640180	640180160788	2016	8.12	0.74
36	640003	640003214158	2021	8.10	0.74
37	640118	640118150915	2015	8.09	0.74
38	641071	641071151820	2015	7.94	0.76
38	640005	640005154694	2015	7.94	0.72
40	640005	640005195653	2019	7.91	0.77
41	640166	640166161865	2016	7.89	0.75
42	640003	640003225764	2022	7.88	0.75
43	640004	640004146641	2014	7.87	0.76
44	640253	640253216074	2021	7.79	0.73
45	640251	640251222300	2022	7.75	0.73
46	640166	640166172310	2017	7.72	0.78
47	640003	640003172527	2017	7.60	0.76
48	640190	640190173839	2017	7.57	0.72
49	640193	640193215666	2021	7.55	0.74
49	640193	640193210342	2021	7.55	0.70
51	640003	640003193097	2019	7.54	0.74
52	640190	640190173755	2017	7.47	0.73
52	640190	640190156133	2015	7.47	0.71
52	640166	640166193328	2019	7.47	0.75
55	640005	640005205959	2020	7.45	0.76
56	640005	640005144407	2014	7.43	0.76

续表

排名	场号	牛号	出生年份	肢蹄评分 GEBV/ 分	GEBV 准确性
57	643091	643091141195	2014	7.41	0.74
58	640251	640251234564	2023	7.40	0.73
58	640012	640012161571	2016	7.40	0.73
60	640178	640178141013	2014	7.38	0.77
61	640003	640003225461	2022	7.36	0.78
62	640003	640003225591	2022	7.35	0.76
62	640004	640004146636	2014	7.35	0.74
64	640253	640253169835	2016	7.34	0.68
65	640012	640012161502	2016	7.30	0.74
66	640036	640036150289	2015	7.29	0.79
67	640173	640173217568	2021	7.26	0.74
68	640166	640166161836	2016	7.24	0.76
69	640166	640166162143	2016	7.22	0.76
70	641071	641071151745	2015	7.21	0.75
70	640253	640253159162	2015	7.21	0.74
72	640012	640012161416	2016	7.20	0.73
73	640005	640005205966	2020	7.19	0.78
74	640005	640005144422	2014	7.18	0.76
75	640035	640035148630	2014	7.17	0.73
76	640009	640009130152	2013	7.16	0.72
77	640253	640253205918	2020	7.11	0.73
78	640009	640009191630	2019	7.08	0.77
79	640012	640012161621	2016	7.07	0.74
80	640009	640009191721	2019	7.02	0.73
80	640009	640009202045	2020	7.02	0.76
82	640190	640190191287	2019	7.01	0.78
82	640003	640003131442	2013	7.01	0.75
84	640253	640253205938	2020	6.98	0.76

续表

排名	场号	牛号	出生年份	肢蹄评分 GEBV/ 分	GEBV 准确性
85	640005	640005205952	2020	6.96	0.77
85	640009	640009191632	2019	6.96	0.76
85	640003	640003162142	2016	6.96	0.79
88	640190	640190226205	2022	6.89	0.74
88	640173	640173164211	2016	6.89	0.77
90	640251	640251200328	2020	6.88	0.77
90	640003	640003203534	2020	6.88	0.70
90	640009	640009222781	2022	6.88	0.76
93	640190	640190192187	2019	6.86	0.71
94	640005	640005205975	2020	6.84	0.73
94	640009	640009222777	2022	6.84	0.76
94	640012	640012151377	2015	6.84	0.71
97	640012	640012151370	2015	6.83	0.72
98	640007	640007143443	2014	6.79	0.75
99	643052	643052161002	2016	6.74	0.73
100	640253	640253193266	2019	6.72	0.79

7.2.3.2 宁夏各牛场荷斯坦牛产奶性状和体型性状基因组估计育种值排名

产奶性状（产奶量、乳脂率、乳蛋白率、乳脂量、乳蛋白量、体细胞评分）和体型性状（体型总分、泌乳系统评分、肢蹄评分）基因组估计育种值在各牛场排名前 10 名母牛的场号、牛号、出生年份、各性状基因组估计育种值及基因组估计育种值准确性、排名见表 7-2-12 至表 7-2-20。

表 7-2-12 宁夏各牛场产奶量 GEBV 排名前 10 名荷斯坦牛

场号	场内排名	牛号	出生年份	产奶量 GEBV/kg	GEBV 准确性
640003	1	640003193117	2019	1 724.85	0.76
	2	640003225579	2022	1 653.21	0.77
	3	640003225294	2022	1 591.26	0.76
	4	640003225801	2022	1 563.28	0.76

续表

场号	场内排名	牛号	出生年份	产奶量 GEBV/kg	GEBV 准确性
640003	5	640003224831	2022	1 551.41	0.73
	6	640003225720	2022	1 536.31	0.76
	7	640003193115	2019	1 516.04	0.74
	8	640003214151	2021	1 498.39	0.75
	9	640003203350	2020	1 489.96	0.78
	10	640003193112	2019	1 483.06	0.74
640004	1	640004230024	2023	2 357.86	0.74
	2	640004230174	2023	2 239.74	0.74
	3	640004228533	2022	2 098.55	0.74
	4	640004229971	2022	1 961.12	0.73
	5	640004219047	2021	1 902.30	0.72
	6	640004230207	2023	1 679.23	0.74
	7	640004230110	2023	1 643.57	0.72
	8	640004218970	2021	1 639.70	0.76
	9	640004228100	2022	1 599.16	0.73
	10	640004197830	2019	1 573.88	0.72
640005	1	640005216559	2021	2 089.43	0.74
	2	640005195607	2019	2 074.34	0.76
	3	640005195682	2019	1 947.34	0.77
	4	640005195731	2019	1 847.17	0.76
	5	640005195734	2019	1 820.77	0.74
	6	640005195627	2019	1 806.90	0.77
	7	640005216706	2021	1 779.42	0.73
	8	640005195746	2019	1 708.96	0.77
	9	640005216560	2021	1 702.75	0.74
	10	640005195697	2019	1 673.78	0.76
640009	1	640009233144	2023	2 054.12	0.72
	2	640009233199	2023	1 890.07	0.72

续表

场号	场内排名	牛号	出生年份	产奶量 GEBV/kg	GEBV 准确性
640009	3	640009222695	2022	1 649.57	0.76
	4	640009222955	2022	1 645.73	0.74
	5	640009191627	2019	1 615.28	0.75
	6	640009222608	2022	1 612.47	0.74
	7	640009233129	2023	1 585.17	0.71
	8	640009191722	2019	1 565.63	0.73
	9	640009201857	2020	1 516.99	0.74
	10	640009222953	2022	1 496.83	0.75
640035	1	640035232829	2023	2 041.71	0.75
	2	640035222599	2022	1 939.90	0.72
	3	640035222371	2022	1 887.51	0.72
	4	640035232825	2023	1 591.32	0.73
	5	640035212198	2021	1 585.80	0.71
	6	640035222369	2022	1 573.61	0.74
	7	640035222601	2022	1 476.20	0.73
	8	640035232827	2023	1 423.57	0.71
	9	640035201620	2020	1 421.86	0.72
	10	640035191345	2019	1 421.64	0.74
640166	1	640166234877	2023	1 961.41	0.73
	2	640166234888	2023	1 956.60	0.73
	3	640166234928	2023	1 737.40	0.72
	4	640166193355	2019	1 701.54	0.74
	5	640166234884	2023	1 660.65	0.74
	6	640166234889	2023	1 649.87	0.70
	7	640166224497	2022	1 612.08	0.75
	8	640166203483	2020	1 608.48	0.71
	9	640166234932	2023	1 552.41	0.73
	10	640166224659	2022	1 509.55	0.71

续表

场号	场内排名	牛号	出生年份	产奶量 GEBV/kg	GEBV 准确性
640173	1	640173195807	2019	2 418.55	0.73
	2	640173217510	2021	1 836.43	0.72
	3	640173206134	2020	1 825.74	0.74
	4	640173228034	2022	1 707.74	0.71
	5	640173239023	2023	1 629.48	0.73
	6	640173216901	2021	1 568.65	0.72
	7	640173216962	2021	1 559.54	0.75
	8	640173239017	2023	1 506.16	0.71
	9	640173217444	2021	1 374.66	0.74
	10	640173205876	2019	1 343.12	0.73
640190	1	640190223925	2022	2 534.98	0.71
	2	640190223525	2022	2 460.28	0.72
	3	640190230587	2023	2 372.17	0.73
	4	640190190619	2019	2 318.10	0.76
	5	640190190905	2019	2 213.54	0.75
	6	640190190625	2019	2 168.37	0.77
	7	640190205435	2020	2 095.86	0.75
	8	640190190631	2019	1 993.34	0.74
	9	640190224009	2022	1 911.86	0.74
	10	640190190593	2019	1 909.71	0.78
640193	1	640193221652	2022	2 220.02	0.71
	2	640193222192	2022	2 165.97	0.72
	3	640193226290	2022	2 154.33	0.73
	4	640193230574	2023	2 108.85	0.71
	5	640193193312	2019	1 924.75	0.78
	6	640193192514	2019	1 699.50	0.71
	7	640193222754	2022	1 685.22	0.73
	8	640193202600	2020	1 678.78	0.73

续表

场号	场内排名	牛号	出生年份	产奶量 GEBV/kg	GEBV 准确性
640193	9	640193222792	2022	1 676.84	0.73
	10	640193222728	2022	1 663.45	0.73
640251	1	640251222186	2022	2 051.03	0.70
	2	640251223916	2022	1 820.07	0.72
	3	640251200037	2020	1 789.92	0.72
	4	640251200049	2020	1 760.75	0.73
	5	640251211222	2021	1 649.62	0.72
	6	640251210448	2021	1 619.11	0.73
	7	640251222894	2022	1 603.29	0.74
	8	640251211359	2021	1 588.30	0.73
	9	640251223958	2022	1 485.22	0.72
	10	640251210693	2021	1 482.30	0.73
640253	1	640253217175	2021	1 991.19	0.74
	2	640253218083	2022	1 748.16	0.72
	3	640253215968	2021	1 741.60	0.73
	4	640253216080	2021	1 719.66	0.73
	5	640253217811	2021	1 676.76	0.72
	6	640253205675	2020	1 648.54	0.72
	7	640253217525	2021	1 634.15	0.76
	8	640253218826	2022	1 603.02	0.72
	9	640253232586	2023	1 599.54	0.75
	10	640253205214	2020	1 565.55	0.74
643051	1	643051230564	2023	1 931.64	0.69
	2	643051220290	2022	1 930.88	0.70
	3	643051230565	2023	1 755.43	0.70
	4	643051220345	2022	1 611.51	0.72
	5	643051220287	2022	1 516.14	0.70
	6	643051210010	2021	1 475.58	0.73

续表

场号	场内排名	牛号	出生年份	产奶量 GEBV/kg	GEBV 准确性
643051	7	643051230574	2023	1 438.64	0.64
	8	64305100D050	2020	1 276.91	0.72
	9	643051033727	2019	1 228.44	0.76
	10	643051044442	2021	1 163.90	0.74

表 7-2-13　宁夏各牛场乳脂率 GEBV 排名前 10 名荷斯坦牛

场号	场内排名	牛号	出生年份	乳脂率 GEBV/%	GEBV 准确性
640003	1	640003225764	2022	0.96	0.77
	2	640003225767	2022	0.57	0.76
	2	640003214526	2021	0.57	0.67
	4	640003225253	2022	0.55	0.78
	5	640003214653	2021	0.53	0.69
	6	640003225271	2022	0.51	0.77
	7	640003224809	2022	0.50	0.76
	8	640003214340	2021	0.49	0.76
	9	640003225269	2022	0.48	0.81
	9	640003214148	2021	0.48	0.76
640004	1	640004229767	2022	0.67	0.76
	2	640004230112	2023	0.57	0.76
	2	640004208229	2020	0.57	0.76
	4	640004218983	2021	0.53	0.77
	5	640004208231	2020	0.51	0.78
	6	640004197911	2019	0.50	0.74
	7	640004230025	2023	0.49	0.74
	7	640004218945	2021	0.49	0.76
	9	640004197808	2019	0.48	0.75
	10	640004219320	2021	0.47	0.68

续表

场号	场内排名	牛号	出生年份	乳脂率 GEBV/%	GEBV 准确性
640005	1	640005216631	2021	0.65	0.79
	2	640005205905	2020	0.60	0.75
	2	640005205965	2020	0.60	0.76
	4	640005205941	2020	0.55	0.79
	5	640005206024	2020	0.54	0.74
	6	640005205956	2020	0.51	0.77
	6	640005216428	2021	0.51	0.77
	8	640005206017	2020	0.49	0.76
	9	640005226809	2022	0.46	0.79
	10	640005216622	2021	0.44	0.76
640009	1	640009222733	2022	0.82	0.77
	2	640009212398	2021	0.74	0.78
	3	640009201876	2020	0.65	0.77
	4	640009233120	2023	0.61	0.77
	5	640009191634	2019	0.60	0.77
	6	640009212558	2021	0.57	0.79
	6	640009191854	2019	0.57	0.81
	8	640009201891	2020	0.52	0.76
	9	640009222623	2022	0.50	0.78
	10	640009233198	2023	0.49	0.76
640035	1	640035201663	2020	0.68	0.77
	1	640035201632	2020	0.68	0.82
	3	640035212007	2021	0.62	0.75
	4	640035191233	2019	0.56	0.76
	5	640035222363	2022	0.55	0.77
	5	640035201636	2020	0.55	0.80
	7	640035212032	2021	0.48	0.77
	8	640035201670	2020	0.46	0.79

续表

场号	场内排名	牛号	出生年份	乳脂率 GEBV/%	GEBV 准确性
640035	8	640035191517	2019	0.46	0.80
	10	640035201639	2020	0.45	0.81
640166	1	640166193277	2019	0.52	0.79
	2	640166203557	2020	0.47	0.78
	3	640166234901	2023	0.46	0.76
	3	640166214025	2021	0.46	0.77
	5	640166213998	2021	0.45	0.77
	5	640166214015	2021	0.45	0.77
	7	640166214019	2021	0.44	0.77
	8	640166234936	2023	0.43	0.77
	9	640166234873	2023	0.42	0.76
	9	640166224658	2022	0.42	0.76
640173	1	640173206152	2020	0.75	0.76
	2	640173206230	2020	0.68	0.76
	3	640173228391	2022	0.63	0.77
	4	640173227756	2022	0.60	0.77
	5	640173195832	2019	0.56	0.78
	6	640173205918	2020	0.55	0.71
	7	640173227762	2022	0.54	0.75
	8	640173195835	2019	0.50	0.77
	9	640173227876	2022	0.47	0.78
	10	640173238783	2023	0.46	0.75
640190	1	640190193431	2019	0.67	0.78
	2	640190223467	2022	0.65	0.78
	3	640190231425	2023	0.64	0.76
	4	640190192679	2019	0.62	0.75
	5	640190223430	2022	0.55	0.75
	5	640190191093	2019	0.55	0.78

续表

场号	场内排名	牛号	出生年份	乳脂率 GEBV/%	GEBV 准确性
640190	7	640190205581	2020	0.54	0.75
	7	640190205447	2020	0.54	0.73
	7	640190193213	2019	0.54	0.80
	10	640190226339	2022	0.53	0.76
640193	1	640193192388	2019	0.88	0.77
	2	640193193032	2019	0.74	0.74
	3	640193213428	2021	0.71	0.76
	4	640193214240	2021	0.65	0.77
	5	640193200810	2020	0.63	0.70
	6	640193213418	2021	0.62	0.74
	7	640193213654	2021	0.61	0.75
	8	640193210360	2021	0.59	0.73
	9	640193215590	2021	0.58	0.76
	9	640193231268	2023	0.58	0.73
640251	1	640251222896	2022	0.87	0.77
	2	640251222900	2022	0.69	0.74
	3	640251222532	2022	0.66	0.73
	4	640251223050	2022	0.65	0.77
	5	640251210880	2021	0.62	0.72
	6	640251222300	2022	0.58	0.74
	7	640251222956	2022	0.57	0.77
	8	640251210941	2021	0.56	0.74
	8	640251222940	2022	0.56	0.74
	8	640251210903	2021	0.56	0.72
640253	1	640253216944	2021	0.82	0.71
	2	640253219071	2022	0.73	0.76
	2	640253218896	2022	0.73	0.77
	4	640253218996	2022	0.72	0.77

续表

场号	场内排名	牛号	出生年份	乳脂率 GEBV/%	GEBV 准确性
640253	5	640253205731	2020	0.70	0.74
	6	640253217701	2021	0.68	0.73
	7	640253219217	2022	0.65	0.77
	8	640253219034	2022	0.62	0.78
	9	640253217123	2021	0.61	0.76
	10	640253218862	2022	0.58	0.75
643051	1	643051230565	2023	0.57	0.74
	2	643051044493	2021	0.55	0.67
	3	643051044480	2021	0.54	0.75
	4	643051044466	2021	0.50	0.74
	5	643051220280	2022	0.47	0.75
	6	643051044336	2021	0.46	0.75
	7	64305100D055	2020	0.44	0.78
	8	643051044446	2021	0.40	0.74
	8	643051044483	2021	0.40	0.79
	8	643051033858	2020	0.40	0.75

表 7-2-14　宁夏各牛场乳蛋白率 GEBV 排名前 10 名荷斯坦牛

场号	场内排名	牛号	出生年份	乳蛋白率 GEBV/%	GEBV 准确性
640003	1	640003225764	2022	0.37	0.79
	2	640003214279	2021	0.36	0.78
	3	640003214148	2021	0.33	0.79
	4	640003225269	2022	0.31	0.83
	5	640003214526	2021	0.28	0.70
	6	640003225271	2022	0.27	0.79
	7	640003225767	2022	0.25	0.79
	7	640003214139	2021	0.25	0.78

续表

场号	场内排名	牛号	出生年份	乳蛋白率 GEBV/%	GEBV 准确性
640003	9	640003225253	2022	0.24	0.81
	9	640003197409	2019	0.24	0.79
640004	1	640004218945	2021	0.30	0.79
	2	640004208111	2020	0.29	0.80
	3	640004219058	2021	0.27	0.81
	3	640004229767	2022	0.27	0.78
	3	640004208270	2020	0.27	0.79
	6	640004219412	2021	0.24	0.70
	7	640004208231	2020	0.23	0.80
	7	640004229844	2022	0.23	0.73
	9	640004197772	2019	0.22	0.80
	10	640004219063	2021	0.21	0.79
640005	1	640005205905	2020	0.35	0.78
	2	640005216664	2021	0.29	0.82
	2	640005216631	2021	0.29	0.82
	4	640005216447	2021	0.27	0.81
	5	640005205965	2020	0.26	0.79
	6	640005206038	2020	0.25	0.81
	6	640005216428	2021	0.25	0.80
	6	640005206003	2020	0.25	0.79
	9	640005206042	2020	0.24	0.79
	10	640005206017	2020	0.23	0.79
640009	1	640009222723	2022	0.33	0.82
	2	640009222733	2022	0.31	0.80
	3	640009233210	2023	0.29	0.80
	4	640009201876	2020	0.27	0.80
	5	640009222660	2022	0.25	0.80
	6	640009212398	2021	0.24	0.81

续表

场号	场内排名	牛号	出生年份	乳蛋白率 GEBV/%	GEBV 准确性
640009	7	640009233081	2023	0.23	0.80
	8	640009212300	2021	0.22	0.78
	8	640009201886	2020	0.22	0.81
	8	640009191733	2019	0.22	0.83
640035	1	640035201632	2020	0.30	0.84
	2	640035201638	2020	0.25	0.83
	3	640035212172	2021	0.23	0.80
	4	640035211976	2021	0.22	0.78
	4	640035201639	2020	0.22	0.83
	4	640035212011	2021	0.22	0.78
	4	640035212200	2021	0.22	0.79
	8	640035212144	2021	0.21	0.77
	9	640035232770	2023	0.20	0.77
	9	640035232701	2023	0.20	0.81
640166	1	640166234895	2023	0.24	0.79
	1	640166203565	2020	0.24	0.79
	3	640166234891	2023	0.23	0.78
	4	640166193275	2019	0.20	0.81
	4	640166203617	2020	0.20	0.81
	6	640166193306	2019	0.19	0.78
	6	640166193312	2019	0.19	0.76
	6	640166193233	2019	0.19	0.79
	9	640166213998	2021	0.18	0.79
	9	640166224481	2022	0.18	0.78
640173	1	640173206230	2020	0.27	0.79
	2	640173216920	2021	0.26	0.81
	2	640173206318	2020	0.26	0.79
	4	640173216912	2021	0.25	0.78

续表

场号	场内排名	牛号	出生年份	乳蛋白率 GEBV/%	GEBV 准确性
640173	5	640173216765	2021	0.24	0.77
	6	640173205918	2020	0.23	0.75
	6	640173206323	2020	0.23	0.82
	6	640173206034	2020	0.23	0.78
	9	640173206152	2020	0.22	0.79
	10	640173206149	2020	0.21	0.80
640190	1	640190223945	2022	0.28	0.80
	1	640190223609	2022	0.28	0.79
	1	640190214477	2021	0.28	0.72
	4	640190222669	2022	0.27	0.80
	4	640190210055	2021	0.27	0.74
	6	640190223851	2022	0.25	0.79
	6	640190226111	2022	0.25	0.74
	6	640190200921	2020	0.25	0.76
	6	640190221851	2022	0.25	0.69
	10	640190226217	2022	0.24	0.74
640193	1	640193192388	2019	0.32	0.79
	2	640193213418	2021	0.28	0.76
	3	640193224956	2022	0.26	0.81
	3	640193212998	2021	0.26	0.78
	3	640193192624	2019	0.26	0.78
	6	640193213428	2021	0.25	0.79
	6	640193200864	2020	0.25	0.80
	6	640193205856	2020	0.25	0.75
	9	640193205930	2020	0.24	0.81
	10	640193192602	2019	0.23	0.82
640251	1	640251222896	2022	0.33	0.80
	2	640251222956	2022	0.30	0.80

续表

场号	场内排名	牛号	出生年份	乳蛋白率 GEBV/%	GEBV 准确性
640251	2	640251222976	2022	0.30	0.79
	4	640251210610	2021	0.29	0.78
	5	640251211902	2021	0.27	0.80
	6	640251223040	2022	0.26	0.79
	7	640251222906	2022	0.25	0.79
	7	640251222244	2022	0.25	0.79
	9	640251210485	2021	0.24	0.80
	10	640251211766	2021	0.23	0.80
640253	1	640253216944	2021	0.32	0.74
	2	640253219173	2022	0.31	0.78
	3	640253217106	2021	0.30	0.74
	4	640253219153	2022	0.29	0.80
	5	640253219151	2022	0.28	0.77
	5	640253218896	2022	0.28	0.80
	5	640253204590	2020	0.28	0.79
	5	640253216975	2021	0.28	0.75
	9	640253217875	2021	0.27	0.77
	9	640253219171	2022	0.27	0.71
643051	1	643051044493	2021	0.29	0.70
	2	643051044466	2021	0.26	0.77
	3	643051044446	2021	0.24	0.77
	4	64305100D055	2020	0.21	0.80
	5	643051220357	2022	0.20	0.76
	5	643051044480	2021	0.20	0.78
	5	64305100D028	2020	0.20	0.76
	5	643051044483	2021	0.20	0.81
	5	643051044470	2021	0.20	0.78
	5	64305100C969	2020	0.20	0.78

表 7-2-15 宁夏各牛场乳脂量 GEBV 排名前 10 名荷斯坦牛

场号	场内排名	牛号	出生年份	乳脂量 GEBV/kg	GEBV 准确性
640003	1	640003225269	2022	74.63	0.76
	2	640003225461	2022	70.55	0.74
	3	640003225767	2022	69.56	0.71
	4	640003214340	2021	69.53	0.71
	5	640003225271	2022	69.01	0.71
	6	640003214151	2021	67.31	0.73
	7	640003225726	2022	65.13	0.69
	8	640003225294	2022	64.10	0.74
	9	640003225764	2022	63.67	0.71
	10	640003225724	2022	63.52	0.72
640004	1	640004230025	2023	84.85	0.68
	2	640004230174	2023	71.29	0.72
	3	640004230024	2023	68.31	0.72
	4	640004230110	2023	64.74	0.70
	5	640004230137	2023	64.15	0.70
	6	640004229957	2022	62.34	0.69
	7	640004228689	2023	61.89	0.69
	8	640004228090	2022	60.46	0.73
	9	640004208231	2020	59.36	0.72
	10	640004197830	2019	57.86	0.70
640005	1	640005206004	2020	76.26	0.76
	2	640005229230	2023	70.72	0.70
	3	640005227039	2022	70.10	0.72
	4	640005206001	2020	62.92	0.73
	5	640005229184	2023	62.66	0.71
	6	640005226911	2022	62.35	0.73
	7	640005216720	2021	61.04	0.71
	8	640005205998	2020	58.47	0.72

续表

场号	场内排名	牛号	出生年份	乳脂量 GEBV/kg	GEBV 准确性
640005	9	640005206024	2020	58.23	0.68
	10	640005229278	2023	58.19	0.71
640009	1	640009233120	2023	80.47	0.72
	2	640009222623	2022	74.47	0.73
	3	640009212398	2021	72.24	0.73
	4	640009233091	2023	69.86	0.72
	5	640009222953	2022	69.70	0.73
	6	640009222950	2022	69.68	0.71
	7	640009233089	2023	66.14	0.73
	8	640009222733	2022	65.21	0.72
	9	640009233121	2023	61.82	0.71
	10	640009212259	2021	61.75	0.73
640035	1	640035222363	2022	69.12	0.71
	2	640035232825	2023	68.32	0.70
	3	640035232764	2023	67.23	0.70
	4	640035232827	2023	65.79	0.69
	5	640035232701	2023	65.15	0.72
	6	640035201635	2020	62.53	0.77
	7	640035232826	2023	62.29	0.70
	8	640035191517	2019	61.31	0.75
	9	640035222371	2022	60.95	0.69
	10	640035222360	2022	60.53	0.72
640166	1	640166234877	2023	82.09	0.71
	2	640166234884	2023	81.43	0.72
	3	640166234873	2023	75.88	0.70
	4	640166234901	2023	71.55	0.70
	5	640166234888	2023	70.03	0.71
	6	640166234889	2023	68.86	0.68

续表

场号	场内排名	牛号	出生年份	乳脂量 GEBV/kg	GEBV 准确性
640166	7	640166234936	2023	65.91	0.72
	8	640166234891	2023	62.00	0.70
	9	640166224656	2022	61.86	0.72
	10	640166224658	2022	60.97	0.70
640173	1	640173228391	2022	74.66	0.71
	2	640173227756	2022	73.53	0.72
	3	640173227706	2022	68.95	0.72
	4	640173227876	2022	68.87	0.72
	5	640173238765	2023	68.40	0.72
	6	640173217587	2021	62.61	0.73
	7	640173227762	2022	62.47	0.69
	8	640173216962	2021	57.08	0.73
	9	640173227784	2022	56.75	0.71
	10	640173206069	2020	56.04	0.71
640190	1	640190231425	2023	81.02	0.70
	2	640190223525	2022	79.48	0.70
	3	640190223467	2022	76.85	0.72
	4	640190192679	2019	76.46	0.70
	5	640190230909	2023	76.36	0.69
	6	640190230587	2023	74.04	0.71
	7	640190223925	2022	70.09	0.69
	8	640190223945	2022	69.82	0.72
	9	640190205475	2020	68.84	0.71
	10	640190226537	2022	68.43	0.69
640193	1	640193224982	2022	79.58	0.71
	2	640193210910	2021	77.07	0.73
	3	640193224876	2022	74.80	0.71
	4	640193215636	2021	74.45	0.72

续表

场号	场内排名	牛号	出生年份	乳脂量 GEBV/kg	GEBV 准确性
640193	5	640193213654	2021	74.26	0.70
	6	640193222728	2022	74.24	0.71
	7	640193230622	2023	70.38	0.68
	8	640193215646	2021	69.93	0.73
	9	640193193312	2019	69.55	0.76
	10	640193224956	2022	66.81	0.73
640251	1	640251223050	2022	87.75	0.71
	2	640251222896	2022	85.94	0.71
	3	640251222956	2022	85.74	0.71
	4	640251222922	2022	82.08	0.71
	5	640251222912	2022	81.38	0.72
	6	640251222900	2022	75.91	0.68
	7	640251223040	2022	74.43	0.71
	8	640251224040	2022	74.10	0.70
	9	640251211832	2021	69.55	0.71
	10	640251222932	2022	68.19	0.68
640253	1	640253219071	2022	89.15	0.70
	2	640253219099	2022	81.62	0.70
	3	640253218273	2022	78.51	0.68
	4	640253232569	2023	77.96	0.68
	5	640253219151	2022	77.57	0.68
	6	640253219153	2022	76.21	0.72
	7	640253218896	2022	72.70	0.71
	8	640253217525	2021	71.11	0.74
	9	640253219072	2022	70.65	0.73
	10	640253219111	2022	70.64	0.72
643051	1	643051230565	2023	93.29	0.68
	2	64305100D055	2020	66.04	0.72

续表

场号	场内排名	牛号	出生年份	乳脂量 GEBV/kg	GEBV 准确性
643051	3	643051044477	2021	63.92	0.71
	4	643051230564	2023	60.69	0.67
	5	643051220290	2022	60.51	0.68
	6	643051220287	2022	60.16	0.68
	7	643051220274	2022	57.53	0.72
	8	643051230574	2023	55.94	0.62
	9	643051220309	2022	55.39	0.68
	10	643051044483	2021	55.36	0.73

表 7-2-16 宁夏各牛场乳蛋白量 GEBV 排名前 10 名荷斯坦牛

场号	场内排名	牛号	出生年份	乳蛋白量 GEBV/kg	GEBV 准确性
640003	1	640003225269	2022	57.72	0.76
	2	640003225294	2022	54.74	0.74
	3	640003225579	2022	52.92	0.75
	4	640003225271	2022	51.55	0.71
	5	640003214341	2021	49.07	0.73
	6	640003214073	2021	48.87	0.70
	7	640003225726	2022	48.03	0.69
	8	640003225724	2022	47.81	0.72
	9	640003214415	2021	46.94	0.74
	10	640003214269	2021	46.73	0.67
640004	1	640004230174	2023	66.34	0.72
	2	640004230024	2023	61.27	0.72
	3	640004230025	2023	59.60	0.68
	4	640004230110	2023	52.45	0.70
	5	640004219047	2021	47.22	0.70
	6	640004219081	2021	46.80	0.68

续表

场号	场内排名	牛号	出生年份	乳蛋白量 GEBV/kg	GEBV 准确性
640004	7	640004197830	2019	46.20	0.70
	8	640004228090	2022	46.00	0.73
	9	640004230207	2023	45.44	0.72
	10	640004218970	2021	45.31	0.74
640005	1	640005229286	2023	55.15	0.73
	2	640005229275	2023	54.93	0.73
	3	640005227029	2022	52.44	0.69
	4	640005216664	2021	51.05	0.74
	5	640005226911	2022	50.80	0.73
	6	640005216720	2021	50.55	0.71
	7	640005229319	2023	49.85	0.70
	8	640005229184	2023	49.48	0.71
	9	640005229244	2023	48.94	0.69
	10	640005216706	2021	48.47	0.71
640009	1	640009222953	2022	51.14	0.73
	2	640009233089	2023	50.37	0.73
	3	640009222623	2022	48.99	0.73
	4	640009222808	2022	47.76	0.76
	5	640009201857	2020	46.62	0.72
	6	640009201916	2020	46.19	0.76
	7	640009222660	2022	45.98	0.71
	8	640009201884	2020	45.70	0.72
	9	640009233081	2023	45.65	0.72
	10	640009233091	2023	45.40	0.72
640035	1	640035232829	2023	54.90	0.73
	2	640035222599	2022	54.30	0.70
	3	640035222371	2022	52.90	0.69
	4	640035232825	2023	50.71	0.71

续表

场号	场内排名	牛号	出生年份	乳蛋白量 GEBV/kg	GEBV 准确性
640035	5	640035232827	2023	49.55	0.69
	6	640035232695	2023	48.06	0.70
	7	640035212198	2021	46.60	0.69
	8	640035232765	2023	46.15	0.72
	9	640035222369	2022	45.63	0.72
	10	640035232764	2023	45.26	0.70
640166	1	640166234884	2023	54.91	0.72
	1	640166234889	2023	54.91	0.68
	3	640166234877	2023	53.92	0.71
	4	640166203483	2020	51.99	0.69
	5	640166234873	2023	51.83	0.71
	6	640166234888	2023	51.79	0.71
	7	640166234901	2023	47.24	0.70
	8	640166203541	2020	46.91	0.72
	9	640166234891	2023	45.72	0.70
	10	640166234896	2023	45.10	0.70
640173	1	640173228034	2022	54.83	0.69
	2	640173239023	2023	49.16	0.71
	3	640173216962	2021	46.62	0.73
	4	640173227807	2022	44.54	0.69
	5	640173195807	2019	44.25	0.71
	6	640173206323	2020	44.16	0.74
	7	640173227876	2022	44.11	0.72
	8	640173238765	2023	44.00	0.72
	9	640173239017	2023	42.61	0.69
	10	640173216761	2021	42.09	0.69
640190	1	640190223925	2022	64.33	0.69
	2	640190230587	2023	63.31	0.71

续表

场号	场内排名	牛号	出生年份	乳蛋白量 GEBV/kg	GEBV 准确性
640190	3	640190223115	2022	56.77	0.69
	4	640190190905	2019	56.63	0.74
	5	640190223525	2022	56.53	0.70
	6	640190224009	2022	56.52	0.72
	7	640190230873	2023	55.32	0.71
	8	640190220229	2022	54.53	0.70
	9	640190223325	2022	54.43	0.70
	10	640190190631	2019	53.80	0.72
640193	1	640193222192	2022	61.69	0.70
	2	640193222652	2022	58.63	0.70
	3	640193221652	2022	57.32	0.69
	4	640193224982	2022	55.90	0.71
	5	640193226290	2022	55.89	0.71
	6	640193210910	2021	52.87	0.73
	7	640193230574	2023	52.64	0.68
	8	640193193312	2019	52.29	0.76
	9	640193210508	2021	51.92	0.69
	10	640193222642	2022	51.87	0.69
640251	1	640251211902	2021	59.75	0.72
	2	640251222956	2022	59.22	0.71
	3	640251222186	2022	55.94	0.68
	4	640251222922	2022	54.83	0.71
	5	640251200049	2020	53.73	0.72
	6	640251211359	2021	53.58	0.71
	7	640251211832	2021	52.33	0.71
	8	640251222155	2022	50.76	0.69
	9	640251223137	2022	49.78	0.67
	10	640251211842	2021	49.52	0.75

续表

场号	场内排名	牛号	出生年份	乳蛋白量 GEBV/kg	GEBV 准确性
640253	1	640253219151	2022	55.73	0.68
	2	640253204982	2020	54.14	0.68
	3	640253217175	2021	53.51	0.72
	4	640253219153	2022	53.12	0.72
	5	640253232543	2023	50.95	0.70
	6	640253217875	2021	50.94	0.69
	7	640253217811	2021	50.92	0.70
	8	640253218083	2022	50.45	0.70
	9	640253232569	2023	50.23	0.68
	10	640253219099	2022	49.82	0.70
643051	1	643051230565	2023	62.01	0.68
	2	643051220290	2022	53.51	0.68
	3	643051230564	2023	51.55	0.67
	4	643051230574	2023	48.37	0.62
	5	643051220287	2022	48.12	0.68
	6	643051220345	2022	45.87	0.70
	7	64305100D055	2020	44.91	0.72
	8	643051210071	2021	43.17	0.70
	9	643051044442	2021	41.32	0.71
	10	643051044483	2021	40.76	0.73

表 7–2–17　宁夏各牛场体细胞评分 GEBV 排名前 10 名荷斯坦牛

场号	场内排名	牛号	出生年份	体细胞评分 GEBV/ 分	GEBV 准确性
640003	1	640003193108	2019	1.33	0.68
	2	640003224915	2022	1.35	0.69
	3	640003193073	2019	1.41	0.67
	4	640003193258	2019	1.44	0.66

续表

场号	场内排名	牛号	出生年份	体细胞评分 GEBV/ 分	GEBV 准确性
640003	5	640003214185	2021	1.45	0.66
	6	640003193092	2019	1.50	0.66
	7	640003214148	2021	1.55	0.66
	8	640003203517	2020	1.56	0.65
	9	640003214074	2021	1.57	0.67
	10	640003197431	2019	1.59	0.68
640004	1	640004218943	2021	1.32	0.67
	2	640004197808	2019	1.33	0.65
	2	640004197806	2019	1.33	0.65
	4	640004197809	2019	1.41	0.66
	5	640004197810	2019	1.42	0.67
	6	640004197754	2019	1.44	0.69
	7	640004219289	2021	1.46	0.68
	8	640004219287	2021	1.49	0.60
	8	640004219454	2021	1.49	0.65
	10	640004228524	2022	1.53	0.71
640005	1	640005205980	2020	1.10	0.72
	2	640005205966	2020	1.18	0.71
	2	640005195765	2019	1.18	0.69
	4	640005229416	2023	1.22	0.68
	5	640005216382	2021	1.26	0.67
	5	640005216631	2021	1.26	0.71
	7	640005216622	2021	1.27	0.67
	8	640005229271	2023	1.29	0.66
	8	640005227065	2022	1.29	0.68
	10	640005205965	2020	1.38	0.67
640009	1	640009233150	2023	1.12	0.65
	2	640009201891	2020	1.26	0.67

续表

场号	场内排名	牛号	出生年份	体细胞评分 GEBV/ 分	GEBV 准确性
640009	3	640009233210	2023	1.35	0.69
	4	640009233144	2023	1.38	0.67
	4	640009191721	2019	1.38	0.66
	6	640009191713	2019	1.43	0.68
	7	640009191733	2019	1.47	0.73
	8	640009222723	2022	1.48	0.71
	9	640009233119	2023	1.52	0.67
	10	640009233198	2023	1.53	0.67
640035	1	640035222350	2022	1.29	0.64
	2	640035201614	2020	1.36	0.71
	2	640035191260	2019	1.36	0.68
	4	640035201613	2020	1.42	0.66
	5	640035212028	2021	1.45	0.70
	6	640035211973	2021	1.46	0.68
	7	640035191511	2019	1.55	0.67
	8	640035212034	2021	1.56	0.66
	8	640035191304	2019	1.56	0.65
	10	640035232830	2023	1.58	0.67
640166	1	640166224470	2022	1.39	0.66
	2	640166224440	2022	1.40	0.66
	3	640166203557	2020	1.46	0.70
	4	640166203555	2020	1.49	0.68
	5	640166214167	2021	1.55	0.69
	5	640166234933	2023	1.55	0.63
	7	640166193183	2019	1.59	0.62
	8	640166193233	2019	1.60	0.68
	9	640166193208	2019	1.61	0.68
	9	640166193312	2019	1.61	0.63

续表

场号	场内排名	牛号	出生年份	体细胞评分 GEBV/ 分	GEBV 准确性
640173	1	640173228476	2022	1.28	0.69
	2	640173195860	2019	1.32	0.64
	3	640173227762	2022	1.33	0.66
	4	640173206282	2020	1.35	0.69
	5	640173217631	2021	1.38	0.71
	6	640173205918	2020	1.48	0.58
	7	640173239051	2023	1.52	0.67
	8	640173195812	2019	1.54	0.70
	9	640173227756	2022	1.56	0.69
	9	640173195835	2019	1.56	0.69
640190	1	640190210071	2021	1.13	0.68
	2	640190210039	2021	1.22	0.64
	3	640190210185	2021	1.23	0.68
	4	640190191165	2019	1.27	0.68
	5	640190190721	2019	1.29	0.69
	6	640190230905	2023	1.30	0.65
	7	640190192651	2019	1.33	0.68
	8	640190192699	2019	1.35	0.65
	8	640190191183	2019	1.35	0.66
	10	640190230883	2023	1.38	0.65
640193	1	640193200864	2020	1.27	0.68
	2	640193192500	2019	1.30	0.69
	3	640193210468	2021	1.32	0.60
	4	640193192506	2019	1.33	0.66
	5	640193213228	2021	1.35	0.67
	6	640193222770	2022	1.38	0.64
	7	640193211712	2021	1.39	0.64
	8	640193214252	2021	1.40	0.69

续表

场号	场内排名	牛号	出生年份	体细胞评分 GEBV/ 分	GEBV 准确性
640193	8	640193200228	2020	1.40	0.68
	10	640193202948	2020	1.42	0.58
640251	1	640251222532	2022	1.01	0.63
	2	640251197268	2019	1.03	0.70
	3	640251200197	2020	1.20	0.69
	4	640251210955	2021	1.31	0.63
	5	640251210734	2021	1.32	0.68
	6	640251211575	2021	1.33	0.70
	6	640251222958	2022	1.33	0.60
	8	640251222944	2022	1.34	0.64
	9	640251197118	2019	1.36	0.62
	10	640251210903	2021	1.39	0.63
640253	1	640253216944	2021	1.24	0.62
	2	640253216578	2021	1.37	0.67
	3	640253219217	2022	1.38	0.68
	4	640253232248	2023	1.42	0.68
	5	640253217701	2021	1.46	0.64
	6	640253217123	2021	1.50	0.67
	7	640253218968	2022	1.51	0.67
	7	640253193709	2019	1.51	0.67
	9	640253193288	2019	1.55	0.66
	10	640253216652	2021	1.56	0.67
643051	1	643051044336	2021	1.05	0.67
	2	64305100D077	2020	1.22	0.67
	3	643051044495	2021	1.29	0.70
	4	643051230537	2023	1.33	0.64
	5	643051220270	2022	1.34	0.67
	6	643051230574	2023	1.37	0.59

续表

场号	场内排名	牛号	出生年份	体细胞评分 GEBV/ 分	GEBV 准确性
643051	6	643051230587	2023	1.37	0.67
	8	643051220280	2022	1.40	0.65
	8	643051033866	2020	1.40	0.66
	10	643051044348	2021	1.43	0.66

表 7-2-18　宁夏各牛场体型总分 GEBV 排名前 10 名荷斯坦牛

场号	场内排名	牛号	出生年份	体型总分 GEBV/ 分	GEBV 准确性
640003	1	640003225764	2022	10.50	0.69
	2	640003203379	2020	9.69	0.74
	3	640003214718	2021	8.21	0.70
	4	640003225699	2022	8.02	0.68
	5	640003225584	2022	7.88	0.67
	6	640003193106	2019	7.69	0.70
	7	640003193123	2019	7.58	0.71
	8	640003225604	2022	7.57	0.69
	9	640003214415	2021	7.39	0.70
	10	640003225591	2022	7.34	0.68
640004	1	640004218981	2021	11.44	0.71
	2	640004229960	2022	8.26	0.67
	3	640004219280	2021	7.79	0.68
	4	640004219290	2021	7.46	0.67
	5	640004208271	2020	7.26	0.70
	6	640004208214	2020	7.25	0.68
	7	640004208190	2020	7.11	0.69
	8	640004219028	2021	6.73	0.70
	9	640004229782	2022	6.69	0.66
	10	640004219038	2021	6.58	0.71

续表

场号	场内排名	牛号	出生年份	体型总分 GEBV/ 分	GEBV 准确性
640005	1	640005205966	2020	9.71	0.71
	2	640005205975	2020	8.91	0.65
	3	640005206027	2020	8.32	0.68
	4	640005206004	2020	8.19	0.73
	5	640005227069	2022	7.81	0.69
	6	640005205962	2020	7.61	0.70
	6	640005216374	2021	7.61	0.68
	8	640005205998	2020	7.60	0.68
	9	640005205961	2020	7.59	0.69
	10	640005205997	2020	7.49	0.72
640009	1	640009222728	2022	11.61	0.68
	2	640009191627	2019	10.26	0.70
	3	640009222806	2022	9.08	0.66
	4	640009222656	2022	8.45	0.68
	5	640009222777	2022	8.26	0.68
	6	640009222808	2022	8.04	0.73
	7	640009202040	2020	7.56	0.68
	8	640009222660	2022	7.53	0.68
	9	640009222756	2022	7.33	0.68
	10	640009191632	2019	6.99	0.69
640035	1	640035201529	2019	8.57	0.64
	2	640035201633	2020	8.21	0.66
	3	640035201666	2020	7.48	0.68
	4	640035212120	2021	7.07	0.66
	5	640035222356	2022	6.33	0.67
	6	640035232819	2023	6.02	0.65
	7	640035211974	2021	5.82	0.68
	8	640035232764	2023	5.79	0.66

续表

场号	场内排名	牛号	出生年份	体型总分 GEBV/ 分	GEBV 准确性
640035	9	640035212125	2021	5.55	0.67
	10	640035232765	2023	5.37	0.69
640166	1	640166214241	2021	8.83	0.65
	2	640166193199	2019	8.34	0.70
	3	640166224654	2022	8.33	0.69
	4	640166214167	2021	7.69	0.68
	5	640166214044	2021	7.39	0.64
	6	640166193355	2019	6.93	0.69
	7	640166203557	2020	6.91	0.70
	8	640166214289	2021	6.74	0.67
	9	640166193464	2019	6.28	0.65
	10	640166214157	2021	6.15	0.63
640173	1	640173228034	2022	9.93	0.65
	2	640173228394	2022	8.80	0.67
	3	640173195832	2019	8.25	0.70
	4	640173228476	2022	7.78	0.68
	5	640173217545	2021	7.37	0.68
	6	640173217280	2021	7.16	0.68
	7	640173206046	2020	7.07	0.69
	8	640173217023	2021	6.67	0.66
	9	640173228392	2022	6.29	0.66
	10	640173205866	2019	6.24	0.67
640190	1	640190231505	2023	9.58	0.67
	2	640190231425	2023	9.30	0.67
	3	640190200887	2020	9.06	0.67
	4	640190191257	2019	8.35	0.70
	5	640190193237	2019	8.21	0.70
	6	640190201259	2020	7.65	0.67

续表

场号	场内排名	牛号	出生年份	体型总分 GEBV/ 分	GEBV 准确性
640190	7	640190223543	2022	7.26	0.67
	8	640190191223	2019	7.02	0.69
	9	640190210159	2021	6.98	0.67
	10	640190192187	2019	6.87	0.63
640193	1	640193214284	2021	9.10	0.65
	2	640193192386	2019	8.63	0.69
	3	640193215590	2021	8.58	0.67
	4	640193200876	2020	8.09	0.68
	5	640193230260	2023	7.73	0.66
	6	640193192496	2019	7.65	0.68
	7	640193214266	2021	7.48	0.66
	8	640193230574	2023	7.04	0.65
	9	640193230668	2023	6.91	0.68
	10	640193200792	2020	6.85	0.67
640251	1	640251222778	2022	9.67	0.70
	2	640251223745	2022	8.75	0.67
	3	640251197703	2019	8.31	0.69
	4	640251208984	2020	7.92	0.67
	5	640251222300	2022	7.77	0.65
	6	640251209170	2020	7.54	0.65
	7	640251222968	2022	7.53	0.67
	8	640251200328	2020	7.32	0.69
	9	640251211766	2021	7.18	0.68
	10	640251211291	2021	7.10	0.68
640253	1	640253219104	2022	11.14	0.69
	2	640253218050	2022	11.02	0.65
	3	640253205214	2020	9.97	0.68
	4	640253216086	2021	8.97	0.70

续表

场号	场内排名	牛号	出生年份	体型总分 GEBV/ 分	GEBV 准确性
640253	5	640253216652	2021	8.67	0.66
	6	640253218542	2022	8.45	0.70
	7	640253217683	2021	8.32	0.67
	8	640253205071	2020	8.23	0.66
	9	640253218577	2022	8.21	0.68
	10	640253218914	2022	7.97	0.64
643051	1	643051044347	2021	9.63	0.70
	2	643051210071	2021	9.38	0.67
	3	643051230537	2023	8.40	0.63
	4	643051220290	2022	8.25	0.64
	5	643051220274	2022	7.34	0.68
	6	643051220289	2022	7.18	0.65
	6	643051044351	2021	7.18	0.66
	8	643051220199	2022	6.75	0.67
	9	643051033850	2020	6.65	0.69
	10	643051033601	2019	6.47	0.66

表 7-2-19　宁夏各牛场泌乳系统评分 GEBV 排名前 10 名荷斯坦牛

场号	场内排名	牛号	出生年份	泌乳系统评分 GEBV/ 分	GEBV 准确性
640003	1	640003203379	2020	13.09	0.73
	2	640003193106	2019	10.08	0.70
	3	640003193123	2019	9.02	0.70
	4	640003224861	2022	8.55	0.66
	5	640003203413	2020	8.52	0.77
	6	640003203520	2020	7.99	0.67
	7	640003225584	2022	7.72	0.67
	8	640003225764	2022	7.70	0.68

续表

场号	场内排名	牛号	出生年份	泌乳系统评分 GEBV/ 分	GEBV 准确性
640003	9	640003225604	2022	7.50	0.69
	9	640003203399	2020	7.50	0.72
640004	1	640004218981	2021	12.66	0.71
	2	640004228533	2022	8.02	0.69
	3	640004229941	2022	7.64	0.69
	4	640004228100	2022	7.20	0.68
	5	640004219074	2021	6.96	0.66
	6	640004229960	2022	6.85	0.67
	7	640004208190	2020	6.71	0.69
	8	640004197869	2019	6.69	0.73
	9	640004208271	2020	6.53	0.69
	10	640004229782	2022	6.37	0.65
640005	1	640005227096	2022	9.70	0.67
	2	640005226809	2022	8.82	0.70
	3	640005205961	2020	8.64	0.69
	4	640005216564	2021	8.62	0.69
	5	640005227069	2022	8.41	0.69
	6	640005195731	2019	8.22	0.71
	7	640005216561	2021	7.86	0.68
	8	640005195679	2019	7.68	0.71
	9	640005205998	2020	7.56	0.68
	10	640005195682	2019	7.50	0.72
640009	1	640009222728	2022	10.08	0.68
	2	640009222806	2022	9.54	0.66
	3	640009191627	2019	9.31	0.70
	4	640009191628	2019	7.94	0.67
	5	640009212366	2021	7.80	0.69
	6	640009212257	2021	7.49	0.64

续表

场号	场内排名	牛号	出生年份	泌乳系统评分 GEBV/ 分	GEBV 准确性
640009	7	640009212309	2021	7.45	0.68
	8	640009233086	2023	7.21	0.69
	9	640009222656	2022	7.20	0.68
	10	640009233234	2023	6.69	0.67
640035	1	640035212120	2021	9.07	0.66
	2	640035211971	2021	7.85	0.66
	3	640035201666	2020	7.78	0.68
	4	640035201617	2020	7.30	0.70
	5	640035211981	2021	7.18	0.67
	6	640035201529	2019	6.93	0.63
	7	640035222356	2022	6.02	0.67
	8	640035201670	2020	5.87	0.71
	9	640035211961	2021	5.53	0.64
	10	640035191279	2019	5.52	0.67
640166	1	640166224654	2022	10.42	0.69
	2	640166203526	2020	8.25	0.64
	3	640166214167	2021	7.63	0.68
	4	640166193355	2019	7.39	0.69
	5	640166203557	2020	7.29	0.70
	6	640166193199	2019	7.22	0.70
	7	640166224489	2022	7.07	0.65
	8	640166214027	2021	6.94	0.69
	9	640166213987	2021	6.88	0.69
	10	640166224537	2022	6.55	0.65
640173	1	640173228394	2022	11.12	0.66
	2	640173228034	2022	8.89	0.65
	3	640173228392	2022	7.92	0.65
	4	640173206266	2020	7.37	0.69

续表

场号	场内排名	牛号	出生年份	泌乳系统评分 GEBV/ 分	GEBV 准确性
640173	5	640173206046	2020	6.93	0.69
	6	640173239048	2023	6.87	0.68
	7	640173239051	2023	6.86	0.66
	8	640173227784	2022	6.64	0.67
	9	640173206279	2020	6.56	0.66
	10	640173195832	2019	6.52	0.70
640190	1	640190191257	2019	12.04	0.70
	2	640190231425	2023	8.66	0.67
	3	640190193237	2019	7.92	0.69
	4	640190192651	2019	7.82	0.68
	5	640190231505	2023	7.79	0.67
	6	640190215019	2021	7.56	0.64
	6	640190200457	2020	7.56	0.61
	8	640190200147	2020	7.51	0.66
	9	640190205481	2020	7.48	0.69
	10	640190191215	2019	7.43	0.69
640193	1	640193201148	2020	8.20	0.66
	2	640193200646	2020	7.94	0.63
	3	640193214266	2021	7.50	0.66
	4	640193214284	2021	7.29	0.65
	5	640193215590	2021	7.27	0.67
	6	640193213080	2021	7.22	0.64
	7	640193192496	2019	7.18	0.67
	8	640193215636	2021	7.12	0.68
	9	640193210216	2021	7.11	0.63
	10	640193192712	2019	7.06	0.64
640251	1	640251223745	2022	10.28	0.67
	2	640251223084	2022	8.53	0.69

续表

场号	场内排名	牛号	出生年份	泌乳系统评分 GEBV/ 分	GEBV 准确性
640251	3	640251222778	2022	8.36	0.70
	4	640251210485	2021	8.25	0.69
	5	640251235055	2023	7.51	0.66
	6	640251210955	2021	7.39	0.63
	7	640251209353	2020	7.35	0.62
	8	640251197282	2019	7.28	0.70
	9	640251222968	2022	7.22	0.67
	10	640251208984	2020	6.98	0.67
640253	1	640253218968	2022	8.95	0.67
	2	640253216086	2021	8.75	0.70
	3	640253204918	2020	8.27	0.70
	4	640253218542	2022	8.08	0.70
	5	640253218870	2022	7.90	0.67
	6	640253218050	2022	7.84	0.65
	7	640253218914	2022	7.77	0.64
	7	640253193789	2019	7.77	0.69
	9	640253205000	2020	7.60	0.64
	10	640253218540	2022	7.55	0.68
643051	1	643051044347	2021	8.25	0.69
	2	643051210071	2021	7.69	0.67
	3	643051033850	2020	7.30	0.69
	4	643051220280	2022	6.40	0.64
	5	643051033601	2019	6.17	0.66
	6	643051044495	2021	5.97	0.70
	7	643051033713	2019	5.96	0.66
	8	643051044336	2021	5.95	0.66
	9	643051220289	2022	5.65	0.65
	10	643051220274	2022	5.58	0.68

表 7-2-20 宁夏各牛场肢蹄评分 GEBV 排名前 10 名荷斯坦牛

场号	场内排名	牛号	出生年份	肢蹄评分 GEBV/ 分	GEBV 准确性
640003	1	640003225861	2022	9.41	0.74
	2	640003225767	2022	8.73	0.75
	3	640003214158	2021	8.10	0.74
	4	640003225764	2022	7.88	0.75
	5	640003193097	2019	7.54	0.74
	6	640003225461	2022	7.36	0.78
	7	640003225591	2022	7.35	0.76
	8	640003203534	2020	6.88	0.70
	9	640003225462	2022	5.00	0.80
	10	640003225271	2022	4.47	0.75
640004	1	640004219036	2021	9.38	0.69
	2	640004197866	2019	8.50	0.76
	3	640004219290	2021	6.39	0.74
	4	640004218981	2021	6.26	0.79
	5	640004208231	2020	5.90	0.78
	6	640004219642	2021	5.83	0.76
	7	640004229960	2022	5.67	0.75
	8	640004208217	2020	5.57	0.76
	9	640004197949	2019	5.41	0.69
	10	640004228090	2022	5.23	0.77
640005	1	640005195653	2019	7.91	0.77
	2	640005205959	2020	7.45	0.76
	3	640005205966	2020	7.19	0.78
	4	640005205952	2020	6.96	0.77
	5	640005205975	2020	6.84	0.73
	6	640005205930	2020	6.34	0.79
	7	640005206024	2020	6.30	0.72
	8	640005205929	2020	6.20	0.79

续表

场号	场内排名	牛号	出生年份	肢蹄评分 GEBV/ 分	GEBV 准确性
640005	9	640005205968	2020	5.89	0.78
	10	640005216382	2021	5.87	0.74
640009	1	640009222756	2022	11.02	0.76
	2	640009191794	2019	8.96	0.76
	3	640009191630	2019	7.08	0.77
	4	640009191721	2019	7.02	0.73
	4	640009202045	2020	7.02	0.76
	6	640009191632	2019	6.96	0.76
	7	640009222781	2022	6.88	0.76
	8	640009222777	2022	6.84	0.76
	9	640009202040	2020	6.64	0.75
	10	640009222728	2022	6.58	0.76
640035	1	640035201633	2020	8.38	0.74
	2	640035201613	2020	5.79	0.74
	3	640035212125	2021	4.96	0.75
	4	640035191328	2019	4.41	0.76
	5	640035211974	2021	4.32	0.76
	6	640035211985	2021	4.22	0.76
	7	640035212164	2021	4.14	0.73
	8	640035191504	2019	3.88	0.79
	9	640035232792	2023	3.86	0.74
	10	640035201529	2019	3.59	0.71
640166	1	640166193328	2019	7.47	0.75
	2	640166214044	2021	6.27	0.72
	3	640166193227	2019	6.21	0.77
	4	640166193140	2019	5.84	0.75
	5	640166214018	2021	5.55	0.72
	6	640166214229	2021	5.18	0.73

续表

场号	场内排名	牛号	出生年份	肢蹄评分 GEBV/ 分	GEBV 准确性
640166	7	640166224656	2022	5.04	0.76
	8	640166193355	2019	4.93	0.76
	9	640166193287	2019	4.92	0.79
	10	640166203483	2020	4.91	0.75
640173	1	640173217568	2021	7.26	0.74
	2	640173228414	2022	6.70	0.75
	3	640173216876	2021	6.40	0.74
	4	640173228402	2022	6.16	0.75
	4	640173228409	2022	6.16	0.74
	6	640173228476	2022	6.03	0.76
	7	640173217545	2021	6.02	0.76
	8	640173217023	2021	5.55	0.73
	9	640173216850	2021	5.44	0.76
	10	640173205945	2020	4.98	0.77
640190	1	640190191223	2019	8.35	0.76
	2	640190191287	2019	7.01	0.78
	3	640190226205	2022	6.89	0.74
	4	640190192187	2019	6.86	0.71
	5	640190193237	2019	6.55	0.77
	6	640190205483	2020	6.16	0.75
	7	640190205577	2020	6.15	0.75
	8	640190192679	2019	5.73	0.74
	9	640190210159	2021	5.57	0.75
	10	640190214881	2021	5.54	0.76
640193	1	640193200876	2020	9.28	0.75
	2	640193205930	2020	9.03	0.77
	3	640193215666	2021	7.55	0.74
	3	640193210342	2021	7.55	0.70

续表

场号	场内排名	牛号	出生年份	肢蹄评分 GEBV/ 分	GEBV 准确性
640193	5	640193205670	2020	6.31	0.73
	6	640193225186	2022	6.21	0.65
	7	640193192664	2019	6.20	0.74
	8	640193202760	2020	6.16	0.74
	9	640193231534	2023	6.07	0.74
	10	640193222774	2022	5.90	0.70
640251	1	640251222019	2022	8.71	0.66
	2	640251222300	2022	7.75	0.73
	3	640251234564	2023	7.40	0.73
	4	640251200328	2020	6.88	0.77
	5	640251223113	2022	6.63	0.76
	6	640251234615	2023	6.44	0.73
	7	640251209458	2020	6.25	0.69
	8	640251197705	2019	6.09	0.75
	9	640251211287	2021	5.86	0.75
	10	640251208984	2020	5.74	0.75
640253	1	640253218050	2022	12.03	0.74
	2	640253218577	2022	9.34	0.75
	3	640253193175	2019	9.29	0.77
	4	640253232613	2023	9.20	0.73
	5	640253193217	2019	8.21	0.75
	6	640253216074	2021	7.79	0.73
	7	640253205918	2020	7.11	0.73
	8	640253205938	2020	6.98	0.76
	9	640253193266	2019	6.72	0.79
	10	640253204590	2020	6.57	0.75
643051	1	643051033840	2020	6.14	0.74
	2	643051044456	2021	5.80	0.72

续表

场号	场内排名	牛号	出生年份	肢蹄评分 GEBV/ 分	GEBV 准确性
643051	3	643051230564	2023	5.33	0.71
	4	643051033586	2019	5.27	0.72
	5	64305100D050	2020	4.69	0.74
	6	643051044460	2021	4.63	0.73
	7	643051220286	2022	4.48	0.74
	8	643051210049	2021	4.11	0.73
	9	643051220274	2022	4.08	0.76
	10	643051210011	2021	3.97	0.70

附 表

附表 1　全宁夏产奶量 EBV 排名前 500 名母牛

排名	牛号	出生年份	产奶量 EBV/kg	EBV 准确性
1	640190190579	2019	999.3	0.49
2	640193155973	2015	890.3	0.63
3	640193173596	2017	850.2	0.55
4	640193172990	2017	841.6	0.63
5	640202155629	2015	784.6	0.59
6	640202155621	2015	775.6	0.61
7	640202155620	2015	767.6	0.60
8	640193156044	2015	767.0	0.61
9	640190190655	2019	764.3	0.52
10	640202155583	2015	755.8	0.55
11	640193183714	2018	752.8	0.63
12	640193156753	2015	743.9	0.62
13	640193155567	2015	743.0	0.59
14	640190142254	2014	741.0	0.47
15	640190190529	2019	733.1	0.51
16	640193173262	2017	730.8	0.63
17	640193192892	2019	725.0	0.55
18	640190155644	2015	723.8	0.54
19	640193172830	2017	717.5	0.65
20	640193173110	2017	716.4	0.62
21	640190191287	2019	708.6	0.43
22	640003182900	2018	708.0	0.54

续表

排名	牛号	出生年份	产奶量 EBV/kg	EBV 准确性
23	640193156028	2015	706.1	0.61
24	640193150004	2015	705.7	0.60
25	640193156400	2015	699.2	0.60
26	640193173062	2017	698.8	0.61
27	640193173504	2017	697.2	0.61
28	640193155093	2015	695.7	0.59
29	640193172054	2017	687.5	0.57
30	640190160813	2016	687.4	0.64
31	640193173226	2017	686.9	0.60
32	640190181961	2018	683.9	0.59
33	640202155528	2015	677.2	0.57
34	640193172770	2017	677.1	0.59
35	640193172058	2017	674.9	0.59
36	640190130615	2013	670.0	0.55
37	640193193816	2019	669.4	0.55
38	640190205219	2020	667.7	0.44
38	640202155537	2015	667.7	0.56
40	640190156262	2015	666.4	0.59
41	640193173746	2017	664.1	0.61
42	640193183122	2018	663.6	0.62
43	640190190633	2019	662.8	0.49
44	640202155513	2015	662.5	0.62
45	640003195638	2019	662.1	0.46
46	640193173030	2017	661.5	0.62
47	640193155659	2015	660.7	0.54
48	640066156091	2015	660.0	0.62
49	640193173184	2017	659.7	0.58
50	640007195350	2019	659.4	0.55

续表

排名	牛号	出生年份	产奶量 EBV/kg	EBV 准确性
51	640193173276	2017	658.4	0.64
52	640193155048	2015	658.1	0.52
53	643052140312	2014	656.6	0.52
54	640202155641	2015	656.1	0.58
55	640007185177	2018	656.0	0.57
56	640202155669	2015	654.7	0.56
57	643052121005	2012	653.7	0.49
58	640003182943	2018	652.0	0.55
59	640202155611	2015	651.5	0.50
60	640190155922	2015	650.9	0.53
61	640190190589	2019	650.7	0.53
62	640004197861	2016	650.6	0.42
63	640202155662	2015	648.2	0.55
63	640193194172	2019	648.2	0.57
65	640190190885	2019	645.9	0.44
66	640193173632	2017	645.2	0.60
67	640193173054	2017	643.9	0.61
68	640193174712	2017	641.0	0.57
69	640007197863	2019	640.7	0.42
70	640190155646	2015	638.6	0.61
71	640193154786	2015	638.5	0.55
72	643052120405	2012	638.4	0.59
73	640193155976	2015	637.7	0.59
74	640202155374	2015	637.6	0.53
75	640190140975	2014	637.4	0.50
76	640193155981	2015	634.1	0.59
77	640190190103	2019	633.7	0.59
78	640193194118	2019	633.0	0.56

续表

排名	牛号	出生年份	产奶量 EBV/kg	EBV 准确性
79	640003195627	2019	632.2	0.38
80	640193155954	2015	631.3	0.64
81	640193173094	2017	631.1	0.64
82	640007197863	2019	630.5	0.40
83	640193161045	2016	630.0	0.60
84	640202155544	2015	629.8	0.59
85	640190190603	2019	628.3	0.50
86	640193173528	2017	628.0	0.53
87	640202155631	2015	626.4	0.59
88	640190185213	2018	625.9	0.55
89	640193173972	2017	625.0	0.63
90	640193180421	2018	624.4	0.44
91	640193193394	2019	624.3	0.55
92	640193155999	2015	624.2	0.58
93	640190190905	2019	623.7	0.52
94	640005195662	2019	622.5	0.41
95	640193174608	2017	621.3	0.59
96	640202155508	2015	619.8	0.57
97	640190204959	2020	618.2	0.42
98	640190183989	2018	617.9	0.43
99	640003195632	2019	616.3	0.43
100	640190205233	2020	615.3	0.42
101	640003182920	2018	615.0	0.57
102	640193155509	2015	614.4	0.49
103	640003197874	2019	612.7	0.49
104	643052140515	2014	612.3	0.47
104	640190175799	2017	612.3	0.62
106	640193156848	2015	611.3	0.59

续表

排名	牛号	出生年份	产奶量 EBV/kg	EBV 准确性
107	640193173090	2017	611.1	0.60
108	643052140408	2014	610.7	0.54
109	640193172342	2017	610.4	0.62
110	640193173792	2017	609.1	0.62
110	640007185228	2018	609.1	0.56
112	640202155640	2015	609.0	0.61
113	640190160668	2016	606.5	0.54
114	640190130536	2013	605.6	0.58
115	640193161718	2016	605.0	0.54
116	640202155658	2015	604.9	0.54
117	643052141011	2014	603.5	0.50
118	640202155635	2015	603.1	0.59
119	640193194944	2019	602.7	0.57
120	640202155484	2015	602.6	0.54
121	640190174635	2017	602.4	0.50
122	640193193704	2019	601.6	0.54
123	640007185249	2018	601.1	0.54
124	640003195643	2019	600.9	0.45
125	640007197869	2019	599.0	0.42
126	640118150751	2015	598.7	0.60
126	640193160929	2016	598.7	0.63
126	640193157269	2015	598.7	0.56
129	640003195663	2019	598.1	0.49
130	640193181982	2018	597.3	0.59
131	640190130856	2013	596.2	0.57
132	640193190962	2019	596.1	0.41
133	640190191337	2019	595.9	0.40
134	640003182926	2018	595.3	0.61

续表

排名	牛号	出生年份	产奶量 EBV/kg	EBV 准确性
135	640190185747	2018	594.5	0.59
136	640190182085	2018	594.0	0.60
137	640193181610	2018	593.9	0.60
138	640193173628	2017	593.6	0.60
139	640202155368	2015	593.4	0.53
140	643052140915	2014	592.8	0.50
141	640193173336	2017	592.4	0.64
142	640191205615	2020	591.0	0.40
143	640190173699	2017	590.6	0.49
144	640193155555	2015	590.2	0.57
145	640193156811	2015	588.0	0.63
146	640193173674	2017	587.5	0.61
147	640202155649	2015	587.3	0.57
148	640193163681	2016	587.1	0.56
149	640193193510	2019	586.9	0.54
149	640193174676	2017	586.9	0.60
151	640193174956	2017	586.8	0.54
152	643052140217	2014	585.8	0.53
153	640005195752	2012	585.2	0.38
154	640190204917	2020	584.2	0.42
155	640190191207	2019	584.1	0.49
156	640007195517	2019	583.4	0.49
157	640005195740	2013	582.6	0.37
158	640007185209	2018	582.3	0.60
159	640193174804	2017	582.1	0.62
160	640190212519	2021	581.7	0.43
161	640193193188	2019	581.2	0.57
162	640190211495	2021	580.7	0.44

续表

排名	牛号	出生年份	产奶量 EBV/kg	EBV 准确性
163	640193161715	2016	579.8	0.57
164	640190154414	2015	579.7	0.47
165	640003162234	2016	579.6	0.61
166	640007185216	2018	579.0	0.52
167	640193156829	2015	578.9	0.59
168	640005195756	2015	577.7	0.41
169	640024152844	2015	577.5	0.54
170	640007195508	2019	577.0	0.54
171	640202155336	2015	576.9	0.49
172	640004187565	2018	576.3	0.49
173	640193193280	2019	576.2	0.56
174	640191205620	2020	576.0	0.43
175	640202155522	2015	575.6	0.58
176	640005195742	2013	574.4	0.37
177	640202155488	2015	574.0	0.54
178	640190130461	2013	573.7	0.46
179	640066156093	2015	573.6	0.57
180	640193183626	2018	573.4	0.63
181	640007195490	2019	573.3	0.55
182	640190190609	2019	573.1	0.47
183	640190130838	2013	573.0	0.56
184	640005195753	2013	572.5	0.38
185	640202155568	2015	572.3	0.60
186	640190142251	2014	572.2	0.46
187	640202155650	2015	572.0	0.49
188	643052140201	2014	571.4	0.46
189	640190176287	2017	570.9	0.57
190	640193193434	2019	570.7	0.56

续表

排名	牛号	出生年份	产奶量 EBV/kg	EBV 准确性
191	640190156072	2015	570.3	0.59
191	640003182952	2018	570.3	0.52
193	640193174644	2017	569.3	0.60
194	640202198407	2019	569.1	0.49
194	640202155591	2015	569.1	0.54
196	640003182961	2018	568.8	0.56
197	640007195350	2019	568.7	0.57
198	640007185177	2018	568.5	0.53
199	640202155646	2015	568.2	0.55
200	640202155353	2015	567.6	0.51
200	640190174497	2017	567.6	0.49
202	640005195730	2011	567.5	0.37
203	640193175064	2017	567.4	0.62
204	643052140506	2014	567.3	0.50
205	640202155569	2015	567.1	0.57
205	640202155673	2015	567.1	0.56
207	640190190619	2019	566.5	0.48
207	640190155658	2015	566.5	0.57
209	640007185172	2018	566.4	0.50
210	640190155449	2015	566.0	0.61
211	640190190575	2019	565.9	0.56
211	640007185249	2018	565.9	0.52
213	640193181974	2018	565.8	0.57
214	640193150034	2015	565.5	0.60
214	640190184109	2018	565.5	0.50
216	640193193336	2019	565.2	0.54
217	640190174077	2017	565.0	0.45
218	640190157417	2015	564.6	0.57

续表

排名	牛号	出生年份	产奶量 EBV/kg	EBV 准确性
218	640190182237	2018	564.6	0.55
220	640003195648	2019	564.1	0.46
221	640193191030	2019	564.0	0.45
222	643052140210	2014	563.9	0.49
223	640193173242	2017	563.5	0.61
224	640193156241	2015	563.4	0.62
225	640193190118	2019	563.0	0.55
226	640193150039	2015	562.8	0.49
227	640005195748	2015	562.7	0.41
228	640005134196	2013	562.5	0.62
229	640193181794	2018	562.4	0.62
230	640193174854	2017	562.3	0.55
230	640193172918	2017	562.3	0.63
232	640202155571	2015	562.1	0.51
233	640003182944	2018	561.8	0.54
234	640005195705	2019	561.4	0.50
235	640182180154	2018	561.2	0.54
236	640190154468	2015	560.9	0.49
236	640005195749	2015	560.9	0.36
238	640193156926	2015	560.5	0.63
238	640193172868	2017	560.5	0.58
240	640064130484	2013	560.3	0.47
240	640009110066	2011	560.3	0.65
242	640190210945	2021	559.1	0.43
243	640003182957	2018	559.0	0.57
244	640193174852	2017	558.4	0.60
245	640003195633	2019	558.0	0.37
246	640190204927	2020	556.7	0.44

续表

排名	牛号	出生年份	产奶量 EBV/kg	EBV 准确性
246	640193174356	2017	556.7	0.56
248	640193162689	2016	556.2	0.57
249	640193155837	2015	556.0	0.55
250	640251175047	2017	555.9	0.60
251	643052140421	2014	555.6	0.49
251	640193155340	2015	555.6	0.58
253	643052140224	2014	555.5	0.48
254	640007174486	2017	555.3	0.59
255	640190204829	2020	555.1	0.42
256	640190141045	2014	554.3	0.49
257	640193172194	2017	554.1	0.56
258	643052141009	2014	553.7	0.51
259	640193172682	2017	553.1	0.63
260	640007195492	2019	552.7	0.53
261	640003182933	2018	552.6	0.56
262	640193174718	2017	552.3	0.56
262	640193163448	2016	552.3	0.49
262	640193160183	2016	552.3	0.63
265	640009181564	2018	552.1	0.56
266	640193162649	2016	552.0	0.58
267	640193193866	2019	551.7	0.54
267	640190162159	2016	551.7	0.62
269	640190135392	2013	551.6	0.52
270	640007174542	2017	551.4	0.62
271	640193194550	2019	551.3	0.54
271	640007195461	2019	551.3	0.49
273	640005195751	2015	551.1	0.37
274	640193156298	2015	551.0	0.59

续表

排名	牛号	出生年份	产奶量 EBV/kg	EBV 准确性
275	640193191722	2019	550.6	0.56
276	640202155478	2015	550.5	0.51
277	643052140918	2014	550.1	0.49
278	640190142007	2014	549.9	0.49
279	640193150101	2015	549.8	0.48
280	640118140727	2014	549.6	0.63
281	640190190531	2019	549.5	0.43
281	640193163731	2016	549.5	0.60
283	640190191125	2019	549.4	0.51
284	640193156309	2015	548.9	0.57
285	640193156003	2015	548.8	0.59
286	640193175042	2017	548.6	0.61
287	640190184293	2018	548.4	0.59
287	640190204419	2020	548.4	0.42
289	640190140331	2014	548.3	0.55
290	640193174002	2017	548.2	0.50
291	640193155801	2015	548.1	0.60
292	640005195746	2013	547.8	0.37
292	640193154850	2015	547.8	0.51
294	640202155366	2015	547.7	0.54
295	640007185209	2018	547.6	0.55
295	640118090332	2009	547.6	0.60
297	640202172249	2017	546.6	0.50
298	640036160578	2016	546.5	0.54
299	640003182941	2018	546.3	0.53
300	640190141915	2014	545.5	0.50
301	640193155875	2015	545.4	0.58
301	640193193806	2019	545.4	0.53

续表

排名	牛号	出生年份	产奶量 EBV/kg	EBV 准确性
303	640190211607	2021	545.2	0.44
304	640193160213	2016	545.1	0.53
304	640193156773	2015	545.1	0.55
306	640190182143	2018	545.0	0.54
307	640190202439	2020	544.4	0.42
308	640005195741	2015	544.1	0.36
308	640202155531	2015	544.1	0.60
310	640064130466	2013	543.9	0.44
310	640003183012	2018	543.9	0.59
312	640190142289	2014	543.7	0.50
313	640005195764	2012	543.5	0.40
313	640190193869	2019	543.5	0.42
315	640190204853	2020	543.1	0.42
316	640190123772	2012	542.6	0.53
316	640190185566	2018	542.6	0.56
318	640190202861	2020	542.5	0.43
318	640193180108	2018	542.5	0.62
320	640190193179	2019	541.7	0.57
321	640190212021	2021	541.5	0.42
322	640193193304	2019	541.1	0.53
323	640190205211	2020	541.0	0.42
324	640190142240	2014	540.9	0.44
324	640036100983	2010	540.9	0.57
324	640190123762	2012	540.9	0.49
327	640190156061	2015	540.6	0.57
327	640009181495	2018	540.6	0.51
329	640193175264	2017	539.8	0.58
329	640003195617	2019	539.8	0.37

续表

排名	牛号	出生年份	产奶量 EBV/kg	EBV 准确性
331	640190211385	2021	539.6	0.43
332	640152190443	2019	539.5	0.36
333	640193173510	2017	539.1	0.58
334	640003182930	2018	538.9	0.54
335	640003195625	2019	538.7	0.36
336	640193156362	2015	538.5	0.62
337	643052140508	2014	538.4	0.49
338	640193172866	2017	538.2	0.63
339	640003195653	2019	537.6	0.47
339	640190210331	2021	537.6	0.43
341	640202155664	2015	536.7	0.54
342	640190210467	2021	535.6	0.42
342	640193174714	2017	535.6	0.60
344	640202155686	2015	535.5	0.48
345	640007185225	2018	535.3	0.51
346	640007153502	2015	535.1	0.60
346	640193162035	2016	535.1	0.58
348	640190212523	2021	535.0	0.44
349	640191205504	2020	534.8	0.42
350	640007197868	2019	534.1	0.37
351	640005195729	2014	534.0	0.37
351	640202155624	2015	534.0	0.55
353	640193161278	2016	533.9	0.53
354	640007163945	2016	533.5	0.59
355	640190201945	2020	533.4	0.42
355	640193192794	2019	533.4	0.55
355	640202155691	2015	533.4	0.57
358	640193163272	2016	533.2	0.54

续表

排名	牛号	出生年份	产奶量 EBV/kg	EBV 准确性
359	640193155952	2015	533.1	0.62
360	640193194020	2019	532.9	0.54
360	640190160971	2016	532.9	0.62
362	640193156560	2015	532.8	0.62
363	640193172924	2017	532.7	0.63
364	640202155604	2015	532.5	0.58
365	640005195658	2019	532.2	0.46
366	640190210717	2021	532.1	0.42
367	640003182953	2018	532.0	0.54
368	640193172722	2017	531.9	0.62
369	640190183889	2018	531.8	0.41
370	640193172832	2017	531.7	0.65
371	640190185454	2018	531.4	0.58
372	640202155667	2015	531.0	0.53
373	640190157644	2015	530.6	0.64
374	640202155547	2015	530.5	0.60
375	640190157483	2015	530.3	0.44
376	640191205588	2020	529.0	0.44
376	640007185190	2018	529.0	0.51
378	640202155557	2015	528.7	0.61
378	640193185404	2018	528.7	0.56
380	640190192623	2019	528.3	0.45
381	643052120608	2012	528.2	0.58
382	640191205517	2020	527.9	0.43
382	640007185228	2018	527.9	0.54
384	640190204725	2020	527.8	0.43
385	640007195289	2019	527.7	0.53
386	640152190383	2019	527.5	0.42

续表

排名	牛号	出生年份	产奶量 EBV/kg	EBV 准确性
387	643052137726	2013	526.9	0.53
388	640193172072	2017	526.8	0.57
389	640193173590	2017	526.6	0.62
390	640190212435	2021	526.5	0.43
391	640193175022	2017	526.2	0.55
392	640005195739	2011	526.0	0.36
393	640193200248	2020	525.7	0.55
394	640251153284	2015	525.6	0.59
395	640152190450	2019	525.4	0.35
396	640005195661	2019	525.3	0.47
397	640193173712	2017	525.0	0.54
398	640193172986	2017	524.5	0.55
398	643052120402	2012	524.5	0.56
398	640193163552	2016	524.5	0.55
401	640193185324	2018	524.2	0.56
402	640009181501	2018	524.1	0.60
402	640190130217	2013	524.1	0.49
404	640009150532	2015	523.9	0.64
404	640190175087	2017	523.9	0.61
406	640193155692	2015	523.7	0.54
407	640190121759	2012	523.6	0.45
408	640182170020	2017	523.5	0.57
409	640190156138	2015	523.3	0.49
410	643052140205	2014	523.1	0.53
410	640193161696	2016	523.1	0.61
412	640007185205	2018	522.6	0.54
413	640003195619	2019	521.8	0.42
414	640190191909	2019	521.7	0.56

续表

排名	牛号	出生年份	产奶量 EBV/kg	EBV 准确性
415	640190205213	2020	521.5	0.42
416	640202155642	2015	521.4	0.50
417	640190142150	2014	521.2	0.53
417	640251174887	2017	521.2	0.61
419	640190193033	2019	521.1	0.57
420	640193155691	2015	521.0	0.60
421	640193156917	2015	520.9	0.59
422	640190130110	2013	520.7	0.50
423	640193174604	2017	520.5	0.57
424	643052140102	2014	520.3	0.51
424	640190130458	2013	520.3	0.55
426	640024184112	2018	520.2	0.58
427	640202155676	2015	520.0	0.62
427	640202155605	2015	520.0	0.55
429	640193161871	2016	519.8	0.59
430	640182190162	2019	519.7	0.53
431	640193176777	2017	519.3	0.42
432	640009191655	2019	519.2	0.52
433	640003182894	2018	518.7	0.55
433	640036130408	2013	518.7	0.57
435	640152190542	2019	518.1	0.36
436	640193163677	2016	517.8	0.59
437	640007185208	2018	517.7	0.52
438	640190154881	2015	517.3	0.50
438	640193174650	2017	517.3	0.54
440	640193173832	2017	516.5	0.53
441	640191204797	2020	515.9	0.42
441	640193150072	2015	515.9	0.58

续表

排名	牛号	出生年份	产奶量 EBV/kg	EBV 准确性
443	640193150117	2015	515.7	0.57
444	640190174339	2017	515.4	0.46
444	640190211961	2021	515.4	0.42
446	643052140413	2014	515.3	0.48
446	640190156452	2015	515.3	0.57
448	640007184904	2018	515.2	0.50
449	640193161049	2016	515.0	0.59
450	640190211535	2021	514.8	0.42
450	640193172504	2017	514.8	0.58
450	640193157292	2015	514.8	0.61
450	640193161748	2016	514.8	0.55
454	640190157241	2015	514.7	0.56
455	640202155628	2015	514.4	0.53
456	640190183933	2018	514.2	0.56
457	640005195744	2012	514.0	0.37
458	640190211337	2021	513.6	0.43
459	640190155318	2015	513.4	0.60
460	640202155551	2015	513.2	0.54
460	640193172084	2017	513.2	0.55
462	640202155627	2015	513.0	0.53
463	640193150109	2015	512.8	0.54
464	640009181569	2018	512.7	0.52
465	640193172888	2017	512.6	0.64
466	640190174896	2017	512.1	0.54
467	640190210693	2021	512.0	0.44
467	640190211667	2021	512.0	0.44
467	640193156284	2015	512.0	0.61
470	640152190502	2019	511.8	0.36

续表

排名	牛号	出生年份	产奶量 EBV/kg	EBV 准确性
471	640190155371	2015	511.5	0.51
472	640202155533	2015	511.3	0.51
472	640190130085	2013	511.3	0.45
474	640193172544	2017	511.2	0.56
474	640190130560	2013	511.2	0.50
476	640118150797	2015	510.8	0.59
477	640190155665	2015	510.5	0.61
478	640190154928	2015	510.3	0.50
478	643052140301	2014	510.3	0.49
480	640190205167	2020	509.9	0.42
481	640193194782	2019	509.5	0.55
482	640193173428	2017	509.3	0.56
483	640190172251	2017	509.1	0.51
484	640190210413	2021	509.0	0.43
485	640190155628	2015	508.9	0.61
485	640202155337	2015	508.9	0.46
487	640190191263	2019	508.8	0.44
487	640152190570	2019	508.8	0.35
487	640190212279	2021	508.8	0.42
490	640182180161	2018	508.6	0.50
491	640007195554	2019	508.5	0.56
492	640202155597	2015	508.0	0.61
493	640202155622	2015	507.9	0.54
494	640193173722	2017	507.7	0.55
495	640066111116	2011	507.6	0.57
496	640193183974	2018	507.5	0.58
497	640009181542	2018	507.3	0.56
497	640193182378	2018	507.3	0.57
499	640191205503	2020	507.2	0.40
500	640190210411	2021	507.1	0.44

附表 2 全宁夏乳脂率 EBV 排名前 500 名母牛

排名	牛号	出生年份	乳脂率 EBV/%	EBV 准确性
1	640195171152	2017	0.275	0.51
2	640195150338	2015	0.271	0.50
3	640195170667	2017	0.269	0.47
4	640195171222	2017	0.267	0.47
4	640195170656	2017	0.267	0.47
6	640195171267	2017	0.264	0.46
6	640195150216	2015	0.264	0.47
6	640195171217	2017	0.264	0.44
6	640195171221	2017	0.264	0.48
10	640195170756	2017	0.262	0.45
11	640195171273	2017	0.259	0.48
11	640195171296	2017	0.259	0.47
13	640195150354	2015	0.255	0.46
13	640195150150	2015	0.255	0.46
13	640195171216	2017	0.255	0.47
16	640195150419	2015	0.253	0.45
17	640195171051	2017	0.251	0.46
17	640195170644	2017	0.251	0.47
19	640195170679	2017	0.250	0.47
19	640024142653	2015	0.250	0.47
21	640195171196	2017	0.249	0.46
22	640195170502	2017	0.247	0.50
23	640195150199	2015	0.246	0.46
23	640195170609	2017	0.246	0.46
25	640195150310	2015	0.245	0.46
26	640195170674	2017	0.244	0.51
26	640195171275	2017	0.244	0.49
28	640195150283	2015	0.242	0.45

续表

排名	牛号	出生年份	乳脂率 EBV/%	EBV 准确性
29	640195150146	2015	0.241	0.45
29	640195150107	2015	0.241	0.47
29	640195170472	2017	0.241	0.49
29	640195150176	2015	0.241	0.48
29	640195150083	2015	0.241	0.44
34	640195150275	2015	0.240	0.43
35	640195170555	2017	0.239	0.50
36	640195170530	2017	0.238	0.48
36	640195150253	2015	0.238	0.44
36	640195150483	2015	0.238	0.45
39	640195171291	2017	0.236	0.48
39	640195150342	2015	0.236	0.42
39	640195171235	2017	0.236	0.44
42	640195150152	2015	0.235	0.46
43	640195170747	2017	0.234	0.49
43	640195150547	2015	0.234	0.47
45	640195150313	2015	0.233	0.49
45	640195150544	2015	0.233	0.45
45	640195150369	2015	0.233	0.44
45	640195150063	2015	0.233	0.45
49	640195171329	2017	0.231	0.49
49	640195150145	2015	0.231	0.46
49	640195150447	2015	0.231	0.49
49	640195170729	2017	0.231	0.46
49	640195150554	2015	0.231	0.45
54	640195150252	2015	0.229	0.48
55	640195150285	2015	0.228	0.48
55	640195170460	2017	0.228	0.45

续表

排名	牛号	出生年份	乳脂率 EBV/%	EBV 准确性
57	640195150469	2015	0.227	0.41
58	640195170519	2017	0.226	0.50
58	640195150442	2015	0.226	0.45
58	640195150370	2015	0.226	0.43
58	640195150279	2015	0.226	0.49
62	640195170885	2017	0.225	0.47
62	640195150295	2015	0.225	0.44
62	640195171294	2017	0.225	0.45
62	640195150420	2015	0.225	0.45
62	640195150156	2015	0.225	0.44
62	640195150358	2015	0.225	0.48
68	640195150319	2015	0.224	0.47
68	640195150163	2015	0.224	0.45
68	640195150054	2015	0.224	0.43
68	640195150031	2015	0.224	0.44
68	640195150490	2015	0.224	0.43
68	640195171183	2017	0.224	0.45
74	640195150328	2015	0.223	0.44
74	640024152669	2015	0.223	0.47
74	640195150165	2015	0.223	0.47
74	640195150010	2015	0.223	0.44
74	640195150375	2015	0.223	0.41
74	640195171237	2017	0.223	0.48
74	640195150221	2015	0.223	0.48
74	640195170509	2017	0.223	0.44
74	640195180057	2018	0.223	0.51
83	640195170572	2017	0.222	0.51
84	640195150280	2015	0.221	0.43

续表

排名	牛号	出生年份	乳脂率 EBV/%	EBV 准确性
84	640195150248	2015	0.221	0.47
84	640195150096	2015	0.221	0.46
84	640195150093	2015	0.221	0.47
88	640195170389	2017	0.220	0.47
88	640195171200	2017	0.220	0.45
88	640195150169	2015	0.220	0.45
91	640195150042	2015	0.219	0.44
91	640195170721	2017	0.219	0.50
91	640195150046	2015	0.219	0.45
94	640195170553	2017	0.218	0.51
94	640195150069	2015	0.218	0.48
94	640195150044	2015	0.218	0.43
94	640195171302	2017	0.218	0.43
94	640195171303	2017	0.218	0.46
94	640195150361	2015	0.218	0.45
100	640195150052	2015	0.217	0.45
100	640195150161	2015	0.217	0.42
100	640195170750	2017	0.217	0.45
100	640195150100	2015	0.217	0.44
104	640195150091	2015	0.216	0.46
104	640195171341	2017	0.216	0.47
104	640195150356	2015	0.216	0.49
104	640195150326	2015	0.216	0.46
108	640195150523	2015	0.215	0.43
108	640195150224	2015	0.215	0.46
108	640195150185	2015	0.215	0.43
108	640195171305	2017	0.215	0.49
108	640195150016	2015	0.215	0.46

续表

排名	牛号	出生年份	乳脂率 EBV/%	EBV 准确性
108	640195150059	2015	0.215	0.43
114	640195170827	2017	0.214	0.45
114	640195171288	2017	0.214	0.48
114	640195150428	2015	0.214	0.47
114	640195150302	2015	0.214	0.41
118	640195150194	2015	0.213	0.42
118	640195150223	2015	0.213	0.41
118	640195150060	2015	0.213	0.43
118	640195150514	2015	0.213	0.45
118	640195150240	2015	0.213	0.43
118	640195150032	2015	0.213	0.47
118	640195150262	2015	0.213	0.43
118	640195150160	2015	0.213	0.44
118	640195150384	2015	0.213	0.42
127	640195150180	2015	0.212	0.42
127	640195150351	2015	0.212	0.42
127	640195150230	2015	0.212	0.43
127	640195170601	2017	0.212	0.49
127	640195171344	2017	0.212	0.46
127	640195171157	2017	0.212	0.47
133	640195150015	2015	0.211	0.42
133	640195150255	2015	0.211	0.41
133	640195150082	2015	0.211	0.47
133	640195150024	2015	0.211	0.44
133	640195150355	2015	0.211	0.46
133	640195150382	2015	0.211	0.48
133	640195140016	2015	0.211	0.44
140	640195150515	2015	0.210	0.41

续表

排名	牛号	出生年份	乳脂率 EBV/%	EBV 准确性
140	640195150004	2015	0.210	0.45
140	640195150477	2015	0.210	0.46
140	640195170905	2017	0.210	0.48
140	640195150259	2015	0.210	0.42
140	640195171162	2017	0.210	0.44
140	640024152722	2015	0.210	0.47
140	640195150264	2015	0.210	0.43
140	640195150440	2015	0.210	0.42
140	640195170590	2017	0.210	0.52
150	640195150314	2015	0.209	0.48
150	640195150110	2015	0.209	0.46
150	640195150267	2015	0.209	0.42
150	640195150062	2015	0.209	0.44
150	640195150480	2015	0.209	0.48
150	640195171173	2017	0.209	0.47
150	640195150645	2015	0.209	0.45
150	640195150192	2015	0.209	0.42
150	640195171290	2017	0.209	0.47
159	640195171212	2017	0.208	0.46
159	640195170463	2017	0.208	0.44
159	640195150391	2015	0.208	0.47
159	640195150058	2015	0.208	0.42
159	640195150076	2015	0.208	0.45
159	640195150289	2015	0.208	0.42
159	640195150379	2015	0.208	0.43
159	640195150119	2015	0.208	0.44
159	640195171093	2017	0.208	0.46
159	640195170359	2017	0.208	0.49

续表

排名	牛号	出生年份	乳脂率 EBV/%	EBV 准确性
159	640195170606	2017	0.208	0.47
159	640195170475	2017	0.208	0.48
159	640195170532	2017	0.208	0.46
172	640195150102	2015	0.207	0.42
172	640195150177	2015	0.207	0.43
172	640195150380	2015	0.207	0.42
172	640195170693	2017	0.207	0.46
172	640195150502	2015	0.207	0.42
172	640195150073	2015	0.207	0.47
172	640195150184	2015	0.207	0.46
179	640195150508	2015	0.206	0.42
179	640195150315	2015	0.206	0.44
179	640195150345	2015	0.206	0.48
179	640195171279	2017	0.206	0.46
179	640195171170	2017	0.206	0.45
179	640195171461	2017	0.206	0.52
179	640195170822	2017	0.206	0.46
179	640195150437	2015	0.206	0.42
187	640195171399	2017	0.205	0.46
187	640195150293	2015	0.205	0.45
187	640195150445	2015	0.205	0.42
187	640195150367	2015	0.205	0.41
191	640195171324	2017	0.204	0.43
191	640024152673	2015	0.204	0.46
191	640195171187	2017	0.204	0.48
194	640024152678	2015	0.203	0.48
194	640195150398	2015	0.203	0.48
194	640195180098	2018	0.203	0.47

续表

排名	牛号	出生年份	乳脂率 EBV/%	EBV 准确性
194	640195170998	2017	0.203	0.47
194	640195150505	2015	0.203	0.43
194	640195150499	2015	0.203	0.43
194	640195150138	2015	0.203	0.42
194	640195150304	2015	0.203	0.44
194	640195150193	2015	0.203	0.43
194	640195150122	2015	0.203	0.42
204	640195150322	2015	0.202	0.42
204	640024152661	2015	0.202	0.46
204	640195150131	2015	0.202	0.45
204	640195150222	2015	0.202	0.42
204	640195170437	2017	0.202	0.45
209	640195150155	2015	0.201	0.47
209	640195171319	2017	0.201	0.46
209	640195150053	2015	0.201	0.42
209	640195150430	2015	0.201	0.43
209	640195150111	2015	0.201	0.48
209	640195150250	2015	0.201	0.44
209	640195171179	2017	0.201	0.47
216	640195170739	2017	0.200	0.48
216	640195150562	2015	0.200	0.46
216	640195150064	2015	0.200	0.48
216	640195150006	2015	0.200	0.42
216	640195150324	2015	0.200	0.42
216	640195171144	2017	0.200	0.49
222	640195150001	2015	0.199	0.43
222	640195150344	2015	0.199	0.45
222	640195150406	2015	0.199	0.42

续表

排名	牛号	出生年份	乳脂率 EBV/%	EBV 准确性
222	640195171451	2017	0.199	0.49
222	640024152732	2015	0.199	0.49
222	640195150162	2015	0.199	0.44
222	640195150411	2015	0.199	0.48
229	640195150023	2015	0.198	0.46
229	640195171328	2017	0.198	0.46
229	640195170811	2017	0.198	0.44
229	640195171137	2017	0.198	0.45
229	640195150347	2015	0.198	0.45
229	640195170888	2017	0.198	0.45
235	640195200169	2020	0.197	0.39
235	640195150099	2015	0.197	0.42
237	640195150373	2015	0.196	0.49
237	640195150388	2015	0.196	0.42
237	640195150041	2015	0.196	0.42
237	640195150301	2015	0.196	0.42
237	640195150167	2015	0.196	0.47
237	640195171107	2017	0.196	0.51
237	640195150148	2015	0.196	0.42
244	640195150288	2015	0.195	0.43
244	640195150189	2015	0.195	0.48
244	640195171242	2017	0.195	0.48
244	640195170493	2017	0.195	0.45
248	640195170564	2017	0.194	0.47
248	640195150067	2015	0.194	0.44
248	640195170542	2017	0.194	0.46
251	640195171220	2017	0.193	0.44
251	640195190797	2019	0.193	0.46

续表

排名	牛号	出生年份	乳脂率 EBV/%	EBV 准确性
251	640195191221	2019	0.193	0.40
251	640195150212	2015	0.193	0.42
251	640195150239	2015	0.193	0.42
256	640195150047	2015	0.192	0.46
256	640195150513	2015	0.192	0.42
258	640195170842	2017	0.191	0.45
258	640195170751	2017	0.191	0.47
258	640195170923	2017	0.191	0.45
261	640195150040	2015	0.190	0.43
261	640195171178	2017	0.190	0.46
261	640195180047	2018	0.190	0.48
261	640195170856	2017	0.190	0.47
261	640195150086	2015	0.190	0.43
261	640195170640	2017	0.190	0.45
261	640195170706	2017	0.190	0.44
268	640195170765	2017	0.189	0.46
268	640195150065	2015	0.189	0.43
268	640195170487	2017	0.189	0.51
268	640195150127	2015	0.189	0.48
268	640195150141	2015	0.189	0.43
273	640195150101	2015	0.188	0.45
273	640195150329	2015	0.188	0.43
273	640195170470	2017	0.188	0.46
273	640195150405	2015	0.188	0.43
273	640195190916	2019	0.188	0.46
278	640195150393	2015	0.187	0.41
278	640195171405	2017	0.187	0.45
278	640195150258	2015	0.187	0.42

续表

排名	牛号	出生年份	乳脂率 EBV/%	EBV 准确性
278	640195150387	2015	0.187	0.48
282	640195150269	2015	0.186	0.43
282	640195150299	2015	0.186	0.47
282	640195170832	2017	0.186	0.46
282	640195150268	2015	0.186	0.48
282	640195170588	2017	0.186	0.45
282	640195170444	2017	0.186	0.46
288	640195150164	2015	0.185	0.44
288	640007184859	2018	0.185	0.41
290	640195150365	2015	0.184	0.48
290	640195170918	2017	0.184	0.46
290	640195171394	2017	0.184	0.51
290	640195150090	2015	0.184	0.46
294	640024142654	2015	0.183	0.52
294	640195190783	2019	0.183	0.46
294	640195150079	2015	0.183	0.43
294	640195150366	2015	0.183	0.46
294	640195150084	2015	0.183	0.47
299	640195171380	2017	0.182	0.50
299	640195170212	2017	0.182	0.51
299	640195171172	2017	0.182	0.43
299	640195150235	2015	0.182	0.43
299	640195150147	2015	0.182	0.42
299	640195170986	2017	0.182	0.42
299	640195170718	2017	0.182	0.46
299	640195150479	2015	0.182	0.44
299	640195150376	2015	0.182	0.45
299	640195150414	2015	0.182	0.43

续表

排名	牛号	出生年份	乳脂率 EBV/%	EBV 准确性
309	640195150035	2015	0.181	0.45
309	640024142639	2014	0.181	0.45
309	640195170777	2017	0.181	0.41
309	640195150390	2015	0.181	0.45
313	640195190857	2019	0.180	0.44
313	640195150353	2015	0.180	0.43
313	640195171385	2017	0.180	0.47
313	640195150228	2015	0.180	0.43
313	640195150443	2015	0.180	0.46
318	640195150094	2015	0.179	0.48
318	640195170828	2017	0.179	0.48
318	640195171195	2017	0.179	0.43
321	640195150051	2015	0.178	0.46
321	640195171455	2017	0.178	0.44
321	640195150272	2015	0.178	0.43
324	640195170723	2017	0.177	0.45
324	640195170526	2017	0.177	0.49
324	640195150168	2015	0.177	0.45
324	640195150070	2015	0.177	0.45
328	640195150231	2015	0.176	0.45
328	640195150153	2015	0.176	0.46
328	640195150400	2015	0.176	0.46
331	640195171134	2017	0.175	0.45
331	640195190789	2019	0.175	0.45
331	640195171453	2017	0.175	0.46
334	640195170783	2017	0.174	0.44
335	640195170612	2017	0.173	0.47
336	640195171464	2017	0.172	0.49

续表

排名	牛号	出生年份	乳脂率 EBV/%	EBV 准确性
336	640195150335	2015	0.172	0.47
336	640195170932	2017	0.172	0.44
336	640195171182	2017	0.172	0.45
336	640195190583	2019	0.172	0.45
341	640195190697	2019	0.171	0.45
342	640195170984	2017	0.170	0.42
342	640195171127	2017	0.170	0.47
342	640195170478	2017	0.170	0.42
345	640195180050	2018	0.169	0.48
345	640195170651	2017	0.169	0.42
345	640195170705	2017	0.169	0.44
348	640195190389	2019	0.168	0.44
348	640195170453	2017	0.168	0.47
348	640195170953	2017	0.168	0.44
351	640195170465	2017	0.167	0.48
351	640195171091	2017	0.167	0.46
351	640195150290	2015	0.167	0.46
351	640195190382	2019	0.167	0.46
351	640195190223	2019	0.167	0.49
356	640195150009	2015	0.166	0.43
356	640195170466	2017	0.166	0.49
356	640195150186	2015	0.166	0.46
356	640195170452	2017	0.166	0.47
356	640195171205	2017	0.166	0.52
356	640195190091	2019	0.166	0.52
362	640195170903	2017	0.165	0.43
362	640195190915	2019	0.165	0.46
362	640195170853	2017	0.165	0.43

续表

排名	牛号	出生年份	乳脂率 EBV/%	EBV 准确性
365	640195171253	2017	0.164	0.45
365	640195170954	2017	0.164	0.45
365	640195171095	2017	0.164	0.45
365	640195170806	2017	0.164	0.42
369	640195170566	2017	0.163	0.44
369	640195171376	2017	0.163	0.44
369	640195170901	2017	0.163	0.45
372	640195190267	2019	0.162	0.47
372	640195171338	2017	0.162	0.46
372	640195171233	2017	0.162	0.51
372	640195190315	2019	0.162	0.47
372	640195170780	2017	0.162	0.44
372	640195190647	2019	0.162	0.48
378	640195170109	2017	0.161	0.45
378	640195171244	2017	0.161	0.51
378	640195190396	2019	0.161	0.47
378	640195170921	2017	0.161	0.51
378	640195170600	2017	0.161	0.45
378	640195171440	2017	0.161	0.43
384	640195170879	2017	0.160	0.45
384	640195170714	2017	0.160	0.49
384	640195200138	2020	0.160	0.39
384	640195170719	2017	0.160	0.47
384	640195190804	2019	0.160	0.45
384	640195171249	2017	0.160	0.48
384	640195170402	2017	0.160	0.47
384	640195171012	2017	0.160	0.53
392	640195170632	2017	0.159	0.45

续表

排名	牛号	出生年份	乳脂率 EBV/%	EBV 准确性
392	640195180447	2018	0.159	0.51
392	640195171219	2017	0.159	0.48
392	640195171105	2017	0.159	0.48
392	640195170841	2017	0.159	0.42
392	640195170927	2017	0.159	0.43
398	640195170704	2017	0.158	0.41
398	640195170120	2017	0.158	0.47
398	640195150646	2015	0.158	0.48
401	640195170716	2017	0.157	0.43
401	640195170965	2017	0.157	0.41
403	640195171467	2017	0.156	0.50
403	640195171452	2017	0.156	0.50
403	640195190339	2019	0.156	0.46
403	640007162214	2016	0.156	0.44
403	640195171109	2017	0.156	0.49
408	640195170170	2017	0.155	0.48
408	640195171194	2017	0.155	0.50
408	640195171113	2017	0.155	0.47
408	640007195825	2015	0.155	0.34
408	640195171117	2017	0.155	0.48
408	640195170945	2017	0.155	0.42
414	640195171282	2017	0.154	0.47
414	640195200242	2020	0.154	0.40
414	640195171181	2017	0.154	0.51
414	640195171056	2017	0.154	0.46
418	640195171177	2017	0.153	0.45
418	640195171263	2017	0.153	0.41
418	640064120351	2012	0.153	0.45

续表

排名	牛号	出生年份	乳脂率 EBV/%	EBV 准确性
418	640195171186	2017	0.153	0.46
422	640195170299	2017	0.152	0.49
422	640195170931	2017	0.152	0.43
422	640195170897	2017	0.152	0.47
422	640195170803	2017	0.152	0.45
422	640195190311	2019	0.152	0.49
422	640195190088	2019	0.152	0.50
422	640195170650	2017	0.152	0.45
429	640195171191	2017	0.151	0.46
429	640195171185	2017	0.151	0.44
429	640195170850	2017	0.151	0.43
429	640195171383	2017	0.151	0.43
429	640097012715	2012	0.151	0.45
429	640195190957	2019	0.151	0.46
429	640195190824	2019	0.151	0.46
429	640007090642	2009	0.151	0.48
437	640195171159	2017	0.150	0.42
437	640195171361	2017	0.150	0.43
437	640195170872	2017	0.150	0.46
437	640195171011	2017	0.150	0.44
437	640035160201	2016	0.150	0.49
442	640195200042	2020	0.149	0.49
442	640195170687	2017	0.149	0.43
442	640195170968	2017	0.149	0.50
442	640195190450	2019	0.149	0.43
442	640195170875	2017	0.149	0.46
442	640195170884	2017	0.149	0.45
442	640195171227	2017	0.149	0.44

续表

排名	牛号	出生年份	乳脂率 EBV/%	EBV 准确性
442	640195190755	2019	0.149	0.45
442	640195171032	2017	0.149	0.47
451	640195171058	2017	0.148	0.50
451	640195170330	2017	0.148	0.47
451	640195171245	2017	0.148	0.46
451	640195170943	2017	0.148	0.44
451	640195180843	2018	0.148	0.50
451	640195190739	2019	0.148	0.48
451	640195170383	2017	0.148	0.46
451	640195170569	2017	0.148	0.46
451	640195171362	2017	0.148	0.45
451	640195200124	2020	0.148	0.42
451	640195150558	2015	0.148	0.45
451	640195170533	2017	0.148	0.45
451	640195171280	2017	0.148	0.42
451	640195170677	2017	0.148	0.44
465	640195170356	2017	0.147	0.45
465	640195170775	2017	0.147	0.49
465	640195170796	2017	0.147	0.44
465	640195190942	2019	0.147	0.37
465	640195171307	2017	0.147	0.48
465	640195171218	2017	0.147	0.41
465	640195170782	2017	0.147	0.42
465	640007100801	2010	0.147	0.44
465	640195171327	2017	0.147	0.43
474	640195170500	2017	0.146	0.48
474	640195171374	2017	0.146	0.47
474	640195190953	2019	0.146	0.32

续表

排名	牛号	出生年份	乳脂率 EBV/%	EBV 准确性
474	640195170563	2017	0.146	0.43
474	640195171082	2017	0.146	0.45
474	640195171445	2017	0.146	0.47
474	640195150806	2015	0.146	0.48
474	640195170959	2017	0.146	0.44
482	640195170769	2017	0.145	0.42
482	640195170919	2017	0.145	0.42
482	640195171238	2017	0.145	0.50
482	640195190468	2019	0.145	0.45
482	640195171026	2017	0.145	0.49
482	640195190467	2019	0.145	0.45
482	640195170598	2017	0.145	0.42
489	640195170565	2017	0.144	0.44
489	640195200294	2020	0.144	0.37
489	640195190414	2019	0.144	0.45
489	640195190905	2019	0.144	0.39
489	640195171442	2017	0.144	0.48
489	640007174270	2017	0.144	0.36
489	640195170595	2017	0.144	0.44
489	640195171287	2017	0.144	0.50
489	640195171356	2017	0.144	0.46
489	640007184973	2018	0.144	0.42
489	640195190376	2019	0.144	0.46
489	640195171458	2017	0.144	0.45

附表 3 全宁夏乳蛋白率 EBV 排名前 500 名母牛

排名	牛号	出生年份	乳蛋白率 EBV/%	EBV 准确性
1	640007184859	2018	0.245	0.47
2	640007184973	2018	0.218	0.48
3	640195170612	2017	0.205	0.53
4	640195171113	2017	0.191	0.53
5	640195170905	2017	0.184	0.54
6	640195171187	2017	0.180	0.54
7	640195170530	2017	0.178	0.54
7	640195170779	2017	0.178	0.51
9	640007182459	2018	0.176	0.44
9	640195170542	2017	0.176	0.51
11	640195171175	2017	0.175	0.53
12	640195170822	2017	0.173	0.50
13	640195170606	2017	0.171	0.53
13	640195170609	2017	0.171	0.52
15	640195170667	2017	0.170	0.53
16	640195171282	2017	0.168	0.53
17	640195180098	2018	0.167	0.51
18	640195171179	2017	0.166	0.52
18	640195170644	2017	0.166	0.53
18	640007110029	2011	0.166	0.54
21	640195170827	2017	0.164	0.49
21	640195170656	2017	0.164	0.53
23	640195170679	2017	0.163	0.52
23	640195170756	2017	0.163	0.49
23	640195171385	2017	0.163	0.52
23	640195170687	2017	0.163	0.48
27	640195170706	2017	0.162	0.50
28	640195171328	2017	0.161	0.50

续表

排名	牛号	出生年份	乳蛋白率 EBV/%	EBV 准确性
29	640195171157	2017	0.160	0.53
29	640253182367	2018	0.160	0.57
29	640195170729	2017	0.160	0.50
32	640195170595	2017	0.159	0.50
33	640195170643	2017	0.158	0.49
34	640195170577	2017	0.157	0.48
35	640195170751	2017	0.155	0.52
36	640195170984	2017	0.154	0.47
36	640195171455	2017	0.154	0.50
36	640195170850	2017	0.154	0.48
36	640195171300	2017	0.154	0.49
40	640195171091	2017	0.153	0.52
41	640195170885	2017	0.152	0.53
41	640195170640	2017	0.152	0.49
41	640195170632	2017	0.152	0.51
41	640195171178	2017	0.152	0.52
41	640195171185	2017	0.152	0.50
41	640195170764	2017	0.152	0.50
47	640195170600	2017	0.151	0.51
47	640195171140	2017	0.151	0.51
47	640195170986	2017	0.151	0.47
47	640007185065	2018	0.151	0.44
51	640195170998	2017	0.150	0.53
51	640195170505	2017	0.150	0.53
51	640195171181	2017	0.150	0.57
51	640195170897	2017	0.150	0.52
55	640195170811	2017	0.149	0.48
55	640195170929	2017	0.149	0.51

续表

排名	牛号	出生年份	乳蛋白率 EBV/%	EBV 准确性
55	640195160074	2016	0.149	0.52
55	640195171162	2017	0.149	0.49
55	640195171117	2017	0.149	0.53
55	640195170628	2017	0.149	0.47
61	640195170828	2017	0.148	0.53
61	640195171330	2017	0.148	0.52
61	640195170803	2017	0.148	0.49
61	640195170853	2017	0.148	0.48
61	640195170918	2017	0.148	0.53
66	640195180047	2018	0.147	0.53
67	640195170588	2017	0.146	0.49
67	640195170648	2017	0.146	0.51
67	640195170591	2017	0.146	0.52
67	640195171405	2017	0.146	0.49
71	640195171338	2017	0.145	0.50
71	640195170888	2017	0.145	0.49
71	640007174642	2017	0.145	0.49
71	640195170842	2017	0.145	0.50
71	640195170716	2017	0.145	0.48
71	640195171441	2017	0.145	0.53
71	640195170739	2017	0.145	0.52
71	640195170777	2017	0.145	0.45
79	640195171134	2017	0.144	0.49
79	640195170957	2017	0.144	0.53
79	640195170809	2017	0.144	0.48
82	640195170750	2017	0.143	0.49
82	640195170765	2017	0.143	0.51
84	640195170931	2017	0.142	0.49

续表

排名	牛号	出生年份	乳蛋白率 EBV/%	EBV 准确性
84	640195170959	2017	0.142	0.49
84	640195170533	2017	0.142	0.51
84	640195170723	2017	0.142	0.49
84	640007162214	2016	0.142	0.50
89	640195171363	2017	0.141	0.49
89	640195171137	2017	0.141	0.51
91	640195171237	2017	0.140	0.54
91	640195170714	2017	0.140	0.55
91	640195170704	2017	0.140	0.46
94	640195170879	2017	0.139	0.49
94	640195170923	2017	0.139	0.50
94	640195171195	2017	0.139	0.48
94	640195171362	2017	0.139	0.50
98	640195171186	2017	0.138	0.51
98	640195170478	2017	0.138	0.47
98	640195170563	2017	0.138	0.49
98	640195171172	2017	0.138	0.48
102	640195170565	2017	0.137	0.48
102	640195160022	2016	0.137	0.51
102	640195170832	2017	0.137	0.50
102	640195171082	2017	0.137	0.49
102	640195190041	2019	0.137	0.58
102	640195171376	2017	0.137	0.49
102	640195170830	2017	0.137	0.51
102	640195171383	2017	0.137	0.48
102	640195180050	2018	0.137	0.53
111	640195171127	2017	0.136	0.53
111	640004136434	2014	0.136	0.51

续表

排名	牛号	出生年份	乳蛋白率 EBV/%	EBV 准确性
111	640195170651	2017	0.136	0.46
111	640195171280	2017	0.136	0.47
115	640195160038	2016	0.135	0.53
115	640195170705	2017	0.135	0.48
115	640195170872	2017	0.135	0.50
118	640195171453	2017	0.134	0.51
118	640195170927	2017	0.134	0.47
118	640195170864	2017	0.134	0.46
118	640195170689	2017	0.134	0.48
122	640195170598	2017	0.133	0.48
122	640195160066	2016	0.133	0.50
122	640195170954	2017	0.133	0.49
122	640195190149	2019	0.133	0.58
122	640195160169	2016	0.133	0.52
122	640195170903	2017	0.133	0.48
122	640253182340	2018	0.133	0.53
122	640195171141	2017	0.133	0.54
130	640195170947	2017	0.132	0.51
130	640195170578	2017	0.132	0.50
130	640195170782	2017	0.132	0.47
130	640003131503	2014	0.132	0.50
130	640195170875	2017	0.132	0.50
135	640004187466	2018	0.131	0.43
135	640032110083	2011	0.131	0.54
135	640195160130	2016	0.131	0.56
135	640195170856	2017	0.131	0.53
135	640195170841	2017	0.131	0.47
135	640195170770	2017	0.131	0.50

续表

排名	牛号	出生年份	乳蛋白率 EBV/%	EBV 准确性
135	640195170846	2017	0.131	0.50
135	640195160047	2016	0.131	0.49
135	640195170780	2017	0.131	0.50
135	640195171191	2017	0.131	0.52
145	640195170614	2017	0.130	0.50
145	640195171182	2017	0.130	0.49
145	640195180447	2018	0.130	0.55
145	640195170566	2017	0.130	0.50
145	640195170884	2017	0.130	0.49
150	640195160212	2016	0.129	0.51
150	640195170718	2017	0.129	0.52
150	640195171458	2017	0.129	0.49
153	640195171348	2017	0.128	0.49
153	640195171173	2017	0.128	0.53
153	640195170863	2017	0.128	0.50
153	640195171440	2017	0.128	0.47
153	640195170943	2017	0.128	0.49
153	640195170798	2017	0.128	0.49
153	640195170866	2017	0.128	0.47
153	640195150046	2015	0.128	0.50
161	640195170724	2017	0.127	0.48
162	640251163640	2016	0.126	0.59
162	640195160062	2016	0.126	0.53
162	640195171341	2017	0.126	0.52
162	640195170886	2017	0.126	0.47
162	640195170901	2017	0.126	0.52
162	640195170763	2017	0.126	0.51
162	640195170942	2017	0.126	0.48

续表

排名	牛号	出生年份	乳蛋白率 EBV/%	EBV 准确性
162	640195170693	2017	0.126	0.52
170	640195171399	2017	0.125	0.52
170	640195170661	2017	0.125	0.48
170	640195170713	2017	0.125	0.46
170	640195170783	2017	0.125	0.50
170	640195171218	2017	0.125	0.45
170	640195170921	2017	0.125	0.57
176	640195170748	2017	0.124	0.51
176	640195171398	2017	0.124	0.50
176	640195171222	2017	0.124	0.52
179	640195170806	2017	0.123	0.47
179	640195170919	2017	0.123	0.47
179	640195160234	2016	0.123	0.52
179	640195190110	2019	0.123	0.58
179	640195170677	2017	0.123	0.49
179	640195171015	2017	0.123	0.49
185	640007174314	2017	0.122	0.48
185	640136080234	2008	0.122	0.42
185	640007174461	2017	0.122	0.44
185	640195171011	2017	0.122	0.49
185	640007184917	2018	0.122	0.40
185	640195170792	2017	0.122	0.50
191	640195171361	2017	0.121	0.47
191	640004156810	2015	0.121	0.60
191	640007174275	2017	0.121	0.50
191	640005154650	2015	0.121	0.60
191	640251198206	2019	0.121	0.42
191	640195171371	2017	0.121	0.48

续表

排名	牛号	出生年份	乳蛋白率 EBV/%	EBV 准确性
197	640004115826	2011	0.120	0.61
197	640195170965	2017	0.120	0.45
197	640195170500	2017	0.120	0.54
197	640004146524	2015	0.120	0.48
197	640035138498	2013	0.120	0.58
197	640195160046	2016	0.120	0.53
203	640253182135	2018	0.119	0.57
203	640195171451	2017	0.119	0.55
203	640195170812	2017	0.119	0.47
203	640195150447	2015	0.119	0.55
203	640007172413	2017	0.119	0.40
208	640195190060	2019	0.118	0.54
208	640195171107	2017	0.118	0.56
208	640195160067	2016	0.118	0.53
208	640253182369	2018	0.118	0.54
208	640195170658	2017	0.118	0.54
208	640195170891	2017	0.118	0.48
208	640195160240	2016	0.118	0.46
215	640195171159	2017	0.117	0.47
215	640004187459	2018	0.117	0.55
215	640195150319	2015	0.117	0.54
215	640195190143	2019	0.117	0.53
215	640035150100	2015	0.117	0.61
215	640195160210	2016	0.117	0.49
221	640195170953	2017	0.116	0.51
221	640195171320	2017	0.116	0.47
221	640195190027	2019	0.116	0.57
221	640195160426	2016	0.116	0.50

续表

排名	牛号	出生年份	乳蛋白率 EBV/%	EBV 准确性
221	640253182303	2018	0.116	0.55
226	640195160071	2016	0.115	0.46
226	640024152673	2015	0.115	0.51
226	640009140238	2015	0.115	0.45
226	640195170769	2017	0.115	0.47
226	640195171263	2017	0.115	0.45
226	640024142653	2015	0.115	0.52
226	640195170556	2017	0.115	0.52
233	640004136316	2011	0.114	0.56
233	640195160236	2016	0.114	0.54
233	640195171253	2017	0.114	0.51
233	640195170564	2017	0.114	0.52
233	640195170659	2017	0.114	0.53
233	640195200966	2020	0.114	0.40
233	640195151217	2015	0.114	0.55
240	640195171041	2017	0.113	0.47
240	640003131531	2014	0.113	0.55
240	640195170817	2017	0.113	0.51
240	640195170945	2017	0.113	0.46
240	640024152661	2015	0.113	0.51
240	640035170682	2017	0.113	0.54
246	640195170579	2017	0.112	0.48
246	640195171327	2017	0.112	0.48
246	640195171364	2017	0.112	0.50
246	640195160042	2016	0.112	0.51
246	640035138391	2013	0.112	0.57
246	640007162208	2016	0.112	0.43
252	640195160099	2016	0.111	0.53

续表

排名	牛号	出生年份	乳蛋白率 EBV/%	EBV 准确性
252	640195150020	2015	0.111	0.44
252	640195160224	2016	0.111	0.53
252	640195171156	2017	0.111	0.52
252	640253182005	2018	0.111	0.51
252	640195160230	2016	0.111	0.47
252	640004115800	2011	0.111	0.57
252	640195190084	2019	0.111	0.57
252	640195171329	2017	0.111	0.55
252	640007184933	2018	0.111	0.48
252	640195170932	2017	0.111	0.49
252	640035158980	2016	0.111	0.58
252	640004095452	2009	0.111	0.59
252	640166109567	2010	0.111	0.55
252	640195171196	2017	0.111	0.50
267	640195160226	2016	0.110	0.48
267	640195160430	2016	0.110	0.50
267	640195160136	2016	0.110	0.53
267	640195171006	2017	0.110	0.47
267	640195171236	2017	0.110	0.49
267	640007185107	2018	0.110	0.26
267	640195160208	2016	0.110	0.49
267	640195160045	2016	0.110	0.52
275	640195190053	2019	0.109	0.57
275	640035150002	2015	0.109	0.60
275	640195190196	2019	0.109	0.57
275	640195160368	2016	0.109	0.51
275	640195190088	2019	0.109	0.53
275	640195170674	2017	0.109	0.56

续表

排名	牛号	出生年份	乳蛋白率 EBV/%	EBV 准确性
275	640004105765	2010	0.109	0.57
275	640004187440	2018	0.109	0.54
275	640195160197	2016	0.109	0.51
284	640195170654	2017	0.108	0.55
284	640195150387	2015	0.108	0.54
284	640253182133	2018	0.108	0.52
284	640031080373	2008	0.108	0.60
284	640195160218	2016	0.108	0.53
284	640024152732	2015	0.108	0.54
284	640195171267	2017	0.108	0.50
284	640195160092	2016	0.108	0.50
284	640166109840	2010	0.108	0.59
284	640195170972	2017	0.108	0.47
284	640004095439	2009	0.108	0.58
284	640195171227	2017	0.108	0.51
296	640253182363	2018	0.107	0.54
296	640063120751	2012	0.107	0.50
296	640195171244	2017	0.107	0.56
296	640195171434	2017	0.107	0.46
296	640195150009	2015	0.107	0.48
296	640195160112	2016	0.107	0.49
296	640035170689	2017	0.107	0.46
296	640253182251	2018	0.107	0.53
296	640253171506	2017	0.107	0.50
296	640253182203	2018	0.107	0.53
296	640195160387	2016	0.107	0.52
296	640251175405	2017	0.107	0.55
296	643051099009	2009	0.107	0.49

续表

排名	牛号	出生年份	乳蛋白率 EBV/%	EBV 准确性
296	640195160229	2016	0.107	0.51
296	640195160059	2016	0.107	0.46
296	640035148591	2016	0.107	0.54
296	640253160525	2016	0.107	0.52
296	640035138442	2013	0.107	0.59
296	640195170650	2017	0.107	0.51
315	640035138403	2013	0.106	0.60
315	640195150283	2015	0.106	0.49
315	640007174657	2017	0.106	0.44
315	640195160121	2016	0.106	0.44
315	640251163528	2016	0.106	0.59
315	640035117881	2011	0.106	0.58
315	640195160064	2016	0.106	0.55
315	640004146535	2015	0.106	0.55
315	640005164716	2016	0.106	0.59
315	640007184733	2018	0.106	0.43
315	640007162222	2016	0.106	0.42
326	640195190817	2019	0.105	0.53
326	640005175220	2017	0.105	0.55
326	640253169591	2016	0.105	0.55
326	640188110698	2011	0.105	0.48
326	640195170821	2017	0.105	0.49
326	640097110512	2011	0.105	0.44
326	640195160085	2016	0.105	0.49
326	640195150248	2015	0.105	0.53
326	640004115914	2013	0.105	0.59
326	640195170193	2017	0.105	0.53
326	640188110701	2011	0.105	0.52

续表

排名	牛号	出生年份	乳蛋白率 EBV/%	EBV 准确性
326	640188100496	2010	0.105	0.47
326	640195150146	2015	0.105	0.49
326	640195171221	2017	0.105	0.53
340	640024173665	2017	0.104	0.46
340	640195160083	2016	0.104	0.53
340	640195160147	2016	0.104	0.52
340	640195150443	2015	0.104	0.52
340	640251186200	2018	0.104	0.52
340	640195150064	2015	0.104	0.54
340	640005185520	2018	0.104	0.56
340	640166099412	2009	0.104	0.55
340	640195160424	2016	0.104	0.48
340	640195160427	2016	0.104	0.47
340	640005164904	2016	0.104	0.46
340	640004146511	2015	0.104	0.52
340	640195160081	2016	0.104	0.52
353	640195171119	2017	0.103	0.51
353	640166099400	2009	0.103	0.51
353	640005134125	2013	0.103	0.48
353	640005175019	2017	0.103	0.52
353	640253170966	2011	0.103	0.51
353	640195170936	2017	0.103	0.52
353	640253170917	2014	0.103	0.50
353	640253181941	2018	0.103	0.50
353	640195160202	2016	0.103	0.52
353	640251186220	2018	0.103	0.55
353	640195160183	2016	0.103	0.51
353	640195180568	2018	0.103	0.55

续表

排名	牛号	出生年份	乳蛋白率 EBV/%	EBV 准确性
353	640195200169	2020	0.103	0.44
353	640195160172	2016	0.103	0.51
353	640251163579	2016	0.103	0.54
353	640253182374	2018	0.103	0.55
353	640009150610	2015	0.103	0.57
353	640007185131	2018	0.103	0.21
353	640195170450	2017	0.103	0.52
372	640195170629	2017	0.102	0.46
372	640195160070	2016	0.102	0.48
372	640195160090	2016	0.102	0.47
372	640195160380	2016	0.102	0.49
372	640003101000	2010	0.102	0.57
372	640195160132	2016	0.102	0.47
372	640195190688	2019	0.102	0.48
372	640136090256	2009	0.102	0.54
372	640035170645	2017	0.102	0.51
372	643052110103	2011	0.102	0.49
372	640004105775	2010	0.102	0.61
372	640195171378	2017	0.102	0.49
372	640035107749	2010	0.102	0.55
372	640166172404	2017	0.102	0.54
372	640004187436	2018	0.102	0.55
372	641071151542	2015	0.102	0.45
372	640251185641	2018	0.102	0.59
372	640004085398	2008	0.102	0.55
372	640195160215	2016	0.102	0.46
372	640195150199	2015	0.102	0.51
372	640251174907	2017	0.102	0.55

续表

排名	牛号	出生年份	乳蛋白率 EBV/%	EBV 准确性
372	640195150083	2015	0.102	0.47
372	640195160088	2016	0.102	0.44
372	640195150289	2015	0.102	0.46
372	640195190058	2019	0.102	0.54
397	640035158852	2014	0.101	0.58
397	640195160167	2016	0.101	0.49
397	640003162191	2016	0.101	0.55
397	640195160369	2016	0.101	0.47
397	640253170649	2018	0.101	0.48
397	640195150163	2015	0.101	0.49
397	640195200042	2020	0.101	0.46
397	640035138394	2013	0.101	0.59
397	640195160254	2016	0.101	0.44
397	640004105768	2010	0.101	0.58
397	640195150014	2015	0.101	0.56
397	640195180733	2018	0.101	0.54
397	640166099395	2009	0.101	0.49
397	640195171216	2017	0.101	0.52
397	640253182071	2018	0.101	0.51
397	640035107714	2010	0.101	0.54
397	640195160054	2016	0.101	0.49
397	640195190081	2019	0.101	0.55
397	640195171290	2017	0.101	0.53
397	640036120127	2012	0.101	0.52
397	640195170460	2017	0.101	0.49
397	640195200135	2020	0.101	0.48
397	640004187373	2018	0.101	0.54
397	640009140215	2014	0.101	0.55

续表

排名	牛号	出生年份	乳蛋白率 EBV/%	EBV 准确性
397	640003090793	2009	0.101	0.54
397	640195150082	2015	0.101	0.54
423	640035117882	2011	0.100	0.61
423	640195170722	2017	0.100	0.48
423	640195171291	2017	0.100	0.54
423	640195170519	2017	0.100	0.55
423	640004156776	2015	0.100	0.56
423	640195150505	2015	0.100	0.47
423	641071150492	2015	0.100	0.44
423	640195160180	2016	0.100	0.48
423	640195190932	2019	0.100	0.50
423	640004146541	2015	0.100	0.53
423	640195171212	2017	0.100	0.52
423	640195160174	2016	0.100	0.53
423	643052080173	2008	0.100	0.50
423	640035107783	2010	0.100	0.58
423	640195160024	2016	0.100	0.48
423	640035160201	2016	0.100	0.55
423	640004115841	2011	0.100	0.59
423	640195160133	2016	0.100	0.53
441	640007090594	2009	0.099	0.59
441	640195150212	2015	0.099	0.47
441	640195160082	2016	0.099	0.45
441	640195160187	2016	0.099	0.48
441	640195150547	2015	0.099	0.52
441	640195150370	2015	0.099	0.48
441	640004136322	2013	0.099	0.58
441	640035107665	2010	0.099	0.54

续表

排名	牛号	出生年份	乳蛋白率 EBV/%	EBV 准确性
441	640097140128	2014	0.099	0.50
441	640003152056	2016	0.099	0.58
441	640195171233	2017	0.099	0.56
441	640035138433	2013	0.099	0.61
441	640253170958	2011	0.099	0.50
441	640195160060	2016	0.099	0.51
441	640166120477	2012	0.099	0.58
456	641071151448	2015	0.098	0.49
456	640195190044	2019	0.098	0.50
456	640195171235	2017	0.098	0.49
456	640195150096	2015	0.098	0.51
456	640195171051	2017	0.098	0.51
456	640064120351	2012	0.098	0.50
456	640005175246	2017	0.098	0.50
456	640195160052	2016	0.098	0.53
456	640035148546	2016	0.098	0.56
456	643052100802	2010	0.098	0.53
456	640136120101	2012	0.098	0.42
456	640195160015	2016	0.098	0.50
456	640195150428	2015	0.098	0.53
456	640195170847	2017	0.098	0.48
470	640195150156	2015	0.097	0.48
470	640004105770	2010	0.097	0.58
470	640195170472	2017	0.097	0.55
470	640005154512	2015	0.097	0.59
470	640195171452	2017	0.097	0.55
470	640195160077	2016	0.097	0.50
470	640195150356	2015	0.097	0.55

续表

排名	牛号	出生年份	乳蛋白率 EBV/%	EBV 准确性
470	640195160094	2016	0.097	0.43
470	640182140109	2014	0.097	0.53
470	640251186210	2018	0.097	0.51
470	640195160048	2016	0.097	0.48
470	640195170509	2017	0.097	0.49
470	640166109575	2010	0.097	0.59
470	640195150062	2015	0.097	0.48
470	640195160214	2016	0.097	0.48
470	640195160023	2016	0.097	0.45
486	640190141210	2014	0.096	0.43
486	640195160217	2016	0.096	0.54
486	640035107692	2010	0.096	0.58
486	640188110689	2011	0.096	0.56
486	640195150155	2015	0.096	0.53
486	643052110906	2011	0.096	0.42
486	640195160014	2016	0.096	0.45
486	640195160189	2016	0.096	0.44
486	640195150469	2015	0.096	0.45
486	640195160250	2016	0.096	0.44
486	640005154616	2015	0.096	0.60
486	640195170502	2017	0.096	0.54
486	640195160078	2016	0.096	0.45
486	640166099425	2009	0.096	0.55
486	640024142654	2015	0.096	0.58

附表 4　全宁夏体细胞评分 EBV 排名前 500 名母牛

排名	牛号	出生年份	体细胞评分 EBV/分 [体细胞数/(个·mL⁻¹)]	EBV 准确性
1	640195180555	2018	−0.20/10 863	0.55
1	640195180301	2018	−0.20/10 904	0.40
3	640096151096	2015	−0.19/10 936	0.38
3	640096151135	2015	−0.19/10 939	0.39
5	640097110507	2011	−0.18/11 031	0.55
5	640097110548	2011	−0.18/11 041	0.45
5	640097100352	2010	−0.18/11 055	0.51
5	640031131572	2013	−0.18/11 057	0.30
5	640097140110	2014	−0.18/11 060	0.38
5	640097140076	2014	−0.18/11 066	0.39
5	640096151127	2015	−0.18/11 071	0.38
12	640195180473	2018	−0.17/11 106	0.46
12	640097110531	2011	−0.17/11 116	0.48
12	640097140233	2014	−0.17/11 143	0.54
15	640097110527	2011	−0.16/11 167	0.46
15	640097120840	2012	−0.16/11 171	0.49
15	640097110525	2011	−0.16/11 176	0.44
15	640031140643	2014	−0.16/11 211	0.35
15	640096151113	2015	−0.16/11 215	0.34
15	640031130511	2013	−0.16/11 215	0.33
15	640097110523	2011	−0.16/11 219	0.42
15	640097130027	2013	−0.16/11 224	0.52
23	640031130529	2013	−0.15/11 227	0.31
23	640195180604	2018	−0.15/11 237	0.52
23	640010090067	2009	−0.15/11 239	0.45
23	640097110500	2011	−0.15/11 243	0.52
23	640097110540	2011	−0.15/11 250	0.46
23	640097110606	2011	−0.15/11 252	0.48

续表

排名	牛号	出生年份	体细胞评分 EBV/分 [体细胞数/(个·mL⁻¹)]	EBV 准确性
23	640097120833	2012	−0.15/11 257	0.47
23	640195160062	2016	−0.15/11 267	0.40
23	640166151443	2015	−0.15/11 273	0.46
23	640097110550	2011	−0.15/11 279	0.47
23	640097100327	2010	−0.15/11 286	0.52
23	640031130491	2013	−0.15/11 287	0.27
23	640166099268	2009	−0.15/11 291	0.44
23	640195180509	2018	−0.15/11 293	0.50
23	640097150510	2015	−0.15/11 295	0.45
23	640031140615	2014	−0.15/11 295	0.34
23	640035148702	2014	−0.15/11 302	0.51
40	640010091715	2009	−0.14/11 308	0.45
40	640166109791	2010	−0.14/11 310	0.51
40	640195180572	2018	−0.14/11 317	0.50
40	640010110302	2011	−0.14/11 319	0.48
40	640004109699	2010	−0.14/11 325	0.43
40	640096130864	2013	−0.14/11 326	0.52
40	640097110612	2011	−0.14/11 329	0.46
40	640166099272	2009	−0.14/11 330	0.44
40	640195180660	2018	−0.14/11 332	0.49
40	640096110707	2011	−0.14/11 335	0.43
40	640195180520	2018	−0.14/11 340	0.45
40	640096130862	2013	−0.14/11 340	0.51
40	640097150468	2015	−0.14/11 341	0.50
40	640096130512	2013	−0.14/11 341	0.51
40	640004099239	2009	−0.14/11 347	0.44
40	640096130873	2013	−0.14/11 347	0.52
40	640031140622	2014	−0.14/11 347	0.35

续表

排名	牛号	出生年份	体细胞评分 EBV/分 [体细胞数/(个·mL⁻¹)]	EBV 准确性
40	640166109787	2010	−0.14/11 348	0.46
40	640031100024	2010	−0.14/11 349	0.47
40	640097110642	2011	−0.14/11 349	0.47
40	640166151442	2015	−0.14/11 355	0.41
40	640035117967	2011	−0.14/11 355	0.45
40	640096110624	2011	−0.14/11 362	0.45
40	640035148762	2014	−0.14/11 362	0.46
40	640096100590	2010	−0.14/11 366	0.48
40	640031140577	2014	−0.14/11 370	0.33
40	640097140077	2014	−0.14/11 371	0.41
40	640166109798	2010	−0.14/11 371	0.47
40	640166109858	2010	−0.14/11 374	0.48
40	640096140931	2014	−0.14/11 376	0.45
40	640097110591	2011	−0.14/11 377	0.47
40	640031130508	2013	−0.14/11 379	0.29
40	640097150451	2015	−0.14/11 381	0.44
40	640035148716	2014	−0.14/11 382	0.45
40	640187111610	2011	−0.14/11 383	0.42
75	640195180280	2018	−0.13/11 384	0.44
75	640011081406	2008	−0.13/11 386	0.46
75	640195150014	2015	−0.13/11 386	0.44
75	640097150436	2015	−0.13/11 389	0.51
75	640036101095	2010	−0.13/11 393	0.46
75	640035148796	2014	−0.13/11 393	0.44
75	640195180448	2018	−0.13/11 400	0.49
75	640195180524	2018	−0.13/11 402	0.51
75	640031120281	2012	−0.13/11 404	0.46
75	640031140580	2014	−0.13/11 406	0.48

续表

排名	牛号	出生年份	体细胞评分 EBV/分 [体细胞数/(个·mL⁻¹)]	EBV 准确性
75	640195180402	2018	−0.13/11 406	0.52
75	640166099213	2009	−0.13/11 408	0.43
75	640035097402	2007	−0.13/11 416	0.52
75	640195160128	2016	−0.13/11 417	0.35
75	640031090482	2009	−0.13/11 420	0.44
75	640004109789	2010	−0.13/11 421	0.47
75	640031130506	2013	−0.13/11 422	0.23
75	640166099239	2009	−0.13/11 428	0.39
75	640011081405	2008	−0.13/11 428	0.45
75	640195180626	2018	−0.13/11 430	0.48
75	640195160016	2016	−0.13/11 431	0.45
75	640031130513	2013	−0.13/11 432	0.31
75	640166141206	2014	−0.13/11 437	0.48
75	640035141157	2014	−0.13/11 438	0.44
75	640096130517	2013	−0.13/11 438	0.51
75	640097140109	2014	−0.13/11 441	0.40
75	640031130512	2013	−0.13/11 442	0.33
75	640195200229	2020	−0.13/11 443	0.33
75	640003120302	2012	−0.13/11 445	0.50
75	640097120724	2012	−0.13/11 447	0.46
75	640195200689	2020	−0.13/11 447	0.32
75	640097120847	2012	−0.13/11 448	0.50
75	640166130734	2013	−0.13/11 449	0.52
75	640274201597	2020	−0.13/11 449	0.30
75	640031090475	2009	−0.13/11 451	0.44
75	640097120826	2012	−0.13/11 454	0.45
75	640097100386	2010	−0.13/11 455	0.53
75	640035148768	2014	−0.13/11 456	0.48

续表

排名	牛号	出生年份	体细胞评分 EBV/分 [体细胞数/(个·mL^{-1})]	EBV 准确性
75	640222142786	2014	−0.13/11 457	0.27
75	640097130062	2013	−0.13/11 457	0.33
75	640166151444	2015	−0.13/11 457	0.40
75	643052110617	2011	−0.13/11 459	0.39
75	643052140408	2014	−0.13/11 459	0.30
75	640195160218	2016	−0.13/11 460	0.37
75	640166130736	2013	−0.13/11 460	0.52
120	640035180838	2018	−0.12/11 463	0.42
120	640004109719	2010	−0.12/11 463	0.47
120	640195160188	2016	−0.12/11 464	0.42
120	640166151407	2015	−0.12/11 464	0.44
120	640166151424	2015	−0.12/11 466	0.48
120	640166151436	2015	−0.12/11 468	0.45
120	64000709N652	2009	−0.12/11 468	0.43
120	640035138473	2013	−0.12/11 469	0.48
120	640166099248	2009	−0.12/11 471	0.44
120	640004115925	2013	−0.12/11 474	0.42
120	640096151115	2015	−0.12/11 474	0.38
120	640011081437	2008	−0.12/11 475	0.49
120	640251185750	2018	−0.12/11 475	0.49
120	640166130739	2013	−0.12/11 475	0.52
120	640097130053	2013	−0.12/11 476	0.56
120	640195160189	2016	−0.12/11 477	0.38
120	640166109781	2010	−0.12/11 478	0.44
120	640195180517	2018	−0.12/11 480	0.50
120	640096141043	2014	−0.12/11 481	0.52
120	643052130505	2013	−0.12/11 482	0.25
120	640031150959	2015	−0.12/11 482	0.33

续表

排名	牛号	出生年份	体细胞评分 EBV/分 [体细胞数/(个·mL⁻¹)]	EBV 准确性
120	640010161064	2016	−0.12/11 484	0.45
120	640184121900	2012	−0.12/11 484	0.36
120	640004109739	2010	−0.12/11 486	0.49
120	640031140582	2014	−0.12/11 488	0.31
120	640097140103	2014	−0.12/11 488	0.38
120	640166109748	2010	−0.12/11 488	0.46
120	640009120154	2012	−0.12/11 489	0.43
120	640222142530	2014	−0.12/11 489	0.38
120	640195160205	2016	−0.12/11 490	0.38
120	643051108553	2010	−0.12/11 491	0.38
120	640096151136	2015	−0.12/11 492	0.34
120	640166110227	2013	−0.12/11 493	0.48
120	640166109785	2010	−0.12/11 494	0.48
120	643051140377	2014	−0.12/11 494	0.27
120	640195160133	2016	−0.12/11 495	0.40
120	640195180397	2018	−0.12/11 495	0.49
120	640010120565	2012	−0.12/11 496	0.45
120	640166119967	2011	−0.12/11 496	0.45
120	640195200392	2020	−0.12/11 497	0.36
120	640097110646	2011	−0.12/11 498	0.52
120	640195190660	2019	−0.12/11 498	0.41
120	640035107696	2010	−0.12/11 499	0.40
120	640166120345	2012	−0.12/11 499	0.51
120	640166130842	2013	−0.12/11 501	0.54
120	640097130056	2013	−0.12/11 501	0.41
120	640166099211	2009	−0.12/11 502	0.48
120	640251163799	2016	−0.12/11 503	0.43
120	640188120783	2012	−0.12/11 503	0.47

续表

排名	牛号	出生年份	体细胞评分 EBV/分 [体细胞数/(个·mL^{-1})]	EBV 准确性
120	640195160224	2016	−0.12/11 504	0.39
120	640097130047	2013	−0.12/11 505	0.50
120	640195180608	2018	−0.12/11 506	0.52
120	640195180472	2018	−0.12/11 506	0.49
120	640195200327	2020	−0.12/11 507	0.34
120	640010110412	2011	−0.12/11 507	0.53
120	640009130164	2013	−0.12/11 509	0.35
120	643052140216	2014	−0.12/11 509	0.35
120	640097140090	2014	−0.12/11 509	0.36
120	640166099257	2009	−0.12/11 510	0.48
120	640195160043	2016	−0.12/11 510	0.39
120	640195200173	2020	−0.12/11 511	0.31
120	640035107764	2010	−0.12/11 511	0.41
120	640166151433	2015	−0.12/11 511	0.49
120	640097150463	2015	−0.12/11 511	0.52
120	640031130486	2013	−0.12/11 511	0.50
120	640031130393	2013	−0.12/11 513	0.49
120	640035148767	2014	−0.12/11 513	0.46
120	640097130038	2013	−0.12/11 514	0.51
120	640166109857	2010	−0.12/11 517	0.46
120	640035148791	2014	−0.12/11 517	0.44
120	640195190195	2019	−0.12/11 518	0.37
120	640010100149	2010	−0.12/11 519	0.35
120	640031090474	2009	−0.12/11 519	0.45
120	640096120765	2012	−0.12/11 519	0.52
120	640195160226	2016	−0.12/11 520	0.43
120	640222153120	2015	−0.12/11 520	0.36
120	640166109735	2010	−0.12/11 521	0.48

续表

排名	牛号	出生年份	体细胞评分 EBV/分 [体细胞数/(个·mL⁻¹)]	EBV 准确性
120	640166172388	2017	−0.12/11 522	0.43
120	640166109731	2010	−0.12/11 522	0.48
120	640010091709	2009	−0.12/11 523	0.50
120	640166130761	2013	−0.12/11 524	0.47
120	640007100926	2010	−0.12/11 525	0.44
120	640251163748	2016	−0.12/11 525	0.46
120	640064091604	2009	−0.12/11 526	0.28
120	640096110673	2011	−0.12/11 528	0.50
120	640031120277	2012	−0.12/11 528	0.47
120	640097110502	2011	−0.12/11 529	0.54
120	640010091717	2009	−0.12/11 529	0.48
120	640184121560	2012	−0.12/11 530	0.46
120	640166161868	2016	−0.12/11 530	0.55
120	640166119962	2011	−0.12/11 531	0.45
120	640166141110	2014	−0.12/11 531	0.50
120	640195160211	2016	−0.12/11 532	0.40
120	640195200388	2020	−0.12/11 532	0.32
120	640096120812	2012	−0.12/11 534	0.50
120	640222142515	2014	−0.12/11 534	0.36
120	640195180594	2018	−0.12/11 534	0.48
120	640097110534	2011	−0.12/11 535	0.47
120	643052120519	2012	−0.12/11 535	0.38
120	640195200521	2020	−0.12/11 536	0.33
120	640011112261	2011	−0.12/11 537	0.46
120	640097012806	2012	−0.12/11 537	0.49
120	64018010F930	2010	−0.12/11 538	0.43
120	640166110190	2015	−0.12/11 539	0.46
120	640166109779	2010	−0.12/11 541	0.44

续表

排名	牛号	出生年份	体细胞评分 EBV/分 [体细胞数/(个·mL^{-1})]	EBV 准确性
120	640011133814	2013	−0.12/11 541	0.39
120	640031130562	2013	−0.12/11 541	0.45
120	640097140072	2014	−0.12/11 541	0.39
120	640064090207	2009	−0.12/11 541	0.36
120	640166120311	2012	−0.12/11 542	0.44
230	640180114035	2011	−0.11/11 543	0.51
230	640007100911	2010	−0.11/11 543	0.43
230	640166151453	2015	−0.11/11 544	0.41
230	640195180316	2018	−0.11/11 545	0.51
230	640031140584	2014	−0.11/11 545	0.31
230	640166109757	2010	−0.11/11 546	0.47
230	640195200429	2020	−0.11/11 546	0.31
230	640166151490	2015	−0.11/11 546	0.44
230	640166099324	2009	−0.11/11 546	0.45
230	640007110022	2011	−0.11/11 547	0.50
230	640166109684	2010	−0.11/11 547	0.45
230	640222142421	2014	−0.11/11 548	0.33
230	640035107727	2010	−0.11/11 548	0.43
230	640166119972	2011	−0.11/11 548	0.43
230	640184121543	2012	−0.11/11 548	0.49
230	640166161867	2016	−0.11/11 548	0.53
230	640097090261	2009	−0.11/11 549	0.53
230	640195160046	2016	−0.11/11 550	0.38
230	640195160025	2016	−0.11/11 550	0.36
230	640097150407	2015	−0.11/11 550	0.44
230	640195160074	2016	−0.11/11 550	0.45
230	640096130840	2013	−0.11/11 551	0.45
230	640011133750	2013	−0.11/11 551	0.39

续表

排名	牛号	出生年份	体细胞评分 EBV/分 [体细胞数/(个·mL⁻¹)]	EBV 准确性
230	640031120330	2012	−0.11/11 552	0.46
230	640097110538	2011	−0.11/11 552	0.45
230	640184121616	2012	−0.11/11 553	0.45
230	640195160170	2016	−0.11/11 553	0.38
230	640009110047	2011	−0.11/11 554	0.45
230	640195190261	2019	−0.11/11 554	0.42
230	640035150109	2015	−0.11/11 555	0.54
230	640007080776	2008	−0.11/11 555	0.36
230	640009110096	2016	−0.11/11 555	0.51
230	640195160236	2016	−0.11/11 556	0.47
230	640166099311	2009	−0.11/11 556	0.49
230	640187101285	2010	−0.11/11 556	0.38
230	643052121010	2012	−0.11/11 557	0.31
230	640251163639	2016	−0.11/11 557	0.47
230	640031100078	2010	−0.11/11 557	0.46
230	640195200120	2020	−0.11/11 557	0.35
230	640035148735	2014	−0.11/11 557	0.43
230	640097140248	2014	−0.11/11 558	0.53
230	640097100441	2010	−0.11/11 558	0.50
230	643052131208	2013	−0.11/11 559	0.30
230	640166099438	2009	−0.11/11 560	0.50
230	640166110268	2019	−0.11/11 563	0.49
230	640031130500	2013	−0.11/11 563	0.34
230	640166119994	2011	−0.11/11 563	0.51
230	640195180596	2018	−0.11/11 563	0.51
230	640105080402	2008	−0.11/11 564	0.38
230	640166109725	2010	−0.11/11 564	0.49
230	640195200717	2020	−0.11/11 564	0.34

续表

排名	牛号	出生年份	体细胞评分 EBV/分 [体细胞数/(个·mL⁻¹)]	EBV 准确性
230	640184121609	2012	−0.11/11 564	0.47
230	640097130975	2013	−0.11/11 565	0.53
230	640035191353	2019	−0.11/11 565	0.41
230	640166151464	2015	−0.11/11 565	0.41
230	643052140324	2014	−0.11/11 566	0.29
230	640195180398	2018	−0.11/11 566	0.51
230	640031130568	2013	−0.11/11 566	0.29
230	643052130410	2013	−0.11/11 567	0.24
230	640182100027	2010	−0.11/11 567	0.49
230	640166109861	2010	−0.11/11 568	0.38
230	640166109720	2010	−0.11/11 569	0.46
230	640096130875	2013	−0.11/11 569	0.50
230	640180101030	2010	−0.11/11 569	0.53
230	640097110483	2011	−0.11/11 570	0.51
230	640096141059	2014	−0.11/11 570	0.52
230	641009110263	2011	−0.11/11 571	0.35
230	640097100464	2010	−0.11/11 571	0.54
230	640035138515	2013	−0.11/11 571	0.39
230	640251163947	2016	−0.11/11 572	0.46
230	643052130409	2013	−0.11/11 572	0.23
230	640166110285	2011	−0.11/11 572	0.48
230	640096110712	2011	−0.11/11 572	0.45
230	640166109754	2010	−0.11/11 572	0.44
230	640031130493	2013	−0.11/11 573	0.32
230	640096151111	2015	−0.11/11 574	0.33
230	640003090749	2009	−0.11/11 574	0.31
230	640195180413	2018	−0.11/11 575	0.49
230	640253169812	2016	−0.11/11 575	0.47

续表

排名	牛号	出生年份	体细胞评分 EBV/分 [体细胞数/(个·mL⁻¹)]	EBV 准确性
230	640195190148	2019	−0.11/11 576	0.40
230	640035148774	2014	−0.11/11 577	0.45
230	640009110039	2011	−0.11/11 577	0.42
230	640253169796	2016	−0.11/11 578	0.45
230	640035148681	2014	−0.11/11 579	0.45
230	640166109854	2010	−0.11/11 579	0.46
230	640004161545	2016	−0.11/11 579	0.43
230	640007162010	2016	−0.11/11 580	0.52
230	640096110715	2011	−0.11/11 580	0.46
230	640253182057	2018	−0.11/11 580	0.44
230	640166120729	2012	−0.11/11 581	0.54
230	640007110021	2011	−0.11/11 582	0.39
230	640195160067	2016	−0.11/11 582	0.38
230	640222142337	2014	−0.11/11 582	0.35
230	640009110058	2011	−0.11/11 583	0.42
230	640166151426	2015	−0.11/11 583	0.45
230	640031130492	2013	−0.11/11 584	0.29
230	640166120705	2012	−0.11/11 584	0.49
230	640010081591	2008	−0.11/11 585	0.47
230	640195160234	2016	−0.11/11 585	0.36
230	640096110678	2011	−0.11/11 586	0.48
230	640166110151	2011	−0.11/11 586	0.45
230	640166120692	2012	−0.11/11 586	0.54
230	640205170174	2017	−0.11/11 586	0.17
230	640096120807	2012	−0.11/11 588	0.51
230	640004136379	2013	−0.11/11 588	0.35
230	640097130020	2013	−0.11/11 589	0.50
230	640195160064	2016	−0.11/11 589	0.47

续表

排名	牛号	出生年份	体细胞评分 EBV/分 [体细胞数/(个·mL^{-1})]	EBV 准确性
230	640222142424	2014	−0.11/11 590	0.36
230	640251163745	2016	−0.11/11 590	0.42
230	640010110307	2011	−0.11/11 590	0.42
230	640004136404	2013	−0.11/11 590	0.31
230	640166089178	2008	−0.11/11 590	0.53
230	640195200350	2020	−0.11/11 592	0.33
230	640004115935	2013	−0.11/11 592	0.47
230	640035148787	2014	−0.11/11 592	0.46
230	640097090284	2009	−0.11/11 592	0.54
230	640003100994	2010	−0.11/11 593	0.37
230	640035107678	2010	−0.11/11 593	0.48
230	640010090018	2009	−0.11/11 593	0.45
230	640064090215	2009	−0.11/11 593	0.36
230	640003090729	2009	−0.11/11 593	0.45
230	640195160178	2016	−0.11/11 594	0.33
230	640195160045	2016	−0.11/11 594	0.43
230	640222142689	2014	−0.11/11 595	0.35
230	643051118424	2011	−0.11/11 595	0.34
230	640166151455	2015	−0.11/11 595	0.47
230	640166161871	2016	−0.11/11 596	0.53
230	640097150438	2015	−0.11/11 596	0.47
230	640007100895	2010	−0.11/11 596	0.48
230	640097090274	2009	−0.11/11 596	0.52
230	640097150377	2015	−0.11/11 597	0.37
230	640007100934	2010	−0.11/11 597	0.45
230	640097150452	2015	−0.11/11 597	0.45
230	640035148798	2014	−0.11/11 597	0.46
230	640195190909	2019	−0.11/11 598	0.37

续表

排名	牛号	出生年份	体细胞评分 EBV/分 [体细胞数/(个·mL⁻¹)]	EBV 准确性
230	640251163735	2016	−0.11/11 598	0.43
230	640136110051	2011	−0.11/11 598	0.41
230	640195200209	2020	−0.11/11 598	0.33
230	640035107679	2010	−0.11/11 599	0.38
230	640136120013	2012	−0.11/11 599	0.41
230	640166151406	2015	−0.11/11 599	0.49
230	640195191203	2019	−0.11/11 599	0.40
230	640009110087	2015	−0.11/11 600	0.48
230	640166119925	2011	−0.11/11 600	0.43
230	643052110711	2011	−0.11/11 601	0.34
230	640166119917	2011	−0.11/11 601	0.39
230	640195160079	2016	−0.11/11 602	0.33
230	640166151446	2015	−0.11/11 602	0.48
230	640205155253	2015	−0.11/11 602	0.20
230	643052140312	2014	−0.11/11 602	0.31
230	640166141108	2014	−0.11/11 603	0.55
230	640195200310	2020	−0.11/11 604	0.34
230	640097110556	2011	−0.11/11 604	0.45
230	640166099207	2009	−0.11/11 605	0.42
230	643052140201	2014	−0.11/11 605	0.27
230	640009110038	2011	−0.11/11 606	0.41
230	640195160037	2016	−0.11/11 606	0.38
230	640251185905	2018	−0.11/11 606	0.45
230	640195160240	2016	−0.11/11 606	0.36
230	640195160217	2016	−0.11/11 606	0.47
230	640166120288	2012	−0.11/11 607	0.51
230	643052130218	2013	−0.11/11 607	0.30
230	640195191291	2019	−0.11/11 607	0.36

续表

排名	牛号	出生年份	体细胞评分 EBV/分 [体细胞数/(个·mL^{-1})]	EBV 准确性
230	640205155209	2015	−0.11/11 607	0.25
230	640097130018	2013	−0.11/11 608	0.51
230	640097130992	2013	−0.11/11 609	0.46
230	640166130828	2013	−0.11/11 609	0.51
230	640187111606	2011	−0.11/11 609	0.33
230	640195150020	2015	−0.11/11 609	0.33
230	641009110A16	2011	−0.11/11 609	0.39
230	640166099231	2009	−0.11/11 610	0.42
230	640003110132	2011	−0.11/11 610	0.47
230	640195200171	2020	−0.11/11 610	0.33
230	640031140804	2014	−0.11/11 611	0.22
230	640096100572	2010	−0.11/11 612	0.46
230	640096130815	2013	−0.11/11 612	0.49
230	640010090088	2009	−0.11/11 614	0.41
230	640011081511	2008	−0.11/11 614	0.45
230	640031110261	2011	−0.11/11 614	0.45
230	640166119911	2011	−0.11/11 614	0.46
230	640205155247	2015	−0.11/11 614	0.22
230	640066156341	2015	−0.11/11 615	0.52
230	640195200711	2020	−0.11/11 615	0.35
230	640097110663	2011	−0.11/11 617	0.56
230	640166109756	2010	−0.11/11 618	0.43
230	640097110542	2011	−0.11/11 618	0.48
230	643051118611	2011	−0.11/11 618	0.37
230	640097090188	2009	−0.11/11 619	0.50
230	640274191180	2019	−0.11/11 619	0.37
230	640160100009	2010	−0.11/11 619	0.24
230	640007100910	2010	−0.11/11 619	0.47

续表

排名	牛号	出生年份	体细胞评分 EBV/分 [体细胞数/(个·mL⁻¹)]	EBV 准确性
230	640166109772	2010	−0.11/11 620	0.44
230	640166151519	2015	−0.11/11 620	0.48
230	640195200249	2020	−0.11/11 621	0.32
230	640097150408	2015	−0.11/11 621	0.45
230	640096100600	2010	−0.11/11 621	0.49
230	640166109701	2010	−0.11/11 621	0.41
230	640097120844	2012	−0.11/11 622	0.46
428	640097100447	2010	−0.10/11 623	0.56
428	640166109760	2010	−0.10/11 623	0.47
428	640188131163	2013	−0.10/11 624	0.35
428	640195200297	2020	−0.10/11 625	0.32
428	640195180557	2018	−0.10/11 625	0.49
428	640035170809	2017	−0.10/11 625	0.43
428	640097110600	2011	−0.10/11 626	0.44
428	640035160353	2016	−0.10/11 626	0.36
428	640166119984	2011	−0.10/11 626	0.43
428	640166182711	2018	−0.10/11 626	0.51
428	640010110357	2011	−0.10/11 626	0.47
428	640195190633	2019	−0.10/11 626	0.36
428	640251185958	2018	−0.10/11 626	0.43
428	640097120712	2012	−0.10/11 627	0.47
428	640036111172	2011	−0.10/11 628	0.40
428	643052130214	2013	−0.10/11 628	0.26
428	640035138464	2013	−0.10/11 629	0.52
428	643051118423	2011	−0.10/11 629	0.35
428	640166109789	2010	−0.10/11 629	0.36
428	640251185731	2018	−0.10/11 629	0.48
428	641071150241	2015	−0.10/11 630	0.32

续表

排名	牛号	出生年份	体细胞评分 EBV/分 [体细胞数/(个·mL⁻¹)]	EBV 准确性
428	640097150460	2015	−0.10/11 630	0.49
428	643052140210	2014	−0.10/11 630	0.28
428	640251175326	2017	−0.10/11 630	0.47
428	641071151533	2015	−0.10/11 631	0.31
428	640035148809	2014	−0.10/11 631	0.47
428	640166119941	2011	−0.10/11 631	0.47
428	640097150505	2015	−0.10/11 631	0.43
428	640195160183	2016	−0.10/11 631	0.38
428	640166110275	2011	−0.10/11 631	0.51
428	640035087365	2007	−0.10/11 632	0.53
428	640009120115	2012	−0.10/11 632	0.46
428	640031110257	2011	−0.10/11 632	0.48
428	640010120427	2012	−0.10/11 632	0.51
428	640195160194	2016	−0.10/11 633	0.36
428	640195200677	2020	−0.10/11 633	0.32
428	640166151470	2015	−0.10/11 634	0.40
428	640097150461	2015	−0.10/11 634	0.49
428	640005109750	2010	−0.10/11 634	0.42
428	640096130500	2013	−0.10/11 634	0.43
428	640195160088	2016	−0.10/11 634	0.46
428	640166141216	2014	−0.10/11 635	0.42
428	640166109699	2010	−0.10/11 635	0.39
428	640097110657	2011	−0.10/11 635	0.48
428	640035160233	2016	−0.10/11 635	0.47
428	640032101228	2010	−0.10/11 635	0.41
428	640007090775	2009	−0.10/11 635	0.49
428	640009160790	2016	−0.10/11 635	0.43
428	640222142704	2014	−0.10/11 635	0.33

续表

排名	牛号	出生年份	体细胞评分 EBV/分 [体细胞数/(个·mL⁻¹)]	EBV 准确性
428	640035099219	2009	−0.10/11 635	0.44
428	640036140625	2014	−0.10/11 636	0.45
428	640009130057	2013	−0.10/11 636	0.33
428	640007100913	2010	−0.10/11 636	0.41
428	640166120480	2012	−0.10/11 637	0.51
428	640096110637	2011	−0.10/11 637	0.47
428	640007174274	2017	−0.10/11 637	0.47
428	640102090537	2009	−0.10/11 637	0.34
428	640035148730	2014	−0.10/11 639	0.46
428	640166120710	2012	−0.10/11 639	0.54
428	640166151418	2015	−0.10/11 640	0.36
428	640222153043	2015	−0.10/11 640	0.35
428	640195200987	2020	−0.10/11 640	0.31
428	640166110180	2015	−0.10/11 640	0.47
428	640004099249	2009	−0.10/11 640	0.46
428	640195200199	2020	−0.10/11 640	0.32
428	640274201639	2020	−0.10/11 640	0.30
428	640031140776	2014	−0.10/11 641	0.33
428	640031110271	2011	−0.10/11 641	0.41
428	640195171106	2017	−0.10/11 642	0.46
428	640035128200	2012	−0.10/11 643	0.43
428	640166141286	2014	−0.10/11 643	0.53
428	643052141011	2014	−0.10/11 643	0.30
428	640035148732	2014	−0.10/11 643	0.41

附表 5　全宁夏体型总分 EBV 排名前 500 名母牛

排名	牛号	出生年份	体型总分 EBV/分	EBV 准确性
1	640166110077	2011	0.717	0.48
2	640190121599	2012	0.645	0.39
3	640285002388	2019	0.634	0.60
4	640285009097	2019	0.624	0.58
5	640003121257	2012	0.623	0.50
6	640285009043	2019	0.622	0.58
7	640285005662	2019	0.621	0.58
7	640285002630	2019	0.621	0.58
9	640285001415	2019	0.620	0.66
9	640285006066	2019	0.620	0.66
9	640285001653	2019	0.620	0.66
9	640285001500	2019	0.620	0.66
13	640285009320	2019	0.619	0.60
14	640285005235	2019	0.618	0.58
14	640285004802	2019	0.618	0.66
14	640285009222	2019	0.618	0.66
14	640285002838	2019	0.618	0.66
14	640285002809	2019	0.618	0.66
14	640285005667	2019	0.618	0.66
20	640285009014	2019	0.617	0.66
20	640285002459	2019	0.617	0.66
20	640285004415	2019	0.617	0.66
20	640285009215	2019	0.617	0.66
20	640285002566	2019	0.617	0.66
20	640285002846	2019	0.617	0.66
20	640285005800	2019	0.617	0.66
20	640285005077	2019	0.617	0.66
28	640285005660	2019	0.616	0.66

续表

排名	牛号	出生年份	体型总分 EBV/分	EBV 准确性
29	640285009419	2019	0.615	0.66
29	640285001453	2019	0.615	0.60
29	640285003455	2019	0.615	0.66
29	640285005417	2019	0.615	0.66
33	640285001900	2019	0.614	0.66
33	640285009054	2019	0.614	0.60
33	640285009262	2019	0.614	0.66
33	640285002660	2019	0.614	0.66
33	640285009305	2019	0.614	0.66
33	640285004395	2019	0.614	0.66
39	640285009119	2019	0.613	0.66
40	640285005281	2019	0.612	0.56
40	640285009006	2019	0.612	0.56
40	640285009348	2019	0.612	0.58
43	640285009074	2019	0.611	0.66
43	640285005679	2019	0.611	0.66
43	640285000354	2019	0.611	0.66
43	640285009118	2019	0.611	0.60
47	640285006333	2019	0.610	0.64
48	640285009036	2019	0.609	0.56
48	640285009383	2019	0.609	0.56
48	640285003338	2019	0.609	0.66
48	640285009410	2019	0.609	0.66
48	640285002034	2019	0.609	0.66
53	640285002813	2019	0.608	0.64
53	640285009254	2019	0.608	0.66
53	640285004285	2019	0.608	0.64
56	640285009162	2019	0.607	0.64

续表

排名	牛号	出生年份	体型总分 EBV/分	EBV 准确性
57	640285001676	2019	0.602	0.64
58	640285000083	2019	0.600	0.57
59	640003121286	2012	0.598	0.47
60	640285009354	2019	0.596	0.64
60	640190120977	2012	0.596	0.39
60	640285009381	2019	0.596	0.64
63	640285002101	2019	0.595	0.64
63	640285005525	2019	0.595	0.64
65	640285002293	2019	0.594	0.55
65	640285000785	2019	0.594	0.64
65	640285000243	2019	0.594	0.64
68	640285003146	2019	0.592	0.64
69	640285006331	2019	0.591	0.64
69	640285009047	2019	0.591	0.55
69	640285009167	2019	0.591	0.55
69	640285003431	2019	0.591	0.64
69	640285005306	2019	0.591	0.64
69	640285009380	2019	0.591	0.64
75	640285003647	2019	0.590	0.64
76	640285002471	2019	0.588	0.63
76	640285005006	2019	0.588	0.66
76	640285001479	2019	0.588	0.66
76	640285000853	2019	0.588	0.66
76	640285005178	2019	0.588	0.63
76	640285001435	2019	0.588	0.64
76	640285005253	2019	0.588	0.64
76	640285009092	2019	0.588	0.66
76	640285001328	2019	0.588	0.63

续表

排名	牛号	出生年份	体型总分 EBV/分	EBV 准确性
85	640285005791	2019	0.587	0.66
86	640285005318	2019	0.586	0.64
87	640285001663	2019	0.585	0.66
87	640285003264	2019	0.585	0.64
87	640285002674	2019	0.585	0.64
87	640285006354	2019	0.585	0.64
91	640285004339	2019	0.584	0.63
91	640285001400	2019	0.584	0.64
91	640285009327	2019	0.584	0.63
91	640285003436	2019	0.584	0.63
91	640285004983	2019	0.584	0.63
91	640285009468	2019	0.584	0.66
97	640285005321	2019	0.582	0.62
97	640285006558	2019	0.582	0.63
97	640285009265	2019	0.582	0.63
100	640285009264	2019	0.581	0.64
100	640285003685	2019	0.581	0.66
100	640285001530	2019	0.581	0.62
103	640285001359	2019	0.579	0.62
104	640285003256	2019	0.578	0.62
104	640285003273	2019	0.578	0.58
104	640285009079	2019	0.578	0.64
107	640005103634	2010	0.577	0.43
108	640166120633	2012	0.576	0.50
109	640285002342	2019	0.575	0.64
109	640285003613	2019	0.575	0.62
109	640285006308	2019	0.575	0.62
112	640285002706	2019	0.572	0.67

续表

排名	牛号	出生年份	体型总分 EBV/分	EBV 准确性
112	640285002653	2019	0.572	0.67
112	640285009430	2019	0.572	0.67
112	640285001647	2019	0.572	0.64
116	640285009467	2019	0.570	0.67
116	640285005264	2019	0.570	0.67
116	640285009335	2019	0.570	0.67
116	640285005690	2019	0.570	0.67
116	640285000275	2019	0.570	0.67
116	640285006400	2019	0.570	0.67
116	640285000989	2019	0.570	0.67
116	640285002895	2019	0.570	0.67
116	640285006452	2019	0.570	0.67
116	640285002601	2019	0.570	0.67
116	640285003121	2019	0.570	0.67
116	640285009369	2019	0.570	0.67
128	640285001272	2019	0.569	0.67
128	640285001746	2019	0.569	0.67
130	640285009271	2019	0.567	0.67
130	640285002145	2019	0.567	0.67
130	640285000979	2019	0.567	0.67
130	640285005342	2019	0.567	0.67
130	640285004335	2019	0.567	0.67
130	640285001891	2019	0.567	0.67
130	640285006556	2019	0.567	0.64
137	640285005494	2019	0.566	0.67
137	640285004799	2019	0.566	0.67
137	640285004789	2019	0.566	0.67
137	640285009231	2019	0.566	0.67

续表

排名	牛号	出生年份	体型总分 EBV/分	EBV 准确性
137	640285001572	2019	0.566	0.67
137	640285002797	2019	0.566	0.67
143	640285002843	2019	0.565	0.64
144	640285004266	2019	0.564	0.64
144	640285009443	2019	0.564	0.67
144	640285009144	2019	0.564	0.65
144	640285002766	2019	0.564	0.67
144	640285009263	2019	0.564	0.67
144	640285003117	2019	0.564	0.67
150	640285001390	2019	0.563	0.67
150	640285005504	2019	0.563	0.62
150	640285005252	2019	0.563	0.67
153	640285009089	2019	0.562	0.65
153	640285006009	2019	0.562	0.65
153	640285005792	2019	0.562	0.65
153	640285000048	2019	0.562	0.65
153	640285000866	2019	0.562	0.65
153	640285003282	2019	0.562	0.67
159	640005134250	2013	0.561	0.42
159	640285001401	2019	0.561	0.65
159	640285000082	2019	0.561	0.65
159	640285001364	2019	0.561	0.67
159	640285000959	2019	0.561	0.64
159	640285000343	2019	0.561	0.65
165	640285009232	2019	0.560	0.63
165	640285004379	2019	0.560	0.67
165	640285006340	2019	0.560	0.65
165	640285004427	2019	0.560	0.65

续表

排名	牛号	出生年份	体型总分 EBV/分	EBV 准确性
165	640285004227	2019	0.560	0.65
170	640285006151	2019	0.559	0.65
170	640285005701	2019	0.559	0.65
172	640285009211	2019	0.558	0.65
172	640285003409	2019	0.558	0.65
172	640285001896	2019	0.558	0.65
172	640285001703	2019	0.558	0.65
176	640285001478	2019	0.557	0.65
176	640285002665	2019	0.557	0.65
176	640285001694	2019	0.557	0.65
176	640032100715	2010	0.557	0.41
176	640285001720	2019	0.557	0.65
176	640190130081	2013	0.557	0.36
182	640285009362	2019	0.555	0.65
182	640285009115	2019	0.555	0.65
182	640285003622	2019	0.555	0.60
182	640285000090	2019	0.555	0.60
182	640285003650	2019	0.555	0.65
182	640285005664	2019	0.555	0.65
188	640285002455	2019	0.554	0.60
188	640285004995	2019	0.554	0.63
188	640285009169	2019	0.554	0.65
188	640285009408	2019	0.554	0.65
188	640285001661	2019	0.554	0.65
188	640285000358	2019	0.554	0.65
188	640285009293	2019	0.554	0.65
188	640285000980	2019	0.554	0.65
188	640285003333	2019	0.554	0.65

续表

排名	牛号	出生年份	体型总分 EBV/分	EBV 准确性
188	640285006172	2019	0.554	0.65
198	640285001467	2019	0.553	0.65
198	640285002155	2019	0.553	0.65
200	640285003740	2019	0.552	0.60
201	640005113749	2011	0.551	0.36
201	640285004399	2019	0.551	0.65
201	640285009300	2019	0.551	0.60
204	640285004219	2019	0.549	0.65
204	640285003733	2019	0.549	0.60
204	640285002646	2019	0.549	0.60
204	640285009474	2019	0.549	0.60
208	640285003658	2019	0.548	0.62
209	640285005489	2019	0.544	0.60
209	640285005506	2019	0.544	0.65
211	640285004425	2019	0.543	0.60
212	640285001438	2019	0.542	0.60
212	640285009177	2019	0.542	0.59
212	640285009187	2019	0.542	0.67
212	640285002667	2019	0.542	0.59
216	640285000137	2019	0.541	0.57
216	640285005473	2019	0.541	0.60
216	640285002036	2019	0.541	0.67
216	640285002956	2019	0.541	0.57
216	640285009326	2019	0.541	0.57
216	640285001284	2019	0.541	0.60
222	640285006628	2019	0.540	0.67
222	640285009412	2019	0.540	0.67
222	640285005293	2019	0.540	0.60

续表

排名	牛号	出生年份	体型总分 EBV/分	EBV 准确性
222	640285004386	2019	0.540	0.60
222	640285000832	2019	0.540	0.60
222	640285005783	2019	0.540	0.60
222	640285004338	2019	0.540	0.67
222	640190134966	2013	0.540	0.27
230	640285002578	2019	0.538	0.57
231	640190121771	2012	0.537	0.39
232	640285002496	2019	0.535	0.57
232	640064110156	2011	0.535	0.43
234	640190130093	2013	0.534	0.43
234	640285009176	2019	0.534	0.65
234	640285006317	2019	0.534	0.60
237	640285006321	2019	0.533	0.58
237	640190121597	2012	0.533	0.40
237	640285006344	2019	0.533	0.57
237	640035128205	2012	0.533	0.49
237	640190121194	2012	0.533	0.37
242	640190110119	2011	0.531	0.37
243	640285002786	2019	0.530	0.65
243	640285000084	2019	0.530	0.65
245	640285003274	2019	0.529	0.65
245	640285000019	2019	0.529	0.55
245	640190142261	2014	0.529	0.39
248	640285009082	2019	0.527	0.65
249	640285009024	2019	0.525	0.65
249	640032122032	2012	0.525	0.32
249	640190110080	2011	0.525	0.37
249	640285009405	2019	0.525	0.65

续表

排名	牛号	出生年份	体型总分 EBV/分	EBV 准确性
249	640190142143	2014	0.525	0.38
254	640285000398	2019	0.524	0.60
255	640005134183	2013	0.523	0.46
255	640190113280	2011	0.523	0.37
255	640190142156	2014	0.523	0.39
258	640032121078	2012	0.522	0.31
259	640285009301	2019	0.519	0.66
259	640285006169	2019	0.519	0.66
261	640285009244	2019	0.518	0.60
261	640285000166	2019	0.518	0.60
261	640285000053	2019	0.518	0.66
261	640285009261	2019	0.518	0.63
261	640178120094	2012	0.518	0.41
261	640251185816	2018	0.518	0.42
267	640285003634	2019	0.517	0.66
268	640005113771	2011	0.515	0.44
269	640003203543	2020	0.514	0.50
270	640166110065	2011	0.513	0.45
271	640285005611	2019	0.512	0.66
272	640178120089	2012	0.511	0.41
272	640064120359	2012	0.511	0.35
274	640190123885	2012	0.510	0.32
275	640190141279	2014	0.509	0.36
276	640035117938	2011	0.508	0.45
276	640190142102	2014	0.508	0.36
278	640190141585	2014	0.507	0.36
278	640190111051	2011	0.507	0.41
280	640285005297	2019	0.506	0.60

续表

排名	牛号	出生年份	体型总分 EBV/分	EBV 准确性
281	640285002827	2019	0.503	0.65
281	640285001686	2019	0.503	0.65
281	643052110707	2011	0.503	0.39
284	640285006330	2019	0.502	0.62
284	640285009213	2019	0.502	0.62
284	640190110021	2011	0.502	0.37
287	640166099338	2009	0.501	0.46
287	640285009239	2019	0.501	0.65
287	640285009013	2019	0.501	0.65
287	640285001684	2019	0.501	0.65
287	640285009330	2019	0.501	0.65
292	640285005546	2019	0.500	0.65
292	640285005011	2019	0.500	0.62
292	640285004782	2019	0.500	0.65
292	640285004448	2019	0.500	0.65
292	640285009005	2019	0.500	0.65
292	640285002372	2019	0.500	0.65
292	640285001266	2019	0.500	0.65
292	640166182853	2018	0.500	0.53
300	640190110643	2011	0.499	0.41
300	640285004001	2019	0.499	0.62
300	640285000245	2019	0.499	0.64
300	640285005181	2019	0.499	0.64
300	640285009123	2019	0.499	0.62
300	640285002616	2019	0.499	0.62
300	640285002046	2019	0.499	0.64
300	640024101306	2010	0.499	0.24
308	640285009195	2019	0.498	0.65

续表

排名	牛号	出生年份	体型总分 EBV/分	EBV 准确性
308	640285009324	2019	0.498	0.65
310	640285001083	2019	0.497	0.61
310	640285009392	2019	0.497	0.65
310	640285002334	2019	0.497	0.64
310	640285004434	2019	0.497	0.64
310	640285002306	2019	0.497	0.64
315	640285009420	2019	0.496	0.65
315	640285009148	2019	0.496	0.62
315	640285009234	2019	0.496	0.64
315	640285002132	2019	0.496	0.64
315	640285002581	2019	0.496	0.64
315	640285002692	2019	0.496	0.64
315	640285000073	2019	0.496	0.58
315	640285001639	2019	0.496	0.58
315	640003121282	2012	0.496	0.49
324	640285000918	2019	0.495	0.61
324	640285001747	2019	0.495	0.55
324	640285009312	2019	0.495	0.61
327	640285009020	2019	0.494	0.65
327	640285009373	2019	0.494	0.64
327	640190111032	2011	0.494	0.41
327	640285009191	2019	0.494	0.64
327	640285001386	2019	0.494	0.64
327	640285001658	2019	0.494	0.64
327	640285005066	2019	0.494	0.64
327	640285009190	2019	0.494	0.65
335	640285005706	2019	0.493	0.64
335	640285001303	2019	0.493	0.64

续表

排名	牛号	出生年份	体型总分 EBV/分	EBV 准确性
335	640285005698	2019	0.493	0.58
335	640285004297	2019	0.493	0.65
335	640285003459	2019	0.493	0.64
335	640285005213	2019	0.493	0.64
335	640285001091	2019	0.493	0.62
335	640285009098	2019	0.493	0.64
335	640285009002	2019	0.493	0.64
335	640285004433	2019	0.493	0.58
335	640190121598	2012	0.493	0.39
346	640036111283	2011	0.492	0.44
346	640285009245	2019	0.492	0.64
346	640285009442	2019	0.492	0.64
349	640285005689	2019	0.491	0.61
349	640190142128	2014	0.491	0.41
349	640285001697	2019	0.491	0.64
349	640285005403	2019	0.491	0.63
349	640285003365	2019	0.491	0.64
349	640285009384	2019	0.491	0.65
349	640190127763	2012	0.491	0.47
356	640285002795	2019	0.490	0.63
356	640285000782	2019	0.490	0.64
356	640285006553	2019	0.490	0.58
356	640285002644	2019	0.490	0.64
356	640190141184	2014	0.490	0.36
361	640285005484	2019	0.489	0.62
361	640285003442	2019	0.489	0.62
361	640285002024	2019	0.489	0.58
361	640251185778	2018	0.489	0.42

续表

排名	牛号	出生年份	体型总分 EBV/分	EBV 准确性
361	640285005355	2019	0.489	0.63
361	640285002319	2019	0.489	0.63
361	640285002488	2019	0.489	0.63
361	640285002697	2019	0.489	0.64
361	640285002047	2019	0.489	0.61
361	640285002794	2019	0.489	0.63
361	640285009166	2019	0.489	0.63
372	640285002771	2019	0.488	0.63
372	640285005322	2019	0.488	0.63
372	640190121584	2012	0.488	0.39
372	640166099311	2009	0.488	0.43
372	640285001486	2019	0.488	0.63
377	640285009251	2019	0.487	0.58
377	640285001307	2019	0.487	0.62
377	640285002051	2019	0.487	0.61
380	640190128023	2012	0.486	0.46
381	640285001613	2019	0.485	0.63
381	640285009053	2019	0.485	0.63
381	640285000879	2019	0.485	0.63
381	640285001497	2019	0.485	0.62
381	640285009436	2019	0.485	0.62
381	640190142181	2014	0.485	0.36
381	640285005164	2019	0.485	0.63
388	640285004201	2019	0.484	0.62
388	640285002799	2019	0.484	0.62
388	640285003450	2019	0.484	0.62
388	640285009463	2019	0.484	0.56
388	640285004330	2019	0.484	0.62

续表

排名	牛号	出生年份	体型总分 EBV/分	EBV 准确性
393	640178110915	2011	0.483	0.37
393	640285009151	2019	0.483	0.59
395	640285001104	2019	0.482	0.63
395	640285009105	2019	0.482	0.63
395	640285003644	2019	0.482	0.63
395	640285002618	2019	0.482	0.62
399	640285002845	2019	0.481	0.62
399	640285003688	2019	0.481	0.63
399	640285005379	2019	0.481	0.59
399	640285003735	2019	0.481	0.62
399	640285006314	2019	0.481	0.61
399	640285005658	2019	0.481	0.62
399	640285002775	2019	0.481	0.62
399	640285006409	2019	0.481	0.62
399	640285000987	2019	0.481	0.64
399	640285009361	2019	0.481	0.64
409	640190111118	2011	0.479	0.41
409	640190111031	2011	0.479	0.41
411	640285002866	2019	0.478	0.64
411	640285001707	2019	0.478	0.61
411	640285002039	2019	0.478	0.59
411	640285009243	2019	0.478	0.62
411	640285009432	2019	0.478	0.64
411	640285005089	2019	0.478	0.64
411	640285009132	2019	0.478	0.64
411	640285009385	2019	0.478	0.58
411	640285004426	2019	0.478	0.64
420	640285009059	2019	0.477	0.56

续表

排名	牛号	出生年份	体型总分 EBV/分	EBV 准确性
420	640285004769	2019	0.477	0.58
420	640190110657	2011	0.477	0.41
423	640003186247	2018	0.476	0.52
423	640285003236	2019	0.476	0.64
425	640285005713	2019	0.475	0.64
425	640285001137	2019	0.475	0.64
425	640285003101	2019	0.475	0.56
425	640178120106	2012	0.475	0.41
425	640285003186	2019	0.475	0.58
425	640285002815	2019	0.475	0.58
425	640005123994	2012	0.475	0.45
425	640285004359	2019	0.475	0.64
425	640285005247	2019	0.475	0.62
425	640285005242	2019	0.475	0.60
435	640285001034	2019	0.474	0.64
435	640285001326	2019	0.474	0.64
435	640251185830	2018	0.474	0.42
435	640253182017	2018	0.474	0.49
439	640285001505	2019	0.473	0.60
439	640285002804	2019	0.473	0.62
439	640285009446	2019	0.473	0.65
439	640032110111	2011	0.473	0.46
443	640178120101	2012	0.472	0.41
443	640253181981	2018	0.472	0.40
443	640178120021	2012	0.472	0.36
443	640190110247	2011	0.472	0.43
443	640285003616	2019	0.472	0.58
448	640285005185	2019	0.471	0.67

续表

排名	牛号	出生年份	体型总分 EBV/分	EBV 准确性
448	640285005970	2019	0.471	0.62
448	640285003702	2019	0.471	0.58
448	640285000783	2019	0.471	0.58
448	640285005423	2019	0.471	0.65
448	640285000047	2019	0.471	0.65
448	640285009063	2019	0.471	0.65
448	640285005096	2019	0.471	0.65
448	640285006329	2019	0.471	0.64
457	640285009255	2019	0.470	0.67
457	640285003714	2019	0.470	0.67
457	640285002659	2019	0.470	0.56
457	640285004411	2019	0.470	0.62
457	640285009283	2019	0.470	0.60
457	640285005795	2019	0.470	0.60
457	640285006219	2019	0.470	0.60
464	640253182071	2018	0.469	0.50
464	640285009307	2019	0.469	0.61
464	640285001402	2019	0.469	0.60
464	640285009075	2019	0.469	0.64
464	640285000261	2019	0.469	0.64
464	640285006432	2019	0.469	0.64
470	640285009120	2019	0.468	0.60
470	640285005984	2019	0.468	0.55
470	640285006214	2019	0.468	0.67
470	640285009196	2019	0.468	0.63
474	640285004971	2019	0.467	0.60
474	640285004161	2019	0.467	0.64
474	640285000290	2019	0.467	0.63

续表

排名	牛号	出生年份	体型总分 EBV/分	EBV 准确性
474	640285000849	2019	0.467	0.65
474	640285003255	2019	0.467	0.65
474	640190134774	2013	0.467	0.27
474	640285009250	2019	0.467	0.65
474	640285002651	2019	0.467	0.64
474	640285005172	2019	0.467	0.60
483	640285000797	2019	0.466	0.60
483	640285004814	2019	0.466	0.64
483	640285009318	2019	0.466	0.60
483	640285003265	2019	0.466	0.59
483	640285003385	2019	0.466	0.63
483	640285003651	2019	0.466	0.63
489	640285009368	2019	0.465	0.65
489	640285006335	2019	0.465	0.67
489	640285001073	2019	0.465	0.61
489	640285009104	2019	0.465	0.56
489	640003111119	2011	0.465	0.39
489	640285001717	2019	0.465	0.55
495	640285000141	2019	0.464	0.67
495	640285001384	2019	0.464	0.64
495	640003120482	2012	0.464	0.50
498	640166120480	2012	0.463	0.49
498	640285002654	2019	0.463	0.54
498	640285001683	2019	0.463	0.60

附表 6 核心育种场首次配种日龄 EBV 排名前 500 名母牛

排名	牛号	出生年份	首次配种日龄 EBV/d	EBV 准确性
1	640190129083	2013	−170.8	0.77
2	640193124519	2013	−170.7	0.77
3	640190125420	2013	−153.9	0.79
4	640190128718	2013	−149.4	0.77
5	640190128389	2013	−141.9	0.79
6	640005113754	2011	−138.9	0.80
7	640005113750	2011	−132.8	0.79
8	640351000874	2016	−130.3	0.80
9	640351000877	2016	−129.7	0.79
10	640351000911	2016	−128.8	0.79
11	640193126872	2013	−126.8	0.78
12	640190140063	2013	−126.5	0.77
13	640351000965	2016	−124.3	0.79
14	640351000961	2016	−123.4	0.79
15	640351000671	2015	−122.7	0.77
16	640351000878	2016	−121.9	0.79
16	640351000876	2016	−121.9	0.79
18	640193126403	2013	−121.3	0.77
19	640351000970	2016	−120.8	0.79
20	640351000956	2016	−120.1	0.79
21	640351000899	2016	−119.9	0.79
22	640193124976	2013	−119.6	0.77
23	640351000980	2016	−119.4	0.79
24	640190140040	2013	−118.8	0.77
24	640351000957	2016	−118.8	0.80
26	640351000947	2016	−118.5	0.79
27	640351000969	2016	−117.9	0.79
28	640351000953	2016	−117.7	0.79

续表

排名	牛号	出生年份	首次配种日龄 EBV/d	EBV 准确性
29	640351000960	2016	−117.5	0.79
30	640351000952	2016	−116.7	0.80
30	640190140220	2012	−116.7	0.77
32	640351000939	2016	−116.1	0.80
33	640193123758	2012	−115.7	0.76
34	640351000958	2016	−115.4	0.81
35	640351000862	2016	−115.2	0.81
36	640351000967	2016	−115.1	0.80
37	640351000875	2016	−114.6	0.81
38	640190120564	2012	−114.0	0.78
39	640351000863	2016	−113.3	0.79
39	640351000923	2016	−113.3	0.82
41	640351000954	2016	−113.1	0.81
42	640351000928	2016	−113.0	0.82
42	640351000974	2016	−113.0	0.79
44	640351000926	2016	−112.9	0.81
45	640351000913	2016	−112.6	0.79
46	640351000916	2016	−112.5	0.81
47	640190140201	2012	−112.3	0.77
47	640351000861	2016	−112.3	0.79
49	640351000931	2016	−112.2	0.79
50	640351000929	2016	−111.7	0.80
51	640351000921	2016	−111.3	0.79
51	640351000963	2016	−111.3	0.81
53	640351000801	2016	−111.2	0.79
54	640351000959	2016	−110.7	0.80
55	640351000891	2016	−110.3	0.79
56	640351000914	2016	−110.0	0.79

续表

排名	牛号	出生年份	首次配种日龄 EBV/d	EBV 准确性
56	640351000909	2016	−110.0	0.79
58	640351000856	2016	−109.5	0.79
59	640351000979	2016	−109.1	0.79
60	640351000977	2016	−108.9	0.81
61	640190123752	2012	−108.6	0.79
61	640190128283	2013	−108.6	0.81
63	640190140211	2012	−108.5	0.79
64	640193126225	2013	−108.1	0.80
64	640351000925	2016	−108.1	0.79
64	640351000937	2016	−108.1	0.79
64	640351000973	2016	−108.1	0.79
68	640351000944	2016	−107.7	0.81
69	640351000799	2016	−107.5	0.79
70	640351000898	2016	−107.4	0.79
71	640351000897	2016	−107.1	0.79
72	640193124912	2013	−107.0	0.77
73	640351000857	2016	−106.6	0.81
74	640351000895	2016	−105.8	0.80
75	640351000981	2016	−105.2	0.81
75	640351000941	2016	−105.2	0.79
77	640190121579	2012	−105.0	0.79
78	640351000769	2016	−104.4	0.79
79	640351000936	2016	−104.0	0.81
80	640190123768	2012	−103.4	0.82
81	640351000922	2016	−103.2	0.82
82	640190140286	2012	−102.3	0.77
82	640351000975	2016	−102.3	0.80
84	640351000951	2016	−102.1	0.81

续表

排名	牛号	出生年份	首次配种日龄 EBV/d	EBV 准确性
85	640190120152	2012	−101.8	0.77
86	640351000943	2016	−101.5	0.79
87	640351000780	2016	−101.3	0.79
88	640005113779	2011	−101.0	0.80
89	640193126739	2013	−100.8	0.77
89	640005113755	2011	−100.8	0.79
91	640193124411	2013	−100.7	0.78
92	640190128473	2012	−100.5	0.77
92	640351000924	2016	−100.5	0.81
94	640190128359	2012	−100.1	0.80
95	640005117899	2011	−100.0	0.78
96	640190140032	2013	−99.7	0.77
96	640003111071	2011	−99.7	0.81
96	640351000972	2016	−99.7	0.79
99	640351000934	2016	−99.2	0.81
100	640351000804	2016	−99.1	0.79
101	640190120380	2012	−98.9	0.78
101	640190140109	2013	−98.9	0.77
103	640351000971	2016	−98.8	0.79
104	640193125496	2013	−98.7	0.77
105	640351000766	2016	−98.6	0.81
106	640190124875	2013	−98.2	0.79
107	640005113804	2011	−98.1	0.80
108	640190124502	2013	−97.5	0.77
108	640351000917	2016	−97.5	0.82
110	640351000859	2016	−97.4	0.80
111	640190124655	2013	−97.3	0.77
112	640190121752	2012	−96.8	0.79

续表

排名	牛号	出生年份	首次配种日龄 EBV/d	EBV 准确性
113	640005113791	2011	−96.6	0.79
113	640190120941	2012	−96.6	0.80
115	640193126402	2013	−96.5	0.77
115	640190120141	2012	−96.5	0.77
117	640190140158	2012	−96.2	0.79
117	640351000964	2016	−96.2	0.79
117	640190140159	2013	−96.2	0.77
117	640351000870	2016	−96.2	0.79
121	640351000968	2016	−96.0	0.79
122	640190124748	2013	−95.9	0.77
123	640351000872	2016	−95.6	0.77
124	640351000919	2016	−95.4	0.81
125	640193124267	2013	−95.3	0.77
126	640351000884	2016	−95.1	0.82
126	640190120201	2012	−95.1	0.79
128	640190123769	2012	−94.3	0.79
129	640351000790	2016	−94.2	0.81
130	640190140289	2012	−94.1	0.77
130	640190121756	2012	−94.1	0.81
132	640351000948	2016	−94.0	0.79
133	640190123764	2012	−93.6	0.82
134	640351000886	2016	−93.5	0.79
134	640351000883	2016	−93.5	0.79
136	640004126191	2012	−93.3	0.79
137	640190140152	2012	−93.2	0.82
138	640190124492	2013	−93.0	0.79
138	640351000946	2016	−93.0	0.79
140	640351000802	2016	−92.5	0.82

续表

排名	牛号	出生年份	首次配种日龄 EBV/d	EBV 准确性
141	640351000879	2016	−92.0	0.79
142	640190121761	2012	−91.8	0.79
143	640190124694	2013	−91.5	0.77
144	640351000930	2016	−91.4	0.79
145	640190140084	2013	−91.1	0.78
146	640193125018	2013	−90.7	0.77
147	640193121580	2012	−90.4	0.76
148	640190120156	2012	−90.3	0.79
149	640190120216	2012	−90.0	0.77
150	640190140183	2012	−89.9	0.77
151	640005113745	2011	−89.4	0.79
152	640003111077	2011	−89.1	0.81
153	640190140071	2013	−89.0	0.79
154	640351000868	2016	−88.8	0.79
155	640351000796	2016	−88.4	0.80
156	640190123762	2012	−88.2	0.79
157	640351000833	2016	−87.6	0.82
158	640190126044	2013	−87.5	0.77
159	640351000894	2016	−87.0	0.79
160	640004126182	2012	−86.8	0.78
160	640351000808	2016	−86.8	0.80
162	640005124038	2012	−86.7	0.80
163	640190124827	2013	−86.6	0.79
164	640351000810	2016	−85.8	0.80
165	640351000918	2016	−85.7	0.78
166	640190140036	2013	−85.5	0.77
166	640190120084	2011	−85.5	0.77
168	640351000976	2016	−85.2	0.82

续表

排名	牛号	出生年份	首次配种日龄 EBV/d	EBV 准确性
168	640190140269	2012	−85.2	0.77
170	640003111075	2011	−85.0	0.81
171	640193125011	2013	−84.6	0.78
172	640190123767	2012	−84.5	0.79
173	640351000873	2016	−84.3	0.77
174	640190140078	2013	−83.7	0.77
174	640190140120	2013	−83.7	0.77
176	640351000907	2016	−83.6	0.79
177	640190120429	2012	−83.4	0.79
178	640190124426	2013	−83.2	0.77
178	640351000826	2016	−83.2	0.79
180	640351000763	2016	−82.9	0.80
181	640351000806	2016	−82.7	0.81
182	640351000772	2016	−82.6	0.80
182	640193123777	2012	−82.6	0.78
184	640003111076	2011	−82.5	0.78
185	640351000912	2016	−82.2	0.79
185	640003131393	2013	−82.2	0.82
185	640190123766	2012	−82.2	0.77
188	640190140043	2013	−82.0	0.79
189	640351000858	2016	−81.9	0.80
190	640193124369	2013	−81.7	0.78
191	640190124957	2013	−81.5	0.77
192	640351000775	2016	−81.2	0.83
192	640190120455	2012	−81.2	0.77
194	640190123759	2012	−81.0	0.77
195	640351000893	2016	−80.9	0.80
196	640190121131	2012	−80.8	0.77

续表

排名	牛号	出生年份	首次配种日龄 EBV/d	EBV 准确性
196	640190125525	2013	−80.8	0.77
198	640190120618	2012	−80.6	0.82
199	640004126163	2014	−80.5	0.78
200	640351000754	2016	−80.4	0.80
201	640351000865	2016	−79.8	0.83
202	640003111083	2011	−79.7	0.79
202	640190121592	2012	−79.7	0.82
204	640351160834	2016	−79.6	0.78
205	640190140074	2013	−79.5	0.83
205	640190120524	2012	−79.5	0.80
207	640004136285	2013	−79.4	0.80
207	640005113834	2011	−79.4	0.78
207	640351000940	2016	−79.4	0.79
210	640166203492	2020	−79.2	0.82
210	640190140227	2012	−79.2	0.77
212	640004136282	2013	−79.1	0.80
213	640005134068	2013	−78.9	0.79
214	640190123760	2012	−78.8	0.80
214	640351000966	2016	−78.8	0.81
216	640005117886	2011	−78.6	0.78
217	640351000797	2016	−78.3	0.81
217	640190124857	2013	−78.3	0.77
219	640190123772	2012	−78.2	0.79
220	640351000933	2016	−77.8	0.79
221	640351000906	2016	−77.7	0.80
222	640190120188	2012	−77.5	0.78
223	640190121764	2012	−76.8	0.81
224	640166203490	2020	−76.7	0.82

续表

排名	牛号	出生年份	首次配种日龄 EBV/d	EBV 准确性
224	640190125629	2013	−76.7	0.77
226	640190126130	2013	−76.6	0.79
226	640005124054	2012	−76.6	0.81
228	640190140226	2012	−76.4	0.77
229	640190140166	2012	−76.3	0.77
230	640190121769	2012	−76.2	0.79
230	640351000847	2016	−76.2	0.77
232	640190121779	2012	−76.1	0.83
232	640351000822	2016	−76.1	0.79
234	640190124816	2013	−76.0	0.77
235	640190123209	2012	−75.8	0.79
236	640351000901	2016	−75.7	0.80
237	640003111057	2011	−75.3	0.77
238	640351000824	2016	−75.2	0.81
239	640351000942	2016	−75.1	0.80
240	640351000962	2016	−74.9	0.79
241	640190124658	2013	−74.8	0.79
241	640351000788	2016	−74.8	0.80
243	640190125626	2013	−74.7	0.77
243	640190124921	2013	−74.7	0.77
243	640190124826	2013	−74.7	0.77
246	640190123773	2012	−74.6	0.79
246	640190120647	2012	−74.6	0.81
248	640009140348	2014	−74.5	0.78
248	640190140108	2012	−74.5	0.77
250	640005113845	2011	−74.4	0.80
251	640190121591	2012	−74.3	0.79
252	640190124343	2013	−73.8	0.77

续表

排名	牛号	出生年份	首次配种日龄 EBV/d	EBV 准确性
252	640166120679	2012	−73.8	0.76
254	640193140053	2013	−73.7	0.80
254	640035117902	2011	−73.7	0.84
256	640351000740	2016	−73.6	0.82
257	640351000938	2016	−73.5	0.81
258	640190120614	2011	−73.3	0.77
259	640005117879	2011	−73.1	0.79
259	640351000915	2016	−73.1	0.80
261	640166203491	2020	−72.8	0.82
262	640190140175	2012	−72.7	0.78
263	640351000817	2016	−72.6	0.81
264	640190124809	2013	−72.5	0.77
265	640005134070	2013	−72.4	0.81
266	640190125603	2013	−72.3	0.77
266	640351000756	2016	−72.3	0.80
268	640190124806	2013	−72.1	0.79
269	640351000783	2016	−72.0	0.82
270	640351000823	2016	−71.9	0.82
270	640351000811	2016	−71.9	0.79
272	640190124686	2013	−71.8	0.77
273	640003111081	2011	−71.7	0.82
273	640193120548	2012	−71.7	0.67
275	640190123753	2012	−71.5	0.77
276	640004136312	2013	−71.3	0.81
276	640351000786	2016	−71.3	0.81
278	640190140283	2012	−71.1	0.77
278	640190140090	2013	−71.1	0.78
280	640190140309	2012	−70.9	0.77

续表

排名	牛号	出生年份	首次配种日龄 EBV/d	EBV 准确性
281	640351000791	2016	−70.8	0.81
282	640190124486	2013	−70.7	0.77
283	640190121762	2012	−70.6	0.79
283	640005124057	2012	−70.6	0.82
283	640351000669	2015	−70.6	0.79
286	640190124811	2013	−70.5	0.77
286	640351000836	2016	−70.5	0.77
288	640003110007	2011	−70.4	0.80
289	640351000777	2016	−70.1	0.80
290	640351000978	2016	−70.0	0.80
290	640193123340	2012	−70.0	0.76
292	640190121759	2012	−69.9	0.81
293	640351000761	2016	−69.7	0.80
293	640005124059	2012	−69.7	0.83
295	640351000889	2016	−69.5	0.80
296	640190120699	2011	−69.4	0.78
296	640351000904	2016	−69.4	0.81
298	640005134064	2013	−69.3	0.83
298	640190123396	2012	−69.3	0.79
298	640351000744	2016	−69.3	0.77
298	640190120677	2012	−69.3	0.78
302	640190124764	2013	−69.1	0.77
303	640190125085	2013	−68.9	0.80
303	640004136297	2013	−68.9	0.82
303	640190140237	2013	−68.9	0.80
303	640004146510	2014	−68.9	0.82
307	640166203488	2020	−68.8	0.82
307	640351160800	2016	−68.8	0.80

续表

排名	牛号	出生年份	首次配种日龄 EBV/d	EBV 准确性
309	640003131395	2013	−68.7	0.83
309	640004136344	2013	−68.7	0.82
311	640351000795	2016	−68.6	0.82
312	640005124053	2012	−68.5	0.80
313	640190126224	2013	−68.4	0.77
314	640351000892	2016	−68.3	0.83
315	640351000774	2016	−68.2	0.82
315	640003182853	2018	−68.2	0.82
315	640190120778	2012	−68.2	0.81
315	640190124654	2013	−68.2	0.77
319	640351000982	2016	−68.1	0.80
320	640190123457	2012	−68.0	0.77
321	640190120996	2012	−67.9	0.78
321	640190121594	2012	−67.9	0.79
323	640190140098	2013	−67.8	0.77
323	640005117999	2011	−67.8	0.85
323	640005124049	2012	−67.8	0.82
326	640005124042	2012	−67.6	0.85
326	640190124055	2012	−67.6	0.79
328	640190124873	2013	−67.5	0.79
328	640190128408	2013	−67.5	0.78
330	640005134066	2013	−67.4	0.77
331	640190120855	2012	−67.3	0.78
331	640190124463	2013	−67.3	0.79
333	640190120853	2012	−67.2	0.80
334	640004136287	2013	−67.0	0.81
335	640004136270	2013	−66.8	0.81
335	640351000882	2016	−66.8	0.79

续表

排名	牛号	出生年份	首次配种日龄 EBV/d	EBV 准确性
335	640190120123	2011	−66.8	0.77
335	640190120094	2011	−66.8	0.77
339	640190124687	2013	−66.7	0.77
340	640004136284	2013	−66.4	0.82
341	640003182863	2018	−66.3	0.83
341	640004136230	2013	−66.3	0.81
341	640190120389	2011	−66.3	0.77
344	640190124909	2013	−66.2	0.77
344	640190124395	2013	−66.2	0.79
346	640351000745	2016	−66.0	0.80
347	640035117887	2011	−65.7	0.83
348	640005124004	2012	−65.6	0.83
348	640351000814	2016	−65.6	0.80
350	640004136288	2013	−65.5	0.81
350	640190124893	2013	−65.5	0.77
350	640009140361	2014	−65.5	0.81
350	640190124900	2013	−65.5	0.77
354	640003182857	2018	−65.4	0.82
355	640351000819	2016	−65.3	0.81
355	640190120368	2012	−65.3	0.78
357	640005124050	2012	−65.2	0.84
357	640190125636	2013	−65.2	0.79
359	640003110032	2011	−65.1	0.79
359	640190120877	2012	−65.1	0.80
359	640190120746	2011	−65.1	0.77
359	640005123992	2012	−65.1	0.80
363	640004136275	2013	−65.0	0.81
364	640190121114	2011	−64.9	0.77

续表

排名	牛号	出生年份	首次配种日龄 EBV/d	EBV 准确性
364	640351000829	2016	−64.9	0.79
366	640190124973	2013	−64.8	0.77
367	640004136263	2013	−64.6	0.81
367	640193128446	2013	−64.6	0.76
367	640004136289	2013	−64.6	0.80
370	640003110002	2011	−64.5	0.79
370	640190125631	2013	−64.5	0.77
370	640003182856	2018	−64.5	0.83
373	640190124803	2013	−64.4	0.77
373	640190120846	2012	−64.4	0.80
373	640190140210	2012	−64.4	0.77
373	640003131338	2013	−64.4	0.81
377	640351000827	2016	−64.3	0.80
377	640190121130	2012	−64.3	0.78
379	640190124184	2012	−64.2	0.82
380	640190124785	2013	−64.1	0.77
381	640190120279	2012	−64.0	0.79
381	640190125638	2013	−64.0	0.77
381	640003182852	2018	−64.0	0.82
384	640190120845	2012	−63.9	0.79
385	640351000838	2019	−63.8	0.79
385	640351000815	2016	−63.8	0.79
387	640190125107	2013	−63.7	0.79
387	640190124641	2013	−63.7	0.79
389	640190132132	2013	−63.6	0.77
389	640351000768	2016	−63.6	0.81
391	640005124051	2012	−63.5	0.81
392	640190140126	2013	−63.4	0.77

续表

排名	牛号	出生年份	首次配种日龄 EBV/d	EBV 准确性
393	640190126677	2013	−63.3	0.77
393	640166130833	2013	−63.3	0.81
393	640190124329	2013	−63.3	0.77
393	640003110042	2019	−63.3	0.82
397	640351000792	2016	−63.2	0.79
398	640190121773	2012	−63.1	0.82
398	640190124709	2013	−63.1	0.77
398	640190140051	2013	−63.1	0.79
401	640003182866	2018	−63.0	0.83
402	640351000747	2016	−62.9	0.81
402	640190124845	2013	−62.9	0.77
402	640190124874	2013	−62.9	0.77
402	640190123771	2012	−62.9	0.83
402	640003182880	2018	−62.9	0.82
407	640190128483	2013	−62.8	0.77
408	640190140268	2013	−62.7	0.77
409	640004136264	2013	−62.5	0.83
410	640190125649	2013	−62.3	0.79
410	640035117927	2011	−62.3	0.81
410	640004197885	2019	−62.3	0.80
413	640005134060	2013	−62.2	0.81
414	640190125385	2013	−62.1	0.79
414	640351000748	2016	−62.1	0.80
414	640190120545	2012	−62.1	0.77
414	640351000741	2016	−62.1	0.80
418	640193121587	2012	−62.0	0.78
419	640005124041	2012	−61.9	0.82
420	640190126384	2013	−61.8	0.77

续表

排名	牛号	出生年份	首次配种日龄 EBV/d	EBV 准确性
420	640004146458	2013	−61.8	0.82
422	640003182858	2018	−61.7	0.83
422	640190123212	2012	−61.7	0.78
424	640003111052	2011	−61.4	0.79
424	640190121599	2012	−61.4	0.82
426	640190124959	2013	−61.3	0.77
426	640351000950	2016	−61.3	0.77
428	640005134067	2013	−61.2	0.81
429	640004126157	2012	−61.1	0.79
429	640003006357	2018	−61.1	0.80
429	640190126039	2013	−61.1	0.77
432	640003111088	2011	−61.0	0.81
433	640005124058	2012	−60.9	0.82
433	640009150711	2015	−60.9	0.82
433	640035117925	2011	−60.9	0.81
436	640004136249	2013	−60.8	0.81
437	640190128370	2013	−60.6	0.80
437	640003006367	2018	−60.6	0.80
439	640351000757	2016	−60.4	0.79
439	640190125646	2013	−60.4	0.77
441	640351000828	2016	−60.3	0.79
441	640190131631	2013	−60.3	0.79
441	640190120483	2011	−60.3	0.77
444	640190123755	2012	−60.0	0.79
445	640004182389	2018	−59.5	0.80
445	640190120535	2012	−59.5	0.79
445	640190125595	2013	−59.5	0.77
448	640166130839	2013	−59.0	0.79

续表

排名	牛号	出生年份	首次配种日龄 EBV/d	EBV 准确性
448	640190140156	2012	−59.0	0.77
450	640190140095	2013	−58.9	0.77
450	640351000767	2016	−58.9	0.80
452	640005124003	2012	−58.8	0.79
452	640351000846	2016	−58.8	0.80
454	640005124026	2012	−58.7	0.82
454	640003182848	2018	−58.7	0.83
456	640190124100	2012	−58.6	0.77
457	640190123204	2012	−58.5	0.79
458	640351033546	2019	−58.3	0.79
459	640190120162	2012	−58.2	0.77
459	640003006287	2018	−58.2	0.80
459	640004146487	2014	−58.2	0.79
459	640003182872	2018	−58.2	0.84
463	640003131346	2013	−57.9	0.78
464	640035117911	2011	−57.8	0.81
464	640004136291	2013	−57.8	0.80
464	640190124698	2013	−57.8	0.77
464	640004136295	2013	−57.8	0.82
468	640190123781	2012	−57.6	0.82
468	640005134072	2013	−57.6	0.80
468	640190125723	2013	−57.6	0.77
468	640003131339	2013	−57.6	0.81
472	640003182839	2018	−57.5	0.82
472	640005113831	2011	−57.5	0.82
472	640351000871	2016	−57.5	0.77
472	640003131366	2013	−57.5	0.82
472	640005134063	2013	−57.5	0.82

续表

排名	牛号	出生年份	首次配种日龄 EBV/d	EBV 准确性
472	640004136252	2013	−57.5	0.83
478	640003006363	2018	−57.4	0.80
478	640193130348	2013	−57.4	0.80
478	640035138317	2013	−57.4	0.81
478	640005123998	2012	−57.4	0.80
478	640003131345	2013	−57.4	0.83
483	640003182845	2018	−57.3	0.83
483	640190127040	2013	−57.3	0.77
485	640003006323	2018	−57.2	0.80
486	640190120463	2011	−57.1	0.77
487	640190124897	2013	−57.0	0.79
487	640003110062	2019	−57.0	0.82
489	640190124773	2013	−56.9	0.77
489	640003111054	2011	−56.9	0.80
491	640190121584	2012	−56.8	0.79
491	640003131341	2012	−56.8	0.81
491	640003131343	2013	−56.8	0.81
494	640003006327	2018	−56.6	0.80
494	640004146630	2014	−56.6	0.82
494	640253193314	2019	−56.6	0.83
497	640005124009	2012	−56.5	0.81
497	640190126839	2013	−56.5	0.77
497	640190140073	2012	−56.5	0.77
497	640190124099	2012	−56.5	0.77

附表 7　核心育种场首次产犊日龄 EBV 排名前 500 名母牛

排名	牛号	出生年份	首次产犊日龄 EBV/d	EBV 准确性
1	640193124519	2013	−87.3	0.50
2	640004197885	2019	−81.8	0.64
3	640253193314	2019	−79.8	0.68
4	640004198431	2019	−76.1	0.61
5	640253193787	2019	−73.3	0.68
6	640253193849	2019	−71.4	0.67
7	640253193814	2019	−70.9	0.67
8	640253193866	2019	−70.5	0.67
9	640253193836	2019	−69.9	0.68
9	640253193778	2019	−69.9	0.68
11	640190140152	2012	−69.6	0.60
12	640004198312	2019	−69.2	0.63
13	640251007684	2019	−69.0	0.68
14	640253193807	2019	−68.8	0.68
15	640004198320	2019	−68.7	0.63
16	640251007649	2019	−68.0	0.68
17	640253193798	2019	−67.9	0.68
18	640253193824	2019	−67.8	0.68
19	640253193834	2019	−67.7	0.68
19	640004198319	2019	−67.7	0.63
21	640253193513	2019	−67.3	0.67
21	640004198317	2019	−67.3	0.63
23	640004198304	2019	−67.0	0.63
24	640253193717	2019	−66.6	0.69
25	640253193782	2019	−66.5	0.68
26	640003203418	2020	−66.3	0.64
27	640253193860	2019	−65.9	0.67
27	640253193829	2019	−65.9	0.68

续表

排名	牛号	出生年份	首次产犊日龄 EBV/d	EBV 准确性
29	640004198340	2019	−65.6	0.63
30	640253193732	2019	−65.5	0.68
31	640253193326	2019	−65.2	0.68
31	640004198316	2019	−65.2	0.63
33	640253193788	2019	−65.1	0.68
34	640004198318	2019	−64.8	0.63
35	640253193760	2019	−64.5	0.68
36	640253193298	2019	−64.3	0.67
37	640190140109	2013	−64.2	0.51
37	640253193771	2019	−64.2	0.68
39	640253193724	2019	−64.1	0.67
40	640253193561	2017	−63.6	0.68
41	640253193779	2019	−63.3	0.68
42	640253193342	2019	−63.2	0.68
43	640253193774	2019	−62.7	0.68
44	640253193429	2019	−62.6	0.67
45	640193126225	2013	−62.3	0.54
46	640190121591	2012	−62.1	0.57
47	640253193412	2019	−61.6	0.67
48	640190121769	2012	−61.5	0.56
49	640190121756	2012	−61.4	0.59
50	640190123209	2012	−60.9	0.57
51	640253193432	2019	−60.5	0.68
51	640253193744	2019	−60.5	0.68
53	640004198488	2019	−60.4	0.63
54	640190121592	2012	−60.3	0.60
55	640190140158	2012	−60.2	0.50
56	640009160996	2016	−59.4	0.56

续表

排名	牛号	出生年份	首次产犊日龄 EBV/d	EBV 准确性
57	640190121759	2012	−59.1	0.59
58	640004136297	2013	−58.5	0.65
59	640003182845	2018	−58.4	0.67
59	640251008820	2020	−58.4	0.73
61	640251008869	2020	−58.3	0.73
62	640253193543	2019	−58.1	0.67
62	640190123212	2012	−58.1	0.56
64	640253193380	2019	−57.8	0.67
64	640251008836	2020	−57.8	0.73
66	640003203436	2020	−57.7	0.63
66	640251008795	2020	−57.7	0.73
66	640253193853	2019	−57.7	0.67
69	640190123755	2012	−57.5	0.56
70	640253193466	2019	−57.4	0.67
70	640005113754	2011	−57.4	0.57
70	640004156733	2015	−57.4	0.53
73	640166203491	2020	−57.2	0.67
74	640251008840	2020	−57.1	0.73
75	640003182858	2018	−57.0	0.67
75	640251008714	2020	−57.0	0.73
75	640251008732	2020	−57.0	0.73
75	640251008804	2020	−57.0	0.73
79	640253193725	2019	−56.8	0.68
80	640251008808	2020	−56.7	0.73
80	640251008706	2020	−56.7	0.73
82	640004184540	2019	−56.6	0.67
83	640193124411	2013	−56.3	0.50
84	640005113755	2011	−55.9	0.56

续表

排名	牛号	出生年份	首次产犊日龄 EBV/d	EBV 准确性
84	640190123207	2012	−55.9	0.59
86	640004136303	2013	−55.7	0.64
87	640007195619	2019	−55.4	0.53
88	640004136312	2013	−55.0	0.65
89	640253193809	2019	−54.9	0.67
90	640004146659	2014	−54.7	0.64
90	640190140211	2012	−54.7	0.54
92	640003131395	2013	−54.6	0.66
92	640251008662	2020	−54.6	0.73
94	640190123764	2012	−54.3	0.44
94	640005113750	2011	−54.3	0.56
96	640035128261	2012	−54.1	0.55
97	640253193004	2019	−54.0	0.61
97	640190140220	2012	−54.0	0.50
99	640035128268	2012	−53.8	0.68
100	640193125496	2013	−53.6	0.50
101	640005113791	2011	−53.4	0.56
101	640251008616	2020	−53.4	0.73
103	640251008749	2020	−53.3	0.73
103	640251007305	2019	−53.3	0.66
105	640251008669	2020	−53.0	0.73
106	640004198485	2019	−52.8	0.63
107	640251008550	2020	−52.6	0.73
108	640003007356	2019	−52.5	0.62
108	640004136344	2013	−52.5	0.64
110	640251007344	2019	−52.2	0.67
111	640009160993	2016	−52.1	0.59
112	640251008682	2020	−52.0	0.73

续表

排名	牛号	出生年份	首次产犊日龄 EBV/d	EBV 准确性
112	640007195627	2019	−52.0	0.51
114	640035117902	2011	−51.9	0.65
115	640003006313	2018	−51.5	0.63
116	640190140286	2012	−51.4	0.51
116	640004136284	2013	−51.4	0.67
116	640003006583	2018	−51.4	0.62
119	640004198324	2019	−51.1	0.63
119	640253193413	2019	−51.1	0.68
121	640007195608	2019	−51.0	0.48
122	640253193008	2019	−50.9	0.61
123	640003110002	2011	−50.7	0.58
124	640004136275	2013	−50.5	0.60
125	640004177264	2017	−50.4	0.63
125	640004198323	2019	−50.4	0.63
127	640007195614	2019	−50.3	0.47
128	640253193015	2019	−50.2	0.61
129	640005117899	2011	−50.1	0.54
130	640351000838	2019	−50.0	0.56
131	640190140201	2012	−49.8	0.50
131	640251008636	2020	−49.8	0.73
133	640251008576	2020	−49.6	0.73
133	640005124057	2012	−49.6	0.63
135	640193125011	2013	−49.5	0.50
136	640003182838	2018	−49.4	0.66
136	640003182853	2018	−49.4	0.65
138	640251008522	2019	−49.2	0.73
139	640253193020	2019	−49.1	0.59
140	640253170853	2017	−49.0	0.63

续表

排名	牛号	出生年份	首次产犊日龄 EBV/d	EBV 准确性
140	640005134070	2013	−49.0	0.64
142	640253193328	2011	−48.9	0.68
142	640003131393	2013	−48.9	0.66
142	640251007339	2019	−48.9	0.68
145	640190140032	2013	−48.6	0.51
146	640253170850	2017	−48.5	0.52
146	640004136282	2013	−48.5	0.63
148	640035128294	2015	−48.4	0.65
149	640251007055	2019	−48.3	0.65
150	640251007293	2019	−48.2	0.68
150	640004136289	2013	−48.2	0.55
152	640251007399	2019	−48.0	0.67
152	640190123770	2012	−48.0	0.56
154	640251006989	2019	−47.9	0.64
155	640005113804	2011	−47.8	0.61
155	640035148750	2014	−47.8	0.56
157	640003182873	2018	−47.7	0.66
157	640035117907	2019	−47.7	0.67
159	640005134060	2013	−47.5	0.64
160	640253170780	2017	−47.4	0.67
161	640251007394	2019	−47.3	0.67
161	640253193699	2019	−47.3	0.67
163	640003121324	2012	−47.2	0.63
164	640003182861	2018	−47.1	0.68
164	640003182844	2018	−47.1	0.68
164	640193124267	2013	−47.1	0.50
167	640004187619	2018	−47.0	0.66
168	640253170829	2017	−46.9	0.66

续表

排名	牛号	出生年份	首次产犊日龄 EBV/d	EBV 准确性
168	640166203492	2020	−46.9	0.66
170	640035117925	2011	−46.7	0.62
171	640193121768	2012	−46.6	0.47
171	640004184527	2018	−46.6	0.61
173	640193124369	2013	−46.5	0.50
173	640003006367	2018	−46.5	0.62
173	640190140183	2012	−46.5	0.50
173	640003193087	2019	−46.5	0.66
177	640251008381	2019	−46.4	0.73
178	640251007326	2019	−46.2	0.68
178	640005124026	2012	−46.2	0.64
178	640003182847	2018	−46.2	0.67
181	640003006357	2018	−46.1	0.62
182	640003182863	2018	−46.0	0.67
182	640251007306	2019	−46.0	0.67
182	640253170849	2017	−46.0	0.59
182	640251007352	2019	−46.0	0.68
182	640007195613	2019	−46.0	0.52
182	640251008512	2019	−46.0	0.73
182	640251007361	2019	−46.0	0.68
189	640003182823	2018	−45.9	0.67
190	640253192998	2019	−45.8	0.60
190	640003131355	2013	−45.8	0.63
190	640253193438	2018	−45.8	0.65
190	640190140289	2012	−45.8	0.50
190	640004187369	2018	−45.8	0.67
195	640251007389	2019	−45.7	0.68
195	640251007017	2019	−45.7	0.61

续表

排名	牛号	出生年份	首次产犊日龄 EBV/d	EBV 准确性
197	640193126739	2013	−45.6	0.50
197	640035117924	2011	−45.6	0.57
197	640003183008	2018	−45.6	0.66
197	640193123774	2012	−45.6	0.49
201	640251006957	2019	−45.5	0.67
202	640251004574	2017	−45.4	0.66
202	640351033382	2018	−45.4	0.61
202	640003131403	2015	−45.4	0.67
202	640004182511	2018	−45.4	0.62
202	640251008646	2020	−45.4	0.73
207	640003182796	2018	−45.3	0.54
208	640004184537	2018	−45.2	0.61
208	640251007342	2019	−45.2	0.65
210	640190121764	2012	−45.1	0.42
210	640003182894	2018	−45.1	0.68
210	640190140084	2013	−45.1	0.52
210	640003172458	2016	−45.1	0.65
214	640005124050	2012	−45.0	0.66
214	640251007327	2019	−45.0	0.68
214	640003110062	2019	−45.0	0.59
214	640251008386	2019	−45.0	0.72
218	640253170803	2017	−44.9	0.68
219	640004136311	2013	−44.8	0.66
220	640003111077	2011	−44.7	0.60
221	640004156796	2015	−44.6	0.55
221	640003131366	2013	−44.6	0.67
221	640003006287	2018	−44.6	0.63
221	640251006993	2019	−44.6	0.65

续表

排名	牛号	出生年份	首次产犊日龄 EBV/d	EBV 准确性
221	640003182901	2018	−44.6	0.67
221	640251007000	2019	−44.6	0.64
227	640253193120	2019	−44.5	0.66
228	640003182872	2018	−44.4	0.68
228	640253170823	2017	−44.4	0.66
230	640003006307	2018	−44.3	0.62
230	640003183009	2018	−44.3	0.67
232	640251007025	2019	−44.2	0.66
232	640251007329	2019	−44.2	0.67
232	640004136320	2013	−44.2	0.68
232	640253193332	2011	−44.2	0.65
232	640351033028	2017	−44.2	0.54
232	640003006323	2018	−44.2	0.63
238	640003007198	2019	−44.1	0.61
238	640035138307	2015	−44.1	0.66
240	640253170762	2017	−44.0	0.64
240	640193126402	2013	−44.0	0.50
240	640003006353	2018	−44.0	0.63
243	640166130840	2013	−43.9	0.65
243	640035160472	2016	−43.9	0.64
243	640003007362	2019	−43.9	0.62
243	640251006988	2019	−43.9	0.67
247	640004184562	2018	−43.8	0.63
247	640035138386	2013	−43.8	0.63
247	640251007359	2019	−43.8	0.68
247	640003182957	2018	−43.8	0.67
247	640004136315	2013	−43.8	0.67
252	640251007345	2019	−43.7	0.67

续表

排名	牛号	出生年份	首次产犊日龄 EBV/d	EBV 准确性
252	640251006921	2019	−43.7	0.64
254	640351033314	2018	−43.6	0.61
254	640005154475	2015	−43.6	0.63
254	640251006953	2019	−43.6	0.67
257	640190123760	2012	−43.5	0.42
257	640351011037	2017	−43.5	0.36
257	640251006940	2019	−43.5	0.68
260	640004187631	2018	−43.4	0.66
260	640251007413	2019	−43.4	0.68
260	640190123762	2012	−43.4	0.36
260	640190123772	2012	−43.4	0.36
260	640190121752	2012	−43.4	0.36
260	640190121579	2012	−43.4	0.36
260	640190123752	2012	−43.4	0.36
260	640190123773	2012	−43.4	0.36
260	640193123758	2012	−43.4	0.36
269	640005124047	2012	−43.3	0.63
269	640251007016	2019	−43.3	0.65
271	640190140078	2013	−43.2	0.52
271	640251006310	2018	−43.2	0.67
271	640003193089	2019	−43.2	0.66
274	640251007316	2019	−43.1	0.67
274	640251007364	2019	−43.1	0.68
276	640253170804	2017	−43.0	0.68
276	640003131392	2013	−43.0	0.54
276	640251007007	2019	−43.0	0.64
276	640251007313	2019	−43.0	0.68
280	640190123771	2012	−42.9	0.48

续表

排名	牛号	出生年份	首次产犊日龄 EBV/d	EBV 准确性
280	640003182918	2018	−42.9	0.67
280	640251007309	2019	−42.9	0.68
280	640003111071	2011	−42.9	0.59
284	640351033343	2018	−42.8	0.55
284	640190126044	2013	−42.8	0.51
286	640003131387	2013	−42.7	0.67
286	640251007377	2019	−42.7	0.67
286	640251007382	2019	−42.7	0.67
289	640003007444	2019	−42.6	0.62
289	640190121761	2012	−42.6	0.58
289	640251006949	2019	−42.6	0.68
289	640035117938	2011	−42.6	0.64
293	640004187634	2018	−42.5	0.64
293	640003110007	2011	−42.5	0.62
293	640035138350	2013	−42.5	0.64
293	640190121779	2012	−42.5	0.49
297	640005113777	2011	−42.4	0.57
297	640003182848	2018	−42.4	0.68
299	640190124748	2013	−42.3	0.50
299	640003193097	2019	−42.3	0.66
299	640003182897	2018	−42.3	0.69
302	640251007030	2019	−42.2	0.63
302	640190123768	2012	−42.2	0.47
302	640251006362	2018	−42.2	0.68
302	640251007401	2019	−42.2	0.68
302	640003131350	2013	−42.2	0.59
307	640251006936	2019	−42.1	0.66
307	640005113779	2011	−42.1	0.57

续表

排名	牛号	出生年份	首次产犊日龄 EBV/d	EBV 准确性
307	640035138408	2013	−42.1	0.68
307	640035128291	2012	−42.1	0.61
307	640003182841	2018	−42.1	0.67
307	640003131341	2012	−42.1	0.63
307	640003182891	2018	−42.1	0.64
307	640003006347	2018	−42.1	0.63
315	640035128226	2012	−42.0	0.67
316	640253182493	2018	−41.9	0.65
316	640190121773	2012	−41.9	0.60
316	640253193443	2018	−41.9	0.62
319	640190162338	2016	−41.8	0.67
319	640251006349	2018	−41.8	0.66
319	640003007428	2019	−41.8	0.62
319	640003182826	2018	−41.8	0.66
319	640003110032	2011	−41.8	0.59
324	640003182809	2018	−41.7	0.57
325	640003182787	2018	−41.6	0.65
325	640003182914	2018	−41.6	0.68
325	640005134104	2013	−41.6	0.63
328	640003007195	2019	−41.5	0.57
328	640251006942	2019	−41.5	0.64
328	640251006978	2019	−41.5	0.66
331	640003182962	2018	−41.4	0.69
332	640035138296	2012	−41.3	0.68
332	640251007048	2019	−41.3	0.66
332	640251006954	2019	−41.3	0.63
335	640005134128	2013	−41.2	0.67
335	640003131376	2013	−41.2	0.62

续表

排名	牛号	出生年份	首次产犊日龄 EBV/d	EBV 准确性
335	640251006994	2019	−41.2	0.62
335	640251006990	2019	−41.2	0.66
335	640351033039	2017	−41.2	0.55
335	640003182958	2018	−41.2	0.67
341	640004136333	2013	−41.1	0.62
341	640007195609	2019	−41.1	0.55
343	640251007039	2019	−41.0	0.67
343	640251007391	2019	−41.0	0.67
343	640003182925	2018	−41.0	0.67
343	640003006343	2018	−41.0	0.63
343	640190124816	2013	−41.0	0.50
343	640005124038	2012	−41.0	0.63
349	640253170796	2017	−40.8	0.66
349	640253170799	2017	−40.8	0.68
349	640253182467	2018	−40.8	0.64
349	640003006363	2018	−40.8	0.62
349	640003006317	2018	−40.8	0.62
349	640251006934	2019	−40.8	0.68
355	640003111098	2011	−40.7	0.60
355	640193153901	2015	−40.7	0.49
355	640251006256	2018	−40.7	0.69
358	640253192992	2019	−40.6	0.61
358	640251006998	2019	−40.6	0.66
358	640253170815	2017	−40.6	0.68
358	640190124957	2013	−40.6	0.50
362	640003182846	2018	−40.5	0.67
362	640351033342	2018	−40.5	0.56
362	640190125835	2013	−40.5	0.51

续表

排名	牛号	出生年份	首次产犊日龄 EBV/d	EBV 准确性
362	640251008187	2019	−40.5	0.73
362	640251007334	2019	−40.5	0.68
367	640251007041	2019	−40.4	0.67
367	640351033353	2018	−40.4	0.56
367	640003183006	2018	−40.4	0.66
367	640003182895	2018	−40.4	0.65
371	640251006306	2018	−40.3	0.68
371	640253193059	2019	−40.3	0.63
371	640003006333	2018	−40.3	0.63
374	640251006935	2019	−40.2	0.61
375	640190124655	2013	−40.1	0.50
375	640253193076	2019	−40.1	0.64
375	640251007063	2019	−40.1	0.68
378	640251006969	2019	−40.0	0.64
378	640166203524	2020	−40.0	0.64
380	640035138302	2012	−39.9	0.67
380	640251006319	2018	−39.9	0.67
380	640004187618	2018	−39.9	0.66
380	640251007027	2019	−39.9	0.68
380	640190124658	2013	−39.9	0.51
380	640253193427	2017	−39.9	0.68
386	640003193018	2019	−39.8	0.66
386	640035138385	2013	−39.8	0.65
386	640193123777	2012	−39.8	0.43
386	640251007052	2019	−39.8	0.69
386	640004184500	2018	−39.8	0.63
386	640035150080	2015	−39.8	0.57
386	640003182923	2018	−39.8	0.67

续表

排名	牛号	出生年份	首次产犊日龄 EBV/d	EBV 准确性
393	640003182864	2018	−39.7	0.68
393	640003193033	2019	−39.7	0.64
393	640251006405	2018	−39.7	0.66
393	640003182905	2018	−39.7	0.67
397	640003183011	2018	−39.6	0.66
397	640166193164	2019	−39.6	0.67
399	640004187610	2018	−39.5	0.66
399	640005134167	2013	−39.5	0.64
399	640251006160	2018	−39.5	0.68
402	640193123210	2012	−39.4	0.42
402	640003006126	2018	−39.4	0.63
404	640007195692	2019	−39.3	0.58
404	640003182960	2018	−39.3	0.67
404	640003131343	2013	−39.3	0.63
404	640003006413	2018	−39.3	0.63
404	640251007427	2019	−39.3	0.68
404	640166130884	2013	−39.3	0.66
410	640253170848	2017	−39.2	0.64
410	640351033416	2018	−39.2	0.60
410	640003172481	2017	−39.2	0.64
410	640035138300	2012	−39.2	0.60
410	640251006356	2018	−39.2	0.67
410	640251006992	2019	−39.2	0.68
416	640004208237	2020	−39.1	0.63
416	640190124055	2012	−39.1	0.54
416	640190125525	2013	−39.1	0.50
416	640251007044	2019	−39.1	0.66
416	640253193077	2019	−39.1	0.61

续表

排名	牛号	出生年份	首次产犊日龄 EBV/d	EBV 准确性
421	640190125085	2013	−39.0	0.50
421	640003121320	2012	−39.0	0.67
421	640251007318	2019	−39.0	0.66
421	640004136288	2013	−39.0	0.59
421	640251006379	2018	−39.0	0.66
421	640003182952	2018	−39.0	0.67
421	640003151856	2016	−39.0	0.69
421	640190124875	2013	−39.0	0.50
421	640003182883	2018	−39.0	0.69
430	640003182917	2018	−38.9	0.67
430	640166130839	2013	−38.9	0.57
430	640003131391	2013	−38.9	0.65
430	640253170813	2017	−38.9	0.64
430	640005113745	2011	−38.9	0.60
430	640004187642	2018	−38.9	0.66
436	640251006402	2018	−38.8	0.67
436	640035128279	2012	−38.8	0.69
436	640003172504	2017	−38.8	0.64
436	640251007013	2019	−38.8	0.67
436	640003006156	2018	−38.8	0.63
441	640251007922	2019	−38.7	0.73
441	640251006345	2018	−38.7	0.68
441	640003182843	2018	−38.7	0.69
444	640251006318	2018	−38.6	0.67
444	640009181471	2018	−38.6	0.65
444	640251006964	2019	−38.6	0.66
444	640251006415	2018	−38.6	0.68
444	640253193047	2019	−38.6	0.60

续表

排名	牛号	出生年份	首次产犊日龄 EBV/d	EBV 准确性
444	640009191706	2019	−38.6	0.66
444	640251006996	2019	−38.6	0.69
451	640003182887	2018	−38.5	0.68
451	640351033358	2018	−38.5	0.60
451	640003006373	2018	−38.5	0.63
451	640003006076	2018	−38.5	0.62
451	640251007312	2019	−38.5	0.68
451	640190124826	2013	−38.5	0.51
457	640003131473	2013	−38.4	0.57
457	640251006251	2018	−38.4	0.68
457	640190124694	2013	−38.4	0.50
457	640190140120	2013	−38.4	0.51
457	640251006331	2018	−38.4	0.67
457	640251006399	2018	−38.4	0.66
463	640251006956	2019	−38.3	0.67
463	640251006214	2018	−38.3	0.67
463	640003193055	2019	−38.3	0.67
463	640003006587	2019	−38.3	0.63
463	640005124042	2012	−38.3	0.69
463	640251006242	2018	−38.3	0.67
469	640251006945	2019	−38.2	0.66
469	640251007053	2019	−38.2	0.67
469	640003111090	2011	−38.2	0.62
469	640005124051	2012	−38.2	0.63
469	640251006265	2018	−38.2	0.67
469	640003131344	2013	−38.2	0.63
475	640003182812	2018	−38.1	0.68
475	640003183004	2018	−38.1	0.67

续表

排名	牛号	出生年份	首次产犊日龄 EBV/d	EBV 准确性
475	640251006396	2018	−38.1	0.67
475	640251006288	2018	−38.1	0.67
475	640251006967	2019	−38.1	0.63
475	640251007011	2019	−38.1	0.66
475	640251007074	2019	−38.1	0.68
482	640005134067	2013	−38.0	0.59
483	640251006946	2019	−37.9	0.63
483	640251007104	2019	−37.9	0.67
483	640251006958	2019	−37.9	0.66
483	640251007004	2019	−37.9	0.66
483	640003006633	2019	−37.9	0.63
483	640251006083	2018	−37.9	0.68
483	640035138369	2013	−37.9	0.67
483	640003182920	2018	−37.9	0.68
483	640166203490	2020	−37.9	0.67
492	640005134072	2013	−37.8	0.58
492	640009160968	2016	−37.8	0.58
492	640035128183	2012	−37.8	0.50
492	640003182912	2018	−37.8	0.69
492	640005134077	2013	−37.8	0.58
492	640005124004	2012	−37.8	0.66
492	640251006976	2019	−37.8	0.63
499	640004136351	2011	−37.7	0.64
499	640251006358	2018	−37.7	0.66

附表 8 核心育种场青年牛首末次配种间隔 EBV 排名前 500 名母牛

排名	牛号	出生年份	青年牛首末次配种间隔 EBV/d	EBV 准确性
1	640003110237	2011	−13.4	0.44
2	640004136437	2013	−13.1	0.39
3	640005113868	2011	−13.0	0.46
4	640190182771	2018	−12.8	0.48
5	640166182892	2018	−12.7	0.51
6	640003110192	2013	−12.6	0.43
7	640003111175	2011	−12.5	0.47
7	640003110167	2013	−12.5	0.43
7	640005113857	2011	−12.5	0.45
10	640003110257	2011	−12.4	0.45
11	640003110182	2013	−12.2	0.45
11	640003121187	2013	−12.2	0.44
11	640193182324	2018	−12.2	0.48
14	640003110187	2013	−12.1	0.45
15	640005113856	2011	−12.0	0.45
15	640253193787	2019	−12.0	0.53
17	640193190138	2019	−11.9	0.51
17	640003111173	2013	−11.9	0.47
17	640166141109	2011	−11.9	0.45
17	640193185418	2018	−11.9	0.51
17	640193185798	2019	−11.9	0.52
17	640003111178	2011	−11.9	0.46
23	640193190014	2019	−11.8	0.51
23	640004136353	2011	−11.8	0.46
23	640253193836	2019	−11.8	0.52
26	640004177282	2017	−11.7	0.44
26	640193184362	2018	−11.7	0.51
26	640005113850	2011	−11.7	0.47

续表

排名	牛号	出生年份	青年牛首末次配种间隔 EBV/d	EBV 准确性
26	640003111154	2011	−11.7	0.44
26	640193190298	2019	−11.7	0.51
26	640253193866	2019	−11.7	0.52
32	640253193849	2019	−11.6	0.52
32	640253193814	2019	−11.6	0.52
32	640003110232	2011	−11.6	0.43
35	640035138433	2013	−11.5	0.47
35	640190183811	2018	−11.5	0.49
37	640190182807	2018	−11.4	0.53
37	640003111153	2011	−11.4	0.46
37	640253193778	2019	−11.4	0.52
37	640035138394	2013	−11.4	0.48
41	640166183016	2018	−11.3	0.51
41	640166193423	2019	−11.3	0.53
41	640190182353	2018	−11.3	0.49
41	640190184143	2018	−11.3	0.49
45	640193183338	2018	−11.2	0.52
45	640003110282	2011	−11.2	0.43
45	640005113845	2011	−11.2	0.45
45	640003111158	2011	−11.2	0.45
49	640193183118	2018	−11.1	0.52
49	640035138391	2013	−11.1	0.47
49	640253193829	2019	−11.1	0.52
49	640193185654	2018	−11.1	0.52
49	640193183530	2018	−11.1	0.50
49	640193182714	2018	−11.1	0.51
55	640190183951	2018	−11.0	0.49
55	640193183594	2018	−11.0	0.52

续表

排名	牛号	出生年份	青年牛首末次配种间隔 EBV/d	EBV 准确性
55	640035180958	2018	−11.0	0.38
55	640193185860	2018	−11.0	0.52
55	640009181496	2018	−11.0	0.45
55	640190181877	2018	−11.0	0.52
55	640166183018	2018	−11.0	0.54
55	640193183436	2018	−11.0	0.52
63	640009201973	2020	−10.9	0.36
63	640003110883	2011	−10.9	0.42
63	640035181028	2018	−10.9	0.44
63	640003111168	2013	−10.9	0.40
63	640193183824	2018	−10.9	0.50
63	640190182329	2018	−10.9	0.50
63	640193185902	2018	−10.9	0.52
63	640193183422	2018	−10.9	0.51
63	640005113847	2011	−10.9	0.45
63	640253193807	2019	−10.9	0.52
63	640005134170	2013	−10.9	0.48
63	640193190102	2019	−10.9	0.52
75	640193190042	2019	−10.8	0.53
75	640166193365	2019	−10.8	0.49
75	640166151668	2015	−10.8	0.44
75	640193182050	2018	−10.8	0.51
75	640005113842	2011	−10.8	0.46
75	640193183714	2018	−10.8	0.52
75	640035138498	2013	−10.8	0.45
75	640251170726	2017	−10.8	0.49
75	640009181516	2018	−10.8	0.45
84	640190184557	2018	−10.7	0.52

续表

排名	牛号	出生年份	青年牛首末次配种间隔 EBV/d	EBV 准确性
84	640009160996	2016	−10.7	0.30
84	640005134138	2013	−10.7	0.50
84	640166182879	2018	−10.7	0.52
84	640193185808	2019	−10.7	0.51
89	640193185706	2018	−10.6	0.52
89	640035138397	2013	−10.6	0.48
89	640035138485	2013	−10.6	0.45
89	640166193382	2019	−10.6	0.49
89	640166193369	2019	−10.6	0.50
89	640003131407	2013	−10.6	0.48
89	640004136357	2011	−10.6	0.46
96	640035138431	2013	−10.5	0.47
96	640193182390	2018	−10.5	0.52
96	640190185058	2018	−10.5	0.45
96	640166193350	2019	−10.5	0.50
96	640003110197	2013	−10.5	0.41
96	640193185224	2018	−10.5	0.53
96	640190181993	2018	−10.5	0.49
96	640253193860	2019	−10.5	0.52
96	640193183486	2018	−10.5	0.51
96	640190183191	2018	−10.5	0.49
106	640193183582	2018	−10.4	0.51
106	640009181534	2018	−10.4	0.47
106	640003110869	2011	−10.4	0.43
106	640005134132	2012	−10.4	0.46
106	640193184230	2018	−10.4	0.51
106	640009181459	2018	−10.4	0.41
106	640193183506	2018	−10.4	0.53

续表

排名	牛号	出生年份	青年牛首末次配种间隔 EBV/d	EBV 准确性
106	640166183029	2018	−10.4	0.54
106	640193183510	2018	−10.4	0.52
106	640193184502	2018	−10.4	0.51
116	640193184002	2018	−10.3	0.49
116	640166182877	2018	−10.3	0.54
116	640035138426	2013	−10.3	0.44
116	640004136298	2011	−10.3	0.44
116	640193184132	2018	−10.3	0.51
116	640193182752	2018	−10.3	0.51
116	640003152109	2015	−10.3	0.46
116	640166193376	2019	−10.3	0.50
116	640190185085	2018	−10.3	0.52
116	640193185404	2018	−10.3	0.47
116	640166183040	2018	−10.3	0.54
127	640005134120	2012	−10.2	0.44
127	640193190468	2019	−10.2	0.51
127	640166203807	2020	−10.2	0.45
127	640004172649	2017	−10.2	0.46
127	640193185870	2018	−10.2	0.50
127	640193190296	2019	−10.2	0.52
127	640193184378	2018	−10.2	0.52
127	640190184429	2018	−10.2	0.52
127	640166193375	2019	−10.2	0.49
127	640003111164	2013	−10.2	0.45
127	640190183253	2018	−10.2	0.49
127	640009160993	2016	−10.2	0.35
127	640190184125	2018	−10.2	0.48
127	640193183842	2018	−10.2	0.51

续表

排名	牛号	出生年份	青年牛首末次配种间隔 EBV/d	EBV 准确性
127	640193183336	2018	−10.2	0.50
127	640166130871	2011	−10.2	0.46
143	640193183764	2018	−10.1	0.52
143	640190182939	2018	−10.1	0.48
143	640035118012	2013	−10.1	0.45
143	640035138442	2013	−10.1	0.47
143	640190183843	2018	−10.1	0.48
143	640190184159	2018	−10.1	0.49
143	640193181432	2018	−10.1	0.48
143	640004136327	2011	−10.1	0.48
143	640166193420	2019	−10.1	0.52
143	640190171121	2017	−10.1	0.50
143	640193181406	2018	−10.1	0.52
143	640193181970	2018	−10.1	0.52
143	640193183810	2018	−10.1	0.51
143	640193184480	2018	−10.1	0.52
143	640166130968	2013	−10.1	0.44
143	640193183664	2018	−10.1	0.51
143	640005113709	2011	−10.1	0.44
143	640193184032	2018	−10.1	0.50
161	640005195575	2019	−10.0	0.50
161	640193183848	2018	−10.0	0.50
161	640193181530	2018	−10.0	0.53
161	640190182857	2018	−10.0	0.50
161	640005134129	2011	−10.0	0.45
161	640003152105	2015	−10.0	0.45
161	640193184590	2018	−10.0	0.51
161	640193190400	2019	−10.0	0.51

续表

排名	牛号	出生年份	青年牛首末次配种间隔 EBV/d	EBV 准确性
161	640193182928	2018	−10.0	0.52
161	640193183856	2018	−10.0	0.50
161	640004136319	2011	−10.0	0.46
161	640193183630	2018	−10.0	0.49
161	640005175265	2017	−10.0	0.48
161	640005134135	2013	−10.0	0.44
161	640193183044	2018	−10.0	0.52
161	640009181559	2018	−10.0	0.46
161	640005134208	2013	−10.0	0.47
161	640193183666	2018	−10.0	0.50
161	640190184893	2018	−10.0	0.49
180	640035138414	2011	−9.9	0.50
180	640035118017	2013	−9.9	0.47
180	640193182878	2018	−9.9	0.48
180	640166130850	2013	−9.9	0.50
180	640193184358	2018	−9.9	0.52
180	640193184418	2018	−9.9	0.51
180	640190182885	2018	−9.9	0.49
180	640166182869	2018	−9.9	0.50
180	640193184554	2018	−9.9	0.50
180	640009181347	2018	−9.9	0.49
180	640190184879	2018	−9.9	0.49
180	640009181481	2018	−9.9	0.48
180	640190185254	2018	−9.9	0.50
180	640003172534	2017	−9.9	0.47
180	640190185193	2018	−9.9	0.49
180	640166182874	2018	−9.9	0.53
180	640193185156	2018	−9.9	0.52

续表

排名	牛号	出生年份	青年牛首末次配种间隔 EBV/d	EBV 准确性
180	640190182845	2018	−9.9	0.47
180	640193185660	2018	−9.9	0.50
199	640193183616	2018	−9.8	0.51
199	640193185378	2018	−9.8	0.52
199	640193183226	2018	−9.8	0.49
199	640193185068	2018	−9.8	0.52
199	640190186037	2018	−9.8	0.53
199	640193183584	2018	−9.8	0.51
199	640193181472	2018	−9.8	0.53
199	640035138388	2013	−9.8	0.46
199	640193184864	2018	−9.8	0.50
199	640193181610	2018	−9.8	0.52
199	640193183220	2018	−9.8	0.48
199	640190184083	2018	−9.8	0.48
199	640190183523	2018	−9.8	0.49
199	640003110207	2013	−9.8	0.39
199	640193182110	2018	−9.8	0.50
199	640005134105	2013	−9.8	0.44
199	640190184499	2018	−9.8	0.48
199	640035138419	2013	−9.8	0.46
199	640009181467	2018	−9.8	0.44
199	640193182666	2018	−9.8	0.50
199	640193184660	2018	−9.8	0.49
199	640190182027	2018	−9.8	0.49
199	640193182914	2018	−9.8	0.53
199	640190182057	2018	−9.8	0.48
199	640193181732	2018	−9.8	0.52
199	640193184024	2018	−9.8	0.51

续表

排名	牛号	出生年份	青年牛首末次配种间隔 EBV/d	EBV 准确性
199	640190183539	2018	−9.8	0.48
199	640166130865	2011	−9.8	0.46
199	640035138420	2016	−9.8	0.46
199	640190184157	2018	−9.8	0.49
199	640193183920	2018	−9.8	0.50
199	640003110879	2011	−9.8	0.45
199	640190183145	2018	−9.8	0.47
199	640003111179	2011	−9.8	0.47
199	640193184390	2018	−9.8	0.51
234	640190180499	2018	−9.7	0.46
234	640193190130	2019	−9.7	0.50
234	640004136354	2011	−9.7	0.45
234	640190184431	2018	−9.7	0.48
234	640190183199	2018	−9.7	0.49
234	640003193052	2019	−9.7	0.50
234	640193183426	2018	−9.7	0.49
234	640190185165	2018	−9.7	0.49
234	640190184183	2018	−9.7	0.48
234	640193183826	2018	−9.7	0.50
234	640193190250	2019	−9.7	0.51
234	640190183217	2018	−9.7	0.50
234	640193181650	2018	−9.7	0.51
234	640193181598	2018	−9.7	0.53
234	640190184783	2018	−9.7	0.49
234	640193183976	2018	−9.7	0.51
234	640193185696	2018	−9.7	0.53
234	640035138466	2013	−9.7	0.46
234	640035138504	2013	−9.7	0.46

续表

排名	牛号	出生年份	青年牛首末次配种间隔 EBV/d	EBV 准确性
234	640193182646	2018	−9.7	0.48
234	640166141003	2014	−9.7	0.42
234	640004136351	2011	−9.7	0.46
234	640190185913	2018	−9.7	0.49
234	640193183898	2018	−9.7	0.51
234	640190183839	2018	−9.7	0.48
234	640190183723	2018	−9.7	0.48
234	640009181515	2018	−9.7	0.46
234	640193182244	2018	−9.7	0.50
234	640003110162	2013	−9.7	0.42
234	640190183119	2018	−9.7	0.47
234	640166151674	2015	−9.7	0.44
234	640166182878	2018	−9.7	0.51
234	640166130911	2013	−9.7	0.49
234	640193184514	2018	−9.7	0.48
234	640190180385	2018	−9.7	0.46
234	640193183602	2018	−9.7	0.51
234	640190184949	2018	−9.7	0.49
234	640190184321	2018	−9.7	0.49
272	640003172535	2017	−9.6	0.42
272	640193190236	2019	−9.6	0.50
272	640166193355	2019	−9.6	0.52
272	640003141740	2012	−9.6	0.43
272	640193184322	2018	−9.6	0.51
272	640193184718	2018	−9.6	0.52
272	640190184215	2018	−9.6	0.49
272	640193184416	2018	−9.6	0.51
272	640190182869	2018	−9.6	0.49

续表

排名	牛号	出生年份	青年牛首末次配种间隔 EBV/d	EBV 准确性
272	640166183022	2018	−9.6	0.51
272	640251004619	2017	−9.6	0.45
272	640190183225	2018	−9.6	0.47
272	640190183773	2018	−9.6	0.49
272	640193184162	2018	−9.6	0.48
272	640003141831	2014	−9.6	0.46
272	640190184921	2018	−9.6	0.48
272	640004136447	2013	−9.6	0.48
272	640166183037	2018	−9.6	0.51
272	640003193055	2019	−9.6	0.48
272	640190184305	2018	−9.6	0.48
272	640193185246	2018	−9.6	0.51
272	640193185620	2018	−9.6	0.53
272	640166130857	2011	−9.6	0.43
272	640190185121	2018	−9.6	0.49
272	640166203817	2020	−9.6	0.44
272	640190184925	2018	−9.6	0.51
272	640003110852	2011	−9.6	0.40
272	640190183125	2018	−9.6	0.49
272	640190182933	2018	−9.6	0.49
272	640003151878	2015	−9.6	0.46
272	640190183817	2018	−9.6	0.48
303	640190182583	2018	−9.5	0.48
303	640190184561	2018	−9.5	0.49
303	640190184905	2018	−9.5	0.48
303	640190184909	2018	−9.5	0.48
303	640166130873	2011	−9.5	0.44
303	640190184419	2018	−9.5	0.48

续表

排名	牛号	出生年份	青年牛首末次配种间隔 EBV/d	EBV 准确性
303	640190184342	2018	−9.5	0.49
303	640166182876	2018	−9.5	0.52
303	640193181794	2018	−9.5	0.50
303	640190182255	2018	−9.5	0.47
303	640190184437	2018	−9.5	0.48
303	640190184147	2018	−9.5	0.49
303	640190184861	2018	−9.5	0.48
303	640190184201	2018	−9.5	0.49
303	640190183931	2018	−9.5	0.48
303	640003141726	2013	−9.5	0.43
303	640193185102	2018	−9.5	0.51
303	640193185626	2018	−9.5	0.52
303	640193181858	2018	−9.5	0.48
303	640166183023	2018	−9.5	0.51
303	640190182795	2018	−9.5	0.49
303	640005134152	2013	−9.5	0.48
303	640190183157	2018	−9.5	0.47
326	640190184819	2018	−9.4	0.51
326	640190184601	2018	−9.4	0.48
326	640190182421	2018	−9.4	0.48
326	640190184655	2018	−9.4	0.49
326	640190184189	2018	−9.4	0.48
326	640190180105	2018	−9.4	0.46
326	640190184169	2018	−9.4	0.48
326	640166130856	2011	−9.4	0.47
326	640193183800	2018	−9.4	0.48
326	640193183214	2018	−9.4	0.51
326	640190184511	2018	−9.4	0.49

续表

排名	牛号	出生年份	青年牛首末次配种间隔 EBV/d	EBV 准确性
326	640190181865	2018	−9.4	0.47
326	640190183239	2018	−9.4	0.47
326	640190184173	2018	−9.4	0.48
326	640190184295	2018	−9.4	0.48
326	640166193046	2018	−9.4	0.53
326	640190185059	2018	−9.4	0.49
326	640190183881	2018	−9.4	0.49
326	640190183883	2018	−9.4	0.49
326	640193183626	2018	−9.4	0.51
326	640190184675	2018	−9.4	0.49
326	640190185023	2018	−9.4	0.48
326	640193182006	2018	−9.4	0.53
326	640190184309	2018	−9.4	0.49
326	640190184269	2018	−9.4	0.48
326	640190190165	2019	−9.4	0.49
326	640193182804	2018	−9.4	0.47
326	640190184025	2018	−9.4	0.48
326	640190184549	2018	−9.4	0.48
326	640190183139	2018	−9.4	0.49
326	640190184411	2018	−9.4	0.48
326	640190183285	2018	−9.4	0.49
326	640190184531	2018	−9.4	0.48
326	640190184981	2018	−9.4	0.48
326	640193183528	2018	−9.4	0.48
326	640009181522	2018	−9.4	0.42
326	640005134252	2013	−9.4	0.52
326	640009191602	2019	−9.4	0.48
326	640190183397	2018	−9.4	0.49

续表

排名	牛号	出生年份	青年牛首末次配种间隔 EBV/d	EBV 准确性
326	640190184827	2018	−9.4	0.48
326	640193182984	2018	−9.4	0.51
326	640190184585	2018	−9.4	0.48
368	640190184129	2018	−9.3	0.48
368	640004187620	2018	−9.3	0.47
368	640190183411	2018	−9.3	0.47
368	640190183643	2018	−9.3	0.49
368	640190185213	2018	−9.3	0.48
368	640190190179	2019	−9.3	0.49
368	640193183402	2018	−9.3	0.48
368	640193190280	2019	−9.3	0.51
368	640193190502	2019	−9.3	0.51
368	640193183494	2018	−9.3	0.50
368	640190185119	2018	−9.3	0.48
368	640003141736	2014	−9.3	0.43
368	640193190488	2019	−9.3	0.50
368	640190184971	2018	−9.3	0.49
368	640166193409	2019	−9.3	0.54
368	640190184213	2018	−9.3	0.48
368	640190184279	2018	−9.3	0.48
368	640190183273	2018	−9.3	0.47
368	640193183088	2018	−9.3	0.53
368	640190184281	2018	−9.3	0.49
368	640193190128	2019	−9.3	0.50
368	640193181900	2018	−9.3	0.53
368	640190184677	2018	−9.3	0.48
368	640193182740	2018	−9.3	0.53
368	640193185850	2018	−9.3	0.48

续表

排名	牛号	出生年份	青年牛首末次配种间隔 EBV/d	EBV 准确性
368	640190182247	2018	−9.3	0.47
368	640193183256	2018	−9.3	0.48
368	640190182757	2018	−9.3	0.47
368	640190180411	2018	−9.3	0.47
368	640190184739	2018	−9.3	0.51
368	640004136316	2011	−9.3	0.45
368	640190185153	2018	−9.3	0.48
368	640190184373	2018	−9.3	0.50
368	640190184304	2018	−9.3	0.49
368	640190183121	2018	−9.3	0.47
368	640003151906	2015	−9.3	0.39
368	640193183144	2018	−9.3	0.50
368	640003110865	2011	−9.3	0.40
406	640190184477	2018	−9.2	0.48
406	640190184149	2018	−9.2	0.48
406	640190184541	2018	−9.2	0.48
406	640193183204	2018	−9.2	0.52
406	640193185138	2018	−9.2	0.51
406	640190183663	2018	−9.2	0.49
406	640193183164	2018	−9.2	0.48
406	640190185157	2018	−9.2	0.48
406	640190183413	2018	−9.2	0.47
406	640193182436	2018	−9.2	0.50
406	640190182841	2018	−9.2	0.48
406	640190123207	2012	−9.2	0.32
406	640190185931	2018	−9.2	0.47
406	640193190640	2019	−9.2	0.48
406	640193184166	2018	−9.2	0.50

续表

排名	牛号	出生年份	青年牛首末次配种间隔 EBV/d	EBV 准确性
406	640190183907	2018	−9.2	0.49
406	640004156836	2018	−9.2	0.32
406	640190184407	2018	−9.2	0.49
406	640190184507	2018	−9.2	0.47
406	640190183845	2018	−9.2	0.48
406	640009181477	2018	−9.2	0.41
406	640190184239	2018	−9.2	0.48
406	640190181949	2018	−9.2	0.53
406	640003131527	2013	−9.2	0.53
406	640005113835	2011	−9.2	0.39
406	640193183624	2018	−9.2	0.48
406	640009181570	2018	−9.2	0.47
406	640005134109	2012	−9.2	0.43
406	640193182102	2018	−9.2	0.52
406	640190182223	2018	−9.2	0.47
406	640190181945	2018	−9.2	0.47
406	640035138471	2013	−9.2	0.47
406	640190184897	2018	−9.2	0.48
406	640193184366	2018	−9.2	0.47
406	640193183710	2018	−9.2	0.48
406	640193183896	2018	−9.2	0.51
406	640190185385	2018	−9.2	0.45
406	640193184136	2018	−9.2	0.50
406	640190121759	2012	−9.2	0.33
406	640193182148	2018	−9.2	0.47
406	640166130875	2011	−9.2	0.45
406	640190184097	2018	−9.2	0.47
406	640190184359	2018	−9.2	0.47

续表

排名	牛号	出生年份	青年牛首末次配种间隔 EBV/d	EBV 准确性
406	640190183963	2018	−9.2	0.47
450	640166182866	2018	−9.1	0.53
450	640193183568	2018	−9.1	0.50
450	640190121592	2012	−9.1	0.33
450	640190185303	2018	−9.1	0.45
450	640190181867	2018	−9.1	0.49
450	640193180636	2018	−9.1	0.48
450	640166193351	2019	−9.1	0.50
450	640190184751	2018	−9.1	0.47
450	640190184421	2018	−9.1	0.48
450	640190185177	2018	−9.1	0.49
450	640251006874	2018	−9.1	0.39
450	640190185207	2018	−9.1	0.48
450	640193181852	2018	−9.1	0.50
450	640190184933	2018	−9.1	0.48
450	640193183652	2018	−9.1	0.49
450	640190184191	2018	−9.1	0.49
450	640193185466	2018	−9.1	0.50
450	640190185095	2018	−9.1	0.50
450	640193181556	2018	−9.1	0.47
450	640193184414	2018	−9.1	0.50
450	640190182193	2018	−9.1	0.47
450	640190184011	2018	−9.1	0.50
450	640190185031	2018	−9.1	0.49
450	640190184913	2018	−9.1	0.48
450	640193182036	2018	−9.1	0.47
450	640193182266	2018	−9.1	0.47
450	640193182238	2018	−9.1	0.47

续表

排名	牛号	出生年份	青年牛首末次配种间隔 EBV/d	EBV 准确性
450	640193183700	2018	−9.1	0.48
450	640190184249	2018	−9.1	0.49
450	640190185237	2018	−9.1	0.49
450	640190184609	2018	−9.1	0.49
450	640005154475	2015	−9.1	0.42
450	640190190194	2019	−9.1	0.44
450	640251004629	2017	−9.1	0.46
450	640193185468	2018	−9.1	0.47
450	640166182998	2018	−9.1	0.51
450	640009171228	2017	−9.1	0.45
450	640190183905	2018	−9.1	0.47
450	640190182477	2018	−9.1	0.48
450	640190182889	2018	−9.1	0.47
450	640253171482	2017	−9.1	0.49
450	640193190328	2019	−9.1	0.48
450	640193183406	2018	−9.1	0.52
450	640190183683	2018	−9.1	0.45
494	640190184509	2018	−9.0	0.48
494	640190184965	2018	−9.0	0.47
494	640003111155	2011	−9.0	0.45
494	640190183713	2018	−9.0	0.47
494	640193185178	2018	−9.0	0.52
494	640193182962	2018	−9.0	0.47
494	640193181540	2018	−9.0	0.47

附表 9　核心育种场经产牛首末次配种间隔 EBV 排名前 500 名母牛

排名	牛号	出生年份	经产牛首末次配种间隔 EBV/d	EBV 准确性
1	640251160382	2016	−16.2	0.43
2	640251004095	2016	−14.5	0.52
3	640251005989	2016	−14.2	0.48
4	640251004254	2017	−14.1	0.50
5	640251004256	2017	−14.0	0.49
5	640251004227	2016	−14.0	0.49
5	640251004251	2017	−14.0	0.49
8	640251004108	2016	−13.9	0.51
9	640251004142	2016	−13.8	0.51
10	640251004109	2016	−13.7	0.50
10	640251004138	2016	−13.7	0.47
12	640251004179	2016	−13.4	0.50
12	640253160454	2016	−13.4	0.46
12	640251004170	2016	−13.4	0.50
15	640251004117	2016	−13.3	0.50
16	640251004151	2016	−13.2	0.49
16	640251004212	2016	−13.2	0.49
18	640251004063	2016	−13.1	0.49
18	640251004080	2016	−13.1	0.52
18	640251004155	2016	−13.1	0.48
21	640251004209	2016	−13.0	0.49
21	640251004493	2016	−13.0	0.51
23	640251004201	2016	−12.9	0.49
23	640251004206	2016	−12.9	0.49
23	640251160368	2016	12.9	0.48
26	640251004237	2016	−12.8	0.48
26	640251006111	2018	−12.8	0.48
26	640251004160	2016	−12.8	0.48

续表

排名	牛号	出生年份	经产牛首末次配种间隔 EBV/d	EBV 准确性
26	640251004134	2016	−12.8	0.48
26	640251160533	2016	−12.8	0.48
26	640251004152	2016	−12.8	0.52
32	640251004540	2016	−12.7	0.48
32	640251004268	2011	−12.7	0.46
34	640251006007	2018	−12.6	0.49
34	640251004215	2016	−12.6	0.48
34	640251004137	2016	−12.6	0.49
37	640251164251	2016	−12.5	0.43
37	640251006259	2018	−12.5	0.48
37	640251004504	2016	−12.5	0.47
40	640251004211	2016	−12.4	0.50
40	640251004259	2017	−12.4	0.48
40	640251004242	2016	−12.4	0.47
43	640251160444	2016	−12.3	0.46
43	640251004125	2016	−12.3	0.48
45	640251186248	2018	−12.2	0.44
45	640251004253	2017	−12.2	0.48
45	640193170356	2017	−12.2	0.47
45	640251004205	2016	−12.2	0.46
49	640251004096	2016	−12.1	0.49
49	640193170424	2017	−12.1	0.45
51	640251160462	2016	−12.0	0.46
51	640251004332	2016	−12.0	0.45
51	640251008970	2020	−12.0	0.38
51	640193170316	2017	−12.0	0.45
51	640251004069	2016	−12.0	0.49
51	640251008989	2020	−12.0	0.37

续表

排名	牛号	出生年份	经产牛首末次配种间隔 EBV/d	EBV 准确性
57	640193170368	2017	−11.9	0.45
57	640251006134	2018	−11.9	0.46
57	640253194350	2015	−11.9	0.45
57	640251007352	2019	−11.9	0.48
57	640251004229	2016	−11.9	0.50
57	640251004143	2016	−11.9	0.45
57	640251004498	2016	−11.9	0.49
57	640251004107	2016	−11.9	0.47
57	640251004105	2016	−11.9	0.48
57	640251004169	2016	−11.9	0.51
57	640251006312	2018	−11.9	0.46
57	640193170414	2017	−11.9	0.45
69	640251004221	2016	−11.8	0.49
69	640251006122	2018	−11.8	0.48
69	640251004276	2016	−11.8	0.48
69	640251004127	2016	−11.8	0.45
69	640251004120	2016	−11.8	0.49
69	640251160406	2016	−11.8	0.44
69	640251004118	2016	−11.8	0.44
69	640251004098	2016	−11.8	0.46
69	640251004246	2016	−11.8	0.48
78	640251160531	2016	−11.7	0.45
78	640251004190	2016	−11.7	0.51
78	640251004113	2016	−11.7	0.48
78	640190170962	2017	−11.7	0.45
78	640251004156	2016	−11.7	0.48
78	640251007293	2019	−11.7	0.48
78	640251007227	2019	−11.7	0.41

续表

排名	牛号	出生年份	经产牛首末次配种间隔 EBV/d	EBV 准确性
78	640251004249	2016	−11.7	0.49
78	640251004091	2016	−11.7	0.44
78	640251004270	2016	−11.7	0.48
78	640251004165	2016	−11.7	0.46
78	640251208989	2020	−11.7	0.36
78	640251186140	2018	−11.7	0.45
78	640004162276	2016	−11.7	0.44
78	640166193262	2019	−11.7	0.41
78	640004162309	2016	−11.7	0.44
78	640251006635	2018	−11.7	0.47
78	640251004271	2016	−11.7	0.46
78	640251004162	2016	−11.7	0.46
97	640251004079	2016	−11.6	0.46
97	640251004131	2016	−11.6	0.46
97	640251160336	2016	−11.6	0.47
97	640251004193	2016	−11.6	0.48
97	640251004234	2016	−11.6	0.48
97	640251009037	2020	−11.6	0.37
97	640251160480	2016	−11.6	0.44
97	640251004252	2017	−11.6	0.47
97	640251009115	2020	−11.6	0.37
97	640251004183	2016	−11.6	0.47
97	640251150380	2015	−11.6	0.46
108	640251004289	2016	−11.5	0.49
108	640251009097	2020	−11.5	0.37
108	640251007339	2019	−11.5	0.47
108	640251004171	2016	−11.5	0.49
108	640251004159	2016	−11.5	0.45

续表

排名	牛号	出生年份	经产牛首末次配种间隔 EBV/d	EBV 准确性
108	640251160494	2016	−11.5	0.44
108	640251160390	2016	−11.5	0.44
108	640251004115	2016	−11.5	0.49
116	640190170984	2017	−11.4	0.45
116	640251004101	2016	−11.4	0.44
116	640251006330	2018	−11.4	0.45
116	640003151897	2015	−11.4	0.40
116	640251008986	2020	−11.4	0.37
116	640251006095	2018	−11.4	0.48
116	640193170512	2017	−11.4	0.46
116	640166193281	2019	−11.4	0.41
116	640003141711	2013	−11.4	0.35
125	640251006143	2018	−11.3	0.49
125	640251004085	2016	−11.3	0.46
125	640190170808	2017	−11.3	0.44
125	640251004241	2016	−11.3	0.45
125	640251004244	2016	−11.3	0.49
125	640251004184	2016	−11.3	0.45
125	640251007263	2019	−11.3	0.40
125	640251004084	2016	−11.3	0.49
125	640253161967	2016	−11.3	0.43
125	640193170046	2017	−11.3	0.44
125	640190170816	2017	−11.3	0.46
125	640251006119	2018	−11.3	0.48
137	640251160456	2016	−11.2	0.45
137	640251006565	2018	−11.2	0.48
137	640193170184	2017	−11.2	0.44
137	640035191377	2019	−11.2	0.37

续表

排名	牛号	出生年份	经产牛首末次配种间隔 EBV/d	EBV 准确性
137	640251004092	2016	−11.2	0.48
137	640251004228	2016	−11.2	0.47
137	640251004285	2016	−11.2	0.49
137	640251007490	2019	−11.2	0.46
137	640251160479	2016	−11.2	0.45
137	640251004250	2016	−11.2	0.47
137	640193170358	2017	−11.2	0.44
137	640251004129	2016	−11.2	0.44
137	640251004123	2016	−11.2	0.50
137	640251004231	2016	−11.2	0.49
151	640251005997	2018	−11.1	0.45
151	640251004217	2016	−11.1	0.47
151	640251004157	2016	−11.1	0.49
151	640251004082	2016	−11.1	0.47
151	640251004232	2016	−11.1	0.44
151	640251160386	2016	−11.1	0.48
151	640251004094	2016	−11.1	0.49
151	640251005946	2018	−11.1	0.48
151	640251004216	2016	−11.1	0.48
151	640251208986	2020	−11.1	0.35
161	640251006152	2018	−11.0	0.48
161	640251004210	2016	−11.0	0.47
161	640251004235	2016	−11.0	0.48
161	640251004275	2016	−11.0	0.52
161	640251009000	2020	−11.0	0.38
161	640190170854	2017	−11.0	0.45
161	640251209118	2020	−11.0	0.34
161	640166193279	2019	−11.0	0.38

续表

排名	牛号	出生年份	经产牛首末次配种间隔 EBV/d	EBV 准确性
169	640251004126	2016	−10.9	0.46
169	640251004089	2016	−10.9	0.45
169	640251174485	2017	−10.9	0.43
169	640251006064	2018	−10.9	0.46
169	640190170728	2017	−10.9	0.45
169	640251164141	2016	−10.9	0.42
169	640251164156	2016	−10.9	0.42
169	640251164225	2016	−10.9	0.42
169	640251164068	2016	−10.9	0.42
169	640251164139	2016	−10.9	0.42
169	640251164080	2016	−10.9	0.42
169	640251164275	2016	−10.9	0.42
169	640251164172	2016	−10.9	0.42
169	640251164201	2016	−10.9	0.42
169	640251164248	2016	−10.9	0.42
169	640251164212	2016	−10.9	0.42
169	640251164242	2016	−10.9	0.42
169	640251164244	2016	−10.9	0.42
169	640251164113	2016	−10.9	0.42
169	640251164174	2016	−10.9	0.42
169	640251164128	2016	−10.9	0.42
169	640253161965	2016	−10.9	0.42
169	640253161999	2014	−10.9	0.42
169	640251006160	2018	−10.9	0.49
193	640251006108	2018	−10.8	0.48
193	640035191439	2019	−10.8	0.39
193	640003141723	2019	−10.8	0.34
193	640251004180	2016	−10.8	0.47

续表

排名	牛号	出生年份	经产牛首末次配种间隔 EBV/d	EBV 准确性
193	640251004051	2016	−10.8	0.47
193	640035191456	2019	−10.8	0.44
193	640251006118	2018	−10.8	0.46
200	640035128087	2012	−10.7	0.38
200	640251006905	2019	−10.7	0.47
200	640251004176	2016	−10.7	0.45
200	640166193275	2019	−10.7	0.42
200	640251006170	2018	−10.7	0.46
200	640251160421	2016	−10.7	0.46
200	640251006315	2018	−10.7	0.45
200	640251004136	2016	−10.7	0.49
200	640251004230	2016	−10.7	0.49
200	640251004174	2016	−10.7	0.47
200	640251160448	2016	−10.7	0.48
211	640251008985	2020	−10.6	0.37
211	640166193282	2019	−10.6	0.39
211	640251006362	2018	−10.6	0.49
211	640005123904	2012	−10.6	0.36
211	640251007525	2019	−10.6	0.46
211	640251006412	2018	−10.6	0.46
211	640251005993	2018	−10.6	0.47
211	640251004114	2016	−10.6	0.46
211	640035160375	2016	−10.6	0.37
211	640251004150	2016	−10.6	0.45
211	640251004219	2016	−10.6	0.47
211	640251004266	2018	−10.6	0.49
211	640251004204	2016	−10.6	0.50
224	640035138368	2013	−10.5	0.40

续表

排名	牛号	出生年份	经产牛首末次配种间隔 EBV/d	EBV 准确性
224	640251004135	2016	−10.5	0.46
224	640251160376	2016	−10.5	0.48
227	640251004220	2016	−10.4	0.48
227	640251004194	2016	−10.4	0.48
227	640251004245	2016	−10.4	0.48
227	640251160492	2016	−10.4	0.46
227	640166193273	2019	−10.4	0.38
227	640251004172	2016	−10.4	0.50
227	640035150054	2015	−10.4	0.47
227	640251004121	2016	−10.4	0.47
235	640193170412	2017	−10.3	0.46
235	640251004236	2016	−10.3	0.45
235	640251004213	2016	−10.3	0.46
235	640251004223	2016	−10.3	0.45
235	640190170406	2017	−10.3	0.44
235	640166193277	2019	−10.3	0.41
235	640251160452	2016	−10.3	0.47
235	640251004260	2017	−10.3	0.49
235	640035158937	2015	−10.3	0.52
235	640251006172	2018	−10.3	0.48
235	640251150504	2015	−10.3	0.50
235	640253162301	2015	−10.3	0.43
235	640251007399	2019	−10.3	0.47
248	640251004197	2016	−10.2	0.47
248	640166193278	2019	10.2	0.40
248	640251208985	2020	−10.2	0.35
248	640190170662	2017	−10.2	0.44
248	640251004158	2016	−10.2	0.46

续表

排名	牛号	出生年份	经产牛首末次配种间隔 EBV/d	EBV 准确性
248	640251160476	2016	−10.2	0.47
248	640251008825	2020	−10.2	0.42
248	640251004225	2016	−10.2	0.48
248	640251006123	2018	−10.2	0.46
257	640251004173	2016	−10.1	0.46
257	640251004195	2016	−10.1	0.45
257	640251160388	2016	−10.1	0.43
257	640251006028	2018	−10.1	0.48
257	640251004490	2016	−10.1	0.44
257	640251004106	2016	−10.1	0.46
257	640251004139	2016	−10.1	0.50
264	640251004485	2016	−10.0	0.45
264	640251004185	2016	−10.0	0.46
264	640251004248	2016	−10.0	0.49
264	640251003694	2016	−10.0	0.47
268	640251197299	2019	−9.9	0.37
268	640035148826	2014	−9.9	0.33
268	640251004243	2016	−9.9	0.49
268	640251004199	2016	−9.9	0.47
268	640251004099	2016	−9.9	0.50
268	640166193296	2019	−9.9	0.39
268	640251007317	2019	−9.9	0.44
275	640251004153	2016	−9.8	0.47
275	640253160537	2016	−9.8	0.46
275	640251004147	2016	−9.8	0.44
275	640035148783	2014	−9.8	0.46
275	640251007456	2019	−9.8	0.44
275	640251005778	2018	−9.8	0.44

续表

排名	牛号	出生年份	经产牛首末次配种间隔 EBV/d	EBV 准确性
275	640193170396	2017	−9.8	0.46
275	640251009028	2020	−9.8	0.35
275	640251198075	2019	−9.8	0.44
275	640251006106	2018	−9.8	0.44
285	640253160324	2016	−9.7	0.48
285	640035191459	2019	−9.7	0.40
285	640166193295	2019	−9.7	0.41
285	640251004154	2016	−9.7	0.49
285	640251186315	2018	−9.7	0.40
285	640251186330	2018	−9.7	0.40
285	640251008991	2020	−9.7	0.35
285	640166151667	2015	−9.7	0.52
285	640035158878	2015	−9.7	0.49
294	640251004191	2016	−9.6	0.48
294	640035160297	2016	−9.6	0.52
294	640166193286	2019	−9.6	0.43
294	640251170568	2017	−9.6	0.47
294	640251009025	2020	−9.6	0.36
299	640035191374	2019	−9.5	0.41
299	640251209028	2020	−9.5	0.33
299	640251004128	2016	−9.5	0.51
299	640251009007	2020	−9.5	0.36
299	640253160424	2016	−9.5	0.46
299	640251004140	2016	−9.5	0.47
299	640166151465	2015	9.5	0.43
299	640251006099	2018	−9.5	0.47
299	640251007336	2019	−9.5	0.46
299	640251007270	2019	−9.5	0.41

续表

排名	牛号	出生年份	经产牛首末次配种间隔 EBV/d	EBV 准确性
299	640166161870	2016	−9.5	0.46
310	640251004177	2016	−9.4	0.46
310	640251004503	2016	−9.4	0.45
310	640166193274	2019	−9.4	0.43
310	640166151436	2015	−9.4	0.45
310	640035158874	2015	−9.4	0.54
310	640166172492	2017	−9.4	0.44
310	640003121186	2012	−9.4	0.39
310	640251006265	2018	−9.4	0.49
318	640251005795	2018	−9.3	0.45
318	640251006045	2018	−9.3	0.44
318	640035128081	2012	−9.3	0.47
318	640166193285	2019	−9.3	0.39
318	640251006395	2018	−9.3	0.47
318	640251208991	2020	−9.3	0.33
318	640251160482	2016	−9.3	0.48
318	640251004272	2016	−9.3	0.45
318	640166151437	2015	−9.3	0.44
318	640251004132	2016	−9.3	0.49
318	640251160401	2016	−9.3	0.46
318	640251005966	2016	−9.3	0.48
318	640251004261	2017	−9.3	0.45
318	640035138349	2013	−9.3	0.43
332	640251004203	2016	−9.2	0.50
332	640253159067	2015	−9.2	0.48
332	640251209007	2020	−9.2	0.34
332	640251160384	2016	−9.2	0.46
332	640003141726	2013	−9.2	0.37

续表

排名	牛号	出生年份	经产牛首末次配种间隔 EBV/d	EBV 准确性
332	640251004200	2016	−9.2	0.51
332	640004146493	2014	−9.2	0.52
332	640003151911	2015	−9.2	0.39
332	640251007221	2019	−9.2	0.39
332	640251006798	2018	−9.2	0.43
332	640251006121	2018	−9.2	0.47
332	640251005802	2016	−9.2	0.46
344	640251197456	2019	−9.1	0.41
344	640251005943	2018	−9.1	0.46
344	640166193276	2019	−9.1	0.39
344	640251005944	2018	−9.1	0.47
344	640251004083	2016	−9.1	0.48
344	640004156801	2015	−9.1	0.42
350	640003121230	2012	−9.0	0.32
350	640251006071	2018	−9.0	0.45
350	640190142991	2014	−9.0	0.45
350	640251197388	2019	−9.0	0.41
350	640251006424	2018	−9.0	0.47
350	640251006425	2018	−9.0	0.46
350	640253160530	2016	−9.0	0.44
350	640035150062	2015	−9.0	0.49
350	640251006795	2018	−9.0	0.43
350	640005144454	2014	−9.0	0.50
350	640251003656	2016	−9.0	0.47
350	640035191398	2019	−9.0	0.38
350	640251005799	2018	−9.0	0.43
350	640251004175	2016	−9.0	0.48
364	640251007347	2019	−8.9	0.46

续表

排名	牛号	出生年份	经产牛首末次配种间隔 EBV/d	EBV 准确性
364	640251004141	2016	−8.9	0.47
364	640035138329	2013	−8.9	0.49
364	640251004116	2016	−8.9	0.48
364	640251004102	2016	−8.9	0.48
364	640251006083	2018	−8.9	0.47
364	640251004168	2016	−8.9	0.47
364	640251006374	2018	−8.9	0.47
364	640166151503	2015	−8.9	0.51
364	640251004186	2016	−8.9	0.47
374	640035128253	2012	−8.8	0.33
374	640193180180	2018	−8.8	0.43
374	640251004070	2016	−8.8	0.44
374	640251003751	2016	−8.8	0.47
374	640005164803	2016	−8.8	0.38
374	640253182728	2018	−8.8	0.38
374	640035160240	2016	−8.8	0.37
374	640166193249	2019	−8.8	0.41
374	640253158779	2014	−8.8	0.41
374	640251006471	2018	−8.8	0.44
374	640251006438	2018	−8.8	0.49
374	640251004133	2016	−8.8	0.47
374	640251006544	2018	−8.8	0.48
374	640251197603	2019	−8.8	0.44
374	640251004497	2016	−8.8	0.50
374	640251198031	2019	−8.8	0.40
390	640166151448	2015	−8.7	0.52
390	640004156795	2015	−8.7	0.41
390	640166193270	2019	−8.7	0.38

续表

排名	牛号	出生年份	经产牛首末次配种间隔 EBV/d	EBV 准确性
390	640253158728	2015	−8.7	0.39
390	640166172480	2017	−8.7	0.46
390	640005123899	2012	−8.7	0.36
390	640166193284	2019	−8.7	0.40
390	640166141382	2014	−8.7	0.54
390	640253158723	2015	−8.7	0.41
390	640251197272	2019	−8.7	0.35
390	640251006498	2018	−8.7	0.48
390	640251009320	2020	−8.7	0.35
390	640166172355	2017	−8.7	0.42
390	640193180172	2018	−8.7	0.45
404	640251197349	2019	−8.6	0.40
404	640251006052	2018	−8.6	0.45
404	640251006947	2019	−8.6	0.46
404	640253171447	2017	−8.6	0.48
404	640251160291	2016	−8.6	0.49
404	640035128115	2012	−8.6	0.43
404	640190142950	2014	−8.6	0.46
404	640166172358	2017	−8.6	0.42
404	640251006171	2018	−8.6	0.41
404	640251004187	2016	−8.6	0.45
404	640005156827	2015	−8.6	0.40
404	640035191481	2019	−8.6	0.42
404	640166193241	2019	−8.6	0.39
417	640251006316	2018	−8.5	0.45
417	640253159069	2015	−8.5	0.46
417	640251160420	2016	−8.5	0.47
417	640004208803	2020	−8.5	0.43

续表

排名	牛号	出生年份	经产牛首末次配种间隔 EBV/d	EBV 准确性
417	640193154164	2015	−8.5	0.52
417	640003152022	2015	−8.5	0.39
417	640251015684	2016	−8.5	0.46
417	640193141734	2014	−8.5	0.51
417	640251006324	2018	−8.5	0.46
417	640166151518	2015	−8.5	0.52
417	640251158793	2015	−8.5	0.40
417	640251015402	2011	−8.5	0.45
429	640253158742	2015	−8.4	0.40
429	640251003803	2016	−8.4	0.48
429	640251007344	2019	−8.4	0.47
429	640190142924	2014	−8.4	0.43
429	640005134153	2012	−8.4	0.38
429	640193180068	2018	−8.4	0.45
429	640166151773	2015	−8.4	0.48
429	640004156818	2015	−8.4	0.40
429	640166193259	2019	−8.4	0.41
429	640190141534	2014	−8.4	0.48
429	640007195612	2019	−8.4	0.40
429	640251009149	2020	−8.4	0.35
429	640193180238	2018	−8.4	0.42
442	640003131362	2013	−8.3	0.37
442	640190142917	2014	−8.3	0.43
442	640005123894	2012	−8.3	0.39
442	640251004181	2016	−8.3	0.47
442	640003172535	2017	−8.3	0.34
442	640251005900	2016	−8.3	0.49
442	640166193291	2019	−8.3	0.39

续表

排名	牛号	出生年份	经产牛首末次配种间隔 EBV/d	EBV 准确性
442	640166161810	2015	−8.3	0.38
442	640166151443	2015	−8.3	0.48
451	640003172542	2018	−8.2	0.33
451	640253160381	2016	−8.2	0.44
451	640251006094	2018	−8.2	0.43
451	640003151916	2015	−8.2	0.40
451	640190143327	2014	−8.2	0.44
451	640166193288	2019	−8.2	0.39
451	640166172488	2017	−8.2	0.41
451	640166151685	2015	−8.2	0.38
451	640251010211	2012	−8.2	0.45
451	640251004202	2016	−8.2	0.47
451	640251007300	2019	−8.2	0.41
451	640253170872	2015	−8.2	0.44
451	640166151386	2015	−8.2	0.50
451	640253160418	2016	−8.2	0.45
451	640251007033	2019	−8.2	0.44
451	640251006482	2018	−8.2	0.45
451	640251003650	2016	−8.2	0.50
451	640251006164	2018	−8.2	0.45
469	640251007626	2018	−8.1	0.45
469	640166172353	2017	−8.1	0.46
469	640251003823	2016	−8.1	0.48
469	640166151766	2015	−8.1	0.50
469	640035150002	2015	−8.1	0.53
469	640193140661	2014	−8.1	0.52
469	640166193240	2019	−8.1	0.38
469	640251006918	2019	−8.1	0.45

续表

排名	牛号	出生年份	经产牛首末次配种间隔 EBV/d	EBV 准确性
469	640166162065	2016	−8.1	0.39
469	640251006571	2018	−8.1	0.46
469	640005118006	2012	−8.1	0.35
469	640251003778	2016	−8.1	0.48
469	640251004218	2016	−8.1	0.48
482	640251007630	2019	−8.0	0.48
482	640166193261	2019	−8.0	0.44
482	640251016155	2011	−8.0	0.40
482	640190142930	2014	−8.0	0.44
482	640166193264	2019	−8.0	0.39
482	640166141155	2014	−8.0	0.48
482	640035138387	2013	−8.0	0.44
482	640190143438	2014	−8.0	0.46
482	640166172379	2017	−8.0	0.43
482	640003141734	2011	−8.0	0.37
482	640251006065	2018	−8.0	0.46
482	640007185003	2018	−8.0	0.42
482	640253204700	2020	−8.0	0.43
482	640193141849	2014	−8.0	0.50
482	640035128082	2018	−8.0	0.35
497	640035160226	2016	−7.9	0.41
497	640035158919	2015	−7.9	0.33
497	640251003747	2016	−7.9	0.49
497	640166182919	2018	−7.9	0.43

附表 10　核心育种场产犊至首次配种间隔 EBV 排名前 500 名母牛

排名	牛号	出生年份	产犊至首次配种间隔 EBV/d	EBV 准确性
1	640003110042	2019	−3.5	0.45
2	640035117925	2011	−3.3	0.45
2	640003110032	2011	−3.3	0.42
4	640005113813	2011	−3.2	0.45
5	640035117920	2011	−2.9	0.41
6	640035117942	2011	−2.8	0.42
6	640035117921	2019	−2.8	0.49
8	640166110070	2011	−2.5	0.41
8	640004115883	2011	−2.5	0.41
8	640004136317	2013	−2.5	0.51
8	640005113816	2011	−2.5	0.42
12	640005113807	2011	−2.4	0.39
12	640005134063	2013	−2.4	0.44
12	640251006312	2018	−2.4	0.52
12	640166110064	2011	−2.4	0.37
12	640005113743	2019	−2.4	0.39
12	640251013194	2011	−2.4	0.42
12	640251011067	2019	−2.4	0.47
12	640166110066	2011	−2.4	0.36
12	640253169433	2016	−2.4	0.57
12	640251005898	2018	−2.4	0.52
12	640251003581	2016	−2.4	0.55
12	640251150504	2015	−2.4	0.57
24	640005185413	2018	−2.3	0.51
24	640003110062	2019	−2.3	0.43
24	640003151989	2015	−2.3	0.52
24	640251006301	2018	−2.3	0.48
24	640005113745	2011	−2.3	0.38

续表

排名	牛号	出生年份	产犊至首次配种间隔 EBV/d	EBV 准确性
24	640004187465	2018	−2.3	0.46
24	640005113801	2011	−2.3	0.39
24	640005134062	2013	−2.3	0.43
24	640035117907	2019	−2.3	0.50
24	640035107792	2014	−2.3	0.39
24	640166110075	2011	−2.3	0.38
24	640035117918	2019	−2.3	0.48
24	640005185425	2018	−2.3	0.52
37	640166110038	2011	−2.2	0.38
37	640035117935	2011	−2.2	0.44
37	640251006326	2018	−2.2	0.49
37	640251004635	2017	−2.2	0.53
37	640003110007	2011	−2.2	0.45
37	640251003618	2016	−2.2	0.55
37	640035117911	2011	−2.2	0.44
37	640005124019	2014	−2.2	0.41
37	640251003656	2016	−2.2	0.56
37	640004136195	2013	−2.2	0.47
37	640251012852	2019	−2.2	0.38
37	640005185402	2018	−2.2	0.50
37	640251003572	2016	−2.2	0.52
37	640035117887	2011	−2.2	0.48
51	640005113875	2011	−2.1	0.43
51	640251006004	2018	−2.1	0.46
51	640004115916	2011	−2.1	0.37
51	640166110022	2011	−2.1	0.38
51	640035117938	2011	−2.1	0.50
51	640166110040	2011	−2.1	0.38

续表

排名	牛号	出生年份	产犊至首次配种间隔 EBV/d	EBV 准确性
51	640005117989	2011	−2.1	0.39
51	640251005910	2018	−2.1	0.52
51	640166151569	2015	−2.1	0.44
51	640035128107	2011	−2.1	0.42
51	640005124008	2012	−2.1	0.54
51	640005113815	2011	−2.1	0.37
51	640004136310	2013	−2.1	0.52
51	640251003760	2016	−2.1	0.55
51	640253169503	2015	−2.1	0.50
51	640003151988	2015	−2.1	0.50
67	640251150543	2015	−2.0	0.54
67	640251006315	2018	−2.0	0.52
67	640251005902	2018	−2.0	0.50
67	640251185997	2018	−2.0	0.47
67	640005185393	2018	−2.0	0.51
67	640035138298	2014	−2.0	0.42
67	640005134147	2013	−2.0	0.39
67	640003193248	2019	−2.0	0.51
67	640166110020	2011	−2.0	0.38
67	640251004530	2017	−2.0	0.54
67	640253169389	2016	−2.0	0.54
67	640251006449	2018	−2.0	0.52
67	640166110068	2011	−2.0	0.37
67	640005124056	2012	−2.0	0.50
67	640035117917	2011	−2.0	0.38
67	640035110035	2011	−2.0	0.34
67	640005117956	2011	−2.0	0.34
67	640004136307	2013	−2.0	0.51

续表

排名	牛号	出生年份	产犊至首次配种间隔 EBV/d	EBV 准确性
67	640005134149	2013	−2.0	0.56
67	640005144301	2014	−2.0	0.37
67	640035128082	2018	−2.0	0.45
67	640251004505	2017	−2.0	0.47
67	640005185431	2018	−2.0	0.51
67	640251186315	2018	−2.0	0.45
67	640251186330	2018	−2.0	0.45
67	640251186475	2018	−2.0	0.45
93	640251012880	2020	−1.9	0.45
93	640035117971	2011	−1.9	0.44
93	640251006358	2018	−1.9	0.48
93	640251003625	2016	−1.9	0.52
93	640004156744	2015	−1.9	0.30
93	640251006322	2018	−1.9	0.48
93	640005185420	2018	−1.9	0.48
93	640005113771	2011	−1.9	0.36
93	640253182465	2018	−1.9	0.51
93	640005113797	2011	−1.9	0.43
93	640005185464	2018	−1.9	0.49
93	640166110050	2011	−1.9	0.40
93	640253169363	2016	−1.9	0.54
93	640251016593	2011	−1.9	0.46
93	640005124007	2012	−1.9	0.48
93	640251006325	2018	−1.9	0.49
93	640251005890	2011	−1.9	0.40
93	640251003672	2016	−1.9	0.55
93	640251004517	2017	−1.9	0.45
93	640253204637	2020	−1.9	0.42

续表

排名	牛号	出生年份	产犊至首次配种间隔 EBV/d	EBV 准确性
93	640253169733	2016	−1.9	0.47
93	640004177247	2017	−1.9	0.47
93	640035160427	2016	−1.9	0.49
93	640251003791	2016	−1.9	0.53
93	640005124050	2012	−1.9	0.54
93	640003152036	2015	−1.9	0.53
93	640253181716	2018	−1.9	0.43
93	640251005958	2018	−1.9	0.52
93	640003162181	2016	−1.9	0.57
93	640166110054	2019	−1.9	0.36
93	640166110008	2011	−1.9	0.37
93	640166141147	2014	−1.9	0.48
93	640251006396	2018	−1.9	0.50
93	640035128290	2012	−1.9	0.51
93	640004187512	2018	−1.9	0.48
93	640251006915	2018	−1.9	0.44
93	640005124049	2012	−1.9	0.51
93	640035117934	2011	−1.9	0.49
93	640004197704	2019	−1.9	0.35
93	640251005997	2018	−1.9	0.52
93	640004126157	2012	−1.9	0.43
93	640005113760	2011	−1.9	0.36
93	640004115903	2011	−1.9	0.39
93	640253194249	2019	−1.9	0.49
93	640005185509	2018	−1.9	0.53
93	640004172599	2017	−1.9	0.47
93	640251006351	2018	−1.9	0.47
93	640251003688	2016	−1.9	0.51

续表

排名	牛号	出生年份	产犊至首次配种间隔 EBV/d	EBV 准确性
93	640253194375	2019	−1.9	0.51
93	640253204616	2020	−1.9	0.44
93	640005185396	2018	−1.9	0.49
93	640035117927	2011	−1.9	0.46
145	640251003665	2015	−1.8	0.54
145	640253204436	2020	−1.8	0.52
145	640003121258	2012	−1.8	0.50
145	640251005943	2018	−1.8	0.53
145	640166130979	2013	−1.8	0.57
145	640004172773	2017	−1.8	0.45
145	640035117914	2011	−1.8	0.38
145	640251003719	2016	−1.8	0.52
145	640003151867	2015	−1.8	0.51
145	640004182499	2018	−1.8	0.44
145	640005185333	2018	−1.8	0.50
145	640003121260	2012	−1.8	0.51
145	640005185462	2018	−1.8	0.52
145	640166110025	2011	−1.8	0.36
145	640035117901	2011	−1.8	0.44
145	640005175106	2017	−1.8	0.50
145	640005185395	2018	−1.8	0.49
145	640166110018	2011	−1.8	0.36
145	640251150582	2015	−1.8	0.52
145	640004115901	2011	−1.8	0.38
145	640251160382	2016	−1.8	0.52
145	640005185503	2018	−1.8	0.48
145	640035128131	2012	−1.8	0.45
145	640251004634	2017	−1.8	0.50

续表

排名	牛号	出生年份	产犊至首次配种间隔 EBV/d	EBV 准确性
145	640035148547	2013	−1.8	0.49
145	640003162173	2016	−1.8	0.55
145	640251006294	2018	−1.8	0.49
145	640005185365	2018	−1.8	0.47
145	640035148829	2014	−1.8	0.57
145	640004161206	2016	−1.8	0.53
145	640035117932	2019	−1.8	0.46
145	640035117904	2011	−1.8	0.40
145	640251005881	2018	−1.8	0.52
145	640166110077	2011	−1.8	0.44
145	640251006359	2018	−1.8	0.46
145	640166151692	2015	−1.8	0.40
145	640003193220	2019	−1.8	0.43
145	640003193222	2019	−1.8	0.49
145	640005185390	2018	−1.8	0.51
145	640035128102	2012	−1.8	0.51
145	640003151981	2015	−1.8	0.60
145	640005124053	2012	−1.8	0.55
145	640251003758	2016	−1.8	0.52
145	640251004626	2017	−1.8	0.51
145	640005185404	2018	−1.8	0.49
145	640004136454	2013	−1.8	0.47
145	640166110072	2011	−1.8	0.37
145	640005144452	2014	−1.8	0.47
145	640004208551	2020	−1.8	0.48
145	640004182511	2018	−1.8	0.44
145	640005185415	2018	−1.8	0.48
145	640251012859	2019	−1.8	0.38

续表

排名	牛号	出生年份	产犊至首次配种间隔 EBV/d	EBV 准确性
145	640251013109	2011	−1.8	0.49
145	640251004545	2017	−1.8	0.48
145	640005113817	2019	−1.8	0.45
145	640251004520	2017	−1.8	0.52
145	640251004541	2017	−1.8	0.53
145	640004172659	2017	−1.8	0.50
145	640005185475	2018	−1.8	0.53
145	640251006438	2018	−1.8	0.55
145	640003006357	2018	−1.8	0.44
145	640251010102	2018	−1.8	0.47
207	640253159331	2016	−1.7	0.54
207	640004172656	2017	−1.7	0.47
207	640251011063	2012	−1.7	0.49
207	640166110035	2011	−1.7	0.37
207	640251170779	2017	−1.7	0.47
207	640253169407	2016	−1.7	0.55
207	640003193229	2019	−1.7	0.50
207	640035148644	2014	−1.7	0.60
207	640251006012	2018	−1.7	0.50
207	640005185483	2018	−1.7	0.50
207	640005206264	2020	−1.7	0.47
207	640003151871	2015	−1.7	0.50
207	640004172705	2017	−1.7	0.45
207	640251006288	2018	−1.7	0.51
207	640251006053	2014	−1.7	0.54
207	640253204467	2020	−1.7	0.48
207	640035128108	2012	−1.7	0.39
207	640005185417	2018	−1.7	0.52

续表

排名	牛号	出生年份	产犊至首次配种间隔 EBV/d	EBV 准确性
207	640003141613	2014	−1.7	0.30
207	640251006292	2018	−1.7	0.47
207	640166110030	2011	−1.7	0.37
207	640003162179	2016	−1.7	0.58
207	640251004609	2017	−1.7	0.52
207	640351011143	2017	−1.7	0.49
207	640251006134	2018	−1.7	0.53
207	640251006171	2018	−1.7	0.49
207	640005124024	2012	−1.7	0.50
207	640004161166	2016	−1.7	0.52
207	640005185378	2018	−1.7	0.48
207	640251003709	2016	−1.7	0.51
207	640005154675	2015	−1.7	0.52
207	640004182390	2018	−1.7	0.42
207	640253170697	2017	−1.7	0.48
207	640253135804	2013	−1.7	0.57
207	640005185419	2018	−1.7	0.48
207	640251004542	2017	−1.7	0.47
207	640251150589	2015	−1.7	0.55
207	640251006356	2018	−1.7	0.49
207	640253204707	2020	−1.7	0.44
207	640251185958	2018	−1.7	0.45
207	640005185355	2018	−1.7	0.55
207	640251006339	2018	−1.7	0.49
207	640251010968	2012	−1.7	0.50
207	640253194135	2019	−1.7	0.47
207	640251006330	2018	−1.7	0.51
207	640251003651	2016	−1.7	0.52

续表

排名	牛号	出生年份	产犊至首次配种间隔 EBV/d	EBV 准确性
207	640251150525	2015	−1.7	0.54
207	640251003704	2016	−1.7	0.52
207	640004208585	2020	−1.7	0.41
207	640253204433	2020	−1.7	0.45
207	640004172741	2017	−1.7	0.45
207	640251004539	2017	−1.7	0.51
207	640251004173	2016	−1.7	0.53
207	640190156324	2015	−1.7	0.54
207	640035160280	2016	−1.7	0.54
207	640251010208	2012	−1.7	0.52
207	640251186344	2018	−1.7	0.45
207	640251186350	2018	−1.7	0.45
207	640035117947	2011	−1.7	0.50
207	640004172648	2017	−1.7	0.47
207	640251006329	2018	−1.7	0.49
207	640253194255	2019	−1.7	0.48
207	640005185480	2018	−1.7	0.47
207	640004184838	2018	−1.7	0.42
207	640004172672	2017	−1.7	0.47
207	640253182438	2018	−1.7	0.47
273	640251013556	2011	−1.6	0.42
273	640005154585	2015	−1.6	0.49
273	640253181717	2018	−1.6	0.53
273	640005206256	2020	−1.6	0.46
273	640005113783	2011	−1.6	0.41
273	640251003666	2015	−1.6	0.51
273	640253159347	2015	−1.6	0.52
273	640251003639	2016	−1.6	0.50

续表

排名	牛号	出生年份	产犊至首次配种间隔 EBV/d	EBV 准确性
273	640166110011	2011	−1.6	0.41
273	640005195861	2019	−1.6	0.50
273	640251186339	2018	−1.6	0.41
273	640005185363	2018	−1.6	0.49
273	640251006412	2018	−1.6	0.53
273	640035128091	2012	−1.6	0.37
273	640005185301	2018	−1.6	0.49
273	640003141835	2014	−1.6	0.49
273	640251006127	2018	−1.6	0.49
273	640035138312	2014	−1.6	0.41
273	640251008586	2020	−1.6	0.41
273	640190120156	2012	−1.6	0.49
273	640005134190	2013	−1.6	0.50
273	640251003628	2016	−1.6	0.51
273	640251010861	2012	−1.6	0.47
273	640251006002	2018	−1.6	0.44
273	640005113781	2018	−1.6	0.43
273	640253169399	2016	−1.6	0.52
273	640253204669	2020	−1.6	0.48
273	640004172688	2017	−1.6	0.51
273	640003193232	2019	−1.6	0.48
273	640251006459	2018	−1.6	0.49
273	640166161828	2016	−1.6	0.53
273	640351011074	2017	−1.6	0.43
273	640004136221	2013	−1.6	0.50
273	640251003503	2016	−1.6	0.51
273	640251186322	2018	−1.6	0.40
273	640005123989	2012	−1.6	0.51

续表

排名	牛号	出生年份	产犊至首次配种间隔 EBV/d	EBV 准确性
273	640035117885	2011	−1.6	0.48
273	640003006307	2018	−1.6	0.44
273	640005134075	2013	−1.6	0.41
273	640253169591	2016	−1.6	0.59
273	640005185408	2018	−1.6	0.50
273	640251004607	2017	−1.6	0.50
273	640035117915	2011	−1.6	0.38
273	640003121266	2012	−1.6	0.41
273	640251006319	2018	−1.6	0.51
273	640253170643	2017	−1.6	0.49
273	640005113870	2011	−1.6	0.37
273	640166162113	2016	−1.6	0.51
273	640251003624	2016	−1.6	0.53
273	640251003749	2016	−1.6	0.53
273	640003006343	2018	−1.6	0.48
273	640035128147	2012	−1.6	0.41
273	640253194011	2019	−1.6	0.49
273	640005206249	2020	−1.6	0.44
273	640004172716	2017	−1.6	0.47
273	640251186290	2018	−1.6	0.45
273	640005185361	2018	−1.6	0.50
273	640003151873	2012	−1.6	0.54
273	640003193260	2019	−1.6	0.49
273	640005124032	2012	−1.6	0.55
273	640035128094	2012	−1.6	0.38
273	640005113812	2011	−1.6	0.42
273	640166162132	2016	−1.6	0.53
273	640251003550	2016	−1.6	0.53

续表

排名	牛号	出生年份	产犊至首次配种间隔 EBV/d	EBV 准确性
273	640251006121	2018	−1.6	0.54
273	640003162184	2016	−1.6	0.54
273	640193141741	2014	−1.6	0.55
273	640251003585	2016	−1.6	0.39
273	640253169791	2016	−1.6	0.44
273	640003162180	2016	−1.6	0.55
273	640251208586	2020	−1.6	0.39
273	640166151771	2015	−1.6	0.45
273	640005185428	2018	−1.6	0.48
273	640004172671	2017	−1.6	0.45
273	640005185388	2018	−1.6	0.54
273	640004172714	2017	−1.6	0.45
273	640004161100	2016	−1.6	0.49
273	640251159253	2015	−1.6	0.53
273	640035138412	2013	−1.6	0.39
273	640166162134	2016	−1.6	0.46
273	640005164754	2016	−1.6	0.41
273	640251004625	2017	−1.6	0.52
273	640004172738	2017	−1.6	0.42
273	640251160531	2016	−1.6	0.52
273	640251006290	2018	−1.6	0.49
273	640003193284	2019	−1.6	0.49
273	640005185360	2018	−1.6	0.52
273	640005124046	2012	−1.6	0.58
273	640251186396	2018	−1.6	0.47
273	640251013651	2011	−1.6	0.51
273	640003006293	2018	−1.6	0.42
273	640251003696	2016	−1.6	0.55

续表

排名	牛号	出生年份	产犊至首次配种间隔 EBV/d	EBV 准确性
273	640251198372	2019	−1.6	0.44
273	640251001336	2012	−1.6	0.40
273	640251150555	2015	−1.6	0.50
273	640251003692	2016	−1.6	0.52
369	640005144364	2014	−1.5	0.44
369	640004161132	2016	−1.5	0.55
369	640251185884	2018	−1.5	0.45
369	640003006317	2018	−1.5	0.44
369	640005185336	2018	−1.5	0.48
369	640253169744	2016	−1.5	0.44
369	640166141044	2014	−1.5	0.57
369	640253194209	2019	−1.5	0.51
369	640005123983	2012	−1.5	0.55
369	640003006367	2018	−1.5	0.46
369	640004172718	2017	−1.5	0.45
369	640253160454	2016	−1.5	0.53
369	640035117951	2011	−1.5	0.46
369	640005185493	2018	−1.5	0.53
369	640004115952	2011	−1.5	0.35
369	640251004534	2017	−1.5	0.52
369	640035117902	2011	−1.5	0.49
369	640004208632	2020	−1.5	0.45
369	640251004874	2017	−1.5	0.52
369	640253204821	2020	−1.5	0.46
369	640005134247	2013	−1.5	0.34
369	640005185400	2018	−1.5	0.51
369	640253204465	2020	−1.5	0.45
369	640190155269	2015	−1.5	0.52

续表

排名	牛号	出生年份	产犊至首次配种间隔 EBV/d	EBV 准确性
369	640251004529	2017	−1.5	0.48
369	640035138404	2013	−1.5	0.55
369	640166161840	2016	−1.5	0.57
369	640166193053	2018	−1.5	0.51
369	640003006377	2018	−1.5	0.44
369	640253169755	2016	−1.5	0.49
369	640166162127	2016	−1.5	0.51
369	640005113837	2011	−1.5	0.42
369	640251003740	2016	−1.5	0.53
369	640251185903	2018	−1.5	0.46
369	640166120576	2012	−1.5	0.36
369	640003193230	2019	−1.5	0.45
369	640251004095	2016	−1.5	0.59
369	640005185426	2018	−1.5	0.47
369	640005185439	2018	−1.5	0.52
369	640251003729	2016	−1.5	0.51
369	640253193089	2019	−1.5	0.51
369	640005185433	2018	−1.5	0.51
369	640005185444	2018	−1.5	0.55
369	640005185429	2018	−1.5	0.50
369	640004208863	2020	−1.5	0.44
369	640251186370	2018	−1.5	0.40
369	640251004206	2016	−1.5	0.54
369	640253169731	2016	−1.5	0.48
369	640003121237	2012	−1.5	0.35
369	640005206258	2020	−1.5	0.46
369	640253204650	2020	−1.5	0.43
369	640166162117	2016	−1.5	0.52

续表

排名	牛号	出生年份	产犊至首次配种间隔 EBV/d	EBV 准确性
369	640166110015	2011	−1.5	0.41
369	640005124022	2012	−1.5	0.50
369	640251014169	2011	−1.5	0.52
369	640251003604	2016	−1.5	0.50
369	640190155318	2015	−1.5	0.52
369	640253182517	2017	−1.5	0.47
369	640251185947	2018	−1.5	0.41
369	640035128268	2012	−1.5	0.57
369	640251186001	2018	−1.5	0.42
369	640166120558	2012	−1.5	0.36
369	640166120619	2012	−1.5	0.49
369	640004208553	2020	−1.5	0.43
369	640005134219	2013	−1.5	0.44
369	640004172670	2017	−1.5	0.50
369	640004161414	2016	−1.5	0.51
369	640251150600	2015	−1.5	0.53
369	640193130798	2013	−1.5	0.49
369	640005187512	2018	−1.5	0.39
369	640251185954	2018	−1.5	0.39
369	640251185895	2018	−1.5	0.39
369	640251186025	2018	−1.5	0.39
369	640251186378	2018	−1.5	0.39
369	640251186329	2018	−1.5	0.39
369	640251185878	2018	−1.5	0.39
369	640251185989	2018	−1.5	0.39
369	640251186289	2018	−1.5	0.39
369	640251186379	2018	−1.5	0.39
369	640251186399	2018	−1.5	0.39

续表

排名	牛号	出生年份	产犊至首次配种间隔 EBV/d	EBV 准确性
369	640251185899	2018	−1.5	0.39
369	640251185900	2018	−1.5	0.39
369	640251186349	2018	−1.5	0.39
369	640251185950	2018	−1.5	0.39
369	640251186304	2018	−1.5	0.39
369	640251185931	2018	−1.5	0.39
369	640251186371	2018	−1.5	0.39
369	640251185914	2018	−1.5	0.39
369	640251186380	2018	−1.5	0.39
369	640251185992	2018	−1.5	0.39
369	640251185887	2018	−1.5	0.39
369	640251185966	2018	−1.5	0.39
369	640251186325	2018	−1.5	0.39
369	640004160819	2016	−1.5	0.52
369	640253204592	2020	−1.5	0.46
369	640251185890	2018	−1.5	0.40
369	640251186319	2018	−1.5	0.46
369	640005185530	2018	−1.5	0.52
369	640253194072	2019	−1.5	0.50
369	640251004623	2017	−1.5	0.52
369	640251006346	2018	−1.5	0.50
369	640005154699	2015	−1.5	0.48
369	640005185381	2018	−1.5	0.48
369	640004136385	2013	−1.5	0.54
369	640251003689	2016	−1.5	0.54
369	640035138302	2012	−1.5	0.52
369	640005185474	2018	−1.5	0.46
369	640253194040	2019	−1.5	0.50

续表

排名	牛号	出生年份	产犊至首次配种间隔 EBV/d	EBV 准确性
369	640251006305	2018	−1.5	0.50
369	640351011056	2017	−1.5	0.46
369	640251012863	2012	−1.5	0.44
369	640251004135	2016	−1.5	0.53
369	640253205217	2020	−1.5	0.45
369	640035201625	2020	−1.5	0.52
369	640251003679	2016	−1.5	0.53
369	640193130661	2013	−1.5	0.55
369	640005124020	2012	−1.5	0.47
369	640005206061	2020	−1.5	0.51
369	640251006038	2018	−1.5	0.52
369	640166110060	2011	−1.5	0.37
369	640251004263	2018	−1.5	0.52
369	640251006352	2018	−1.5	0.44
369	640003195636	2019	−1.5	0.32
369	640166120548	2012	−1.5	0.35
369	640005117799	2014	−1.5	0.42
369	640003162147	2016	−1.5	0.55
369	640005185407	2018	−1.5	0.43
369	640004160928	2016	−1.5	0.54
369	640004208855	2020	−1.5	0.40
369	640005124027	2012	−1.5	0.50
499	640005175248	2017	−1.4	0.54
499	640251017282	2011	−1.4	0.49

附表 11　核心育种场青年牛产犊难易性 EBV 排名前 500 名母牛

排名	牛号	出生年份	青年牛产犊难易性 EBV	EBV 准确性
1	640166182956	2018	−0.063 1	0.51
2	640166182967	2018	−0.062 3	0.50
3	640166182860	2018	−0.062 0	0.51
4	640007174491	2017	−0.059 1	0.49
5	640251006509	2018	−0.058 7	0.49
6	640193180960	2018	−0.057 2	0.49
7	640193181136	2018	−0.055 7	0.50
8	640190180303	2018	−0.055 1	0.49
9	640193180470	2018	−0.054 3	0.51
10	640193171242	2017	−0.054 1	0.50
11	640166182862	2018	−0.053 6	0.51
12	640193172668	2017	−0.053 5	0.49
13	640193180954	2018	−0.053 3	0.50
14	640193171818	2017	−0.053 2	0.50
15	640190180299	2018	−0.053 1	0.48
15	640193190782	2019	−0.053 1	0.36
17	640193180794	2018	−0.052 9	0.39
18	640193173604	2017	−0.052 8	0.50
18	640193180764	2018	−0.052 8	0.39
18	640003172454	2016	−0.052 8	0.41
21	640007174259	2017	−0.052 6	0.46
22	640166182968	2018	−0.052 5	0.49
23	640166182971	2018	−0.052 4	0.49
24	640193171374	2017	−0.052 2	0.50
25	640003162403	2016	−0.052 1	0.41
26	640190180479	2018	−0.051 8	0.50
27	640251006536	2018	−0.051 7	0.50
28	640251006515	2018	−0.051 6	0.51

续表

排名	牛号	出生年份	青年牛产犊难易性 EBV	EBV 准确性
29	640193171642	2017	−0.051 2	0.49
30	640190180911	2018	−0.051 0	0.50
30	640193172352	2017	−0.051 0	0.48
30	640193171868	2017	−0.051 0	0.46
33	640007174265	2017	−0.050 8	0.46
34	640190185164	2018	−0.050 4	0.36
34	640007174574	2017	−0.050 4	0.45
34	640166182865	2018	−0.050 4	0.49
37	640193172502	2017	−0.050 3	0.49
38	640007174575	2017	−0.050 2	0.47
39	640007174347	2017	−0.050 0	0.46
39	640193172680	2017	−0.050 0	0.49
41	640193172396	2017	−0.049 9	0.47
42	640166182949	2018	−0.049 7	0.46
42	640190180309	2018	−0.049 7	0.47
44	640007174545	2017	−0.049 6	0.47
44	640007174278	2017	−0.049 6	0.47
44	640004177201	2017	−0.049 6	0.38
44	640004184328	2019	−0.049 6	0.48
48	640193172518	2017	−0.049 5	0.46
48	640003162393	2016	−0.049 5	0.41
50	640193172394	2017	−0.049 4	0.47
50	640007174477	2017	−0.049 4	0.47
50	640193171608	2017	−0.049 4	0.49
50	640193172344	2017	−0.049 4	0.46
50	640193180880	2018	−0.049 4	0.49
50	640007174556	2017	−0.049 4	0.47
56	640003162449	2016	−0.049 2	0.39

续表

排名	牛号	出生年份	青年牛产犊难易性 EBV	EBV 准确性
57	640193180784	2018	−0.049 1	0.46
58	640193184288	2018	−0.049 0	0.36
59	640190180909	2018	−0.048 9	0.47
60	640251008355	2019	−0.048 8	0.44
60	640193172934	2017	−0.048 8	0.49
62	640190177009	2017	−0.048 7	0.47
63	640193171402	2017	−0.048 6	0.46
64	640190171668	2017	−0.048 5	0.47
64	640193171906	2017	−0.048 5	0.46
64	640007174555	2017	−0.048 5	0.47
67	640007174540	2017	−0.048 4	0.47
68	640251006506	2018	−0.048 3	0.50
68	640004177184	2017	−0.048 3	0.38
68	640193180924	2018	−0.048 3	0.46
68	640166172250	2016	−0.048 3	0.47
68	640193180906	2018	−0.048 3	0.49
73	640193180950	2018	−0.048 2	0.46
73	640193173784	2017	−0.048 2	0.48
73	640193172534	2017	−0.048 2	0.46
73	640251160168	2016	−0.048 2	0.33
73	640193172576	2017	−0.048 2	0.49
78	640193171700	2017	−0.048 1	0.48
78	640193171708	2017	−0.048 1	0.48
80	640003162411	2016	−0.048 0	0.42
80	640166172324	2017	−0.048 0	0.47
80	640193171618	2017	−0.048 0	0.48
83	640193171418	2017	−0.047 9	0.50
83	640193180926	2018	−0.047 9	0.46

续表

排名	牛号	出生年份	青年牛产犊难易性 EBV	EBV 准确性
85	640193180824	2018	−0.047 8	0.46
85	640190180011	2018	−0.047 8	0.49
85	640193180224	2018	−0.047 8	0.46
85	640193172794	2017	−0.047 8	0.46
85	640007174554	2017	−0.047 8	0.47
85	640193180868	2018	−0.047 8	0.46
91	640190180473	2018	−0.047 7	0.46
91	640193172170	2017	−0.047 7	0.49
91	640193172264	2017	−0.047 7	0.49
91	640193172510	2017	−0.047 7	0.46
95	640193180748	2018	−0.047 6	0.46
95	640193180780	2018	−0.047 6	0.46
95	640193171310	2017	−0.047 6	0.46
95	640193172274	2017	−0.047 6	0.46
95	640007174652	2017	−0.047 6	0.47
95	640193171698	2017	−0.047 6	0.49
101	640193180160	2018	−0.047 5	0.49
102	640193184374	2018	−0.047 4	0.34
102	640193171718	2017	−0.047 4	0.45
102	640251170652	2017	−0.047 4	0.47
102	640193180788	2018	−0.047 4	0.49
106	640193171164	2017	−0.047 3	0.46
107	640190185623	2018	−0.047 2	0.38
108	640193172126	2017	−0.047 1	0.46
108	640193180228	2018	−0.047 1	0.48
108	640193172272	2017	−0.047 1	0.49
108	640193172202	2017	−0.047 1	0.49
108	640007174529	2017	−0.047 1	0.47

续表

排名	牛号	出生年份	青年牛产犊难易性 EBV	EBV 准确性
108	640190171702	2017	−0.047 1	0.46
108	640190171278	2017	−0.047 1	0.46
108	640190171550	2017	−0.047 1	0.46
108	640190171764	2017	−0.047 1	0.46
108	640190171734	2017	−0.047 1	0.46
108	640193181130	2018	−0.047 1	0.45
119	640166162198	2016	−0.047 0	0.47
119	640193173686	2017	−0.047 0	0.46
121	640193172584	2017	−0.046 9	0.50
121	640193171318	2017	−0.046 9	0.46
121	640193172546	2017	−0.046 9	0.46
121	640193172928	2017	−0.046 9	0.46
125	640193182628	2018	−0.046 8	0.37
125	640193171774	2017	−0.046 8	0.49
125	640003006527	2018	−0.046 8	0.47
128	640193172144	2017	−0.046 7	0.46
128	640007174516	2017	−0.046 7	0.47
130	640193172382	2017	−0.046 6	0.46
130	640193172332	2017	−0.046 6	0.46
130	640193180882	2018	−0.046 6	0.46
130	640193180422	2018	−0.046 6	0.46
130	640193171382	2017	−0.046 6	0.46
135	640193171646	2017	−0.046 5	0.50
135	640193172242	2017	−0.046 5	0.46
135	640193172244	2017	−0.046 5	0.46
135	640166172309	2017	−0.046 5	0.47
139	640166182940	2018	−0.046 4	0.46
139	640193172528	2017	−0.046 4	0.50

续表

排名	牛号	出生年份	青年牛产犊难易性 EBV	EBV 准确性
139	640193171696	2017	−0.046 4	0.50
139	640193171942	2017	−0.046 4	0.46
143	640193172254	2017	−0.046 3	0.46
143	640193171272	2017	−0.046 3	0.46
143	640193172314	2017	−0.046 3	0.46
143	640193172206	2017	−0.046 3	0.46
143	640193180410	2018	−0.046 3	0.46
143	640193172182	2017	−0.046 3	0.46
143	640193172162	2017	−0.046 3	0.46
143	640193171850	2017	−0.046 3	0.49
143	640193171636	2017	−0.046 3	0.46
143	640193171778	2017	−0.046 3	0.46
153	640166193331	2016	−0.046 2	0.46
153	640166172319	2017	−0.046 2	0.47
153	640004187392	2018	−0.046 2	0.49
156	640251006539	2018	−0.046 1	0.48
156	640007174389	2017	−0.046 1	0.46
156	640193180334	2018	−0.046 1	0.46
156	640193172380	2017	−0.046 1	0.46
156	640193180944	2018	−0.046 1	0.46
156	640193172532	2017	−0.046 1	0.47
162	640193171862	2017	−0.046 0	0.47
162	640190180325	2018	−0.046 0	0.46
162	640190174729	2017	−0.046 0	0.46
162	640190175971	2017	−0.046 0	0.46
162	640190180326	2018	−0.046 0	0.46
162	640190171712	2017	−0.046 0	0.46
162	640003162311	2016	−0.046 0	0.39

续表

排名	牛号	出生年份	青年牛产犊难易性 EBV	EBV 准确性
169	640193180284	2018	−0.045 9	0.50
169	640004184323	2018	−0.045 9	0.46
169	640193184448	2018	−0.045 9	0.34
169	640193185090	2018	−0.045 9	0.34
169	640193185014	2018	−0.045 9	0.34
169	640193184784	2018	−0.045 9	0.34
169	640193184494	2018	−0.045 9	0.34
169	640193184950	2018	−0.045 9	0.34
169	640193172218	2017	−0.045 9	0.50
169	640193181154	2018	−0.045 9	0.49
169	640190180427	2018	−0.045 9	0.46
169	640193172582	2017	−0.045 9	0.50
169	640190180021	2018	−0.045 9	0.46
182	640166193330	2013	−0.045 8	0.46
182	640166193306	2014	−0.045 8	0.46
182	640193180948	2018	−0.045 8	0.46
182	640193172278	2017	−0.045 8	0.46
182	640166182853	2018	−0.045 8	0.47
182	640193171518	2017	−0.045 8	0.46
182	640166182854	2018	−0.045 8	0.47
182	640193172362	2017	−0.045 8	0.46
182	640007174553	2017	−0.045 8	0.49
191	640193184330	2018	−0.045 7	0.34
191	640007174567	2017	−0.045 7	0.47
191	640007174569	2017	−0.045 7	0.47
191	640193171744	2017	−0.045 7	0.46
191	640004187404	2018	−0.045 7	0.48
196	640193171538	2017	−0.045 6	0.46

续表

排名	牛号	出生年份	青年牛产犊难易性 EBV	EBV 准确性
196	640166182863	2018	−0.045 6	0.47
196	640193172336	2017	−0.045 6	0.48
196	640193172340	2017	−0.045 6	0.46
196	640193171674	2017	−0.045 6	0.46
196	640193172220	2017	−0.045 6	0.46
196	640193172262	2017	−0.045 6	0.46
196	640193172554	2017	−0.045 6	0.46
196	640193180226	2018	−0.045 6	0.46
196	640007174563	2017	−0.045 6	0.47
196	640193171246	2017	−0.045 6	0.49
196	640193172414	2017	−0.045 6	0.46
196	640190171390	2017	−0.045 6	0.46
196	640190171556	2017	−0.045 6	0.46
196	640190171740	2017	−0.045 6	0.46
196	640003006523	2018	−0.045 6	0.46
196	640004184295	2018	−0.045 6	0.46
213	640166193321	2015	−0.045 5	0.46
213	640193184828	2018	−0.045 5	0.34
213	640193172712	2017	−0.045 5	0.46
213	640193171684	2017	−0.045 5	0.46
213	640166162205	2016	−0.045 5	0.48
213	640193171252	2017	−0.045 5	0.48
213	640190171682	2017	−0.045 5	0.46
213	640190171442	2017	−0.045 5	0.46
213	640190171746	2017	−0.045 5	0.46
213	640193171900	2017	−0.045 5	0.46
223	640193171806	2017	−0.045 4	0.46
223	640193171802	2017	−0.045 4	0.46

续表

排名	牛号	出生年份	青年牛产犊难易性 EBV	EBV 准确性
223	640193171804	2017	−0.045 4	0.46
223	640193171840	2017	−0.045 4	0.46
223	640003162286	2016	−0.045 4	0.39
228	640193172458	2017	−0.045 3	0.50
228	640166193253	2015	−0.045 3	0.46
228	640193171770	2017	−0.045 3	0.48
228	640193171676	2017	−0.045 3	0.48
228	640193172478	2017	−0.045 3	0.46
228	640193171882	2017	−0.045 3	0.50
228	640007185150	2018	−0.045 3	0.36
228	640193172672	2017	−0.045 3	0.50
228	640193184262	2018	−0.045 3	0.34
228	640166172306	2017	−0.045 3	0.47
238	640193171320	2017	−0.045 2	0.46
238	640193172682	2017	−0.045 2	0.48
238	640004187609	2018	−0.045 2	0.48
238	640193180896	2018	−0.045 2	0.50
238	640193172216	2017	−0.045 2	0.46
238	640193172354	2017	−0.045 2	0.46
238	640166182955	2018	−0.045 2	0.47
245	640007174381	2017	−0.045 1	0.46
245	640166182965	2018	−0.045 1	0.47
245	640193172390	2017	−0.045 1	0.49
245	640003162217	2016	−0.045 1	0.39
245	640193173580	2017	−0.045 1	0.46
245	640193171416	2017	−0.045 1	0.46
245	640193180262	2018	−0.045 1	0.46
245	640193172224	2017	−0.045 1	0.48

续表

排名	牛号	出生年份	青年牛产犊难易性 EBV	EBV 准确性
245	640193172406	2017	−0.045 1	0.48
254	640166182944	2018	−0.045 0	0.49
254	640166182943	2018	−0.045 0	0.49
254	640003167052	2016	−0.045 0	0.38
254	640190172635	2017	−0.045 0	0.44
254	640190176587	2017	−0.045 0	0.46
254	640193171448	2017	−0.045 0	0.49
254	640193173770	2017	−0.045 0	0.50
254	640193172192	2017	−0.045 0	0.46
254	640003162309	2016	−0.045 0	0.39
263	640193172416	2017	−0.044 9	0.49
263	640193171864	2017	−0.044 9	0.46
263	640190162176	2016	−0.044 9	0.40
263	640193172456	2017	−0.044 9	0.46
263	640193172586	2017	−0.044 9	0.46
268	640193171846	2017	−0.044 8	0.49
268	640004184318	2018	−0.044 8	0.46
268	640007174485	2017	−0.044 8	0.47
268	640193172196	2017	−0.044 8	0.48
268	640190171328	2017	−0.044 8	0.46
268	640190180579	2018	−0.044 8	0.46
268	640193172512	2017	−0.044 8	0.48
275	640193171820	2017	−0.044 7	0.46
275	640193171544	2017	−0.044 7	0.46
275	640193171830	2017	−0.044 7	0.46
278	640193172500	2017	−0.044 6	0.48
278	640193171294	2017	−0.044 6	0.46
278	640193173700	2017	−0.044 6	0.46

续表

排名	牛号	出生年份	青年牛产犊难易性 EBV	EBV 准确性
278	640193171794	2017	−0.044 6	0.46
278	640193181038	2018	−0.044 6	0.48
283	640190177161	2017	−0.044 5	0.46
283	640190180079	2018	−0.044 5	0.46
283	640190180355	2018	−0.044 5	0.46
283	640007174537	2017	−0.044 5	0.46
283	640193171322	2017	−0.044 5	0.50
288	640193171704	2017	−0.044 4	0.50
288	640007174564	2017	−0.044 4	0.46
288	640007174352	2017	−0.044 4	0.46
288	640166182952	2018	−0.044 4	0.46
292	640193172308	2017	−0.044 3	0.48
292	640251006486	2018	−0.044 3	0.47
294	640003162266	2016	−0.044 2	0.39
294	640003162267	2016	−0.044 2	0.39
294	640190162300	2016	−0.044 2	0.39
294	640003006517	2018	−0.044 2	0.46
298	640193175252	2017	−0.044 1	0.40
299	640166193338	2015	−0.044 0	0.46
299	640003167054	2016	−0.044 0	0.39
299	640193172602	2017	−0.044 0	0.50
299	640190171354	2017	−0.044 0	0.46
299	640190171756	2017	−0.044 0	0.46
299	640190171190	2017	−0.044 0	0.46
299	640193171792	2017	−0.044 0	0.46
306	640003167069	2016	−0.043 9	0.39
306	640193171842	2017	−0.043 9	0.50
306	640193171878	2017	−0.043 9	0.46

续表

排名	牛号	出生年份	青年牛产犊难易性 EBV	EBV 准确性
306	640193171216	2017	−0.043 9	0.46
306	640190180956	2018	−0.043 9	0.48
306	640193171934	2017	−0.043 9	0.46
312	640193171968	2017	−0.043 8	0.46
312	640004187604	2018	−0.043 8	0.47
312	640190162080	2016	−0.043 8	0.39
312	640003162251	2016	−0.043 8	0.39
316	640193171848	2017	−0.043 7	0.49
316	640003167059	2016	−0.043 7	0.39
316	640251170582	2017	−0.043 7	0.46
316	640251170636	2017	−0.043 7	0.46
316	640193171776	2017	−0.043 7	0.48
316	640193171896	2017	−0.043 7	0.50
316	640003162349	2016	−0.043 7	0.38
323	640166182977	2018	−0.043 6	0.49
323	640253170589	2017	−0.043 6	0.46
323	640193171798	2017	−0.043 6	0.50
323	640193171758	2017	−0.043 6	0.50
327	640166182953	2018	−0.043 5	0.47
327	640251170596	2017	−0.043 5	0.46
327	640193172468	2017	−0.043 5	0.50
327	640166182941	2018	−0.043 5	0.49
327	640003167074	2016	−0.043 5	0.38
327	640253170648	2017	−0.043 5	0.47
327	640190180455	2018	−0.043 5	0.46
327	640193171928	2017	−0.043 5	0.51
327	640003167080	2016	−0.043 5	0.38
336	640253181744	2018	−0.043 4	0.48

续表

排名	牛号	出生年份	青年牛产犊难易性 EBV	EBV 准确性
336	640004187391	2018	−0.043 4	0.47
336	640193171808	2017	−0.043 4	0.49
336	640003167063	2016	−0.043 4	0.40
336	640193171730	2017	−0.043 4	0.50
341	640007174560	2017	−0.043 3	0.46
341	640007174587	2017	−0.043 3	0.46
341	640253160563	2016	−0.043 3	0.47
341	640193172420	2017	−0.043 3	0.44
341	640190171298	2017	−0.043 3	0.46
341	640190171672	2017	−0.043 3	0.46
341	640193171938	2017	−0.043 3	0.50
341	640193171488	2017	−0.043 3	0.51
349	640190181134	2018	−0.043 2	0.48
349	640166162235	2016	−0.043 2	0.47
349	640193171786	2017	−0.043 2	0.46
349	640193171784	2017	−0.043 2	0.46
349	640193171884	2017	−0.043 2	0.46
349	640190171206	2017	−0.043 2	0.46
349	640193180820	2018	−0.043 2	0.44
349	640166203815	2020	−0.043 2	0.28
349	640003167050	2016	−0.043 2	0.39
349	640166162203	2016	−0.043 2	0.47
359	640193180892	2018	−0.043 1	0.46
359	640251006485	2018	−0.043 1	0.47
359	640190185615	2018	−0.043 1	0.37
359	640193173726	2017	−0.043 1	0.47
363	640253181975	2018	−0.043 0	0.46
363	640253181952	2018	−0.043 0	0.46

续表

排名	牛号	出生年份	青年牛产犊难易性 EBV	EBV 准确性
363	640190171652	2017	−0.043 0	0.46
363	640007184711	2018	−0.043 0	0.46
363	640253204468	2020	−0.043 0	0.36
368	640193171726	2017	−0.042 9	0.51
368	640190160975	2016	−0.042 9	0.39
368	640251006468	2018	−0.042 9	0.50
368	640193172268	2017	−0.042 9	0.51
372	640190162344	2016	−0.042 8	0.39
372	640003167065	2016	−0.042 8	0.39
372	640253181956	2017	−0.042 8	0.46
372	640193172266	2017	−0.042 8	0.44
372	640003006557	2018	−0.042 8	0.46
372	640003006537	2018	−0.042 8	0.46
372	640251006519	2018	−0.042 8	0.47
379	640193180770	2018	−0.042 7	0.48
379	640003162373	2016	−0.042 7	0.40
379	640193171506	2017	−0.042 7	0.46
379	640253171025	2017	−0.042 7	0.46
379	640193171356	2017	−0.042 7	0.46
379	640251006501	2018	−0.042 7	0.46
385	640193171212	2017	−0.042 6	0.46
385	640003162297	2016	−0.042 6	0.40
385	640253170626	2017	−0.042 6	0.47
385	640193173728	2017	−0.042 6	0.46
385	640193171872	2017	−0.042 6	0.48
385	640193181026	2018	−0.042 6	0.37
391	640003167076	2016	−0.042 5	0.38
391	640003006477	2018	−0.042 5	0.46

续表

排名	牛号	出生年份	青年牛产犊难易性 EBV	EBV 准确性
391	640003006513	2018	−0.042 5	0.46
391	640003162427	2016	−0.042 5	0.42
391	640166162055	2016	−0.042 5	0.46
391	640004184341	2018	−0.042 5	0.46
397	640251006530	2018	−0.042 4	0.46
397	640003162444	2016	−0.042 4	0.40
397	640193180382	2018	−0.042 4	0.44
397	640193171780	2017	−0.042 4	0.44
397	640253181932	2018	−0.042 4	0.47
397	640253171055	2017	−0.042 4	0.47
403	640193171178	2017	−0.042 3	0.44
403	640166162008	2016	−0.042 3	0.44
403	640251170576	2017	−0.042 3	0.47
403	640004187400	2018	−0.042 3	0.51
403	640004187394	2018	−0.042 3	0.51
403	640004187395	2018	−0.042 3	0.51
409	640193182748	2018	−0.042 2	0.37
409	640007185209	2018	−0.042 2	0.32
411	640193180912	2018	−0.042 1	0.47
411	640253170584	2017	−0.042 1	0.46
411	640193182058	2018	−0.042 1	0.49
411	640003162241	2016	−0.042 1	0.39
415	640253181799	2018	−0.042 0	0.47
415	640003167070	2016	−0.042 0	0.38
415	640251006524	2018	−0.042 0	0.44
415	640253181766	2018	−0.042 0	0.48
419	640004187601	2018	−0.041 9	0.49
419	640003162364	2016	−0.041 9	0.39

续表

排名	牛号	出生年份	青年牛产犊难易性 EBV	EBV 准确性
419	640251006516	2018	−0.041 9	0.46
419	640251170577	2017	−0.041 9	0.47
419	640251170619	2017	−0.041 9	0.47
419	640253204455	2020	−0.041 9	0.36
419	640253181793	2018	−0.041 9	0.47
426	640193172662	2017	−0.041 8	0.51
426	640003162329	2016	−0.041 8	0.38
426	640253171033	2017	−0.041 8	0.48
426	640190160409	2016	−0.041 8	0.39
426	640193172176	2017	−0.041 8	0.44
426	640193181102	2018	−0.041 8	0.48
432	640193171664	2017	−0.041 7	0.48
432	640193172306	2017	−0.041 7	0.48
432	640166193300	2014	−0.041 7	0.44
432	640166193298	2015	−0.041 7	0.44
432	640166193322	2013	−0.041 7	0.44
432	640166193303	2015	−0.041 7	0.44
432	640166193317	2015	−0.041 7	0.44
432	640166193313	2014	−0.041 7	0.44
432	640166193332	2015	−0.041 7	0.44
432	640193180036	2012	−0.041 7	0.44
432	640166193319	2014	−0.041 7	0.44
432	640166193344	2015	−0.041 7	0.44
432	640166193336	2015	−0.041 7	0.44
432	640166193337	2014	−0.041 7	0.44
432	640166193326	2015	−0.041 7	0.44
432	640166193334	2015	−0.041 7	0.44
432	640166193342	2016	−0.041 7	0.44

续表

排名	牛号	出生年份	青年牛产犊难易性 EBV	EBV 准确性
432	640166193297	2014	−0.041 7	0.44
432	640166193310	2015	−0.041 7	0.44
432	640166193353	2015	−0.041 7	0.44
432	640166193311	2012	−0.041 7	0.44
432	640166193318	2015	−0.041 7	0.44
432	640166193302	2012	−0.041 7	0.44
432	640166193304	2015	−0.041 7	0.44
432	640166193309	2015	−0.041 7	0.44
432	640193175184	2014	−0.041 7	0.44
432	640190171838	2017	−0.041 7	0.44
432	640193172150	2017	−0.041 7	0.44
432	640193171396	2017	−0.041 7	0.44
432	640193171306	2017	−0.041 7	0.44
432	640193171450	2017	−0.041 7	0.44
432	640193172728	2017	−0.041 7	0.44
432	640193171392	2017	−0.041 7	0.44
432	640193172210	2017	−0.041 7	0.44
432	640193172448	2017	−0.041 7	0.44
432	640193172670	2017	−0.041 7	0.44
432	640193171290	2017	−0.041 7	0.44
432	640193172348	2017	−0.041 7	0.44
432	640166182945	2018	−0.041 7	0.49
432	640253181788	2018	−0.041 7	0.47
432	640253181910	2018	−0.041 7	0.47
432	640166162177	2016	−0.041 7	0.45
432	640251170586	2017	−0.041 7	0.47
475	640193171348	2017	−0.041 6	0.47
475	640253181939	2018	−0.041 6	0.47

续表

排名	牛号	出生年份	青年牛产犊难易性 EBV	EBV 准确性
475	640193190296	2019	−0.041 6	0.35
475	640351033383	2018	−0.041 6	0.42
475	640190183899	2018	−0.041 6	0.37
475	640190162020	2016	−0.041 6	0.39
475	640193175060	2017	−0.041 6	0.44
475	640193171752	2017	−0.041 6	0.48
475	640166172320	2017	−0.041 6	0.48
475	640193180636	2018	−0.041 6	0.37
475	640004184264	2018	−0.041 6	0.47
486	640253181926	2018	−0.041 5	0.47
486	640193171112	2017	−0.041 5	0.48
486	640253171050	2017	−0.041 5	0.47
486	640253181913	2018	−0.041 5	0.46
486	640009160949	2016	−0.041 5	0.36
486	640351033448	2018	−0.041 5	0.42
486	640166162058	2016	−0.041 5	0.45
486	640193180886	2018	−0.041 5	0.50
486	640190183847	2018	−0.041 5	0.36
495	640251006542	2018	−0.041 4	0.47
495	640253171049	2017	−0.041 4	0.46
495	640251170606	2017	−0.041 4	0.47
495	640193172422	2017	−0.041 4	0.46
495	640193180858	2018	−0.041 4	0.48
495	640253181748	2018	−0.041 4	0.47

附表 12　核心育种场经产牛产犊难易性 EBV 排名前 500 名母牛

排名	牛号	出生年份	经产牛产犊难易性 EBV	EBV 准确性
1	640251005534	2017	−0.064 7	0.46
2	640007174462	2017	−0.064 5	0.48
3	640009181455	2018	−0.063 7	0.44
4	640009171286	2017	−0.060 7	0.44
5	640251198321	2019	−0.058 6	0.38
5	640009181428	2018	−0.058 6	0.44
7	640009171255	2017	−0.058 5	0.48
8	640004136369	2011	−0.057 7	0.38
9	640009181353	2018	−0.057 6	0.40
10	640004136376	2011	−0.057 2	0.39
11	640009181437	2018	−0.057 1	0.45
12	640009181406	2018	−0.055 4	0.42
13	640251005659	2017	−0.055 2	0.42
14	640009171271	2017	−0.054 8	0.48
15	640251005609	2018	−0.054 6	0.43
16	640003141821	2014	−0.054 1	0.49
17	640007152946	2015	−0.054 0	0.53
17	640009171256	2017	−0.054 0	0.46
19	640007152950	2015	−0.053 9	0.51
20	640251005520	2017	−0.053 8	0.41
20	640251005613	2018	−0.053 8	0.41
22	640251007347	2019	−0.053 7	0.43
23	640007152892	2015	−0.053 6	0.52
24	640251005605	2018	−0.053 5	0.46
24	640003151864	2015	−0.053 5	0.46
24	640009181316	2018	−0.053 5	0.43
24	640009181320	2018	−0.053 5	0.47
28	640251197603	2019	−0.053 1	0.40

续表

排名	牛号	出生年份	经产牛产犊难易性 EBV	EBV 准确性
29	640003151839	2014	−0.052 7	0.44
29	640007184890	2018	−0.052 7	0.41
31	640251005551	2017	−0.052 6	0.42
32	640009181431	2018	−0.052 5	0.48
32	640251005578	2018	−0.052 5	0.43
34	640251005553	2018	−0.052 2	0.44
35	640009181354	2018	−0.052 0	0.42
36	640009181361	2018	−0.051 8	0.47
36	640003182894	2018	−0.051 8	0.46
36	640009181436	2018	−0.051 8	0.42
39	640007152967	2015	−0.051 7	0.51
39	640251185605	2018	−0.051 7	0.43
41	640007195317	2019	−0.051 6	0.42
42	640009171266	2017	−0.051 5	0.44
43	640251004646	2017	−0.051 4	0.35
44	640009181363	2018	−0.051 3	0.46
44	640009181400	2018	−0.051 3	0.40
44	640003151868	2015	−0.051 3	0.43
44	640007184781	2018	−0.051 3	0.45
48	640251005552	2018	−0.050 9	0.42
48	640007153554	2015	−0.050 9	0.51
48	640009181424	2018	−0.050 9	0.39
48	640251005608	2018	−0.050 9	0.38
52	640190142964	2014	−0.050 7	0.53
53	640009181412	2018	−0.050 6	0.42
54	640007174290	2017	−0.050 5	0.44
55	640007152878	2015	−0.050 4	0.51
56	640009181397	2018	−0.050 3	0.39

续表

排名	牛号	出生年份	经产牛产犊难易性 EBV	EBV 准确性
56	640004172771	2017	−0.050 3	0.39
56	640251005540	2017	−0.050 3	0.47
59	640007152989	2015	−0.050 1	0.49
60	640003182896	2018	−0.050 0	0.47
60	640007174614	2017	−0.050 0	0.43
62	640009181434	2018	−0.049 4	0.39
63	640009160837	2016	−0.049 2	0.39
63	640007152961	2015	−0.049 2	0.50
63	640009181425	2018	−0.049 2	0.45
66	640007174602	2017	−0.049 1	0.43
66	640009181390	2018	−0.049 1	0.40
66	640251198329	2019	−0.049 1	0.41
69	640251007407	2019	−0.048 9	0.39
69	640003151859	2011	−0.048 9	0.48
69	640009181416	2018	−0.048 9	0.39
69	640007174538	2017	−0.048 9	0.50
73	640003182933	2018	−0.048 8	0.44
73	640190143380	2014	−0.048 8	0.49
75	640009181310	2018	−0.048 6	0.46
75	640004136373	2013	−0.048 6	0.41
77	640190143370	2014	−0.048 5	0.51
77	640251005633	2018	−0.048 5	0.43
79	640251198350	2019	−0.048 3	0.39
80	640009202164	2020	−0.048 2	0.31
80	640007152938	2015	−0.048 2	0.49
80	640251198206	2019	−0.048 2	0.40
83	640009181401	2018	−0.048 0	0.46
83	640007153544	2015	−0.048 0	0.51

续表

排名	牛号	出生年份	经产牛产犊难易性 EBV	EBV 准确性
85	640251005632	2018	−0.047 9	0.43
85	640251010472	2012	−0.047 9	0.42
87	640005154522	2015	−0.047 8	0.51
87	640007174642	2017	−0.047 8	0.47
87	640009201994	2020	−0.047 8	0.30
90	640007174310	2017	−0.047 7	0.49
91	640251007562	2019	−0.047 6	0.40
91	640009181462	2018	−0.047 6	0.38
91	640004172708	2017	−0.047 6	0.36
94	640190142822	2014	−0.047 5	0.50
94	640007184709	2018	−0.047 5	0.38
94	640190143289	2014	−0.047 5	0.51
97	640007174473	2017	−0.047 4	0.43
97	640251007599	2018	−0.047 4	0.41
99	640007152971	2015	−0.047 2	0.51
99	640009181334	2018	−0.047 2	0.40
99	640007174623	2017	−0.047 2	0.40
102	640009171269	2017	−0.047 1	0.48
103	640009181359	2018	−0.047 0	0.47
103	640007153560	2015	−0.047 0	0.49
103	640007185165	2018	−0.047 0	0.40
103	640007174646	2017	−0.047 0	0.47
103	640007153618	2015	−0.047 0	0.49
108	640190143299	2014	−0.046 9	0.53
108	640007152958	2015	−0.046 9	0.49
108	640009202005	2020	−0.046 9	0.30
108	640004136368	2011	−0.046 9	0.41
112	640190131211	2014	−0.046 8	0.49

续表

排名	牛号	出生年份	经产牛产犊难易性 EBV	EBV 准确性
112	640009181346	2018	−0.046 8	0.39
112	640009160793	2016	−0.046 8	0.30
112	640007184720	2018	−0.046 8	0.38
112	640007184847	2018	−0.046 8	0.41
117	640251015232	2011	−0.046 7	0.48
117	640003151855	2015	−0.046 7	0.49
119	640190142840	2014	−0.046 5	0.49
120	640009181344	2018	−0.046 4	0.39
120	640009181471	2018	−0.046 4	0.40
122	640251013955	2011	−0.046 2	0.44
122	640009181329	2018	−0.046 2	0.39
122	640251007534	2019	−0.046 2	0.45
125	640003151893	2015	−0.046 1	0.52
125	640007184882	2018	−0.046 1	0.43
125	640251016868	2012	−0.046 1	0.43
125	640190142867	2014	−0.046 1	0.49
125	640190143449	2014	−0.046 1	0.47
130	640009181452	2018	−0.046 0	0.39
130	640003151875	2015	−0.046 0	0.46
130	640190143378	2014	−0.046 0	0.49
130	640251006670	2018	−0.046 0	0.44
130	640004172762	2017	−0.046 0	0.37
130	640003172478	2017	−0.046 0	0.51
130	640251197315	2019	−0.046 0	0.39
137	640007174293	2017	−0.045 9	0.43
138	640003162395	2016	−0.045 8	0.49
138	640251005550	2017	−0.045 8	0.41
138	640007184740	2018	−0.045 8	0.38

续表

排名	牛号	出生年份	经产牛产犊难易性 EBV	EBV 准确性
138	640003141832	2014	−0.045 8	0.54
138	640004136383	2013	−0.045 8	0.35
138	640004172763	2017	−0.045 8	0.36
144	640251007462	2019	−0.045 7	0.39
144	640009160800	2016	−0.045 7	0.34
146	640251015087	2011	−0.045 6	0.46
146	640190143468	2014	−0.045 6	0.54
146	640007174460	2017	−0.045 6	0.43
149	640190143040	2014	−0.045 4	0.50
149	640253171594	2017	−0.045 4	0.43
149	640253193685	2019	−0.045 4	0.43
149	640007184726	2018	−0.045 4	0.38
153	640009181307	2018	−0.045 3	0.40
153	640009181564	2018	−0.045 3	0.41
153	640003172468	2017	−0.045 3	0.51
156	640004136380	2013	−0.045 2	0.30
156	640190142870	2014	−0.045 2	0.46
158	640007174301	2017	−0.045 1	0.43
158	640007152969	2015	−0.045 1	0.49
158	640007152939	2015	−0.045 1	0.46
158	640251006566	2018	−0.045 1	0.42
158	640007184910	2018	−0.045 1	0.48
158	640251198320	2019	−0.045 1	0.40
164	640003141834	2014	−0.045 0	0.46
164	640253193692	2019	−0.045 0	0.40
164	640251007520	2019	−0.045 0	0.43
164	640253171598	2017	−0.045 0	0.42
164	640190141534	2014	−0.045 0	0.55

续表

排名	牛号	出生年份	经产牛产犊难易性 EBV	EBV 准确性
164	640007174639	2017	−0.045 0	0.46
170	640251197442	2019	−0.044 9	0.40
170	640004136377	2011	−0.044 9	0.31
172	640007152977	2015	−0.044 8	0.51
172	640251007448	2019	−0.044 8	0.41
172	640003151861	2015	−0.044 8	0.52
172	640009160814	2016	−0.044 8	0.34
172	640004159992	2015	−0.044 8	0.44
177	640004172704	2017	−0.044 7	0.36
177	640251007429	2019	−0.044 7	0.45
179	640251005543	2017	−0.044 6	0.39
179	640251007386	2019	−0.044 6	0.39
181	640007184745	2018	−0.044 5	0.47
181	640251007523	2019	−0.044 5	0.39
183	640007174453	2017	−0.044 4	0.42
183	640251007320	2019	−0.044 4	0.40
183	640007152935	2015	−0.044 4	0.49
186	640190143238	2014	−0.044 3	0.50
186	640251007404	2019	−0.044 3	0.38
188	640190142913	2014	−0.044 2	0.48
189	640251007532	2019	−0.044 1	0.41
189	640253181747	2018	−0.044 1	0.39
191	640251198259	2019	−0.044 0	0.42
191	640190142891	2014	−0.044 0	0.47
191	640007174339	2017	−0.044 0	0.40
191	640007153619	2015	−0.044 0	0.47
191	640007174607	2017	−0.044 0	0.37
191	640253181707	2018	−0.044 0	0.42

续表

排名	牛号	出生年份	经产牛产犊难易性 EBV	EBV 准确性
197	640251007581	2018	−0.043 9	0.40
197	640251016593	2011	−0.043 9	0.43
197	640190142940	2014	−0.043 9	0.48
197	640007174343	2017	−0.043 9	0.40
201	640009181410	2018	−0.043 8	0.42
201	640007174635	2017	−0.043 8	0.40
203	640190142919	2014	−0.043 7	0.46
204	640007184888	2018	−0.043 6	0.40
204	640253171608	2017	−0.043 6	0.42
204	640253193693	2019	−0.043 6	0.41
204	640190143365	2014	−0.043 6	0.50
204	640007174470	2017	−0.043 6	0.40
209	640007195554	2019	−0.043 5	0.46
210	640003162232	2016	−0.043 4	0.56
210	640251015016	2012	−0.043 4	0.41
210	640003152038	2015	−0.043 4	0.51
210	640253171677	2017	−0.043 4	0.39
210	640251006581	2018	−0.043 4	0.41
210	640190142804	2014	−0.043 4	0.52
210	640251007507	2019	−0.043 4	0.42
217	640007174493	2017	−0.043 3	0.40
217	640003151857	2015	−0.043 3	0.54
217	640251007019	2019	−0.043 3	0.40
217	640251185578	2018	−0.043 3	0.35
217	640251016763	2011	−0.043 3	0.40
217	640007152948	2015	−0.043 3	0.47
223	640190142896	2014	−0.043 2	0.52
223	640190143386	2014	−0.043 2	0.52

续表

排名	牛号	出生年份	经产牛产犊难易性 EBV	EBV 准确性
223	640253171622	2017	−0.043 2	0.40
223	640009201981	2020	−0.043 2	0.30
223	640251005838	2018	−0.043 2	0.39
228	640251006761	2018	−0.043 1	0.42
229	640251198216	2019	−0.043 0	0.42
229	640251005619	2018	−0.043 0	0.39
229	640251005054	2017	−0.043 0	0.50
229	640190143470	2014	−0.043 0	0.49
233	640003151867	2015	−0.042 9	0.47
233	640007184950	2018	−0.042 9	0.47
233	640007152966	2015	−0.042 9	0.49
236	640007185169	2018	−0.042 8	0.40
236	640007174613	2017	−0.042 8	0.40
236	640251012699	2011	−0.042 8	0.47
236	640190141471	2014	−0.042 8	0.50
236	640190141368	2014	−0.042 8	0.52
236	640251015345	2011	−0.042 8	0.37
242	640190140331	2014	−0.042 7	0.47
242	640251015051	2011	−0.042 7	0.36
242	640007184800	2018	−0.042 7	0.44
242	640005175088	2017	−0.042 7	0.54
242	640251185622	2018	−0.042 7	0.35
242	640251185610	2018	−0.042 7	0.35
242	640251175540	2017	−0.042 7	0.35
242	640251185637	2018	−0.042 7	0.35
242	640251175553	2017	−0.042 7	0.35
242	640251185636	2018	−0.042 7	0.35
242	640251175551	2017	−0.042 7	0.35

续表

排名	牛号	出生年份	经产牛产犊难易性 EBV	EBV 准确性
242	640251185695	2018	−0.042 7	0.35
242	640251175534	2017	−0.042 7	0.35
242	640251185599	2018	−0.042 7	0.35
242	640251185612	2018	−0.042 7	0.35
242	640251185609	2018	−0.042 7	0.35
242	640251185603	2018	−0.042 7	0.35
242	640251185617	2018	−0.042 7	0.35
242	640007174337	2017	−0.042 7	0.40
261	640003172497	2016	−0.042 6	0.50
261	640190142818	2014	−0.042 6	0.53
261	640190141501	2014	−0.042 6	0.54
264	640251198050	2019	−0.042 5	0.39
264	640190142893	2014	−0.042 5	0.52
264	640005154578	2015	−0.042 5	0.49
264	640251015190	2011	−0.042 5	0.37
264	640009181387	2018	−0.042 5	0.47
264	640190142945	2014	−0.042 5	0.49
270	640251007432	2019	−0.042 4	0.40
270	640190142810	2014	−0.042 4	0.50
270	640007174489	2017	−0.042 4	0.40
270	640253171659	2017	−0.042 4	0.43
274	640007184733	2018	−0.042 3	0.34
274	640007174447	2017	−0.042 3	0.40
274	640251007466	2019	−0.042 3	0.41
277	640190143039	2014	−0.042 2	0.50
277	640004156758	2015	−0.042 2	0.57
277	640007174338	2017	−0.042 2	0.40
277	640190143225	2014	−0.042 2	0.50

续表

排名	牛号	出生年份	经产牛产犊难易性 EBV	EBV 准确性
281	640007185195	2018	−0.042 1	0.42
281	640251005184	2017	−0.042 1	0.51
281	640253171644	2017	−0.042 1	0.40
284	640251013000	2011	−0.042 0	0.40
284	640007143192	2014	−0.042 0	0.44
284	640007185275	2018	−0.042 0	0.44
287	640251197393	2019	−0.041 9	0.42
287	640251005626	2018	−0.041 9	0.42
287	640190141274	2014	−0.041 9	0.52
287	640190142836	2014	−0.041 9	0.53
287	640251007047	2019	−0.041 9	0.41
287	640007184748	2018	−0.041 9	0.47
287	640003182942	2018	−0.041 9	0.39
294	640003162231	2016	−0.041 8	0.50
294	640253171678	2017	−0.041 8	0.39
294	640253171612	2017	−0.041 8	0.39
297	640005154478	2015	−0.041 7	0.54
297	640251016715	2011	−0.041 7	0.40
297	640253171645	2017	−0.041 7	0.42
297	640004136372	2011	−0.041 7	0.34
297	640253171631	2017	−0.041 7	0.42
297	640190143243	2014	−0.041 7	0.50
303	640009171187	2017	−0.041 6	0.49
303	640007184862	2018	−0.041 6	0.34
303	640253193741	2019	−0.041 6	0.43
303	640251007628	2018	−0.041 6	0.38
303	640251197628	2019	−0.041 6	0.38
303	640251006648	2018	−0.041 6	0.43

续表

排名	牛号	出生年份	经产牛产犊难易性 EBV	EBV 准确性
303	640190142727	2014	−0.041 6	0.47
303	640190142811	2014	−0.041 6	0.49
311	640251005128	2017	−0.041 5	0.52
311	640007184818	2018	−0.041 5	0.37
311	640190142968	2014	−0.041 5	0.47
314	640190143011	2014	−0.041 4	0.48
314	640251013113	2011	−0.041 4	0.48
314	640251016335	2011	−0.041 4	0.36
314	640009171283	2017	−0.041 4	0.46
314	640009181366	2018	−0.041 4	0.48
314	640190142856	2014	−0.041 4	0.46
314	640190143066	2014	−0.041 4	0.44
314	640007184750	2018	−0.041 4	0.34
314	640007184840	2018	−0.041 4	0.34
323	640007174505	2017	−0.041 3	0.51
323	640009160809	2016	−0.041 3	0.39
323	640251016517	2011	−0.041 3	0.31
323	640253171682	2017	−0.041 3	0.39
323	640007184845	2018	−0.041 3	0.53
323	640251006580	2018	−0.041 3	0.46
323	640190142931	2014	−0.041 3	0.45
323	640253193896	2019	−0.041 3	0.45
323	640007174471	2017	−0.041 3	0.40
332	640190143273	2014	−0.041 2	0.50
332	640251208557	2020	−0.041 2	0.32
332	640251007450	2019	−0.041 2	0.45
332	640190142726	2014	−0.041 2	0.47
332	640251198260	2019	−0.041 2	0.36

续表

排名	牛号	出生年份	经产牛产犊难易性 EBV	EBV 准确性
332	640251005611	2018	−0.041 2	0.43
338	640190130084	2013	−0.041 1	0.48
338	640003141836	2014	−0.041 1	0.45
338	640004146474	2014	−0.041 1	0.46
338	640009150488	2020	−0.041 1	0.49
338	640253193817	2019	−0.041 1	0.43
343	640009160781	2016	−0.041 0	0.39
343	640251005805	2018	−0.041 0	0.35
343	640007153559	2015	−0.041 0	0.44
346	640193142866	2014	−0.040 9	0.47
346	640007184742	2018	−0.040 9	0.44
348	640251015158	2012	−0.040 8	0.42
349	640190141500	2014	−0.040 7	0.53
350	640190143471	2014	−0.040 6	0.53
350	640190141651	2014	−0.040 6	0.52
352	640007184811	2018	−0.040 5	0.46
352	640251185816	2018	−0.040 5	0.35
352	640251185808	2018	−0.040 5	0.35
352	640251185807	2018	−0.040 5	0.35
352	640251005837	2018	−0.040 5	0.35
352	640251005864	2018	−0.040 5	0.35
352	640251185871	2018	−0.040 5	0.35
352	640007152980	2015	−0.040 5	0.47
352	640190143438	2014	−0.040 5	0.48
361	640007143184	2014	−0.040 4	0.46
361	640004146507	2014	−0.040 4	0.44
363	640251005630	2018	−0.040 3	0.44
363	640007184812	2018	−0.040 3	0.36

续表

排名	牛号	出生年份	经产牛产犊难易性 EBV	EBV 准确性
363	640193143462	2014	−0.040 3	0.48
363	640003151871	2015	−0.040 3	0.49
363	640004146646	2015	−0.040 3	0.54
363	640007185268	2018	−0.040 3	0.42
369	640190143030	2014	−0.040 2	0.45
369	640009181382	2018	−0.040 2	0.44
369	640007152973	2015	−0.040 2	0.47
369	640251007379	2019	−0.040 2	0.39
373	640007195696	2019	−0.040 1	0.35
373	640253182880	2018	−0.040 1	0.42
373	640251198317	2019	−0.040 1	0.39
373	640190143233	2014	−0.040 1	0.50
373	640190141483	2014	−0.040 1	0.55
373	640190143239	2014	−0.040 1	0.47
373	640190143213	2014	−0.040 1	0.47
373	640253193715	2019	−0.040 1	0.40
381	640003151877	2015	−0.040 0	0.47
381	640190141614	2014	−0.040 0	0.53
381	640007184731	2018	−0.040 0	0.40
381	640190142999	2014	−0.040 0	0.45
381	640251016255	2011	−0.040 0	0.44
386	640190142687	2014	−0.039 9	0.47
387	640190130093	2013	−0.039 8	0.50
388	640190130039	2013	−0.039 7	0.48
388	640007174539	2017	−0.039 7	0.45
390	640251015040	2012	−0.039 6	0.40
390	640190141570	2014	−0.039 6	0.53
390	640003182914	2018	−0.039 6	0.46

续表

排名	牛号	出生年份	经产牛产犊难易性 EBV	EBV 准确性
390	640190141485	2014	−0.039 6	0.50
390	640193143016	2014	−0.039 6	0.47
390	640251007398	2019	−0.039 6	0.44
390	640004146548	2011	−0.039 6	0.32
390	640190141429	2014	−0.039 6	0.50
398	640190141507	2014	−0.039 5	0.50
398	640251007473	2019	−0.039 5	0.40
400	640251005161	2017	−0.039 4	0.50
400	640251198220	2019	−0.039 4	0.40
400	640251003613	2016	−0.039 4	0.44
400	640190143258	2014	−0.039 4	0.47
400	640003007596	2019	−0.039 4	0.40
400	640007174340	2017	−0.039 4	0.36
406	640005154603	2015	−0.039 3	0.50
406	640003007496	2019	−0.039 3	0.40
406	640007174345	2017	−0.039 3	0.36
406	640007174334	2017	−0.039 3	0.36
406	640190141379	2014	−0.039 3	0.53
406	640190141550	2014	−0.039 3	0.51
406	640004177287	2017	−0.039 3	0.44
406	640251005067	2017	−0.039 3	0.51
406	640007153502	2015	−0.039 3	0.41
415	640003007885	2019	−0.039 2	0.39
415	640007174332	2017	−0.039 2	0.37
415	640007174573	2017	−0.039 2	0.48
415	640193143001	2014	−0.039 2	0.47
415	640251005148	2017	−0.039 2	0.52
415	640251005143	2017	−0.039 2	0.50

续表

排名	牛号	出生年份	经产牛产犊难易性 EBV	EBV 准确性
415	640007174463	2017	−0.039 2	0.36
415	640193154154	2015	−0.039 2	0.47
415	640009181380	2018	−0.039 2	0.47
415	640251005050	2017	−0.039 2	0.50
415	640007195578	2019	−0.039 2	0.35
415	640190143457	2014	−0.039 2	0.45
415	640251005071	2017	−0.039 2	0.48
428	640251017113	2011	−0.039 1	0.48
428	640190142722	2014	−0.039 1	0.45
428	640190143499	2014	−0.039 1	0.47
428	640007185186	2018	−0.039 1	0.42
428	640251005638	2017	−0.039 1	0.45
433	640190141296	2014	−0.039 0	0.50
433	640193142816	2014	−0.039 0	0.48
433	640251007012	2019	−0.039 0	0.40
433	640253181923	2018	−0.039 0	0.40
433	640190143065	2014	−0.039 0	0.47
433	640007195468	2019	−0.039 0	0.41
433	640190130407	2014	−0.039 0	0.50
433	640190142918	2014	−0.039 0	0.45
433	640190141512	2014	−0.039 0	0.53
433	640004172754	2017	−0.039 0	0.25
433	640253172807	2017	−0.039 0	0.25
444	640009150498	2015	−0.038 9	0.45
444	640190130090	2013	−0.038 9	0.46
444	640253182893	2018	−0.038 9	0.40
444	640003007457	2019	−0.038 9	0.40
444	640007206408	2020	−0.038 9	0.40

续表

排名	牛号	出生年份	经产牛产犊难易性 EBV	EBV 准确性
444	640190142843	2014	−0.038 9	0.46
450	640251185821	2018	−0.038 8	0.28
450	640251185833	2018	−0.038 8	0.28
450	640251185818	2018	−0.038 8	0.28
450	640190142737	2014	−0.038 8	0.45
450	640007182475	2018	−0.038 8	0.43
450	640007174588	2017	−0.038 8	0.44
450	640190141449	2014	−0.038 8	0.52
450	640190140332	2014	−0.038 8	0.45
450	640253193759	2019	−0.038 8	0.39
450	640009191681	2019	−0.038 8	0.41
460	640007174515	2017	−0.038 7	0.36
460	640190143254	2014	−0.038 7	0.45
460	640251016212	2011	−0.038 7	0.37
460	640003151878	2015	−0.038 7	0.50
460	640190140035	2014	−0.038 7	0.45
460	640251006604	2018	−0.038 7	0.38
466	640009150602	2015	−0.038 6	0.46
466	640005154513	2015	−0.038 6	0.50
466	640003151883	2015	−0.038 6	0.51
466	640193142820	2014	−0.038 6	0.43
466	640007152949	2015	−0.038 6	0.44
466	640007152962	2015	−0.038 6	0.44
466	640190142986	2014	−0.038 6	0.46
466	640251015494	2011	−0.038 6	0.37
466	640009181417	2018	−0.038 6	0.38
466	640004156801	2015	−0.038 6	0.54
476	640005154514	2015	−0.038 5	0.54

续表

排名	牛号	出生年份	经产牛产犊难易性 EBV	EBV 准确性
476	640251007333	2019	−0.038 5	0.38
476	640193142897	2014	−0.038 5	0.47
476	640251007395	2019	−0.038 5	0.45
476	640251016719	2011	−0.038 5	0.38
476	640251006589	2018	−0.038 5	0.42
476	640251006664	2018	−0.038 5	0.41
476	640007174464	2017	−0.038 5	0.36
484	640193143063	2014	−0.038 4	0.47
484	640003172526	2017	−0.038 4	0.42
484	640007195661	2019	−0.038 4	0.42
484	640004177284	2017	−0.038 4	0.43
484	640251006659	2018	−0.038 4	0.42
484	640004146630	2014	−0.038 4	0.50
490	640004136381	2013	−0.038 3	0.33
490	640251015402	2011	−0.038 3	0.50
492	640190142879	2014	−0.038 2	0.45
492	640190143010	2014	−0.038 2	0.45
492	640251006569	2018	−0.038 2	0.41
492	640190140335	2014	−0.038 2	0.45
492	640251006732	2018	−0.038 2	0.45
497	640190143486	2014	−0.038 1	0.45
497	640251006759	2018	−0.038 1	0.40
497	640009181314	2018	−0.038 1	0.44
497	640004198433	2019	−0.038 1	0.36

附表 13 核心育种场青年牛死产率 EBV 排名前 500 名母牛

排名	牛号	出生年份	青年牛死产率 EBV	EBV 准确性
1	640166182860	2018	−0.031 1	0.46
2	640253171034	2017	−0.030 6	0.46
3	640166182967	2018	−0.030 3	0.45
4	640253171020	2017	−0.030 2	0.45
5	640253171053	2017	−0.030 1	0.45
6	640253171048	2017	−0.029 7	0.45
7	640251006525	2018	−0.029 1	0.46
8	640166182956	2018	−0.028 4	0.46
9	640193172680	2017	−0.028 3	0.44
10	640193172668	2017	−0.028 1	0.44
11	640253181933	2018	−0.027 8	0.45
12	640193180954	2018	−0.027 5	0.46
13	640193180470	2018	−0.027 4	0.46
14	640193171818	2017	−0.027 2	0.45
14	640193171242	2017	−0.027 2	0.46
14	640190181957	2018	−0.027 2	0.30
17	640193173604	2017	−0.027 1	0.45
17	640005164934	2016	−0.027 1	0.38
19	640193171374	2017	−0.027 0	0.45
20	640253171033	2017	−0.026 8	0.43
21	640193181136	2018	−0.026 7	0.45
21	640190181903	2018	−0.026 7	0.31
21	640004187395	2018	−0.026 7	0.45
24	640190180978	2018	−0.026 5	0.42
24	640190181811	2018	−0.026 5	0.30
26	640190180479	2018	−0.026 5	0.45
27	640193180918	2018	−0.026 4	0.43
27	640253171049	2017	−0.026 4	0.42

续表

排名	牛号	出生年份	青年牛死产率 EBV	EBV 准确性
27	640193181172	2018	−0.026 4	0.43
27	640193180912	2018	−0.026 4	0.43
31	640190181853	2018	−0.026 3	0.30
32	640190182039	2018	−0.026 2	0.31
32	640190181823	2018	−0.026 2	0.30
32	640193180968	2018	−0.026 2	0.43
32	640190182059	2018	−0.026 2	0.30
36	640190182025	2018	−0.026 1	0.30
37	640190182177	2018	−0.026 0	0.30
37	640190181869	2018	−0.026 0	0.30
37	640190182201	2018	−0.026 0	0.30
37	640251006538	2018	−0.026 0	0.45
37	640190181917	2018	−0.026 0	0.30
42	640166162048	2016	−0.025 9	0.40
43	640166162124	2016	−0.025 8	0.40
43	640193180932	2018	−0.025 8	0.42
45	640190182013	2018	−0.025 7	0.30
45	640193181088	2018	−0.025 7	0.43
47	640166162050	2016	−0.025 6	0.40
47	640166161927	2016	−0.025 6	0.39
49	640190181983	2018	−0.025 5	0.30
49	640190182035	2018	−0.025 5	0.30
49	640190181893	2018	−0.025 5	0.30
49	640035160316	2016	−0.025 5	0.40
53	640193181190	2018	−0.025 4	0.43
53	640193180866	2018	−0.025 4	0.43
55	640166182939	2018	−0.025 3	0.42
56	640193171608	2017	−0.025 2	0.44

续表

排名	牛号	出生年份	青年牛死产率 EBV	EBV 准确性
57	640193171208	2017	−0.025 1	0.44
58	640193171642	2017	−0.025 0	0.44
59	640193172502	2017	−0.024 9	0.44
60	640166182854	2018	−0.024 8	0.43
61	640166182853	2018	−0.024 7	0.43
61	640193172396	2017	−0.024 7	0.42
63	640193171320	2017	−0.024 5	0.42
63	640004187601	2018	−0.024 5	0.44
63	640193171310	2017	−0.024 5	0.42
63	640253170626	2017	−0.024 5	0.43
63	640193172162	2017	−0.024 5	0.42
68	640193180874	2018	−0.024 4	0.43
68	640193180886	2018	−0.024 4	0.46
70	640193172394	2017	−0.024 3	0.42
70	640193173012	2017	−0.024 3	0.46
70	640193171798	2017	−0.024 3	0.46
70	640193171758	2017	−0.024 3	0.46
70	640193173662	2017	−0.024 3	0.42
75	640193171826	2017	−0.024 2	0.42
75	640193180510	2018	−0.024 2	0.44
75	640253181766	2018	−0.024 2	0.43
75	640004187404	2018	−0.024 2	0.43
75	640193172370	2017	−0.024 2	0.44
80	640251006519	2018	−0.024 1	0.42
80	640253170648	2017	−0.024 1	0.42
80	640193171776	2017	−0.024 1	0.45
80	640193172672	2017	−0.024 1	0.46
80	640193172576	2017	−0.024 1	0.44

续表

排名	牛号	出生年份	青年牛死产率 EBV	EBV 准确性
85	640190180911	2018	−0.024 0	0.46
85	640193173770	2017	−0.024 0	0.45
85	640193172170	2017	−0.024 0	0.44
85	640193181154	2018	−0.024 0	0.44
85	640004187393	2018	−0.024 0	0.44
90	640193171892	2017	−0.023 9	0.44
90	640193172548	2017	−0.023 9	0.44
90	640193181204	2018	−0.023 9	0.45
90	640193172344	2017	−0.023 9	0.43
90	640193171112	2017	−0.023 9	0.45
95	640193171618	2017	−0.023 8	0.43
95	640193180266	2018	−0.023 8	0.43
95	640190181134	2018	−0.023 8	0.45
95	640166182976	2018	−0.023 8	0.43
95	640166182865	2018	−0.023 8	0.44
95	640193172270	2017	−0.023 8	0.46
95	640193172458	2017	−0.023 8	0.46
95	640004184264	2018	−0.023 8	0.42
95	640253170659	2017	−0.023 8	0.44
104	640193171476	2017	−0.023 7	0.44
104	640193172144	2017	−0.023 7	0.42
104	640166182968	2018	−0.023 7	0.44
104	640253181742	2018	−0.023 7	0.43
104	640193171934	2017	−0.023 7	0.42
104	640193171896	2017	−0.023 7	0.46
104	640004187609	2018	−0.023 7	0.43
104	640193172934	2017	−0.023 7	0.44
104	640193172272	2017	−0.023 7	0.44

续表

排名	牛号	出生年份	青年牛死产率 EBV	EBV 准确性
104	640193172202	2017	−0.023 7	0.44
104	640193171416	2017	−0.023 7	0.41
104	640253170617	2017	−0.023 7	0.42
116	640004187392	2018	−0.023 6	0.44
116	640007174533	2017	−0.023 6	0.42
116	640193173726	2017	−0.023 6	0.43
116	640193171730	2017	−0.023 6	0.46
116	640253181808	2018	−0.023 6	0.44
116	640007174543	2017	−0.023 6	0.43
116	640166182961	2018	−0.023 6	0.42
116	640166182950	2018	−0.023 6	0.42
116	640193172264	2017	−0.023 6	0.44
116	640190180956	2018	−0.023 6	0.43
116	640007174347	2017	−0.023 6	0.42
127	640193173764	2017	−0.023 5	0.43
127	640193180284	2018	−0.023 5	0.46
127	640193171868	2017	−0.023 5	0.42
127	640004184328	2019	−0.023 5	0.43
127	640193172308	2017	−0.023 5	0.43
127	640005144432	2014	−0.023 5	0.26
127	640166182951	2018	−0.023 5	0.41
134	640253171055	2017	−0.023 4	0.42
134	640190182289	2018	−0.023 4	0.42
134	640003006527	2018	−0.023 4	0.42
134	640253170600	2017	−0.023 4	0.42
134	640253181788	2018	−0.023 4	0.42
134	640193171402	2017	−0.023 4	0.42
134	640007174259	2017	−0.023 4	0.42

续表

排名	牛号	出生年份	青年牛死产率 EBV	EBV 准确性
134	640193171770	2017	−0.023 4	0.43
134	640193171676	2017	−0.023 4	0.43
134	640007174575	2017	−0.023 4	0.43
134	640193171708	2017	−0.023 4	0.43
145	640193180160	2018	−0.023 3	0.44
145	640193181392	2018	−0.023 3	0.42
145	640004184295	2018	−0.023 3	0.42
145	640251006541	2018	−0.023 3	0.45
145	640193171382	2017	−0.023 3	0.42
145	640193171872	2017	−0.023 3	0.44
145	640193172214	2017	−0.023 3	0.44
145	640007174477	2017	−0.023 3	0.42
145	640253181807	2018	−0.023 3	0.46
145	640193180896	2018	−0.023 3	0.46
145	640193171322	2017	−0.023 3	0.46
145	640193171700	2017	−0.023 3	0.43
145	640005144450	2014	−0.023 3	0.23
145	640004187399	2018	−0.023 3	0.44
145	640193171252	2017	−0.023 3	0.44
160	640007174532	2017	−0.023 2	0.43
160	640253181938	2018	−0.023 2	0.45
160	640253170635	2017	−0.023 2	0.43
160	640193180228	2018	−0.023 2	0.44
160	640193180824	2018	−0.023 2	0.42
160	640004187400	2018	−0.023 2	0.46
160	640004187394	2018	−0.023 2	0.46
160	640007174652	2017	−0.023 2	0.42
160	640253181799	2018	−0.023 2	0.42

续表

排名	牛号	出生年份	青年牛死产率 EBV	EBV 准确性
160	640004187396	2018	−0.023 2	0.44
160	640253170616	2017	−0.023 2	0.43
160	640253181793	2018	−0.023 2	0.43
160	640253170677	2017	−0.023 2	0.42
160	640007174574	2017	−0.023 2	0.41
160	640004187391	2018	−0.023 2	0.42
160	640193171906	2017	−0.023 2	0.42
176	640193171928	2017	−0.023 1	0.46
176	640193172422	2017	−0.023 1	0.42
176	640190180933	2018	−0.023 1	0.42
176	640193172584	2017	−0.023 1	0.45
176	640193172126	2017	−0.023 1	0.42
176	640193171266	2017	−0.023 1	0.42
176	640193171164	2017	−0.023 1	0.42
176	640003006493	2018	−0.023 1	0.42
176	640007174551	2017	−0.023 1	0.42
176	640007174561	2017	−0.023 1	0.43
176	640193172794	2017	−0.023 1	0.42
176	640193171824	2017	−0.023 1	0.46
176	640193171720	2017	−0.023 1	0.46
176	640193171766	2017	−0.023 1	0.46
176	640193171852	2017	−0.023 1	0.46
176	640251170652	2017	−0.023 1	0.42
176	640193171794	2017	−0.023 1	0.42
176	640193172662	2017	−0.023 1	0.46
176	640253181748	2018	−0.023 1	0.43
176	640193171638	2017	−0.023 1	0.46
176	640193171656	2017	−0.023 1	0.46

续表

排名	牛号	出生年份	青年牛死产率 EBV	EBV 准确性
176	640193171726	2017	−0.023 1	0.46
198	640193171850	2017	−0.023 0	0.44
198	640004187611	2018	−0.023 0	0.45
198	640166182958	2018	−0.023 0	0.43
198	640253170642	2017	−0.023 0	0.43
198	640007174555	2017	−0.023 0	0.42
198	640193172268	2017	−0.023 0	0.46
198	640193181038	2018	−0.023 0	0.44
198	640251006485	2018	−0.023 0	0.42
198	640007174540	2017	−0.023 0	0.42
198	640193171920	2017	−0.023 0	0.42
198	640193171268	2017	−0.023 0	0.46
198	640003006523	2018	−0.023 0	0.42
198	640007174534	2017	−0.023 0	0.42
198	640190180011	2018	−0.023 0	0.44
198	640251006500	2018	−0.023 0	0.42
198	640193172518	2017	−0.023 0	0.42
214	640190183193	2018	−0.022 9	0.42
214	640193180906	2018	−0.022 9	0.44
214	640193172478	2017	−0.022 9	0.42
214	640193172730	2017	−0.022 9	0.42
214	640193172928	2017	−0.022 9	0.42
214	640007174381	2017	−0.022 9	0.42
214	640193171488	2017	−0.022 9	0.46
214	640251006539	2018	−0.022 9	0.43
214	640253181782	2018	−0.022 9	0.43
214	640253160558	2016	−0.022 9	0.42
214	640193172528	2017	−0.022 9	0.45

续表

排名	牛号	出生年份	青年牛死产率 EBV	EBV 准确性
214	640193171718	2017	−0.022 9	0.36
214	640007174529	2017	−0.022 9	0.42
214	640251170636	2017	−0.022 9	0.42
214	640253181755	2018	−0.022 9	0.42
214	640190180309	2018	−0.022 9	0.42
214	640193173784	2017	−0.022 9	0.43
214	640007174265	2017	−0.022 9	0.42
214	640193172306	2017	−0.022 9	0.44
214	640193180868	2018	−0.022 9	0.42
214	640193180796	2018	−0.022 9	0.43
214	640193172442	2017	−0.022 9	0.45
236	640193172196	2017	−0.022 8	0.44
236	640193172242	2017	−0.022 8	0.42
236	640193172244	2017	−0.022 8	0.42
236	640193180788	2018	−0.022 8	0.45
236	640193171418	2017	−0.022 8	0.45
236	640193172336	2017	−0.022 8	0.44
236	640253181785	2018	−0.022 8	0.45
236	640251170672	2016	−0.022 8	0.42
236	640193180880	2018	−0.022 8	0.44
236	640007174560	2017	−0.022 8	0.42
236	640007174587	2017	−0.022 8	0.42
236	640253171036	2017	−0.022 8	0.43
236	640193171684	2017	−0.022 8	0.42
236	640193171448	2017	−0.022 8	0.44
236	640193172332	2017	−0.022 8	0.42
236	640193171246	2017	−0.022 8	0.45
236	640251170582	2017	−0.022 8	0.42

续表

排名	牛号	出生年份	青年牛死产率 EBV	EBV 准确性
236	640003006517	2018	−0.022 8	0.42
236	640253171061	2017	−0.022 8	0.42
236	640190176587	2017	−0.022 8	0.42
236	640007174564	2017	−0.022 8	0.42
257	640193171778	2017	−0.022 7	0.42
257	640190180394	2018	−0.022 7	0.42
257	640251006486	2018	−0.022 7	0.42
257	640253171050	2017	−0.022 7	0.42
257	640193172274	2017	−0.022 7	0.42
257	640253170589	2017	−0.022 7	0.42
257	640251006542	2018	−0.022 7	0.42
257	640007174554	2017	−0.022 7	0.43
257	640193181024	2018	−0.022 7	0.43
257	640193172192	2017	−0.022 7	0.42
257	640251006562	2016	−0.022 7	0.42
257	640193172452	2017	−0.022 7	0.46
257	640193171862	2017	−0.022 7	0.42
257	640193172254	2017	−0.022 7	0.42
257	640193171272	2017	−0.022 7	0.42
257	640193172314	2017	−0.022 7	0.42
257	640193172216	2017	−0.022 7	0.42
257	640193172354	2017	−0.022 7	0.42
257	640193171632	2017	−0.022 7	0.46
257	640193181498	2018	−0.022 7	0.44
257	640193171336	2017	−0.022 7	0.42
257	640190180473	2018	−0.022 7	0.42
257	640193180410	2018	−0.022 7	0.42
257	640193172546	2017	−0.022 7	0.42

续表

排名	牛号	出生年份	青年牛死产率 EBV	EBV 准确性
257	640193180950	2018	−0.022 7	0.42
257	640253181942	2018	−0.022 7	0.42
257	640193180784	2018	−0.022 7	0.42
257	640193181776	2018	−0.022 7	0.42
257	640190180325	2018	−0.022 7	0.42
286	640251006511	2018	−0.022 6	0.45
286	640190174729	2017	−0.022 6	0.42
286	640193171820	2017	−0.022 6	0.42
286	640193171544	2017	−0.022 6	0.42
286	640193171830	2017	−0.022 6	0.42
286	640007174552	2017	−0.022 6	0.43
286	640193180772	2018	−0.022 6	0.42
286	640193180226	2018	−0.022 6	0.42
286	640251170596	2017	−0.022 6	0.42
286	640193172650	2017	−0.022 6	0.43
286	640193172182	2017	−0.022 6	0.42
286	640193171806	2017	−0.022 6	0.42
286	640193171802	2017	−0.022 6	0.42
286	640193171804	2017	−0.022 6	0.42
286	640193171900	2017	−0.022 6	0.42
286	640253181975	2018	−0.022 6	0.42
286	640004184341	2018	−0.022 6	0.42
286	640007174389	2017	−0.022 6	0.42
286	640251006530	2018	−0.022 6	0.42
286	640193180924	2018	−0.022 6	0.42
286	640193172474	2017	−0.022 6	0.42
286	640193180958	2018	−0.022 6	0.42
286	640190176537	2017	−0.022 6	0.42

续表

排名	牛号	出生年份	青年牛死产率 EBV	EBV 准确性
286	640193172346	2017	−0.022 6	0.42
286	640193171942	2017	−0.022 6	0.42
286	640193173686	2017	−0.022 6	0.42
286	640004187403	2018	−0.022 6	0.45
286	640253181792	2018	−0.022 6	0.42
286	640007174501	2017	−0.022 6	0.43
286	640193180960	2018	−0.022 6	0.44
286	640007174537	2017	−0.022 6	0.42
317	640190180355	2018	−0.022 5	0.42
317	640193181052	2018	−0.022 5	0.42
317	640253193971	2019	−0.022 5	0.35
317	640007174556	2017	−0.022 5	0.43
317	640193180422	2018	−0.022 5	0.42
317	640193180748	2018	−0.022 5	0.42
317	640193180894	2018	−0.022 5	0.42
317	640193180780	2018	−0.022 5	0.42
317	640253160563	2016	−0.022 5	0.42
317	640253181735	2018	−0.022 5	0.42
317	640193171518	2017	−0.022 5	0.42
317	640193172328	2017	−0.022 5	0.42
317	640193171774	2017	−0.022 5	0.44
317	640166182947	2018	−0.022 5	0.44
317	640190175971	2017	−0.022 5	0.42
317	640190180326	2018	−0.022 5	0.42
317	640251006490	2018	−0.022 5	0.42
317	640193171276	2017	−0.022 5	0.42
317	640190171326	2017	−0.022 5	0.42
317	640193171842	2017	−0.022 5	0.45

续表

排名	牛号	出生年份	青年牛死产率 EBV	EBV 准确性
317	640253181956	2017	−0.022 5	0.42
317	640193171840	2017	−0.022 5	0.42
317	640193171864	2017	−0.022 5	0.42
317	640193180334	2018	−0.022 5	0.42
317	640007174485	2017	−0.022 5	0.42
317	640193171294	2017	−0.022 5	0.42
343	640193171216	2017	−0.022 4	0.42
343	640253181952	2018	−0.022 4	0.42
343	640190172635	2017	−0.022 4	0.41
343	640007174563	2017	−0.022 4	0.42
343	640251006454	2018	−0.022 4	0.42
343	640253171025	2017	−0.022 4	0.42
343	640193180382	2018	−0.022 4	0.41
343	640251170576	2017	−0.022 4	0.42
343	640007174352	2017	−0.022 4	0.42
343	640190171442	2017	−0.022 4	0.42
343	640193172184	2017	−0.022 4	0.44
343	640190171702	2017	−0.022 4	0.42
343	640190171278	2017	−0.022 4	0.42
343	640190171550	2017	−0.022 4	0.42
343	640190171764	2017	−0.022 4	0.42
343	640190171734	2017	−0.022 4	0.42
343	640190171536	2017	−0.022 4	0.42
343	640007174567	2017	−0.022 4	0.42
343	640253181910	2018	−0.022 4	0.42
343	640193171854	2017	−0.022 4	0.44
343	640193171912	2017	−0.022 4	0.42
343	640193180224	2018	−0.022 4	0.42

续表

排名	牛号	出生年份	青年牛死产率 EBV	EBV 准确性
343	640190171750	2017	−0.022 4	0.42
343	640190171328	2017	−0.022 4	0.42
343	640253170624	2017	−0.022 4	0.42
343	640193181428	2018	−0.022 4	0.42
343	640007174278	2017	−0.022 4	0.42
343	640190171712	2017	−0.022 4	0.42
343	640193171968	2017	−0.022 4	0.42
343	640253170599	2017	−0.022 4	0.42
343	640251006524	2018	−0.022 4	0.41
343	640007174545	2017	−0.022 4	0.43
343	640193180826	2018	−0.022 4	0.42
343	640193180804	2018	−0.022 4	0.42
343	640190171682	2017	−0.022 4	0.42
343	640190171352	2017	−0.022 4	0.42
343	640190171714	2017	−0.022 4	0.42
343	640190171332	2017	−0.022 4	0.42
343	640190171746	2017	−0.022 4	0.42
343	640190180079	2018	−0.022 4	0.42
343	640193171780	2017	−0.022 4	0.41
343	640193172582	2017	−0.022 4	0.45
385	640166182959	2018	−0.022 3	0.44
385	640035160441	2016	−0.022 3	0.38
385	640253181939	2018	−0.022 3	0.42
385	640166182955	2018	−0.022 3	0.43
385	640193171340	2017	−0.022 3	0.43
385	640193171178	2017	−0.022 3	0.41
385	640193180818	2018	−0.022 3	0.42
385	640193180982	2018	−0.022 3	0.42

续表

排名	牛号	出生年份	青年牛死产率 EBV	EBV 准确性
385	640193172200	2017	−0.022 3	0.43
385	640190177009	2017	−0.022 3	0.42
385	640251006516	2018	−0.022 3	0.42
385	640193173700	2017	−0.022 3	0.42
385	640193172380	2017	−0.022 3	0.42
385	640253171041	2017	−0.022 3	0.42
385	640193171828	2017	−0.022 3	0.42
385	640035170767	2017	−0.022 3	0.33
385	640193172262	2017	−0.022 3	0.42
385	640253170584	2017	−0.022 3	0.42
385	640253181932	2018	−0.022 3	0.42
385	640253181913	2018	−0.022 3	0.42
405	640004184318	2018	−0.022 2	0.42
405	640193171792	2017	−0.022 2	0.42
405	640193180882	2018	−0.022 2	0.42
405	640193172456	2017	−0.022 2	0.42
405	640193172586	2017	−0.022 2	0.42
405	640193172382	2017	−0.022 2	0.42
405	640193172276	2017	−0.022 2	0.42
405	640193171636	2017	−0.022 2	0.42
405	640253181783	2018	−0.022 2	0.43
405	640253181958	2018	−0.022 2	0.42
405	640193172362	2017	−0.022 2	0.42
405	640007174569	2017	−0.022 2	0.42
405	640193172278	2017	−0.022 2	0.42
405	640193172206	2017	−0.022 2	0.42
405	640193171772	2017	−0.022 2	0.42
405	640193171348	2017	−0.022 2	0.43

续表

排名	牛号	出生年份	青年牛死产率 EBV	EBV 准确性
405	640004187604	2018	−0.022 2	0.43
405	640193181146	2018	−0.022 2	0.44
405	640251170586	2017	−0.022 2	0.42
405	640251005228	2017	−0.022 2	0.34
405	640193171786	2017	−0.022 2	0.42
405	640193171784	2017	−0.022 2	0.42
405	640193171884	2017	−0.022 2	0.42
405	640005164797	2016	−0.022 2	0.37
405	640193171744	2017	−0.022 2	0.42
405	640193171506	2017	−0.022 2	0.42
405	640193172340	2017	−0.022 2	0.42
405	640193171674	2017	−0.022 2	0.42
405	640193172220	2017	−0.022 2	0.42
405	640193172554	2017	−0.022 2	0.42
405	640193172266	2017	−0.022 2	0.41
436	640166193307	2014	−0.022 1	0.42
436	640193171878	2017	−0.022 1	0.42
436	640193172420	2017	−0.022 1	0.41
436	640251170606	2017	−0.022 1	0.42
436	640190180427	2018	−0.022 1	0.42
436	640193181248	2018	−0.022 1	0.43
436	640190180275	2018	−0.022 1	0.42
436	640190180021	2018	−0.022 1	0.42
436	640003006557	2018	−0.022 1	0.42
436	640003006537	2018	−0.022 1	0.42
436	640193180820	2018	−0.022 1	0.41
436	640193170044	2017	−0.022 1	0.40
436	640193172712	2017	−0.022 1	0.42

续表

排名	牛号	出生年份	青年牛死产率 EBV	EBV 准确性
436	640251170577	2017	−0.022 1	0.42
436	640251170619	2017	−0.022 1	0.42
436	640193172176	2017	−0.022 1	0.41
436	640193171334	2017	−0.022 1	0.41
436	640007184711	2018	−0.022 1	0.42
436	640253171086	2017	−0.022 1	0.42
436	640166193299	2015	−0.022 1	0.42
436	640253181781	2018	−0.022 1	0.42
436	640253181771	2018	−0.022 1	0.42
436	640007206255	2020	−0.022 1	0.36
436	640166182862	2018	−0.022 1	0.46
436	640190182963	2018	−0.022 1	0.44
436	640253181926	2018	−0.022 1	0.42
436	640190182753	2018	−0.022 1	0.42
436	640193180262	2018	−0.022 1	0.42
436	640003006477	2018	−0.022 1	0.42
436	640003006513	2018	−0.022 1	0.42
436	640253171068	2017	−0.022 1	0.42
436	640253171059	2017	−0.022 1	0.42
436	640193180944	2018	−0.022 1	0.42
469	640190180455	2018	−0.022 0	0.42
469	640190177161	2017	−0.022 0	0.42
469	640193172390	2017	−0.022 0	0.44
469	640193170068	2017	−0.022 0	0.40
469	640166193253	2015	0.022 0	0.42
469	640253181949	2018	−0.022 0	0.42
469	640007174342	2017	−0.022 0	0.42
469	640253160539	2016	−0.022 0	0.42

续表

排名	牛号	出生年份	青年牛死产率 EBV	EBV 准确性
469	640193170001	2017	−0.022 0	0.39
469	640166193300	2014	−0.022 0	0.41
469	640166193298	2015	−0.022 0	0.41
469	640166193322	2013	−0.022 0	0.41
469	640166193303	2015	−0.022 0	0.41
469	640166193317	2015	−0.022 0	0.41
469	640166193313	2014	−0.022 0	0.41
469	640166193332	2015	−0.022 0	0.41
469	640193180036	2012	−0.022 0	0.41
469	640166193319	2014	−0.022 0	0.41
469	640166193344	2015	−0.022 0	0.41
469	640166193336	2015	−0.022 0	0.41
469	640166193337	2014	−0.022 0	0.41
469	640166193326	2015	−0.022 0	0.41
469	640166193334	2015	−0.022 0	0.41
469	640166193342	2016	−0.022 0	0.41
469	640166193297	2014	−0.022 0	0.41
469	640166193310	2015	−0.022 0	0.41
469	640166193353	2015	−0.022 0	0.41
469	640166193311	2012	−0.022 0	0.41
469	640166193318	2015	−0.022 0	0.41
469	640166193302	2012	−0.022 0	0.41
469	640166193304	2015	−0.022 0	0.41
469	640166193309	2015	−0.022 0	0.41

附表 14　核心育种场经产牛死产率 EBV 排名前 500 名母牛

排名	牛号	出生年份	经产牛死产率 EBV	EBV 准确性
1	640193171718	2017	−0.005 3	0.12
2	640166182967	2018	−0.005 1	0.37
3	640007195494	2019	−0.004 9	0.27
3	640003203562	2020	−0.004 9	0.30
3	640253204546	2020	−0.004 9	0.34
6	640003182896	2018	−0.004 8	0.24
6	640007195357	2019	−0.004 8	0.27
6	640190180303	2018	−0.004 8	0.36
9	640166182956	2018	−0.004 7	0.37
10	643051033891	2020	−0.004 5	0.16
11	640166182974	2018	−0.004 4	0.36
11	640003141817	2014	−0.004 4	0.25
11	640166182862	2018	−0.004 4	0.37
11	640166182860	2018	−0.004 4	0.37
15	640004187392	2018	−0.004 3	0.35
15	640004187394	2018	−0.004 3	0.38
17	640009191711	2019	−0.004 2	0.24
17	640251006561	2018	−0.004 2	0.22
17	640193171720	2017	−0.004 2	0.38
17	643051044077	2019	−0.004 2	0.14
17	640193171242	2017	−0.004 2	0.38
17	640193171638	2017	−0.004 2	0.38
17	640004187400	2018	−0.004 2	0.38
17	640193171634	2017	−0.004 2	0.37
17	640003182914	2018	−0.004 2	0.25
17	640253181785	2018	−0.004 2	0.38
17	640004187403	2018	−0.004 2	0.38
17	640166182941	2018	−0.004 2	0.37

续表

排名	牛号	出生年份	经产牛死产率 EBV	EBV 准确性
17	640166182971	2018	−0.004 2	0.37
30	640251006539	2018	−0.004 1	0.35
30	640003182930	2018	−0.004 1	0.23
30	640004187393	2018	−0.004 1	0.37
30	643051033917	2020	−0.004 1	0.10
30	640005185391	2018	−0.004 1	0.21
30	640251006500	2018	−0.004 1	0.35
30	640253194126	2019	−0.004 1	0.28
30	640253205029	2020	−0.004 1	0.26
30	640253171044	2017	−0.004 1	0.36
30	640003182920	2018	−0.004 1	0.23
30	640253205209	2020	−0.004 1	0.26
30	640251006538	2018	−0.004 1	0.37
30	640253194168	2019	−0.004 1	0.28
43	640253194080	2019	−0.004 0	0.29
43	640166182958	2018	−0.004 0	0.36
43	640009202180	2020	−0.004 0	0.30
43	640253171384	2017	−0.004 0	0.28
43	640253171319	2017	−0.004 0	0.29
43	640004187601	2018	−0.004 0	0.36
43	640003151848	2015	−0.004 0	0.24
43	640003141818	2014	−0.004 0	0.24
43	640035201641	2020	−0.004 0	0.32
52	640253204609	2020	−0.003 9	0.32
52	640251186538	2018	−0.003 9	0.36
52	643051044034	2019	−0.003 9	0.15
52	640253194274	2019	−0.003 9	0.26
52	640004208864	2020	−0.003 9	0.25

续表

排名	牛号	出生年份	经产牛死产率 EBV	EBV 准确性
52	640003203388	2020	−0.003 9	0.30
52	640251006525	2018	−0.003 9	0.37
52	640009181564	2018	−0.003 9	0.23
52	640253171020	2017	−0.003 9	0.37
61	643051044032	2020	−0.003 8	0.18
61	640253181783	2018	−0.003 8	0.35
61	640166182955	2018	−0.003 8	0.35
61	640007185220	2018	−0.003 8	0.24
61	640251186539	2018	−0.003 8	0.35
61	640251006468	2018	−0.003 8	0.36
61	640166182945	2018	−0.003 8	0.35
61	640007174540	2017	−0.003 8	0.35
61	640253181744	2018	−0.003 8	0.35
61	640253205237	2020	−0.003 8	0.25
61	640251006521	2018	−0.003 8	0.35
61	640251186468	2018	−0.003 8	0.36
61	640253171048	2017	−0.003 8	0.37
61	640007174349	2017	−0.003 8	0.35
61	640253181782	2018	−0.003 8	0.35
61	640251006530	2018	−0.003 8	0.35
61	640007174563	2017	−0.003 8	0.35
78	643051044081	2019	−0.003 7	0.14
78	640007174537	2017	−0.003 7	0.35
78	640003182802	2018	−0.003 7	0.23
78	640007174561	2017	−0.003 7	0.35
78	640003162232	2016	−0.003 7	0.24
78	640166182953	2018	−0.003 7	0.36
78	640253171041	2017	−0.003 7	0.35

续表

排名	牛号	出生年份	经产牛死产率 EBV	EBV 准确性
78	640193171704	2017	−0.003 7	0.36
78	640007174556	2017	−0.003 7	0.35
78	640253170617	2017	−0.003 7	0.35
78	640190180309	2018	−0.003 7	0.35
78	640253170642	2017	−0.003 7	0.35
78	640190171206	2017	−0.003 7	0.34
78	640253170600	2017	−0.003 7	0.35
78	640193172490	2017	−0.003 7	0.36
78	640251006485	2018	−0.003 7	0.35
78	640253170635	2017	−0.003 7	0.36
78	640166182948	2018	−0.003 7	0.35
78	640005185468	2018	−0.003 7	0.21
78	640004187604	2018	−0.003 7	0.35
78	640166182865	2018	−0.003 7	0.35
78	640007174551	2017	−0.003 7	0.35
78	640193172308	2017	−0.003 7	0.36
78	640193171402	2017	−0.003 7	0.35
78	640007174575	2017	−0.003 7	0.35
78	640253194070	2019	−0.003 7	0.26
78	640007174347	2017	−0.003 7	0.35
78	640251006698	2018	−0.003 7	0.24
78	640007174574	2017	−0.003 7	0.35
78	640007174381	2017	−0.003 7	0.35
78	640253181922	2018	−0.003 7	0.35
109	640253181735	2018	−0.003 6	0.35
109	640004184264	2018	−0.003 6	0.35
109	640003006537	2018	−0.003 6	0.35
109	640193171320	2017	−0.003 6	0.35

续表

排名	牛号	出生年份	经产牛死产率 EBV	EBV 准确性
109	640251006634	2018	−0.003 6	0.25
109	640009202164	2020	−0.003 6	0.30
109	640007174569	2017	−0.003 6	0.35
109	640004187611	2018	−0.003 6	0.36
109	640007174501	2017	−0.003 6	0.35
109	640004184341	2018	−0.003 6	0.35
109	640251170619	2017	−0.003 6	0.35
109	640005185475	2018	−0.003 6	0.20
109	640251186499	2018	−0.003 6	0.35
109	640251006490	2018	−0.003 6	0.35
109	640253181748	2018	−0.003 6	0.35
109	640190171652	2017	−0.003 6	0.35
109	640166182853	2018	−0.003 6	0.35
109	640190171668	2017	−0.003 6	0.35
109	640253171061	2017	−0.003 6	0.35
109	640190175971	2017	−0.003 6	0.35
109	640007174552	2017	−0.003 6	0.35
109	640007174567	2017	−0.003 6	0.35
109	640166182854	2018	−0.003 6	0.35
109	640253181949	2018	−0.003 6	0.35
109	640253171527	2017	−0.003 6	0.29
109	640007174554	2017	−0.003 6	0.35
109	640253171036	2017	−0.003 6	0.35
109	640251006454	2018	−0.003 6	0.35
109	640193171334	2017	−0.003 6	0.34
109	640005185404	2018	−0.003 6	0.20
109	640007174477	2017	−0.003 6	0.35
109	640251006542	2018	−0.003 6	0.35

续表

排名	牛号	出生年份	经产牛死产率 EBV	EBV 准确性
109	640251186490	2018	−0.003 6	0.35
109	640007174529	2017	−0.003 6	0.35
109	640007174587	2017	−0.003 6	0.35
109	640190171352	2017	−0.003 6	0.35
109	640190171442	2017	−0.003 6	0.35
109	640007174485	2017	−0.003 6	0.35
109	640251186542	2018	−0.003 6	0.35
109	640007174555	2017	−0.003 6	0.35
109	640253170626	2017	−0.003 6	0.35
109	640251170586	2017	−0.003 6	0.35
109	640005185433	2018	−0.003 6	0.20
109	640007174259	2017	−0.003 6	0.35
109	640253204427	2020	−0.003 6	0.30
109	640253181975	2018	−0.003 6	0.35
109	640253181771	2018	−0.003 6	0.35
109	640253171055	2017	−0.003 6	0.35
109	640251170652	2017	−0.003 6	0.35
109	640007174278	2017	−0.003 6	0.35
109	640007174352	2017	−0.003 6	0.35
109	640190174729	2017	−0.003 6	0.35
109	640007174545	2017	−0.003 6	0.35
109	640003006513	2018	−0.003 6	0.35
109	640253170599	2017	−0.003 6	0.35
109	640193171780	2017	−0.003 6	0.35
109	640190180079	2018	−0.003 6	0.35
109	640190176587	2017	−0.003 6	0.35
109	640253170624	2017	−0.003 6	0.35
109	640166182961	2018	−0.003 6	0.34

续表

排名	牛号	出生年份	经产牛死产率 EBV	EBV 准确性
109	640190177161	2017	−0.003 6	0.35
109	640253181952	2018	−0.003 6	0.35
109	640253181792	2018	−0.003 6	0.35
109	640253181926	2018	−0.003 6	0.35
109	640166193318	2015	−0.003 6	0.35
109	640005185513	2018	−0.003 6	0.22
109	640166193334	2015	−0.003 6	0.35
109	640166193309	2015	−0.003 6	0.35
109	640003182958	2018	−0.003 6	0.22
109	640190171278	2017	−0.003 6	0.35
109	640003006477	2018	−0.003 6	0.35
109	640190180394	2018	−0.003 6	0.35
109	640003006557	2018	−0.003 6	0.35
109	640166193313	2014	−0.003 6	0.35
109	640007174342	2017	−0.003 6	0.35
109	640253181781	2018	−0.003 6	0.35
109	640253160563	2016	−0.003 6	0.35
186	640190171328	2017	−0.003 5	0.35
186	640007174532	2017	−0.003 5	0.35
186	640193171684	2017	−0.003 5	0.35
186	640190171714	2017	−0.003 5	0.35
186	640190171672	2017	−0.003 5	0.35
186	640190171712	2017	−0.003 5	0.35
186	640193172150	2017	−0.003 5	0.35
186	640193171164	2017	−0.003 5	0.35
186	640253181913	2018	−0.003 5	0.35
186	640251170606	2017	−0.003 5	0.35
186	640253171068	2017	−0.003 5	0.35

续表

排名	牛号	出生年份	经产牛死产率 EBV	EBV 准确性
186	640251170672	2016	−0.003 5	0.35
186	640166193299	2015	−0.003 5	0.35
186	643051044082	2019	−0.003 5	0.14
186	640253170589	2017	−0.003 5	0.35
186	640253171358	2017	−0.003 5	0.27
186	640251170636	2017	−0.003 5	0.35
186	640190180455	2018	−0.003 5	0.35
186	640253181958	2018	−0.003 5	0.35
186	640253205414	2020	−0.003 5	0.24
186	640166193300	2014	−0.003 5	0.35
186	640253171086	2017	−0.003 5	0.35
186	640251006514	2018	−0.003 5	0.35
186	640193171290	2017	−0.003 5	0.34
186	640190180021	2018	−0.003 5	0.35
186	640166193311	2012	−0.003 5	0.35
186	640003182912	2018	−0.003 5	0.25
186	640251006518	2018	−0.003 5	0.35
186	640253204466	2020	−0.003 5	0.30
186	640190171550	2017	−0.003 5	0.35
186	640190171734	2017	−0.003 5	0.35
186	640190171190	2017	−0.003 5	0.35
186	640190171756	2017	−0.003 5	0.35
186	640190171332	2017	−0.003 5	0.35
186	640193171820	2017	−0.003 5	0.35
186	640193171804	2017	−0.003 5	0.35
186	640193171216	2017	−0.003 5	0.35
186	640251208528	2020	−0.003 5	0.29
186	640253205065	2020	−0.003 5	0.25

续表

排名	牛号	出生年份	经产牛死产率 EBV	EBV 准确性
186	640166193330	2013	−0.003 5	0.35
186	640190171390	2017	−0.003 5	0.35
186	640007174560	2017	−0.003 5	0.35
186	640190171764	2017	−0.003 5	0.35
186	640166182951	2018	−0.003 5	0.35
186	640166193338	2015	−0.003 5	0.35
186	640166193304	2015	−0.003 5	0.35
186	640190171326	2017	−0.003 5	0.35
186	640166193310	2015	−0.003 5	0.35
186	640193171294	2017	−0.003 5	0.35
186	640035191522	2019	−0.003 5	0.30
186	640190171838	2017	−0.003 5	0.35
186	640253181939	2018	−0.003 5	0.35
186	640253171059	2017	−0.003 5	0.35
186	640166193297	2014	−0.003 5	0.35
186	640190180473	2018	−0.003 5	0.35
186	640251170576	2017	−0.003 5	0.35
186	640251186485	2018	−0.003 5	0.34
186	640253204886	2020	−0.003 5	0.30
186	640190171536	2017	−0.003 5	0.35
186	640253171554	2017	−0.003 5	0.29
186	640166193322	2013	−0.003 5	0.34
186	640166193303	2015	−0.003 5	0.34
186	640166193319	2014	−0.003 5	0.34
186	640166193344	2015	0.003 5	0.34
186	640166193316	2015	−0.003 5	0.34
186	640166193331	2016	−0.003 5	0.34
186	640166193321	2015	−0.003 5	0.34

续表

排名	牛号	出生年份	经产牛死产率 EBV	EBV 准确性
186	640166193306	2014	−0.003 5	0.34
186	640166193302	2012	−0.003 5	0.34
186	640003006517	2018	−0.003 5	0.34
186	640190171298	2017	−0.003 5	0.34
186	640190171746	2017	−0.003 5	0.34
186	640193171396	2017	−0.003 5	0.34
186	640193171178	2017	−0.003 5	0.34
186	640193171392	2017	−0.003 5	0.34
186	640251186501	2018	−0.003 5	0.34
186	640251186521	2018	−0.003 5	0.34
186	640251186500	2018	−0.003 5	0.34
186	640251006505	2018	−0.003 5	0.34
186	640251186530	2018	−0.003 5	0.34
186	640251186439	2018	−0.003 5	0.34
186	640253181910	2018	−0.003 5	0.34
186	640253181942	2018	−0.003 5	0.34
186	640253181927	2018	−0.003 5	0.34
186	640253181932	2018	−0.003 5	0.34
186	640004187405	2018	−0.003 5	0.28
186	640190171682	2017	−0.003 5	0.35
186	640190171556	2017	−0.003 5	0.35
186	640005185438	2018	−0.003 5	0.21
186	640190160723	2016	−0.003 5	0.21
186	640193171806	2017	−0.003 5	0.35
186	640190171702	2017	−0.003 5	0.35
186	640005185476	2018	−0.003 5	0.19
186	640251208936	2020	−0.003 5	0.24
186	640253205295	2020	−0.003 5	0.27

续表

排名	牛号	出生年份	经产牛死产率 EBV	EBV 准确性
186	640003193306	2019	−0.003 5	0.26
186	640166193353	2015	−0.003 5	0.35
186	640166193336	2015	−0.003 5	0.35
186	640166193337	2014	−0.003 5	0.35
186	640166193342	2016	−0.003 5	0.35
186	640003182917	2018	−0.003 5	0.22
186	640166193253	2015	−0.003 5	0.35
186	640005185442	2018	−0.003 5	0.20
186	640003182926	2018	−0.003 5	0.22
186	640003162231	2016	−0.003 5	0.22
186	640166182946	2018	−0.003 5	0.35
186	640253194094	2019	−0.003 5	0.26
186	643051044023	2020	−0.003 5	0.13
186	640190160743	2016	−0.003 5	0.20
186	640003203412	2020	−0.003 5	0.29
186	640253171559	2017	−0.003 5	0.29
186	640009191696	2019	−0.003 5	0.22
186	640253181720	2018	−0.003 5	0.35
186	640251208557	2020	−0.003 5	0.28
186	640190160643	2016	−0.003 5	0.21
301	643051033310	2018	−0.003 4	0.14
301	640190160340	2016	−0.003 4	0.20
301	640003141813	2014	−0.003 4	0.24
301	643051033998	2020	−0.003 4	0.14
301	643051044089	2019	0.003 4	0.14
301	640253205143	2020	−0.003 4	0.27
301	640004146692	2014	−0.003 4	0.26
301	640253170659	2017	−0.003 4	0.36

续表

排名	牛号	出生年份	经产牛死产率 EBV	EBV 准确性
301	640007174491	2017	−0.003 4	0.36
301	640003151850	2015	−0.003 4	0.24
301	640190160759	2016	−0.003 4	0.21
301	643051033997	2020	−0.003 4	0.13
301	640190160747	2016	−0.003 4	0.21
301	640190160373	2016	−0.003 4	0.21
301	640007174276	2017	−0.003 4	0.36
301	640251006592	2018	−0.003 4	0.25
301	640035201640	2020	−0.003 4	0.30
301	640003182923	2018	−0.003 4	0.22
301	640003121323	2012	−0.003 4	0.18
301	640251006668	2018	−0.003 4	0.25
301	643051033804	2018	−0.003 4	0.14
301	643051033337	2018	−0.003 4	0.14
301	640005144339	2014	−0.003 4	0.16
301	640003151847	2014	−0.003 4	0.24
301	640004187365	2018	−0.003 4	0.29
301	640007185208	2018	−0.003 4	0.21
301	643051033401	2018	−0.003 4	0.14
301	643051033367	2018	−0.003 4	0.14
301	643051033295	2018	−0.003 4	0.14
301	640007185249	2018	−0.003 4	0.22
301	643051033880	2020	−0.003 4	0.14
301	643051044008	2019	−0.003 4	0.13
301	643051044001	2020	−0.003 4	0.13
301	643051033326	2018	−0.003 4	0.14
301	643051033414	2018	−0.003 4	0.14
301	643051044010	2020	−0.003 4	0.13

续表

排名	牛号	出生年份	经产牛死产率 EBV	EBV 准确性
301	640251006501	2018	−0.003 4	0.33
301	643051044026	2020	−0.003 4	0.13
301	640251006664	2018	−0.003 4	0.22
301	640253171034	2017	−0.003 4	0.37
301	640007195445	2019	−0.003 4	0.23
301	643051033338	2018	−0.003 4	0.14
301	643051033417	2018	−0.003 4	0.14
344	640004156780	2015	−0.003 3	0.23
344	643051033356	2018	−0.003 3	0.14
344	643051033502	2018	−0.003 3	0.14
344	643051033380	2018	−0.003 3	0.14
344	640007195466	2019	−0.003 3	0.22
344	643051044037	2020	−0.003 3	0.13
344	640190160610	2016	−0.003 3	0.20
344	640166182968	2018	−0.003 3	0.35
344	640003152038	2015	−0.003 3	0.21
344	640004187624	2018	−0.003 3	0.35
344	640005185398	2018	−0.003 3	0.20
344	640253205744	2020	−0.003 3	0.28
344	640003111118	2011	−0.003 3	0.17
344	640251004530	2017	−0.003 3	0.19
344	640251006688	2018	−0.003 3	0.24
344	640005185355	2018	−0.003 3	0.24
344	640253205283	2020	−0.003 3	0.24
344	640035117816	2014	−0.003 3	0.16
344	640253205239	2020	−0.003 3	0.25
344	643051033978	2020	−0.003 3	0.13
344	640251004990	2017	−0.003 3	0.26

续表

排名	牛号	出生年份	经产牛死产率 EBV	EBV 准确性
344	640003203964	2020	−0.003 3	0.29
344	640003182953	2018	−0.003 3	0.23
344	640007195534	2019	−0.003 3	0.22
344	640003203886	2020	−0.003 3	0.29
344	640007195492	2019	−0.003 3	0.23
344	640035117802	2014	−0.003 3	0.16
344	640004136446	2013	−0.003 3	0.17
344	640190160993	2016	−0.003 3	0.21
344	640005175113	2015	−0.003 3	0.28
344	643051044076	2019	−0.003 3	0.14
344	640253204952	2020	−0.003 3	0.25
344	643051033374	2018	−0.003 3	0.13
344	643051033290	2018	−0.003 3	0.13
344	643051033434	2018	−0.003 3	0.13
344	643051033286	2018	−0.003 3	0.13
344	643051033289	2018	−0.003 3	0.13
344	643051033445	2018	−0.003 3	0.13
344	643051033402	2018	−0.003 3	0.13
344	643051033362	2018	−0.003 3	0.13
344	643051033467	2018	−0.003 3	0.13
344	643051044071	2019	−0.003 3	0.13
344	643051044073	2019	−0.003 3	0.13
344	643051044074	2019	−0.003 3	0.13
344	643051033753	2018	−0.003 3	0.13
344	643051033777	2018	−0.003 3	0.13
344	643051033791	2018	−0.003 3	0.13
344	643051033815	2018	−0.003 3	0.13
344	643051033857	2018	−0.003 3	0.13

续表

排名	牛号	出生年份	经产牛死产率 EBV	EBV 准确性
344	643051033940	2020	−0.003 3	0.13
344	643051044035	2020	−0.003 3	0.13
344	643051044036	2020	−0.003 3	0.13
344	640004205931	2020	−0.003 3	0.21
344	640009202196	2020	−0.003 3	0.29
344	640003203923	2020	−0.003 3	0.29
344	640251186638	2018	−0.003 3	0.37
344	640251186515	2018	−0.003 3	0.36
344	640251006515	2018	−0.003 3	0.36
344	640005185444	2018	−0.003 3	0.21
344	640003182941	2018	−0.003 3	0.22
344	640251006595	2018	−0.003 3	0.23
344	640007195498	2019	−0.003 3	0.22
344	640253171371	2017	−0.003 3	0.28
344	640035201631	2020	−0.003 3	0.32
344	640253171030	2017	−0.003 3	0.36
344	640003193282	2019	−0.003 3	0.23
344	640007195490	2019	−0.003 3	0.22
344	640253205355	2020	−0.003 3	0.23
412	640009201997	2020	−0.003 2	0.29
412	640251208577	2020	−0.003 2	0.29
412	640253194383	2019	−0.003 2	0.29
412	640003203378	2020	−0.003 2	0.29
412	640003193261	2019	−0.003 2	0.23
412	640253204715	2020	−0.003 2	0.25
412	640251198240	2019	−0.003 2	0.25
412	640003193245	2019	−0.003 2	0.24
412	640003182962	2018	−0.003 2	0.23

续表

排名	牛号	出生年份	经产牛死产率 EBV	EBV 准确性
412	640007174553	2017	−0.003 2	0.36
412	640007195517	2019	−0.003 2	0.22
412	640166182939	2018	−0.003 2	0.35
412	640253171316	2017	−0.003 2	0.27
412	640009191700	2019	−0.003 2	0.23
412	640253171033	2017	−0.003 2	0.35
412	640007195505	2019	−0.003 2	0.22
412	640251004861	2017	−0.003 2	0.27
412	640166182805	2018	−0.003 2	0.23
412	640035201643	2020	−0.003 2	0.30
412	640253194158	2019	−0.003 2	0.28
412	640251006612	2018	−0.003 2	0.22
412	640003203407	2020	−0.003 2	0.31
412	640003151968	2015	−0.003 2	0.23
412	640251200049	2020	−0.003 2	0.35
412	640007185228	2018	−0.003 2	0.21
412	640251006566	2018	−0.003 2	0.21
412	640035201626	2020	−0.003 2	0.30
412	640251004796	2017	−0.003 2	0.25
412	640003182950	2018	−0.003 2	0.23
412	640003182932	2018	−0.003 2	0.22
412	640166182949	2018	−0.003 2	0.35
412	640251006651	2018	−0.003 2	0.22
412	640251006643	2018	−0.003 2	0.24
412	640009202005	2020	−0.003 2	0.29
412	640253171376	2017	−0.003 2	0.28
412	640166182943	2018	−0.003 2	0.36
412	640166182827	2018	−0.003 2	0.21

续表

排名	牛号	出生年份	经产牛死产率 EBV	EBV 准确性
412	640007185210	2018	−0.003 2	0.22
412	640003203364	2020	−0.003 2	0.29
412	640253204650	2020	−0.003 2	0.29
412	640004177340	2017	−0.003 2	0.28
412	640007195350	2019	−0.003 2	0.22
412	640003111122	2011	−0.003 2	0.16
412	640004187404	2018	−0.003 2	0.35
412	640253171222	2017	−0.003 2	0.27
412	640193171776	2017	−0.003 2	0.37
412	640166172269	2017	−0.003 2	0.24
412	640166182950	2018	−0.003 2	0.35
412	643051044042	2020	−0.003 2	0.13
412	640007195514	2019	−0.003 2	0.23
412	640007185177	2018	−0.003 2	0.21
412	640251006631	2018	−0.003 2	0.22
412	640253205317	2020	−0.003 2	0.29
412	640253204902	2020	−0.003 2	0.29
466	640035148616	2014	−0.003 1	0.32
466	640035160289	2016	−0.003 1	0.24
466	640251006581	2018	−0.003 1	0.22
466	640253194413	2019	−0.003 1	0.29
466	643051033992	2020	−0.003 1	0.14
466	640003006593	2018	−0.003 1	0.21
466	640003141795	2014	−0.003 1	0.23
466	640253205396	2020	−0.003 1	0.24
466	640003182942	2018	−0.003 1	0.21
466	640251006616	2018	−0.003 1	0.22
466	640003203939	2020	−0.003 1	0.28

续表

排名	牛号	出生年份	经产牛死产率 EBV	EBV 准确性
466	640003203358	2020	−0.003 1	0.31
466	640035201621	2020	−0.003 1	0.30
466	640253204707	2020	−0.003 1	0.29
466	640003141806	2014	−0.003 1	0.24
466	640251006604	2018	−0.003 1	0.21
466	640251006670	2018	−0.003 1	0.23
466	640251006646	2018	−0.003 1	0.22
466	640253204588	2020	−0.003 1	0.29
466	640003182936	2018	−0.003 1	0.22
466	640003006623	2018	−0.003 1	0.21
466	640003006617	2018	−0.003 1	0.21
466	640253204708	2020	−0.003 1	0.25
466	640251006620	2018	−0.003 1	0.22
466	640003111129	2011	−0.003 1	0.17
466	640190160684	2016	−0.003 1	0.23
466	640003006567	2018	−0.003 1	0.21
466	640190160732	2016	−0.003 1	0.23
466	640253204486	2020	−0.003 1	0.29
466	640007185205	2018	−0.003 1	0.21
466	640166162213	2016	−0.003 1	0.26
466	640251006752	2018	−0.003 1	0.23
466	640007185204	2018	−0.003 1	0.22
466	640253205738	2020	−0.003 1	0.29
466	640253204555	2020	−0.003 1	0.29

附表 15　核心育种场生产寿命 EBV 排名前 500 名母牛

排名	牛号	出生年份	生产寿命 EBV/d	EBV 准确性
1	640035128081	2012	399.9	0.51
2	640005117970	2011	398.2	0.46
3	640003120347	2012	388.8	0.49
4	640003120307	2012	387.2	0.47
5	640035128092	2012	387.1	0.48
6	640166120348	2012	383.3	0.47
7	640003120292	2012	382.9	0.49
8	640003120337	2012	372.6	0.49
9	640035117965	2011	371.2	0.49
10	640035128074	2012	371.1	0.48
11	640035128279	2012	368.3	0.55
12	640166120288	2012	365.9	0.49
13	640035117995	2011	364.0	0.49
14	640035128078	2012	363.8	0.48
15	640035138504	2013	362.4	0.50
16	640035118002	2011	360.3	0.46
17	640035117972	2011	359.9	0.50
18	640003128076	2012	359.6	0.44
19	640035118018	2011	352.6	0.47
20	640003120302	2012	350.9	0.49
21	640003110287	2011	350.6	0.50
22	640005134208	2013	349.9	0.52
23	640005144416	2014	344.1	0.51
24	640003120362	2012	340.6	0.50
25	640035128080	2012	334.7	0.48
26	640005124029	2012	332.9	0.51
27	640005117946	2011	332.3	0.49
28	640166120568	2012	330.1	0.48

续表

排名	牛号	出生年份	生产寿命 EBV/d	EBV 准确性
29	640035118007	2011	329.9	0.50
30	640004136247	2013	327.6	0.51
31	640003131348	2013	327.5	0.50
32	640003120357	2012	326.2	0.48
33	640035118030	2011	324.0	0.50
34	640005123980	2012	319.8	0.54
35	640166120554	2012	319.3	0.47
36	640003120342	2012	316.6	0.49
37	640005124009	2012	315.8	0.46
38	640035128097	2012	314.5	0.50
39	640166120340	2012	313.7	0.47
40	640166120581	2012	312.1	0.50
41	640166130769	2013	311.3	0.54
42	640035117964	2011	311.1	0.45
43	640166130788	2013	310.8	0.55
44	640035128120	2012	310.7	0.48
45	640005134212	2013	310.0	0.54
46	640166130807	2013	308.9	0.48
47	640005117963	2011	308.3	0.46
48	640166120572	2012	304.4	0.49
49	640035128075	2012	302.7	0.47
50	640004126063	2012	302.0	0.48
51	640005124016	2012	298.1	0.52
52	640004136241	2013	297.8	0.52
53	640005124042	2012	294.5	0.50
54	640166120545	2012	293.5	0.46
54	640166120314	2012	293.5	0.50
56	640166120597	2012	292.6	0.51

续表

排名	牛号	出生年份	生产寿命 EBV/d	EBV 准确性
57	640005117999	2011	292.4	0.50
58	640003131383	2013	292.2	0.53
59	640035138539	2013	292.1	0.54
60	640003120312	2012	291.3	0.49
61	640035117954	2011	290.8	0.47
62	640035138471	2013	289.1	0.51
63	640166120619	2012	288.9	0.52
64	640193141844	2014	287.8	0.52
65	640003121320	2012	287.2	0.51
66	640035128090	2012	286.3	0.47
67	640003120532	2012	286.0	0.47
68	640035128084	2012	284.3	0.53
69	640166130763	2013	283.5	0.53
70	640005124032	2012	283.2	0.51
71	640190130893	2013	282.7	0.52
71	640003121183	2012	282.7	0.53
73	640166130757	2013	282.0	0.51
74	640005134073	2013	281.6	0.52
75	640005144432	2014	281.4	0.51
76	640005134107	2013	281.1	0.49
77	640003121305	2012	280.6	0.53
77	640035138485	2013	280.6	0.49
79	640004136282	2013	280.5	0.47
80	640003121323	2012	279.8	0.52
81	640166120725	2012	279.7	0.52
82	640003121200	2012	278.7	0.53
83	640166130778	2013	278.0	0.51
84	640005124046	2012	277.7	0.51

续表

排名	牛号	出生年份	生产寿命 EBV/d	EBV 准确性
85	640035117977	2011	277.5	0.48
86	640166130767	2013	276.2	0.52
87	640035128284	2012	275.8	0.54
88	640035117967	2011	275.6	0.49
89	640166120621	2012	275.0	0.51
89	640035128283	2012	275.0	0.50
91	640035117974	2011	274.1	0.49
92	640035148563	2014	273.9	0.55
93	640166120320	2012	273.2	0.52
94	640035117975	2011	271.0	0.46
95	640005134094	2013	269.7	0.52
96	640003111169	2011	269.3	0.54
97	640166130771	2013	268.7	0.52
98	640003131378	2013	268.3	0.50
99	640003128079	2012	268.1	0.44
100	640003151866	2015	268.0	0.50
101	640166130796	2013	267.0	0.51
102	640005134078	2013	266.5	0.52
103	640166172431	2017	265.3	0.49
104	640003111144	2011	264.8	0.41
105	640005123986	2012	263.6	0.52
106	640005118019	2011	263.2	0.44
107	640005117983	2011	263.0	0.46
108	640035128077	2012	260.7	0.50
109	640035117987	2011	260.6	0.47
110	640005134083	2013	260.5	0.46
111	640003121319	2012	260.4	0.48
112	640035118004	2011	259.9	0.46

续表

排名	牛号	出生年份	生产寿命 EBV/d	EBV 准确性
113	640166130766	2013	259.8	0.53
114	640005124027	2012	258.9	0.49
115	640005134105	2013	258.6	0.47
116	640035118001	2011	258.3	0.46
117	640166120569	2012	258.0	0.51
118	640003141832	2014	257.6	0.52
119	640005123983	2012	256.5	0.52
120	640003121287	2012	255.9	0.51
121	640005124036	2012	255.7	0.51
122	640166130759	2013	255.6	0.55
123	640004136239	2013	255.3	0.50
124	640166130786	2013	254.6	0.50
125	640166141040	2014	254.4	0.51
126	640166130802	2013	249.7	0.48
127	640005124033	2012	249.4	0.51
128	640035128273	2012	249.2	0.50
129	640035128235	2012	248.8	0.55
130	640004136267	2013	248.6	0.51
131	640166120603	2012	248.1	0.51
132	640005154570	2015	247.9	0.51
133	640005113824	2011	246.6	0.47
134	640035128160	2012	245.9	0.51
135	640005134138	2013	245.6	0.54
136	640035128275	2012	245.2	0.50
137	640035138466	2013	245.0	0.50
138	640035117950	2011	244.7	0.49
139	640004115942	2011	244.6	0.49
140	640003121220	2012	244.5	0.51

续表

排名	牛号	出生年份	生产寿命 EBV/d	EBV 准确性
141	640035128226	2012	244.0	0.49
141	640166130829	2013	244.0	0.42
143	640005134162	2013	243.1	0.50
143	640003111156	2011	243.1	0.48
145	640003111129	2011	242.7	0.49
145	640003111118	2011	242.7	0.48
147	640005134087	2013	242.4	0.54
148	640166130772	2013	242.3	0.52
149	640035128289	2012	242.0	0.50
150	640003131530	2013	241.7	0.56
151	640003131361	2013	241.1	0.54
152	640166141079	2014	240.7	0.56
152	640190141822	2014	240.7	0.51
154	640005124050	2012	240.4	0.50
155	640190141254	2014	240.2	0.49
156	640003111119	2011	240.1	0.40
157	640004136232	2013	239.7	0.52
158	640005124008	2012	239.0	0.52
159	640190141327	2014	238.7	0.52
160	640004136279	2013	238.6	0.50
161	640005134102	2013	238.2	0.50
162	640003121258	2012	238.1	0.51
163	640003121263	2012	237.6	0.51
164	640005134205	2013	237.0	0.50
165	640003110873	2011	236.7	0.45
166	640035128191	2012	236.6	0.52
167	640005123982	2012	236.4	0.50
168	640035180966	2018	236.1	0.38

续表

排名	牛号	出生年份	生产寿命 EBV/d	EBV 准确性
169	640035128286	2012	235.8	0.53
170	640166120629	2012	235.4	0.54
171	640003121259	2012	235.2	0.52
172	640004126183	2012	234.7	0.52
173	640166120604	2012	234.0	0.52
173	640004136240	2013	234.0	0.52
175	640004136320	2013	233.7	0.51
176	640190141623	2014	233.6	0.51
177	640166130764	2013	231.9	0.51
178	640166120574	2012	231.7	0.53
179	640005124013	2012	231.4	0.51
180	640003110875	2011	231.3	0.46
181	640003121269	2012	231.2	0.51
182	640005124041	2012	231.1	0.53
183	640004136255	2013	230.8	0.52
183	640166130789	2013	230.8	0.56
185	640003131520	2018	230.7	0.37
186	640005134234	2013	230.6	0.38
187	640166120602	2012	230.2	0.50
188	640003151883	2015	229.9	0.51
189	640035128264	2012	229.8	0.52
189	640166151535	2015	229.8	0.42
191	640035148584	2014	229.7	0.54
192	640035138342	2013	229.4	0.55
193	640005124049	2012	228.6	0.50
194	640003121310	2012	228.2	0.52
194	640190141263	2014	228.2	0.51
194	640190141331	2014	228.2	0.50

续表

排名	牛号	出生年份	生产寿命 EBV/d	EBV 准确性
197	640005134116	2013	227.6	0.50
198	640003151873	2012	227.5	0.52
198	640003110897	2011	227.5	0.47
200	640035138345	2013	227.4	0.53
201	640003111137	2011	227.3	0.50
202	640004136260	2013	226.7	0.53
202	640166141090	2014	226.7	0.56
204	640035128238	2012	226.6	0.50
204	640166130980	2014	226.6	0.48
206	640005134088	2013	226.3	0.52
206	640166120728	2012	226.3	0.53
208	640035128268	2012	226.2	0.53
209	640193142114	2014	226.0	0.49
210	640166120580	2012	225.5	0.53
211	640166130806	2013	225.4	0.52
212	640003121260	2012	225.3	0.49
212	640004136221	2013	225.3	0.49
212	640166141035	2014	225.3	0.51
215	640193141367	2014	225.1	0.50
216	640035117992	2011	224.6	0.48
217	640166130803	2013	224.4	0.52
218	640005134108	2013	223.9	0.51
219	640003110868	2011	223.5	0.46
219	640166120598	2012	223.5	0.51
221	640166120585	2012	223.4	0.51
222	640035138364	2013	223.2	0.44
223	640004136307	2013	223.1	0.50
224	640005123994	2012	223.0	0.52

续表

排名	牛号	出生年份	生产寿命 EBV/d	EBV 准确性
225	640166130765	2013	222.8	0.53
226	640005124007	2012	222.6	0.49
227	640003131363	2013	222.5	0.54
228	640005164782	2016	222.3	0.38
229	640004136245	2013	222.2	0.51
230	640190141422	2014	222.1	0.49
231	640005123999	2012	222.0	0.51
232	640035138302	2012	221.5	0.49
233	640035138481	2013	221.4	0.50
234	640005134106	2013	220.7	0.48
235	640035138319	2013	220.1	0.51
235	640190121010	2012	220.1	0.37
237	640035148621	2014	219.4	0.58
238	640035160277	2016	219.3	0.38
239	640005144437	2014	219.1	0.51
240	640003111141	2011	218.6	0.42
241	640166161889	2016	218.5	0.56
242	640193141674	2014	218.4	0.49
243	640190120401	2012	218.3	0.37
244	640035148622	2014	217.8	0.56
245	640193141229	2014	217.7	0.49
246	640005124002	2012	217.5	0.48
247	640005164938	2016	217.3	0.54
248	640005134093	2013	217.2	0.48
248	640193141836	2014	217.2	0.49
250	640035128115	2012	216.7	0.49
250	640005175215	2017	216.7	0.52
252	640193142124	2014	216.6	0.49

续表

排名	牛号	出生年份	生产寿命 EBV/d	EBV 准确性
253	640003111116	2011	216.4	0.51
254	640004136276	2013	216.3	0.51
255	640193141739	2014	216.2	0.49
256	640166120606	2012	216.1	0.51
257	640004136222	2013	215.8	0.50
257	640004136226	2013	215.8	0.48
257	640004136312	2013	215.8	0.51
260	640004136315	2013	215.5	0.52
260	640005164960	2016	215.5	0.32
262	640005134161	2013	215.4	0.45
263	640003131551	2013	215.0	0.55
264	640003111125	2011	214.5	0.39
264	640003131377	2013	214.5	0.54
266	640193141548	2014	214.4	0.51
266	640035128280	2012	214.4	0.50
268	640035107703	2014	214.2	0.50
268	640190120650	2012	214.2	0.37
270	640035138308	2013	214.1	0.52
271	640193141391	2014	214.0	0.49
272	640005124034	2012	213.6	0.51
273	640035118014	2011	213.5	0.46
274	640035158919	2015	213.3	0.36
275	640004115953	2011	213.2	0.49
276	640166141044	2014	212.8	0.56
277	640193141768	2014	212.4	0.49
278	640003110869	2011	212.3	0.47
279	640003110876	2011	212.2	0.44
280	640190141266	2014	211.5	0.50

续表

排名	牛号	出生年份	生产寿命 EBV/d	EBV 准确性
281	640004136327	2011	211.1	0.51
282	640003111150	2011	210.8	0.53
283	640003141756	2014	210.6	0.51
283	640003131374	2013	210.6	0.54
285	640035128250	2012	210.1	0.52
286	640004136263	2013	210.0	0.52
287	640004136272	2013	209.9	0.50
288	640190141180	2014	209.8	0.50
289	640190141617	2014	209.3	0.49
290	640035170556	2017	209.1	0.54
291	640193141355	2014	209.0	0.49
292	640004126173	2012	208.6	0.51
293	640193141269	2014	208.5	0.49
294	640190142134	2014	208.4	0.52
295	640166110265	2019	208.4	0.51
296	640003131527	2013	207.7	0.55
297	640035138403	2013	207.5	0.52
298	640005144277	2014	207.1	0.47
299	640004126158	2012	207.0	0.53
299	640003121273	2012	207.0	0.50
301	640004136196	2013	206.9	0.48
302	640005134080	2013	206.7	0.50
303	640190142109	2014	206.2	0.50
303	640003111122	2011	206.2	0.50
305	640035128222	2012	205.8	0.52
305	640193141827	2014	205.8	0.49
307	640035138498	2013	205.7	0.49
308	640193141293	2014	205.6	0.49

续表

排名	牛号	出生年份	生产寿命 EBV/d	EBV 准确性
309	640190141467	2014	205.5	0.49
310	640004136253	2013	205.4	0.50
311	640035128271	2012	205.3	0.51
312	640004126164	2012	205.1	0.54
312	640193141840	2014	205.1	0.49
314	640035158836	2014	205.0	0.56
314	640004136270	2013	205.0	0.50
316	640035148566	2014	204.6	0.52
316	640190120845	2012	204.6	0.40
318	640004136326	2013	204.5	0.49
319	640005154463	2015	203.9	0.49
320	640004136269	2013	203.5	0.53
321	640193142121	2014	203.3	0.50
321	640166120330	2011	203.3	0.51
323	640166141004	2014	203.2	0.47
324	640190120441	2012	202.7	0.40
325	640004136210	2013	202.3	0.49
326	640190142103	2014	202.2	0.50
327	640004136214	2012	202.1	0.52
328	640005124025	2012	202.0	0.50
329	640005134101	2013	201.5	0.48
330	640003162409	2016	201.4	0.53
330	640035128272	2012	201.4	0.51
332	640035128184	2012	201.3	0.54
333	640005124021	2012	201.2	0.50
334	640190141775	2014	200.2	0.50
334	640190120623	2012	200.2	0.39
336	640166130799	2013	199.9	0.50

续表

排名	牛号	出生年份	生产寿命 EBV/d	EBV 准确性
337	640004187462	2018	199.8	0.54
338	640190120508	2012	199.6	0.37
339	640003151861	2015	199.5	0.53
340	640193141590	2014	199.4	0.49
340	640004136437	2013	199.4	0.45
342	640003110886	2011	199.1	0.46
343	640003111139	2011	199.0	0.41
344	640004136249	2013	198.9	0.50
345	640035128228	2012	198.7	0.52
345	640190121194	2012	198.7	0.37
345	640004136193	2013	198.7	0.51
348	640003110879	2011	198.6	0.50
349	640004126149	2012	198.1	0.53
350	640035117981	2011	198.0	0.47
351	640035128290	2012	197.9	0.50
352	640005123989	2012	197.8	0.52
352	640035128236	2012	197.8	0.51
352	640193141906	2014	197.8	0.49
355	640035128112	2012	197.7	0.53
356	640004146596	2014	197.6	0.46
357	640190141721	2014	197.5	0.51
358	640190141848	2014	197.2	0.50
359	640193142717	2014	196.8	0.49
359	640004136195	2013	196.8	0.49
359	640005134186	2013	196.8	0.42
362	640003110877	2011	196.6	0.45
363	640003141757	2014	196.4	0.49
364	640166120593	2012	196.1	0.49

续表

排名	牛号	出生年份	生产寿命 EBV/d	EBV 准确性
365	640190141798	2014	195.8	0.49
365	640003121265	2012	195.8	0.51
367	640035128162	2012	195.7	0.53
367	640166120527	2012	195.7	0.37
369	640004126145	2012	195.6	0.52
370	640035128224	2012	194.6	0.53
371	640190120791	2012	194.3	0.45
372	640003121284	2012	194.1	0.50
372	640003100887	2010	194.1	0.50
374	640190141728	2014	193.9	0.49
375	640004136206	2013	193.8	0.51
376	640190120796	2012	193.7	0.39
377	640193141820	2014	193.6	0.49
378	640193142129	2014	193.5	0.49
379	640166141062	2014	193.4	0.52
380	640166130795	2013	193.3	0.53
380	640166120617	2012	193.3	0.52
382	640190141826	2014	193.2	0.50
383	640004136225	2013	193.1	0.52
384	640166130754	2013	193.0	0.51
385	640005134084	2013	192.9	0.50
385	640004136223	2013	192.9	0.52
385	640003110852	2011	192.9	0.45
388	640166130964	2013	192.8	0.48
389	640005123943	2012	192.7	0.48
389	640005124012	2012	192.7	0.51
391	640004136209	2013	192.6	0.49
391	640166141037	2014	192.6	0.50

续表

排名	牛号	出生年份	生产寿命 EBV/d	EBV 准确性
393	640005124059	2012	192.5	0.51
394	640003110839	2011	192.4	0.45
394	640193141813	2014	192.4	0.49
394	640035138334	2013	192.4	0.49
397	640003162234	2016	192.2	0.54
398	640003121314	2012	191.2	0.52
399	640003121326	2012	190.9	0.52
399	640004146598	2014	190.9	0.48
401	640035107702	2014	190.4	0.49
402	640003111130	2011	190.2	0.48
402	640190141376	2014	190.2	0.49
404	640190120299	2012	190.1	0.37
404	640035117802	2014	190.1	0.52
406	640193141610	2014	189.7	0.50
406	640004136284	2013	189.7	0.51
408	640003121276	2012	189.4	0.53
409	640035138338	2013	189.2	0.52
410	640005144287	2014	189.1	0.47
410	640003121299	2012	189.1	0.54
412	640190141672	2014	188.8	0.51
412	640035138311	2013	188.8	0.52
414	640003121283	2012	188.5	0.47
415	640166141032	2014	188.3	0.53
415	640190120254	2012	188.3	0.37
417	640166151596	2015	188.1	0.38
418	640166151785	2015	187.9	0.48
419	640035107753	2014	187.8	0.49
420	640003121275	2012	187.7	0.50

续表

排名	牛号	出生年份	生产寿命 EBV/d	EBV 准确性
421	640166130743	2013	187.6	0.55
422	640193153852	2015	187.3	0.53
423	640190141473	2014	187.1	0.51
423	640035128247	2012	187.1	0.52
425	640190141587	2014	187.0	0.50
426	640004146651	2014	186.8	0.46
426	640003162316	2016	186.8	0.43
428	640035138397	2013	186.2	0.52
429	640004136201	2013	185.8	0.49
430	640004177235	2017	185.7	0.44
430	640035138513	2013	185.7	0.50
432	640166161840	2016	185.6	0.56
432	640004136313	2013	185.6	0.51
434	640035128227	2012	185.4	0.50
435	640035128254	2012	185.3	0.47
436	640166120565	2012	185.2	0.51
436	640003193061	2019	185.2	0.35
438	640035107721	2014	185.0	0.49
439	640193142117	2014	184.9	0.49
440	640193142132	2014	184.8	0.49
441	640005144433	2014	184.6	0.49
442	640035128252	2012	184.5	0.52
442	640004136261	2013	184.5	0.50
444	640003111136	2011	184.4	0.40
445	640035107786	2014	184.3	0.49
446	640005154510	2015	184.2	0.51
447	640003120537	2012	184.0	0.54
448	640166120707	2012	183.9	0.54

续表

排名	牛号	出生年份	生产寿命 EBV/d	EBV 准确性
448	640005124056	2012	183.9	0.49
448	640003121214	2012	183.9	0.54
451	640166141366	2014	183.8	0.55
452	640190142123	2014	183.6	0.52
453	640004136303	2013	183.5	0.49
454	640035107763	2014	183.4	0.49
454	640003121231	2012	183.4	0.47
456	640005134139	2012	183.3	0.52
457	640193120812	2012	183.2	0.40
458	640035138297	2012	183.1	0.52
459	640004136265	2013	182.7	0.52
459	640193141810	2014	182.7	0.49
461	640190141381	2014	182.5	0.50
461	640166162132	2016	182.5	0.47
463	640193153888	2015	182.3	0.53
464	640003141674	2008	182.1	0.50
464	640190121755	2012	182.1	0.39
466	640193120312	2012	181.9	0.40
467	640166161860	2016	181.7	0.52
468	640173164046	2016	181.1	0.41
469	640003151886	2015	180.8	0.49
469	640193120627	2012	180.8	0.37
471	640035138301	2012	180.6	0.51
472	640003128086	2012	180.4	0.46
473	640005134210	2013	180.2	0.44
474	640005123928	2012	180.1	0.49
474	640035107743	2014	180.1	0.50
476	640190120818	2012	180.0	0.40

续表

排名	牛号	出生年份	生产寿命 EBV/d	EBV 准确性
477	640004126181	2012	179.8	0.51
478	640035138537	2013	179.1	0.51
479	640166141360	2014	179.0	0.55
480	640193141940	2014	178.9	0.49
480	640003110838	2011	178.9	0.46
482	640035170548	2017	178.7	0.52
482	640190120984	2012	178.7	0.42
484	640166141258	2014	178.5	0.47
484	640166162213	2016	178.5	0.55
486	640190154123	2015	178.2	0.52
486	640035128171	2012	178.2	0.45
488	640005144296	2014	177.8	0.50
489	640003111121	2011	177.7	0.48
490	640003141739	2014	177.0	0.47
491	640190141564	2014	176.6	0.49
492	640190120252	2012	176.5	0.40
493	640003141752	2014	176.0	0.49
494	640003121315	2012	175.9	0.52
495	640003162379	2016	175.7	0.55
496	640166151717	2015	175.5	0.36
497	640004136251	2013	175.3	0.53
498	640190141034	2014	175.2	0.51
498	640003121272	2012	175.2	0.51
500	640190141663	2014	175.1	0.51

附表 16　核心育种场 $CPI1_{2020}$ 指数排名前 500 名母牛

排名	牛号	出生年份	$CPI1_{2020}$
1	640190190579	2019	2 252.3
2	640193173596	2017	2 246.6
3	640190190655	2019	2 176.6
4	640003121286	2012	2 175.6
5	640190175799	2017	2 163.0
6	640193192892	2019	2 158.6
7	640035107702	2014	2 157.9
8	640193172990	2017	2 154.3
9	640003162234	2016	2 147.2
10	640004125988	2012	2 143.4
11	640190155644	2015	2 132.2
12	640193155973	2015	2 130.6
13	640193172830	2017	2 129.9
14	640251185764	2018	2 128.3
15	640190190603	2019	2 127.3
16	640190130838	2013	2 125.4
17	640190190619	2019	2 120.6
18	640003121310	2012	2 117.5
19	640003162427	2016	2 115.5
19	640193173110	2017	2 115.5
21	640190190589	2019	2 108.0
22	640005195748	2015	2 107.8
23	640193173632	2017	2 106.5
24	640003111119	2011	2 105.9
25	640193173746	2017	2 104.8
26	640004197861	2016	2 103.3
27	640190160409	2016	2 102.0
28	640166120671	2012	2 101.6

续表

排名	牛号	出生年份	$CPI1_{2020}$
29	640190120368	2012	2 100.8
30	640190156452	2015	2 100.5
31	640190184109	2018	2 099.8
32	640193173972	2017	2 099.7
32	640190261023	2016	2 099.7
34	640193180421	2018	2 098.7
35	640193155093	2015	2 098.1
36	640190190529	2019	2 097.2
37	640003121294	2012	2 096.8
38	640007174542	2017	2 096.7
39	640190120444	2011	2 095.9
40	640193173528	2017	2 094.7
41	640190130217	2013	2 094.2
42	640193156753	2015	2 094.0
43	640193191030	2019	2 092.2
44	640190191337	2019	2 092.1
45	640190156262	2015	2 091.9
46	640005123953	2012	2 091.5
47	640190162159	2016	2 090.4
48	640193173226	2017	2 090.2
49	640190174635	2017	2 090.0
50	640166120525	2012	2 089.5
51	640003195632	2019	2 088.7
52	640190174077	2017	2 087.9
53	640003195663	2019	2 087.4
54	640190174497	2017	2 086.5
55	640190174339	2017	2 086.4
55	640003195648	2019	2 086.4

续表

排名	牛号	出生年份	$CPI1_{2020}$
57	640003195638	2019	2 086.3
58	640190182085	2018	2 085.4
59	640004181997	2018	2 084.8
60	640009100096	2010	2 083.9
60	640005134196	2013	2 083.9
62	640190190609	2019	2 083.8
63	640005103598	2010	2 083.5
64	640193173062	2017	2 083.4
65	640190185213	2018	2 082.7
66	640190124047	2012	2 082.6
67	640005123918	2012	2 080.9
67	640193174712	2017	2 080.9
69	640003162330	2016	2 080.6
70	640166120511	2012	2 080.1
70	640007197863	2019	2 080.1
72	640253193830	2019	2 079.8
72	640003162404	2016	2 079.8
74	640190130467	2013	2 079.6
75	640166120628	2012	2 078.8
75	640190130229	2013	2 078.8
77	640003121257	2012	2 078.5
78	640003120302	2012	2 078.4
79	640253171326	2017	2 078.3
80	640190140035	2014	2 078.2
81	640190141045	2014	2 078.1
82	640193172866	2017	2 077.2
82	640166120638	2012	2 077.2
84	640190160668	2016	2 076.9

续表

排名	牛号	出生年份	$CPI1_{2020}$
85	640166120644	2012	2 076.8
86	640005195658	2019	2 076.2
86	640253171330	2017	2 076.2
88	640007197863	2019	2 075.8
89	640251175243	2017	2 075.7
90	640009110050	2011	2 075.6
91	640003131345	2013	2 075.5
92	640190190885	2019	2 075.1
93	640193173090	2017	2 073.5
94	640193150004	2015	2 073.3
95	640190190575	2019	2 072.6
96	640009120109	2012	2 072.5
97	640005124024	2012	2 072.0
98	640253169874	2016	2 071.2
98	640166162131	2016	2 071.2
98	640003121244	2012	2 071.2
101	640003121284	2012	2 071.1
101	640005123952	2012	2 071.1
103	640005195740	2013	2 071.0
104	640251197209	2019	2 070.8
105	640190155922	2015	2 069.7
106	640193193394	2019	2 069.3
107	640190182237	2018	2 068.5
108	640003195627	2019	2 068.3
108	640003121282	2012	2 068.3
110	640005195756	2015	2 067.3
111	640007153671	2015	2 067.1
112	640190190705	2019	2 066.8

续表

排名	牛号	出生年份	$CPI1_{2020}$
113	640190185566	2018	2 066.7
114	640190140331	2014	2 066.3
115	640009110049	2011	2 065.8
116	640005124022	2012	2 065.7
117	640190123604	2012	2 065.1
117	640193160929	2016	2 065.1
119	640007174542	2017	2 064.9
120	640190131141	2013	2 064.7
121	640166172565	2017	2 064.1
122	640009120168	2012	2 063.1
123	640005123966	2012	2 062.8
124	640251175326	2017	2 062.4
125	640004197866	2017	2 062.1
126	640005123922	2012	2 061.5
127	640190176287	2017	2 061.4
127	640193157668	2015	2 061.4
127	640035191205	2019	2 061.4
130	640005195662	2019	2 061.2
131	640193174854	2017	2 061.1
132	640193163681	2016	2 061.0
133	640193156400	2015	2 060.1
134	640190156048	2015	2 059.9
135	640003183012	2018	2 059.7
136	640193154786	2015	2 059.6
136	640193156028	2015	2 059.6
136	640035128205	2012	2 059.6
139	640190182341	2018	2 059.5
140	640190191159	2019	2 058.7

续表

排名	牛号	出生年份	$CPI1_{2020}$
141	640003195636	2019	2 058.1
142	640166172505	2017	2 057.6
143	640190174896	2017	2 057.4
144	640190156775	2015	2 057.2
145	640003141688	2011	2 056.9
146	640190130615	2013	2 055.7
147	640005195730	2011	2 055.6
148	640003195653	2019	2 055.5
149	640193173628	2017	2 054.5
149	640190113916	2011	2 054.5
151	640251185750	2018	2 054.3
152	640190160971	2016	2 053.7
153	640193174608	2017	2 053.5
154	640035160198	2016	2 053.4
155	640193163731	2016	2 053.2
156	640190185747	2018	2 053.1
157	640251163932	2016	2 052.8
157	640009090040	2009	2 052.8
159	640193193816	2019	2 052.7
159	640005123955	2012	2 052.7
161	640190190633	2019	2 052.5
161	640193160877	2016	2 052.5
161	640190181641	2018	2 052.5
164	640190155646	2015	2 051.8
165	640190123201	2012	2 051.7
166	640251163866	2016	2 051.5
167	640003121238	2012	2 051.1
167	640005195742	2013	2 051.1

续表

排名	牛号	出生年份	$CPI1_{2020}$
169	640003195643	2019	2 051.0
170	640003195617	2019	2 050.9
171	640190160813	2016	2 050.6
172	640005195752	2012	2 050.5
173	640166099338	2009	2 050.0
174	640193174714	2017	2 049.9
175	640190191287	2019	2 049.8
176	640035148768	2014	2 049.7
177	640003182943	2018	2 049.6
178	640193194172	2019	2 049.5
178	640003162262	2016	2 049.5
180	640190142254	2014	2 049.4
180	640193174718	2017	2 049.4
182	640193172770	2017	2 048.9
183	640190162331	2016	2 048.5
184	640190130074	2013	2 048.3
184	640193163398	2016	2 048.3
186	640003197629	2019	2 048.2
186	640193173094	2017	2 048.2
188	640003195633	2019	2 048.0
188	640251185755	2018	2 048.0
190	640007185218	2018	2 047.9
191	640190155618	2015	2 047.7
191	640035097569	2011	2 047.7
193	640005195746	2013	2 047.5
194	640009090048	2009	2 047.4
194	640003120482	2012	2 047.4
196	640190192623	2019	2 047.0

续表

排名	牛号	出生年份	$CPI1_{2020}$
197	640193173054	2017	2 046.9
198	640190173699	2017	2 046.8
199	640007152938	2015	2 046.6
199	640190155522	2015	2 046.6
201	640005195749	2015	2 046.1
202	640193173504	2017	2 045.9
202	640193194118	2019	2 045.9
204	640035138502	2013	2 045.8
205	640003128093	2012	2 045.7
206	640253181982	2018	2 045.5
207	640193190962	2019	2 045.1
207	640190110353	2011	2 045.1
209	640190162176	2016	2 045.0
209	640193156044	2015	2 045.0
211	640193175042	2017	2 044.9
212	640009110081	2011	2 044.5
213	640193183714	2018	2 044.4
214	640190182537	2018	2 044.3
215	640190157483	2015	2 044.2
215	640253169864	2016	2 044.2
215	640003131357	2013	2 044.2
218	640193173276	2017	2 044.1
219	640190192483	2019	2 043.9
220	640190190531	2019	2 043.8
221	640009150468	2019	2 043.5
222	640193193704	2019	2 043.4
223	640193172342	2017	2 043.1
224	640251185761	2018	2 043.0

续表

排名	牛号	出生年份	$CPI1_{2020}$
225	640190123485	2012	2 042.3
226	640007185218	2018	2 042.0
226	640003182900	2018	2 042.0
226	640009090052	2009	2 042.0
229	640007153502	2015	2 041.8
230	640193161278	2016	2 041.6
230	640193155443	2015	2 041.6
232	640005144360	2014	2 041.4
233	640166099311	2009	2 041.2
234	640004195676	2019	2 040.9
235	640005195739	2011	2 040.8
235	640190130164	2013	2 040.8
235	640166120480	2012	2 040.8
238	640193155555	2015	2 040.7
239	640251174861	2017	2 040.1
240	640193155199	2015	2 040.0
241	640005144411	2014	2 039.7
241	640190192723	2019	2 039.7
243	640193174852	2017	2 039.6
244	640005195729	2014	2 039.2
245	640009110066	2011	2 038.7
246	640193193336	2019	2 038.5
246	640193193280	2019	2 038.5
248	640003195649	2019	2 038.4
249	640190175017	2017	2 038.2
250	640035128224	2012	2 038.1
251	640190141110	2014	2 037.7
251	640005195751	2015	2 037.7

续表

排名	牛号	出生年份	$CPI1_{2020}$
251	640190162160	2016	2 037.7
254	640005185349	2018	2 037.6
255	640166120676	2012	2 037.2
256	640190192391	2019	2 037.1
257	640190090328	2009	2 036.7
258	640190140332	2014	2 036.6
259	640190191125	2019	2 036.5
259	640193182188	2018	2 036.5
259	640251175349	2017	2 036.5
259	640009110070	2011	2 036.5
263	640190156070	2015	2 036.3
263	640193173722	2017	2 036.3
265	640005195741	2015	2 036.2
266	640190175087	2017	2 036.1
267	640166120654	2012	2 035.9
267	640190155665	2015	2 035.9
269	640005195744	2012	2 035.7
270	640005195753	2013	2 035.6
271	640007197868	2019	2 035.1
272	640251185697	2018	2 035.0
273	640190190631	2019	2 034.9
274	640193173262	2017	2 034.6
274	640004095508	2009	2 034.6
276	640190162426	2016	2 034.5
277	640193174956	2017	2 034.0
277	640190191263	2019	2 034.0
279	640190130081	2013	2 033.8
280	640193193510	2019	2 033.6

续表

排名	牛号	出生年份	CPI1$_{2020}$
281	640190155449	2015	2 033.5
282	640190190103	2019	2 033.4
283	640004184446	2018	2 033.1
283	640003111142	2011	2 033.1
285	640193173712	2017	2 033.0
286	640190184293	2018	2 032.6
286	640251175299	2017	2 032.6
288	640003162442	2016	2 032.5
289	640003195625	2019	2 032.2
290	640251175498	2017	2 032.0
291	640193155976	2015	2 031.9
292	640193173336	2017	2 031.8
292	640193155340	2015	2 031.8
292	640193155659	2015	2 031.8
292	640193163272	2016	2 031.8
296	640193181982	2018	2 031.7
297	640166172498	2017	2 031.6
297	640190162559	2016	2 031.6
299	640190184235	2018	2 031.4
299	640193191074	2019	2 031.4
301	640190162951	2016	2 031.0
302	640007195697	2019	2 030.9
303	640007164183	2016	2 030.7
303	640005117970	2011	2 030.7
303	640009100085	2010	2 030.7
306	640193173832	2017	2 030.4
306	640007174486	2017	2 030.4
308	640005195738	2014	2 030.2

续表

排名	牛号	出生年份	$CPI1_{2020}$
309	640190190905	2019	2 029.7
309	640253159147	2015	2 029.7
311	640193174804	2017	2 029.6
312	640003121222	2012	2 029.5
313	640190184213	2018	2 029.2
314	640190155317	2015	2 029.1
315	640190130019	2013	2 028.9
316	640003100927	2010	2 028.8
317	640190162446	2016	2 028.6
318	640193171941	2017	2 028.5
318	640003121272	2012	2 028.5
320	640007152911	2015	2 028.2
321	640193160926	2016	2 027.9
322	640193163553	2016	2 027.8
322	640253182087	2018	2 027.8
324	640193174716	2017	2 027.7
325	640193155567	2015	2 027.5
325	640253193823	2019	2 027.5
327	640253171454	2017	2 027.4
328	640166120475	2012	2 027.2
329	640004126094	2012	2 027.1
330	640003162380	2016	2 026.8
331	640035181047	2018	2 026.5
332	640005093352	2009	2 026.4
333	640004177331	2017	2 026.3
333	640193181988	2018	2 026.3
333	640190160760	2016	2 026.3
336	640253182058	2018	2 025.8

续表

排名	牛号	出生年份	$CPI1_{2020}$
337	640190140975	2014	2 025.7
338	640035141157	2014	2 025.6
338	640005123930	2012	2 025.6
338	640193174676	2017	2 025.6
341	640009150488	2020	2 025.3
342	640005175219	2017	2 025.2
343	640003162290	2016	2 025.0
343	640193176535	2017	2 025.0
343	640190130536	2013	2 025.0
346	640003131483	2018	2 024.9
346	640190181961	2018	2 024.9
346	640193173674	2017	2 024.9
349	640253171376	2017	2 024.8
350	640005195764	2012	2 024.7
350	640166109687	2010	2 024.7
352	640193174604	2017	2 024.4
353	640190185550	2018	2 023.7
354	640005124043	2012	2 023.6
354	640253182062	2018	2 023.6
354	640009140308	2014	2 023.6
357	640190191207	2019	2 023.5
358	640193160213	2016	2 023.3
358	640190183989	2018	2 023.3
360	640190173293	2017	2 023.2
360	640005175111	2017	2 023.2
362	640251163522	2016	2 023.1
362	640009090080	2009	2 023.1
362	640190160936	2016	2 023.1

续表

排名	牛号	出生年份	$CPI1_{2020}$
365	640190126144	2012	2 023.0
366	640193161715	2016	2 022.9
367	640190157644	2015	2 022.8
368	640009160961	2016	2 022.7
369	640005195661	2019	2 022.4
369	640253171325	2017	2 022.4
371	640190160951	2016	2 022.1
372	640190181457	2018	2 021.8
373	640005124025	2012	2 021.4
374	640193172682	2017	2 021.2
375	640004195744	2019	2 021.1
376	640193163234	2016	2 020.9
377	640193180670	2018	2 020.8
378	640166120530	2012	2 020.7
378	640005144338	2014	2 020.7
380	640005185323	2018	2 020.5
381	640193194020	2019	2 020.4
381	640007164094	2016	2 020.4
383	640190162443	2016	2 020.3
384	640007090721	2009	2 020.2
385	640005195666	2019	2 020.1
385	640005123933	2012	2 020.1
387	640190130152	2013	2 020.0
387	640193173030	2017	2 020.0
387	640193162649	2016	2 020.0
387	640190113432	2011	2 020.0
391	640251163898	2016	2 019.8
392	640193173184	2017	2 019.7

续表

排名	牛号	出生年份	$CPI1_{2020}$
392	640003172603	2015	2 019.7
394	640190182633	2018	2 019.6
394	640253171213	2017	2 019.6
394	640003182926	2018	2 019.6
397	640007174486	2017	2 019.5
397	640003182844	2018	2 019.5
399	640004156810	2015	2 019.4
399	640005185326	2018	2 019.4
401	640253171339	2017	2 019.2
402	640190157667	2015	2 019.1
402	640004136275	2013	2 019.1
404	640005175092	2017	2 019.0
405	640193172986	2017	2 018.6
406	640253182034	2018	2 018.5
406	640003080605	2008	2 018.5
406	640253182071	2018	2 018.5
409	640004187440	2018	2 018.3
410	640190155318	2015	2 018.1
411	640251197947	2019	2 018.0
412	640253171288	2017	2 017.9
413	640005185352	2018	2 017.8
413	640005144333	2014	2 017.8
413	640190172251	2017	2 017.8
413	640005124017	2012	2 017.8
417	640190154411	2015	2 017.6
418	640003186247	2018	2 017.4
418	640253171341	2017	2 017.4
420	640003197735	2019	2 017.3

续表

排名	牛号	出生年份	$CPI1_{2020}$
420	640193181088	2018	2 017.3
420	640253182113	2018	2 017.3
423	640166109742	2010	2 017.2
423	640005075154	2007	2 017.2
425	640190171692	2017	2 016.9
426	640166099388	2009	2 016.8
426	640166120495	2012	2 016.8
428	640193150034	2015	2 016.6
429	640005134255	2013	2 016.4
430	640009110109	2011	2 016.3
430	640190156163	2015	2 016.3
430	640007153687	2015	2 016.3
433	640003151857	2015	2 016.1
434	640193161015	2016	2 015.9
434	640193193434	2019	2 015.9
436	640009150532	2015	2 015.7
436	640190190569	2019	2 015.7
436	640193194916	2019	2 015.7
439	640005195705	2019	2 015.5
440	640193172058	2017	2 015.4
441	640193173754	2017	2 015.3
442	640003197777	2019	2 015.1
442	640009120098	2012	2 015.1
444	640005185476	2018	2 014.9
444	640190132114	2013	2 014.9
446	640007195749	2019	2 014.8
447	640035117852	2011	2 014.6
447	640003162279	2016	2 014.6

续表

排名	牛号	出生年份	CPI1$_{2020}$
453	640193173608	2017	2 014.1
453	640009120124	2012	2 014.1
455	640190130048	2013	2 013.9
456	640190123976	2012	2 013.8
456	640007163772	2016	2 013.8
458	640193161871	2016	2 013.7
459	640193172054	2017	2 013.5
459	640193173666	2017	2 013.5
459	640005144456	2014	2 013.5
459	640005134256	2013	2 013.5
463	640007090665	2009	2 013.4
464	640003195665	2019	2 013.2
465	640190193179	2019	2 012.9
466	640190155303	2015	2 012.6
467	640003195619	2019	2 012.5
468	640253171335	2017	2 012.4
468	640251175373	2017	2 012.4
468	640193172918	2017	2 012.4
471	640003182795	2018	2 012.3
472	640003121323	2012	2 012.2
473	640007153608	2015	2 012.1
473	640005185322	2018	2 012.1
473	640003195611	2019	2 012.1
476	640190260930	2016	2 011.7
453	640193173608	2017	2 014.1
453	640009120124	2012	2 014.1
455	640190130048	2013	2 013.9
456	640190123976	2012	2 013.8

续表

排名	牛号	出生年份	$CPI1_{2020}$
477	640251163887	2016	2 011.7
478	640004115942	2011	2 011.6
479	640003120497	2012	2 011.5
479	640003162449	2016	2 011.5
479	640035128200	2012	2 011.5
479	640190163287	2016	2 011.5
483	640003141718	2014	2 011.4
483	640190157160	2015	2 011.4
483	640166130923	2013	2 011.4
483	640253169845	2016	2 011.4
487	640190182627	2018	2 011.3
488	640166109761	2010	2 011.2
488	640003110237	2011	2 011.2
490	640193192692	2019	2 011.1
491	640035107690	2010	2 011.0
491	640190182143	2018	2 011.0
493	640253193534	2019	2 010.8
493	640253171527	2017	2 010.8
495	640190173355	2017	2 010.7
496	640193174644	2017	2 010.6
497	640009150703	2015	2 010.4
497	640190154468	2015	2 010.4
497	640251164354	2016	2 010.4
500	640193162823	2016	2 010.1